国家科学技术著作出版基金

公共安全科学导论

范维澄　刘　奕　翁文国　申世飞　著

科学出版社

北　京

内 容 简 介

　　本书介绍了作者对公共安全的概念体系、理论框架、方法学等方面的思考与观点。提出了由突发事件、承受载体、应急管理三者构成的公共安全的"三角形"理论模型，并对其内涵进行了较为深入的讨论和分析。从案例分析入手，分析了灾害要素的概念和特征、突发事件的作用特点和规律、承灾载体的类型和破坏方式、应急管理的目的和作用以及国际主要应急管理模式等。介绍了包括确定性方法、随机方法、基于信息的方法、系统科学的研究方法以及复合研究方法的公共安全的"4+1"方法学，以及公共安全领域常用的分析方法和工具。

　　本书可供公共安全领域的研究人员作为学术参考，也可供政府部门及大型企业的相关工作人员作为工作参考，亦可作为公共安全领域的研究生学习参考书。

图书在版编目(CIP)数据

公共安全科学导论／范维澄等著. —北京：科学出版社，2013

国家科学技术著作出版基金

ISBN 978-7-03-037343-4

Ⅰ.公⋯　Ⅱ.范⋯　Ⅲ.公共安全–研究　Ⅳ.X956

中国版本图书馆 CIP 数据核字（2013）第 081225 号

责任编辑：张　震／责任校对：刘亚琦
责任印制：徐晓晨／封面设计：王　浩

科 学 出 版 社 出版

北京东黄城根北街 16 号
邮政编码：100717
http://www.sciencep.com

北京凌彩文化传播有限公司 印刷
科学出版社发行　各地新华书店经销

*

2013 年 5 月第 　一　 版　开本：787×1092 1/16
2021 年 1 月第四次印刷　印张：21 1/4
字数：500 000

定价：148.00 元
（如有印装质量问题，我社负责调换）

前　言

公共安全是一个新兴的、综合交叉型的学科领域，近年来受到国内外高校、科研院所、政府、企业、公众等各界的广泛重视。2001 年发生的美国"9·11"恐怖袭击事件在全世界范围内敲响了公共安全的警钟；2002 年影响到我国大部分地区乃至其他多个国家和地区的"SARS"事件，给我国政府和学界提出了关于公共安全的深刻拷问。2006 年，国务院发布的《国家中长期科技发展规划纲要（2006－2020）》首次将"公共安全"列为独立领域进行研究和规划。2011 年，国务院学位委员会、教育部发布的《学位授予和人才培养学科目录（2011 年）》，首次将"安全科学与工程"列为研究生教育的一级学科。2012 年，全国一级学会"公共安全科学技术学会"成立。社会各界的共同关注推动了公共安全学科的迅速发展。

系统化的理论体系和方法学是学科发展的重要基础和支撑，作者基于多年来在公共安全领域的研究探索，对公共安全系统化理论方法的深入思考，完成此书，并希望藉此书，与关注公共安全的各领域专家、学者、管理人员等交流与分享对公共安全的概念体系、理论框架、方法学等方面的思考与观点。

本书内容分为 11 章。第 1～5 章着重介绍公共安全的概念体系和理论框架，可以概括为"三角型"理论模型，包括灾害要素、突发事件、承灾载体、应急管理等；第 6～11 章主要介绍公共安全的方法学，可以概况为"4＋1"的方法学，包括确定性方法、随机方法、基于信息的方法、系统科学的研究方法以及复合研究方法。全书在编排上理论分析与研究方法并重，并对关键概念和方法给以案例分析和实际应用示例说明，使读者更容易理解。

本书由清华大学公共安全研究院范维澄、刘奕、翁文国、申世飞共同撰写。范维澄总体指导并参与撰写，刘奕撰写了书稿第 1～5 章并负责全书统稿，翁文国撰写了书稿第 6～11 章，申世飞参与了书稿第 1～5 章的编校工作。研究生石磊参与了第 5 章的撰写，研究生关月参与了第 1～5 章的编校，杨锐、研究生孙旋和张婧参与了第 7 章的撰写，疏学明、研究生陈鹏和颜峻、中国科学技术大学宋卫国参与了第 8 章的撰写，杨锐、研究生邵荃和张婧参与了第 9 章的撰写，宋卫国参与了第 10 章的撰写，研究生韩朱旸、郭少东、倪顺江参与了第 11 章的撰写。

本书的构思和完成与国家自然科学基金"非常规突发事件应急管理研究"重大研

究计划的立项和实施紧密联系，得到该重大研究计划集成项目（No. 91224008 和 No. 91024032）与培育项目（No. 91024018 和 No. 91024016）的支持，也是国家自然科学基金项目（No. 70833003 和 No. 70601015）的延续研究，同时也是在上述项目研究基础上的拓展和深化。

书中或有不妥与错误之处，恳请广大读者批评、指正。本书作者愿和读者一起为我国公共安全事业的发展做出贡献！

作　者

2013 年 4 月

目　　录

第1章 公共安全科技概况

1.1 公共安全科技的发展历史

安全，自古以来就是人类追求的目标之一。人类对安全的期盼可以说自有人类思想以来就从未停止过。从远古的图腾崇拜开始，懵懂中的人类就已经在祈求平安。食尽人间香火的"各路神仙"也无不承载着百姓对平安的祈祷。自古人们就知道"未雨绸缪"的道理，"人无远虑，必有近忧"也从一个侧面道出了人们对安全保障的企盼和重视。安居乐业是人类历史上任何一个繁荣盛世的典型表现。安全，是人类社会活动的前提和基础。

追求安全，是人类最基本的需求之一。美国著名心理学家亚伯拉罕·马斯洛（Abraham Harold Maslow，1908—1970）提出的人类需求层次理论把人类的需求分为生理需求、安全需求、社会需求、尊重需求和自我实现需求五类。可见，安全需求是人类在满足温饱等生理需求之后的第一需求。人类要求保障自身安全、避免受到意外伤害的需求几乎是与生俱来的。安全需求也是人类追求更高需求的必要基础，很难想象在缺乏安全保障的环境下人类如何追求被尊重和自我实现。随着社会的进步，安全需求也由个体的需求进而成为全社会乃至全人类的共同需求。时至今日，随着人类物质文明的高度发展，国家、社会和个人对安全的依赖和企盼达到了前所未有的程度。公共安全已经成为国家安全和社会稳定的基石，是经济和社会发展的重要条件，也是公众安居乐业的基本保证。

从安全的视角去回顾人类发展的历史，我们发现人类对安全的追求几乎处处可见。在原始社会初期，人类还只能以自然洞穴为栖身之所时，对于这些洞穴的选择就已经体现出了强烈的安全意识。在我国北方的北京人遗址等处发现的、被选做居所的岩洞，其洞口均有共同的特点，即洞口较小、方向朝南、地势一般较高等。这样的选择显然很大程度上是出于安全的考虑，原始社会时期人类面临的主要危险是各种恶劣天气和野兽侵袭，较小的洞口使大型野兽不易进入，朝南和较高的地势显然有利于抗御寒风和暴雨。而在我国长江流域及其以南的地区，则存在巢居的情况。《韩非子·五蠹》记："上古之世，人民少而禽兽众，人民不胜禽兽虫蛇，有圣人作，构木为巢，以避众害，而民悦之，使王天下，号曰有巢氏。"可见自原始社会起，人类已经开始利用自己有限的能力来"研究"抗御危险、保障安全的方法，用今天的眼光来看，有巢氏很可以算得上是一位远古的安全科技人物了。

当我们认识到人类对安全的需求正随着社会和科技的进步日趋提高的时候，也注意到了另一个方面，那就是随着文明进步和科技发展，人类社会面临的危险因素正在日益增加，人类社会变得愈加脆弱。让我们试着想象一下，当人类还处于原始社会的时候，可会有爆炸、危险化学品事故？科技在带给我们越来越多的便捷和舒适的同时，也伴生了越来越多和越来越强的风险。

第一次工业革命完成了以机器取代人力，以工厂化生产取代个体作坊手工生产的生产与科技革命。这场革命是以工作机的诞生开始的，以蒸汽机作为动力机被广泛使用为标志的。从生产技术方面来说，工业革命使工厂代替了手工工场，用机器代替了手工劳动；从社会关系来说，工业革命使依附于落后生产方式的自耕农阶级消失了，工业资产阶级和工业无产阶级形成和壮大起来。人类社会从农业文明转向工业文明。

第二次工业革命发生于1870年以后，科学技术的发展突飞猛进，各种新技术、新发明层出不穷，并被迅速应用于工业生产，大大促进了经济的发展。科学技术的突出发展主要表现在三个方面，即电力的广泛应用、内燃机和新交通工具的创制、新通信手段的发明。在第二次工业革命期间，自然科学的新发展，开始同工业生产紧密地结合起来，科学在推动生产力发展方面发挥了更为重要的作用，它与技术的结合使第二次工业革命取得了巨大的成果。第二次工业革命几乎同时发生在几个先进的资本主义国家，新的技术和发明超出了一国的范围，其规模更加广泛，发展也比较迅速。

第三次工业革命是人类文明史上继蒸汽技术革命和电力技术革命之后科技领域里的又一次重大飞跃。它是以原子能、电子计算机、空间技术和生物工程的发明和应用为主要标志，涉及信息技术、新能源技术、新材料技术、生物技术、空间技术和海洋技术等诸多领域的一场信息控制技术革命。这次科技革命不仅极大地推动了人类社会经济、政治、文化领域的变革，而且也影响了人类的生活方式和思维方式，使人类社会生活和人的现代化向更高境界发展。第三次科技革命使人类由工业社会进入信息社会，信息社会到来的时代称为"知识经济时代"。

科技进步在带给我们更加便捷和舒适的生活的同时，也给人类带来了更多的潜在危险，这在一定程度上促进了安全科技的发展。机械化大生产的速度、能量的提高使作业工人面临更大危险，各种安全技术应运而生；各种危险化学品和物质在现代化生产中的大量使用，剧毒、强辐射、高传染性等作业场所增多，各种人体防护技术迅速发展；交通方式的革新使流通效率大大提高，世界成为"地球村"；社会接触网络发生翻天覆地的变化，流行性传染病的传播速度和范围急剧扩大，防控手段已经成为世界性的关注点；信息技术的发展使信息沟通与传递方式发生了前所未有的变化，信息交流量和信息传递效率猛增，真实与谎言常常携手而行，公众心理和情绪与社会秩序的稳定之间从未像今天这样联系得如此紧密。

我国正处于经济高速发展的社会转型期，人口众多和经济发展不平衡，使得社会利益关系错综复杂，社会不稳定因素增多，新情况新问题层出不穷。我国重大突发事件频发，带来巨大的经济损失和社会问题。例如，2008年的南方雨雪冰冻灾害所造成的严重损失和破坏，至今仍历历在目。2008年1月中旬到2月上旬，我国南方地区连续遭受四次低温雨雪冰冻极端天气的袭击，总体强度为50年一遇，其中贵州、湖南等省为百年一遇。这场极端灾害性天气影响范围广，持续时间长，灾害强度大。全国先后有20个省（区、市）和新疆生产建设兵团不同程度受灾。低温雨雪冰冻灾害给交通运输、电力设施、电煤供应、农业林业、工业企业、居民生活都造成了极大破坏，对人民群众生命财产和社会经济发展造成重大损失，见表 1.1。

表 1.1 2008 年我国南方地区雨雪冰冻灾害的受灾情况[1,2]

日期	铁路部门	公路部门	电力部门	能源部门
01-31	京广线运输秩序正在恢复之中	京珠高速公路（湖北至广东段）全线南下线路基本打通，但部分路段车辆仍然拥堵，行驶缓慢；北上线路除广东韶关路段外，其他路段全线通行基本正常	总体来看，华北、东北、西北电网运行稳定。华东电网运行基本正常，浙江、安徽、福建电网部分电力设施受损。华中电网除湖南、江西外运行基本正常。南方电网除贵州外运行基本稳定	
02-01	铁路方面，目前京广南段、沪昆铁路受阻区段的运输能力已经基本恢复，运输能力有所提高，正向好的方向转化	除京珠高速公路外，其他一些受降雪天气影响地区的高速公路通行情况与31日相比变化不大，但江苏、江西、安徽、广西等部分地区道路通行情况有所恶化	总体来看，华北、东北、西北电网运行稳定；华东电网运行基本正常，浙江、安徽、福建电网部分电力设施受灾停运；华中电网除湖南、江西外运行基本正常；南方电网除贵州外运行基本稳定，广东、广西、云南电网部分电力设施受灾停运	
02-02	部分受灾地区铁路运输能力仍未恢复到正常水平，且将面临持续恶劣天气的考验。目前，广州、上海、南昌等地仍有部分旅客滞留，广东矛盾最为突出	由于湘南粤北地区又开始降雨，路面重复结冰，车辆行驶缓慢。目前拥堵路段仍然集中在湖南的耒阳至宜章段和广东的坪石至大桥段。交通部门和部队正在全力抢通	总体来看，华北、东北、西北电网运行稳定。华东电网运行基本正常，福建电网与华东主网解列运行；华中电网除湖南、江西外运行基本正常。南方电网除贵州外运行基本稳定	目前尚有京津塘、上海、江苏、安徽、湖北、陕西存煤不足 7 天。全国范围内缺煤停机 3992 万 kW
02-03	全国铁路运输秩序逐步恢复。京广线湖南南段依然依靠内燃机车牵引，沪昆线电力牵引已通车，焦柳南线还存在断电现象。主要客运站滞留旅客人数明显下降	全国道路通行情况明显好转，江苏、浙江、河南、湖北、贵州、陕西等地主要高速公路和国省道正常通行；京珠高速湖南、广东段虽恢复通行，但仍有部分路段拥堵，车行缓慢	受灾地区中，华东电网除浙江外运行基本正常，浙江与福建 500kV 省际联络线仍未恢复，福建电网与华东主网解列运行。华中电网除湖南、江西外运行基本正常。华中电网和南方电网除湖南、江西、贵州外运行基本稳定	

日期	铁路部门	公路部门	电力部门	能源部门
02-04	全国铁路运输秩序进一步恢复。2月4日，广州站滞留旅客约8万人，比前一日减少约1.2万人。京广线郴州南段因供电未完全恢复，仍靠内燃机车牵引	交通运输情况明显好转。截至2月4日17时，京珠高速全线基本恢复正常。湖南、广东境内路段抢通工作全面完成，但为缓解主线交通压力，部分路段仍实行分流	受灾地区中，贵州北部和东部电网、广西桂林电网、湖南郴州、江西赣州地区仍与主网解列运行，其他地区运行基本稳定	直供电厂存煤已连续8天回升。2月3日，直供电厂存煤1878万t，平均可用天数达到9天。全国缺煤停机3722万kW，比前一日减少190万kW
02-05	经铁路部门连续多日全力疏运，目前广州、上海、杭州、南昌等主要客运站客运秩序逐步恢复，已无旅客滞留	公路方面，交通形势总体继续好转。截至2月5日18时，全国主要地区高速公路和主要国省道基本畅通，虽仍有少数路段拥堵，但经交通部门积极疏导，多数车辆可通过区域路网绕行	2月4日，全国虽仍有湖南、江西、四川、陕西、西藏、云南、贵州等7个省级电网存在电力缺口，但比前一日减少5个	2月4日，直供电厂存煤1943万t，可用天数上升到10天。全国缺煤停机3623万kW，比前一日减少99万kW
02-06	铁路运输平稳有序，主要干线运输通畅。当日客运量253.9万人，比去年除夕增运49.4万人，各大车站滞留旅客已全部疏运完毕	全国高速公路和普通国省干线公路运行正常，无滞留车辆和人员，个别普通公路受阻路段均可就近绕行。当日全国共完成客运量4150万人次，全国各主要客运站没有滞留旅客	受灾地区中，华东电网运行基本正常，华中电网除湖南、江西外基本正常，南方电网除贵州外运行基本稳定。经过电网公司的全力抢修，全国因灾停电的169个县中，已有164个县恢复或部分恢复供电，占总数的97%	直供电厂存煤继续回升。2月5日，直供电厂存煤2005万t，比前一日增加62万t，可用天数10天。库存低于3天的电厂36个，比前一日减少15个
02-07	铁路运输正常，主要干线运输通畅，主要客运站无滞留旅客	全国高速公路和普通国省干线公路运行正常，无滞留旅客	2月6日12时至2月7日12时，南方电网有356条线路恢复运行、24座变电恢复供电。其中，贵州电网有241条线路恢复运行	直供电厂存煤继续回升。2月6日，直供电厂存煤2056万t，比前一日增加51万t，可用天数10天。库存低于3天的电厂33个，比前一日减少3个，比4日减少18个
02-08	铁路运输秩序正常，主要干线运输通畅	全国高速公路和普通国省干线公路运行正常，当日公路完成客运量2205万人次，全国各主要客运站均正常发班，仅有云南、湖南境内个别区段因凝冻、积雪等暂时封闭或交通管制	截至2月8日12时，南方电网经抢修后恢复运行线路4532条，占累计停运线路的66.9%；经抢修后恢复供电的648座，占累计停运变电站的78%	铁路、交通部门突击抢运电煤成效明显，重点地区电厂存煤量大幅回升

日期	铁路部门	公路部门	电力部门	能源部门
02-09	铁路运输秩序正常，主要干线运输通畅	全国高速公路和普通国、省干线公路运行正常，当日各主要客运站均正常发班，仅广西、贵州部分县级公路因结冰实行交通管制	国家电网公司系统有6座变电站恢复供电，42条线路恢复运行。其中，湖南有6座变电站、7条线路恢复运行	直供电厂存煤2168万t，比前一日增加53万t，可用天数上升到11天。库存低于3天的电厂下降到26个
02-10	铁路运输秩序正常，主要干线运输通畅	全国高速公路和普通国、省干线公路运行正常，仅浙江、云南境内部分路段因积雪结冰严重而封闭	受灾地区中，多数省级电网运行基本正常	铁路电煤抢运任务超计划完成，成效明显
02-11	铁路运输秩序正常，主要干线运输通畅	全国高速公路和普通国、省干线公路运行正常，只有湖南、云南境内部分路段因积雪结冰严重而封闭	受灾地区中，多数省级电网运行基本正常	直供电厂存煤明显增加。2月10日，直供电厂存煤2310万t，比前一日增加80万t，可用天数上升到12天。库存低于3天的电厂17个，比前一日减少8个
02-12	铁路运输秩序正常，主要干线运输通畅	全国高速公路和普通国、省干线公路运行正常，无阻车和旅客滞留现象，仅贵州、广西少数县乡公路因道路结冰而实行交通管制	电网恢复稳步推进，多数省级电网运行基本正常	2月11日，直供电厂存煤2369万t，比前一日增加58万t，可用天数达12天。库存低于3天的电厂21个，比前一日增加4个

（1）交通运输

京广、沪昆铁路因断电运输受阻，京珠高速公路等"五纵七横"干线近2万km瘫痪，22万km普通公路交通受阻，14个民航机场被迫关闭，大批航班取消或延误，造成几百万返乡旅客滞留车站、机场和铁路、公路沿线。

（2）电力设施

持续的低温雨雪冰冻造成电网大面积倒塌断线，13个省（区、市）输配电系统受到影响，170个县（市）的供电被迫中断，367万条线路、2018座变电站停运。湖南500kV电网除湘北、湘西外基本停运，郴州电网遭受毁灭性破坏；贵州电网500kV主网架基本瘫痪，西电东送通道中断；江西、浙江电网损毁也十分严重。

（3）电煤供应

由于电力中断和交通受阻，加上一些煤矿提前放假和检修等因素，部分电厂电煤库存急剧下降。1 月 26 日，直供电厂煤炭库存下降到 1649 万 t，仅相当于 7 天用量（不到正常库存水平的一半），有些电厂库存不足 3 天。缺煤停机最多时达 4200 万 kW，19 个省（区、市）出现不同程度的拉闸限电。

（4）农业林业

农作物受灾面积 2.17 亿亩①，绝收 3076 万亩。秋冬种油菜、蔬菜受灾面积分别占全国的 57.8% 和 36.8%。良种繁育体系受到破坏，塑料大棚、畜禽圈舍及水产养殖设施损毁严重，畜禽、水产等养殖品种因灾死亡较多。森林受灾面积 3.4 亿亩，种苗受灾 243 万亩，损失 67 亿株。

（5）工业企业

电力中断、交通运输受阻等因素导致灾区工业生产受到很大影响，其中湖南 83% 的规模以上工业企业、江西 90% 的工业企业一度停产，有 600 多处矿井被淹。

（6）居民生活

灾区城镇水、电、气管线（网）及通信等基础设施受到不同程度破坏，人民群众的生命安全受到严重威胁。据民政部初步核定，此次灾害共造成 129 人死亡，4 人失踪；紧急转移安置 166 万人；倒塌房屋 48.5 万间，损坏房屋 168.6 万间；因灾造成的直接经济损失 1516.5 亿元。

雨雪冰冻的伤痛未去，又遇地震来袭。据不完全统计，汶川地震波及四川、甘肃、陕西和重庆等 16 个省（区、市），417 个县、4624 个乡（镇）、46 574 个村庄受灾，灾区总面积达 44 万 km²，受灾人口 4561 万。地震应对初期，曾出现外界长时间无法获取灾区情况、次生衍生灾害情况不明、信息上报标准不统一等现象，以及在应对过程中对受灾群众的心理创伤重视不够等现象。

此外，与我国密切相关的国际性重大突发事件也时有发生。例如，中国石油天然气股份有限公司吉林石化分公司（简称中国吉化公司）设备爆炸导致哈尔滨水污染事件影响了我国和俄罗斯的外交关系，非典型肺炎在世界范围的迅速蔓延，毒奶粉事件引起的国际范围的关注等。这表明，突发事件的发生和影响已经不仅仅局限于国界之内，随着世界经济发展和格局变化，世界逐渐被称为"地球村"，对突发事件的应对需要从风险管理、社会心理学的角度深入研究。同时，我国所处的国际、国内环境正进一步复杂化，为应对可能的突发国际、国内社会安全事件，也应有前瞻性的研究和超前准备。

近年来，国际范围内突发事件的多发频发和严重程度加剧，已经引起世界各国的广泛关注。2001 年美国"9·11"事件共造成 2752 人死亡或失踪，经济损失达数千亿美元，更在人类历史上第一次使恐怖主义的阴影笼罩全球；2004 年年底突如其来的印度苏门答腊地震海啸波及 12 个国家，致使 20 多万人丧生，5 万人失踪，超过 50 万人

---

① 1 亩 ≈ 666.67m²

流离失所，并衍生出公共卫生危机；2005 年 8 月"卡特里娜"飓风致使 1000 多人丧生，50 万人无家可归，受灾人口高达 500 万，经济损失达 2000 亿美元，更引起了种族冲突和社会安全事件；2010 年 1 月的海地地震，给海地造成多达 300 万人的难民，约 22.25 万人死亡，19.6 万人受伤；2011 年 3 月日本发生地震、海啸，并引发核泄漏事故，造成 15 843 人死亡、3469 人失踪，泄露的核物质影响了周边多个国家，并引发严重的恐慌、抢购等。福岛核电站核泄漏事故被认为是 1986 年切尔诺贝利核电站事故以来最严重的核事故。

　　虽然公共安全科技一直在快速发展，但在相当长的一段时间内，公共安全科技的研究是分散在各个领域中的，如地震、台风、火灾、煤矿安全、核安全、防恐反恐、传染病防治等。"9·11"事件之后，世界各国的科研人员和管理人员都开始反思公共安全科学的综合交叉性，以及这种综合交叉的重要性。例如，美国联邦紧急事态管理局（FEMA）在 2002 年的调查报告中认为，"9·11"事件中，世贸中心是由于航空燃料引起的火灾的高温，使结构钢材的强度突然降低而造成了破坏和最终的倒塌。

　　在我国的安全科技研究和发展中，同样长期存在各领域分散研究的情况。在我国的各类科研项目申报分类中，长期没有公共安全的类别。我国自 1997 年颁布实施的研究生培养的学科目录里"安全技术及工程"长期以来只是"矿业工程"下的一个二级学科，涉及安全方面的分支学科分别散落在不同的学科门类，不易形成学科群和学术团队，不同的分支学科往往又隶属于不同的部门，因而很难协调和形成合力，多学科攻关局面难以实现，使原本应是综合性的公共安全学科发展不够平衡。安全领域的众多学者纷纷呼吁和推动公共安全的学科建设和领域发展。2011 年国务院学位办颁布实施新的"学位授予和人才培养学科目录（2011）"，第一次把"安全科学与工程"列为一级学科。公共安全科研发展和学科建设进入了一个全新的历史时期。我国自 2003 年开始着手制定的国家中长期科技发展规划中，首次把公共安全作为一个独立的主题进行研究，19 个部门的约 300 名各学科专家，对涉及生产安全、食品安全、防灾减灾、社会安全与反恐防恐、核安全、火灾与爆炸、出入境检验检疫等方面的公共安全问题和公共安全科技的整体发展进行了全面系统的研究，形成了公共安全专题战略研究报告。这次战略研究是我国第一次对公共安全整个领域的科技发展进行系统的中长期战略规划研究，在研究的组织上打破了传统的安全科技分散、零碎的条块结构现状，从领域整体上进行了公共安全科技发展的系统设计。报告明确指出，实施"科教兴国战略"是我国公共安全工作的必由之路，科技竞争力已成为实现公共安全保障能力发生质的飞跃的关键所在；必须充分发挥科学技术第一生产力的作用，从国家整体层面整合公共安全资源，全面推进国家公共安全科技创新体系的建设，迅速提升我国的公共安全科技实力和创新能力，有效支撑应急预案顺利实施和跨部门、跨领域的国家应急体系成功建立，为公共安全从被动应付型向主动保障型、从传统经验型向现代高科技型的战略转变提供科技支撑。这次中长期科学与技术发展规划，对于我国的公共安全科技发展具有里程碑的意义。公共安全学科是理、工、文、管交叉融合的综合性学科，公共安全科技的使命是降低突发事件对人类社会的影响，保障人类社会与自然环境的和谐发展。

1.2　重大灾难的启示

当人类步入现代社会，当我们驶入太空、登上月球，当人类对世界的"改造"能力越来越强的时候，我们赫然发现，灾难事故正以前所未有的猛烈程度向我们冲击，印度洋地震海啸、卡特里娜飓风、非典型肺炎肆虐，2008 年年初的雨雪冰冻灾害和伤痕犹在的汶川地震。一次又一次的灾难事故对公共安全科技提出了警示和启示。

1.2.1　中国低温雨雪冰冻灾害

2008 年 1 月 10 日到 2 月 2 日，由于大气环流变化的作用，我国南方部分省市遭受到持续的低温雨雪冰冻极端天气过程。一共经历四次极端天气过程，分别为 1 月 10 日至 16 日、1 月 18 日至 22 日、1 月 25 日至 29 日和 1 月 31 日至 2 月 2 日。这次突发恶劣天气灾害具有持续时间长、灾害强度大、波及范围广的特点，历史罕见，总体灾害强度达到五十年一遇，其中贵州、湖南等地区为百年一遇。全国有 19 个省（区、市）不同程度受到影响，其中湖南、贵州、江西、广西、湖北、安徽、浙江 7 省（区）最为严重。这次灾害性天气正值春运高峰，主要发生地域又是我国交通、电力、煤炭和其他物资运送的重要通道和人口稠密地区，造成交通运输严重受阻，电煤供应告急，农业林业遭受重创，工业企业大面积停产，灾害造成的损失和影响呈现叠加放大效应，造成受灾区域百姓生命、财产的重大损失，严重影响其生产、生活。据统计，因灾直接经济损失达 1516.5 亿元[3,4]。

气象和海洋学家指出，此次雨雪冰冻灾害的主要原因在于拉尼娜现象。拉尼娜现象指发生在赤道太平洋东部和中部海水大范围持续异常变冷的现象（海水表层温度低出气候平均值 0.5℃以上，且持续时间超过 6 个月以上）。它是一种厄尔尼诺年之后的矫正过渡现象。这种水文特征将使太平洋东部（美洲）水温下降，出现干旱，与此相反的是西部（亚洲、大洋洲）水温上升，降水量比正常年份明显偏多。拉尼娜与赤道中、东太平洋海温度变冷、信风的增强相关联，实际上拉尼娜现象是热带海洋和大气共同作用的产物。海洋表层的运动主要受海洋表面风的牵制，信风的存在使得大量暖水被吹送到赤道西太平洋地区，在赤道东太平洋地区暖水被刮走，主要靠海面以下的冷水进行补充，赤道东太平洋海温比西太平洋明显偏低。当信风加强时，赤道东太平洋深层海水上翻现象更加剧烈，导致海表温度异常偏低，气流在赤道太平洋东部下沉，而气流在西部的上升运动更为加剧，有利于信风加强，这进一步加剧赤道东太平洋冷水发展，引发所谓的拉尼娜现象。

拉尼娜现象，为我国南方地区带来了大量的暖湿气流。自 2008 年 1 月以来，中高纬度的环流以经向型为主要特征，冷空气活动频繁。一方面是北方的冷空气很活跃，另一方面是南方的暖湿气流又源源不断向北输送，冷暖气流交汇的位置主要位于我国中东部地区，为出现大范围雨雪天气创造了有利的环流条件，也就造成了长时间大范围的低温降水天气。

雨雪冰冻灾害给我国的社会运行和经济发展造成了严重的损失，前文已经述及，这里不再赘述。雨雪冰冻灾害为公共安全科技提供了很多启示[5,6]。

（1）重视突发事件的综合预测

对于厄尔尼诺现象和拉尼娜现象，气象和海洋学的专家、学者已有大量研究，对于这类现象可能带来的异常气候也有估计，我国的相关监测系统也提示了拉尼娜现象的出现。但在实际的气象预报中并没有将这些因素汇总在一起进行综合分析，也没有考虑南方地区常年暖湿气候条件下骤发强低温天气的后果，因而没有在更早期针对可能出现的严重异常天气进行预报，而只是给出了常规的短期气象预报。加上各地对异常低温天气发生在南方地区可能带来的影响估计不足，各地基本都没有较早地进行有针对性的事前准备。可见，突发事件的预测不仅要考虑事件本身，还要考虑其后续和次生效应，并考虑承灾载体的实际情况，进行综合预测，从而使预测结果具有更强的针对性和实用性。

（2）重视次生灾害的综合预警

雨雪冰冻灾害初期，有关部门就发布了低温和雨雪天气预警，之后暴雪的气象预警更是升级为一级红色。但该预警信息只是单纯的气象预警，没有涉及异常恶劣的气象条件可能对交通、电力等系统的影响。相关部门也没有意识到气象预警与本系统的相关性，没有及时跟踪预测可能的灾害，并发布相应的预警。例如，针对电网和交通的应急预案都没有较早启动。直到灾害影响已经明显表现出来，电力、交通等部门才开始进入应急状态，错过了应对灾害的最佳时机。从系统的角度来看，系统越完备，系统各组成部分或子系统间的相关性就越强，局部破坏导致链效应或多米诺效应的可能性越大。因此，对于突发事件的预警需要考虑可能的次生灾害进行综合性的预警。

（3）重视应急管理的协同机制

对雨雪冰冻灾害的调研发现，在灾害应对的过程中，部门之间、部门与地方之间、地方与地方之间、地方与中央之间以及政府与公众之间缺乏及时有效的沟通，灾害应对的协同性不足。例如，雨雪冰冻灾害的预警信息发布后，有关基层单位如高速公路、火车站、机场、各用工单位等并没有及时采取措施进行疏导，导致大量汽车仍继续进入高速公路，大量人员持续涌入火车站、汽车站等，造成较大规模的拥堵。这说明管理层和基层单位间的协同不足。在雨雪冰冻灾害最严重的阶段，某省公路车辆和人员滞留严重，但由于缺乏各省间道路交通部门的协同机制，外省车辆仍然源源不断地进入该省公路，造成该省道路交通阻塞和滞留进一步加重。在雪灾区某县，由于铁路部门和当地政府信息的沟通与协调不足，在列车停止、断水断粮后，乘客无法获知具体情况又没有得到及时救助，导致事态的局势失控；由于高速公路管理机构与当地政府沟通协调不及时，在夜间仅提前 1 小时通知，且没有明确说明具体数量的情况下，由高速公路短时间内进入该县 420 多辆车，几千受灾人员，造成接待工作极度困难。可见，要实现良好的应对效果，必须重视多主体、多层次间的协同应对。

（4）重视提高基础设施的抗灾能力

提高基础设施的抗灾能力是从根本上提高安全性的措施。以电网为例，雨雪冰冻灾害中南方地区多省电网发生输电线路断线、输电设施倒塌的情况，导致大范围停电。其原因一方面在于南方地区的电网建设标准低，输电线路抗覆冰能力不足；另一方面，输电线路本身不具有覆冰自动报警和自动融冰能力，只能靠人员巡查发现覆冰情况并采用人工敲打的方式破冰，费时费力。在如此大范围的恶劣低温天气条件下，人工巡查和破冰的能力和效率远远无法满足需求。雨雪冰冻灾害之后，南方多省开始进行电网变电站融冰改造。通过覆冰预警系统实时监测线路覆冰厚度，采用自动融冰技术对输电线路覆冰进行融冰获得了成功。科技手段的应用切实提高了基础设施的抗灾能力。

1.2.2　日本阪神大地震

1995 年 1 月 17 日 5 时 46 分，日本兵库县南部阪神淡路地区发生了 7.3 级强烈地震，造成 6433 人死亡，4 万多人受伤，直接经济损失约 800 亿美元。阪神大地震使城市生命线系统遭到了非常严重的破坏，住宅被毁 639 686 栋，非住宅被毁 40 917 栋，文教设施被毁 1875 处，道路被毁 7245 处，桥梁被毁 330 处，水道断水约 130 万户，天然气断气约 86 万户，停电约 260 万户，电话不通 30 万回线。灾后的功能恢复花费的时间也很长，阪神高速公路全面恢复用了 1 年零 8 个月，电力系统的恢复用了 2 周，天然气的恢复用了 13 周，新干线的开通用了 3 个月，通信系统的恢复用了 1 周。

日本阪神大地震发生在日本第二大城市大阪和第六大城市神户，给城市安全保障带来了很多重要启示。

（1）城市建设环境和城市规划设计不合理造成灾害损失扩大

这次地震后由于煤气管道破裂，煤气泄漏，仅神户市长田区就引发了 300 余起火灾，房屋设计中木结构材料过多，大量使用易燃装饰材料，更增加了火灾造成的损失。同时长田区仅有 100 辆救火车的神户消防队因路面、水源遭破坏而陷入孤军奋战、杯水车薪的困境。

（2）僵化的应急运行机制导致应急和救援迟缓

日本政府的管理机制非常注重依法行政，这促进了社会和经济的高速发展。但是这种标准化、程序化的公共行政管理机制多是基于常态的，一旦行政环境发生改变，就会暴露出适应能力不强、缺乏灵活性的弱点。如果突然遭受大规模的突发事件的袭击，更无法产生行之有效的应对措施和方案。在阪神大地震之前，警察厅和消防厅上交的灾情信息都需要按照有关规定先递交国土厅才能送达首相官邸。日本自卫队法也有明文规定，若要调动自卫队参与地方救灾，必须以书面的形式提出请求，电话、传真等均无效。日本政府的政策具有自下而上、各部门充分协调的特点，但这在遭遇突发事件时却严重阻碍了其应急响应的速度和效率[7]。

（3）信息传递系统不畅通导致紧急对策反应迟缓

阪神地震发生后 35 分钟，国土厅才收到神户发生 6 级（后改为 7 级）地震的传真，而工作人员看到这份传真时，已经是地震发生后一个多小时了。直到震后 5 小时首相官邸才收到国土厅的相关报告，首相官邸在大地震的危急关头反而成了"信息的空白地带"，发表的灾情预测仅为死亡 300 人左右，不足实际死亡人数的 1/20[8,9]。

1.2.3 "3·11" 东日本大地震

2011 年 3 月 11 日 14 时 46 分，日本本州岛东海岸发生里氏 9.0 级大地震，并引发海啸灾难、核泄漏、危化品泄漏、火灾、爆炸、滑坡等一系列次生、衍生灾难。地震造成 15 534 人死亡，7092 人失踪，建筑完全倒塌106 858栋，部分坍塌 110 953 栋，造成经济损失约 16 兆 9000 亿日元（约合 1 兆 3000 亿人民币；汶川地震经济损失约为8000 多亿人民币）。

强震引发的巨大海啸直接袭击仙台，并波及多国沿海。日本海啸观测报告显示，多地海啸浪高接近或超过 10m，高石观测值达 8.5m 以上，相马观测值达 9.3m 以上。东京大学地震研究所测量结果表明海啸淹没高度的纪录为岩手县宫古市的 37.9m。据估算，海啸到达海岸的速度可达 140km/h，冲击力可达 50t/m²。据统计，地震造成的死亡人数中 90% 以上死于海啸。海啸之后的调查显示，很多人表示没有经历过这么强的地震，对海啸的警惕性也很弱；对于气象厅发布的海啸预警重视不够；虽然知道发生了地震，但没有意识到需要马上到避难所去；有些人知道最近的避难所，但很多避难所后来也被水淹没了；活下来的人大多是在避难所看到了海啸或听到了具体地名的广播等后向更高处疏散的人。

"3·11" 大地震还直接导致日本福岛核电站发生爆炸并引发核泄漏事故。调查显示，地震后核电站已自动停机，但机组需要冷却，可是由于地震导致了停电，无法输送冷却水。紧急电源也由于海啸失去了功能，在所有电源丧失的情况下冷却水无法传送。持续高温使水蒸发，压力升高，堆芯水位下降，核燃料棒露出水面。核燃料棒在无法冷却的情况下热量积聚，直至破损，产生放射性物质。同时由于化学反应，水蒸气被分解为氢气和氧气，压力继续升高，为防止安全壳破裂，排出一部分蒸气的同时也排出了放射性物质，并出现了氢气爆炸。一系列的问题导致最终无法控制的严重核泄漏事故。福岛核事故被评定为国际核事故 7 级（最高级）。福岛核事故给我们很多警示，如应提高核设施外部电源的抗震性；强化防海啸措施，如建筑隔水性、设备放在高处、设置防波堤等；为避免电源全部丧失，应配备多样电源；为避免全冷却系统丧失，考虑水源多样化；强化风险评价和危机管理；等等。

日本对 "3·11" 大地震的应对有很多值得借鉴的经验，如日本的紧急地震速报系统发挥了好的作用，使大部分公众在第一时间获知地震信息，赢取了宝贵的地震逃生时间；日本国民防灾意识强，灾害应对中相对冷静；新干线系统在地震时自动停止运行，没有发生事故。日本的地震应对同时也给应急管理带来很多警示，如拘泥于地方首长的部署，日本自卫队出动缓慢，未能及时救灾；国家集中救灾能力显得薄弱；核电站救援单纯依靠东京电力，国家统筹能力弱；灾后重建的土地问题、私有制弱点等。

1.2.4 中国吉化公司双苯厂爆炸事故和松花江水污染事件

2005 年 11 月 13 日，中国吉化公司双苯厂苯胺装置 T-102 塔发生堵塞，循环不畅，

11

因处理不当，发生爆炸，造成 8 人死亡，60 人受伤，直接经济损失 6908 万元。事故造成约 100t 苯类污染物随着污水排放到松花江，引发松花江水污染事件，受污染的松花江水流过的江面总长度超过了 1000km，造成哈尔滨市停水 4 天。造成此次突发事件的直接原因是该石化分公司缺少相应措施来防止污染水流排入松花江，在爆炸事故发生后，受污染的水体毫无阻碍地进入松花江，使我国的哈尔滨市和佳木斯市以及俄罗斯哈巴罗夫斯克市等面临严重的城市生态危机[10]。

这次突发事件发生在吉林和哈尔滨两个城市，是典型的次生衍生事件，其中的原因值得深思。

（1）风险隐患排查没有真正落到实处

我国传统产业布局的结构性环境隐患没有得到足够重视。例如，部分大中型化工石化企业规划在江河湖海沿岸、人口稠密区以及自然保护区，致使重特大水污染事件的发生概率较高。这些情况更需要进行风险隐患排查，避免各类突发事件的发生。

（2）水污染事件中信息不畅通

吉林省政府在爆炸事故发生后，采用"内紧外松"的信息传播策略，没有如实报道污染事故的情况，反而以大量正面报道的手法，营造出"有序"、"有效"的假象。吉林省对邻省黑龙江将面临的生态危机也采取封闭传播的举措。黑龙江省获知水污染信息后，也以经济安全为由，在停水前期瞒报，使当地居民无法及时获知污染情况。法国《费加罗报》指出，此次松花江污染事故暴露出中国政府在某种程度上缺少有效的机制来应对突发的大规模危机。哈尔滨市政府曾试图控制新闻传播，导致各种流言、小道消息在网络和手机短信中大肆流传，直至当地政府发觉事态已无法掩盖，才向民众通报污染情况[11,12]。

（3）环境污染事故源于防治的规划建设不到位

目前，我国城市供水等行业还是缺乏应对突发性污染事故的能力，几乎所有的水厂都是按照常态设计建设的。针对这种情况各地正在逐步加以改进。例如，北京密云水库就增设了一些公路边护网，增加了隔离带的距离；沿江沿河的重化工企业不允许直接排污，要有一个中间地带的储污池；消防灭火的过程中都要求避免出现消防事故，防止出现污染泄漏等[13]。

（4）未能充分利用相关应急技术

此次松花江污染事件中，应急水质监测也存在问题。配置的监测仪器设施严重不足，采用的监测方法也不符合应急监测的要求。事故中也缺乏及时有效的信息支持，未能充分利用计算机、网络、通信和"3S"技术的优势，信息网络化建设滞后，力量分散，大部分都是重复的低水平建设，严重浪费了本就有限的资源，运行效益很低；覆盖面小，技术服务面窄；由于资金不足，难以及时升级技术。也没有建立应急处理各方面的数据库，信息咨询服务体系不健全，缺乏资源共享机制。这些短板都使应急处置工作更加难以有效开展[14]。

1.2.5 北美大停电

2003 年 8 月 14 日，美国东部时间 16 时 11 分（北京时间 15 日凌晨 5 时 11 分），美国东北部和加拿大大部分地区在大约 9300km² 的区域内发生了历史上最大规模的停电事件，此次停电涉及美国俄亥俄州、密歇根州、纽约州、马萨诸塞州、康涅狄克州及新泽西州等州和加拿大的安大略省、魁北克省。这是一起由电网局部故障扩大到电网稳定破坏、电压崩溃，最后造成电网瓦解，引起大面积停电的严重恶性事故。停电导致交通网络瘫痪，数万人被困于地铁、电梯和火车内，各种商业活动、生产活动和社会活动几乎全部停止，给大约 5000 万居民的生活和工作造成了严重影响。此次大停电持续近 30 小时，是继 "9·11" 事件后发生的又一起特别重大的突发事件。

在这起大规模停电事故中，纽约市政府表现出良好的应急意识和能力，果断采取了若干应急措施，使城市渡过了这一突如其来的事件。纽约市应对这次突发事件提供了一些可供我们借鉴的经验。

（1）公布有关信息及时、透明

市长布隆伯格在停电后半个多小时就举行了新闻发布会，通过电台广播向市民公布有关信息：这次停电只是一场事故，不是恐怖袭击事件。此后，布隆伯格还多次通过电台广播将最新的信息及时传达给黑暗中的纽约市民。这对稳定民心、协调全市救灾起了至关重要的作用。

（2）迅速启动应急预案并有效实施

纽约市自 1941 年开始设立专门处理紧急事务的机构，其间经历了 1967 年和 1977年的两次大停电以及 2001 年的 "9·11" 事件，形成了较完备的应急预案和拥有较完善的应急机制。此次停电事故发生后，纽约市应急管理办公室启动了其下属的紧急行动中心，协调警察、消防和医疗等部门进行救灾抢险。停电发生几分钟内纽约市警察局就启动应急预案，增派警力上街巡逻。根据应急预案，纽约市 3.6 万名警察事先都知道要到哪里报到，要做什么事情。作为在紧急状态下民众和政府联系的纽带，纽约市 911 紧急事务电话系统和 311 便民电话系统在救援过程中始终保持畅通，纽约市警察、消防和卫生部门在 14 日和 15 日两天的时间里对 15 万个求救求助电话作出回应。美国的独立专家、联邦官员和停电地区的领导人指出，如果不是纽约市在 "9·11" 事件以来近两年时间里制订全面细致的应急预案，2003 年停电事故造成的损失将会更大。

（3）公众应急意识强和应急准备充分

纽约市应急管理办公室专门在其网站上公布了纽约市平时可能遭遇到的包括飓风、雷暴和恐怖袭击在内的灾害，说明应采取的应对措施，告知从住宅、地铁、高楼等地撤离时应注意的事项等，这些措施提高了公众应对突发事件的能力。公共和商业机构的应对能力也大大提高，它们中的大多数都有完备的业务应急预案，包括安装备用的电力设施，给雇员发放应急物资等。所以，在停电过程中，许多机构都维持了正常的运作，金融市场没有因此歇业。停电地区的医院、监狱等不少机构纷纷启用备用电源应急。

当然这次停电事故也暴露出美国电网的一些问题，对我国城市电网建设有一定的借鉴作用。其主要问题是电网缺乏科学统一的规划，没有形成合理的网架结构。电网建设滞后，网络输送能力不足，系统备用下降。电网没有统一的调度中心，管理上缺乏有效协调机制。各电网公司为降低成本，对高压输电线路未进行正常的维护等。

1.2.6 中国非典型性肺炎疫情

2002 年 11 月，中国首例非典型性肺炎（SARS）病例出现在广东省佛山市，至次年 2 月疫情仍仅在广东局部地区流行。2003 年 3 月上旬疫情发展到山西、北京，开始了在华北地区的传播扩散，并向全国范围蔓延。而到 4 月中下旬，SARS 疫情已经扩散到全国 26 个省、自治区、直辖市。截至 2003 年 8 月 7 日，中国内地共报告 SARS 临床诊断病例 5327 例，发病率 0.39/10 万；死亡 349 例，病死率为 6.6%，死亡率为 0.023/10 万。SARS 病例主要发生在北京市和广州市，分别占 48% 和 24%。SARS 疫情不仅严重威胁我国人民群众的身体健康和生命安全，也严重阻碍了我国经济和社会发展[15,16]。

中国政府采取了一系列的应对手段，经过不懈努力，逐渐遏制住了疫情的发展。自 5 月开始，日发病人数、日死亡人数开始大幅下降，治愈出院人数大幅上升，SARS疫情得到了有效控制。6 月，全国日发病人数达到零报告或个位数报告，宣告疫情基本结束。但在疫情爆发和流行早期，疫情汇总渠道不畅，决策者对 SARS 事件的性质认识不够，对事件的危害估计不充分，对事件的认知反应不够快速，决策不够果断，致使疫情防治工作一度陷入被动，甚至造成疫情扩大的危险，这些都值得我们深思。

（1）公共卫生部门信息化水平低

疫情爆发之前，公共卫生信息系统存在诸多问题：疫情报告和疾病监测不及时、网络覆盖面小、医疗救治信息整合不利，同时，未能在执法监督部门建设有效的信息系统，也未形成公共卫生信息共享的平台。在 SARS 爆发之初，疫情信息传达很不畅通，从发病到国家收到报告全国平均需要 8~9 天，而从住院确诊到国家收到报告也平均需要 3~4 天，充分暴露了疫情报告渠道和信息公开制度不完善所带来的弊端。而且由于信息闭塞，政府部门不能准确掌握医疗资源的分布情况，无法实时获知可用床位、医护人员、救治设备、药品等的数量及所在位置，医疗救治的开展十分艰难和被动，难以整合和调动资源，使指挥救治工作顺利开展。

（2）公共卫生应急运行机制不健全

在 SARS 爆发早期，尚未形成相互协调支持的医疗救治体系；疾病监控和预警体系也尚不完善；医疗资源未能合理整合，医疗资源如医护人员、救治仪器、可用床位及救治药物的储备不足，无法满足突发重大疫情的需求。卫生管理部门缺少整体性和协同性；机构设置交叉重叠，未能形成良好的交互平台，无法满足疾病预防控制与疾病监测的及时性，也严重制约防控监测的质量，未能有效利用已有卫生资源[17]。

（3）信息发布机制不完善

在 SARS 爆发和流行早期，广东、北京等地的传染病发布系统表现出很强的封闭性，大众媒体集体失语，未能发挥出它们作为重要的疫情信息源的作用[18]。造成公众不能从正常的渠道获取真实信息，那么"谣言与小道消息"必然会去填补信息的空隙。缘于"思维惯性"和"从众社会心理"，必然会造成失序社会行为的出现[19]。

1.2.7　英国伦敦地铁恐怖爆炸事件

2005 年 7 月 7 日，英国伦敦地铁和公交车发生一系列重大恐怖袭击，当时正值上班高峰，袭击使当地交通陷入混乱，共造成 52 人死亡、700 多人受伤。但这次突如其来的事件并未引起长时间的慌乱，全面封锁数小时后，地铁已经能够部分恢复运营，次日除爆炸现场外，其他区域都已恢复正常。这得益于伦敦市的应急运行机制、监控设备和应急准备。

（1）应急运行机制有效

爆炸发生后，英国国民紧急事务秘书处（Civil Contingencies Secretariat，CCS）接到恐怖袭击事件报告后，立即向政府最高层汇报了情况。英国首相府迅速反应，内阁避至地下掩体开会，紧急启动了代号为"竞争"的反恐预案，拨预算 20 亿英镑。伦敦交通部门有意宣布爆炸为"用电达到高峰所致"，减少恐慌，封闭地铁。军队立即在伦敦街头采取行动，防止首都遭受袭击。警察、消防和医疗部门进入重大事件运行模式。警察、消防人员迅速赶赴现场，进入地铁隧道实施救援，紧急调动 100 多辆救护车赴袭击现场运送伤员，爆炸专家小组也赶赴现场待命。通信系统迅速确认恐怖分子是通过电话遥控来引爆炸弹，因此立即关闭了通信系统[20]。

（2）监视设备众多

恐怖袭击发生后，千余名伦敦警察对爆炸现场周边的 25 万多盘监控录像进行分析。为获取可供辨认的画面，调查人员还动用了美国国家航空航天局的先进技术，对模糊不清的图像进行处理。伦敦的火车站、地铁等公共场所有大量的监控设备，部分公交车上也有摄像头，伦敦市每人每天大约要被摄像机拍摄 300 次。基于众多的监视设备，5 日后，警方宣布，掌握了 4 名嫌疑人的电视录像。

（3）应急准备充分

可以发现，在这次恐怖袭击应对过程中，伦敦的各个部门和民众的应急意识强，相应的应急准备充分。警方、消防及救护等部门反应迅速。爆炸事件发生后，伦敦医疗系统立即进入戒备状态，大量受过专业训练的医护人员迅速参与到救助工作中。为应对突发事件，英国消防急救有非常完善详细的规定，甚至包括第一辆消防车到达后如何停车、第二辆的停放地点，指挥和救护人员的操作流程等都有明确规定。公司职员也有条不紊地进行疏散，爆炸发生后，靠近爆炸现场的一家金融公司就开始分批紧急疏散，而且并不是简单地疏散建筑外的空旷地带，而是疏散到一座应急备用办公楼中，那里设备齐全，足以保证公司业务的正常运转。

1.3 公共安全科技的现状与发展趋势

自"9·11"事件以来,国际上对公共安全科技的重视度迅速提升。中国科技部2005 年的《国际科学技术发展报告》指出:"安全研究在北大西洋两岸极受重视,美国政府将安全研究置于至高无上的地位。"欧盟委员会在 2006 年通过了欧盟安全战略"更好的世界,安全的欧洲",2007 年开始实施"欧洲安全研究计划"。欧盟委员会认为:"若无技术的支持,安全绝不可能到来。"

我国近年来高度重视公共安全科技。在《国家中长期科学和技术发展规划纲要(2006~2020 年)》中把公共安全列为我国科技发展的 11 个重点领域之一,内容涉及国家公共安全应急信息平台,重大生产事故预警与救援,突发公共事件防范与快速处置,重大自然灾害监测与防御等;《国家自然科学基金"十一五"发展规划》中也将"社会系统与重大工程系统的危机/灾害控制"纳入优先发展领域;在技术开发和工程实施方面,国家发展和改革委员会在突发事件体系建设层面设立了《"十一五"期间国家突发公共事件应急体系建设规划》。在相关科技计划中,国家高技术研究发展计划(863计划)设立重大项目"重大环境污染事件应急技术系统研究开发与应用示范"、"重大疾病检测与预警系统"、"高精度地震数字采集系统"等;国家重点基础研究发展计划(973 计划)设立"预防煤矿瓦斯动力灾害的基础研究"、"我国南方致洪暴雨监测与预测的理论和方法研究"、"灾害环境下重大工程安全性的基础研究"、"环境化学污染物致机体损伤及其防御的基础研究"等;国家科技支撑计划也设立重大项目"应急平台体系关键技术研究与应用示范",进行应急信息系统建设和相关通信技术的研究和开发,并设立"沙尘暴遥感监测与预报集成技术研究"、"非煤矿山典型灾害预测控制关键技术研究与示范工程"、"危险化学品事故监控与应急救援关键技术研究与工程示范"、"道路交通安全保障关键技术研究及示范"、"水库地震监测与预测技术研究"、"安全生产检测检验与物证分析关键技术和装备研究"、"三高气田钻完井安全技术体系研究与应用"、"雷电灾害监测预警关键技术研究及系统开发"等项目。2008 年度 973计划还确定了"台风登陆前后的演变及其成灾机理"、"重大工程灾变机理与控制理论"等一批重大研究计划优先资助方向。

国际上,美国自"9·11"事件以来逐步将单纯反恐的公共安全战略提升到针对更广泛的突发事件应急管理。2002 年美国国土安全部(Office of Homeland Security)发布的《国土安全国家战略》(*National Strategy for Homeland Security*)中将"科技"和"信息共享"作为战略基础,将突发事件应对、情报信息分析作为六个关键任务领域中的两个重要部分;2002 年美国国家研究理事会(National Research Council)发布的《科学技术在反恐中的作用》(*The Role of Science and Technology in Countering Terrorism*)中列举了七个方面的技术挑战:系统分析与建模、集成数据管理、传感器网络、机器人技术、数据获取系统及监控、生物计量、人类与组织行为,并特别关注技术研发项目的协调和集成。2004 年美国国土安全部发布的《国家响应计划》(*National Response Plan*)宗旨在于指导阻止和应对危机事件的管理协同;整个报告分六部分,其中第五部分着重讨论了"突发事件的管理行为"。2004 年美国国土安全部也发布了《国家关键基础设施保护科学发展计划》（*The National Plan for Research and Development In Support of Critical Infrastructure Protection*）。2005 年美国国土安全部发布的《国土安全数据科学技术：信息管理及知识挖掘》（*Data Science Technology for Homeland Security：Information Management and Knowledge Discovery*）针对其科学与技术（S&T）项目对数据科学的需求进行了阐述，强调了在应急管理中的数据分析、传播、可视化和共享科学问题。

美国国家科学基金会（National Science Foundation，United States）目前资助的跨学科计划中，有五个计划（①Human and Social Dynamics；②Dynamics of Coupled Natural and Human Systems；③Explosives and Related Threats：Frontiers in Prediction and Detection；④Domestic Nuclear Detection Office/National Science Foundation Academic Research Initiative；⑤Information Technology Research for National Priorities）与公共安全的应急管理有关。

欧盟框架计划（framework program，FP）中的 FP5～FP7 均设有公共安全的应急管理项目研究计划，如 FP6 中的 WIN 计划，设计、开发、建立欧洲应急管理信息体系；FP7 在其合作领域中，将公共安全第一次单独分离出来，成为独立的一个领域。

日本从国家长远战略出发，在第三期科技基本计划中提出了国家支柱技术战略，重点发展包括灾害监控体系等涉及国家整体安全的支柱技术在内的重要技术。计划中与公共安全有关的重点方向有：①抵御自然灾害及解决地球环境问题等所需的全球综合观测和监视体系；②确保资源稳定供给及防震防灾的海洋探测体系等。

总体上，国际公共安全研究的发展趋势具有如下几方面的特点：①从单因素向多因素发展；②从单灾种向多灾种发展；③从单系统向多系统发展；④重视大型软件系统研发；⑤大力发展实用化设备装备。

1.4 公共安全的"三角形理论模型"

纵观突发事件从发生、发展到造成灾害作用直至采取应急措施的全过程，我们可以发现突发事件及其应对中存在三条主线，也可以把它们称为公共安全科学的三个主体：其一是灾害事故本身，称之为"突发事件"；其二是突发事件作用的对象，称之为"承灾载体"；其三是采取应对措施的过程，称之为"应急管理"。突发事件、承灾载体、应急管理三者构成了一个三角形的闭环框架[21]。

公共安全问题需要研究突发事件的孕育、发生、发展到突变的演化规律及其产生的能量、物质和信息等风险作用的类型、强度及时空特性；研究承灾载体在突发事件作用下和自身演化过程的状态及其变化，可能产生的本体和（或）功能破坏，及其可能发生的次生、衍生事件；还需要研究在上述过程中如何施加人为干预，从而预防或减少突发事件的发生，弱化其作用；增强承灾载体的抵御能力，阻断次生事件的链生，减少损失；避免应急不当可能造成的突发事件的再生、承灾载体的破坏以及代价过度。进一步深入探寻，我们发现在突发事件及其应对的三角形框架中还存在三个关键因素——物质、能量、信息，我们称之为灾害要素。

总结突发事件、承灾载体、应急管理及其相互关系，我们提出公共安全的"三角形理论模型"，如图 1.1 所示。

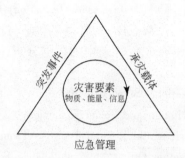

图 1.1　公共安全的"三角形理论模型"

本书重点介绍灾害要素、突发事件、承灾载体、应急管理以及公共安全"4＋1"方法学。

参 考 文 献

[1] 周琦. 雨雪冰冻灾害中多主体协同机制研究. 清华大学本科毕业论文，2008.

[2] 国家发展和改革委员会. 关于全国抗击低温雨雪冰冻灾害工作总结反思报告. 2008.

[3] 张平. 国务院关于抗击低温雨雪冰冻灾害及灾后重建工作情况的报告：2008 年 4 月 22 日在第十一届全国人民代表大会常务委员会第二次会议上. 中华人民共和国全国人民代表大会常务委员会公报，2008.

[4] 唐丽娟. 苏州市气象灾害应急管理体系建设研究. 同济大学硕士学位论文，2008.

[5] 廖学华. 基层政府应对突发自然灾害危机管理机制的构建. 浙江大学硕士学位论文，2010.

[6] 张翼. 要求做好灾区市场供应和稳定价格工作公布煤电油运和抢险抗灾工作最新进展. 光明日报，2008.

[7] 淳于淼泠. 日本政府危机管理的演变. 当代亚太，2004，(7)：54-58.

[8] 李忠荣，淳于淼泠. 政府创新危机管理体制的若干要点：日本阪神大地震个案分析. 重庆大学学报（社会科学版），2005，11（3）：5-8.

[9] 刘哲. 政府公共危机管理：一个公民参与角度的探讨. 苏州大学硕士学位论文，2006.

[10] 陈力丹，陈俊妮. 松花江水污染事件中信息流障碍分析. 新闻界，2005，(6)：19-22.

[11] 杨颖. 论政府危机传播中的信息公开问题. 四川大学硕士学位论文，2006.

[12] 钟良. 突发事件报道理念的中西差异：以"松花江水污染"报道为例. 青年记者，2006，(22)：25-26.

[13] 彭祺，胡春华，郑金秀，等. 突发性水污染事故预警应急系统的建立. 环境科学与技术，2006，(11)：58-61.

[14] 李俊杰. 吉林石化分公司双苯厂爆炸事件之启示. 吉林大学硕士学位论文，2007.

[15] 殷文渊，王冬梅，文小宁. SARS 给我国公共卫生体系建设带来的思考. 中国预防医学杂志，2004，(3)：240-242.

[16] 国务院应急管理办公室. 全国防治非典工作情况. http：//www. gov. cn/yjgl/2005－08/09/content_ 21394. htm. 2005.

［17］陈智高．营利组织的管理理念在非营利组织中的应用研究：以江苏省疾病预防控制机构为例．
　　　南京理工大学硕士学位论文，2004.

［18］陈友良．当前中国灾难新闻报道的缺陷及其对策．湘潭大学硕士学位论文，2008.

［19］李浩崴．危机事件中的大众传媒．南京师范大学硕士学位论文，2007.

［20］施晓慧．伦敦连遭恐怖爆炸袭击之后．人民论坛，2005，（8）：32-34.

［21］范维澄，刘奕．城市公共安全与应急管理的思考．城市管理与科技，2008，（5）：32-34.

第 2 章 灾 害 要 素

灾害要素是可能导致突发事件发生的因素，本质上是一种客观存在，具有物质、能量、信息三种形式[1]。突发事件虽然表现为自然灾害、事故灾难、公共卫生事件、社会安全事件等多种多样的类型，但从本质上讲各种突发事件的作用都可以归纳为物质、能量或信息的作用或者其耦合作用；承灾载体本质上也同样是由物质、能量和信息三者组合构成的，在形式上表现为丰富的客观世界。应急管理的对象正是来自突发事件和承灾载体的各种灾害要素，从而避免或降低其对人类社会和自然环境造成的危害[2]。

2.1 物质形式的灾害要素

2.1.1 无毒害性的物质

无毒害性的物质作为灾害要素导致突发事件的必要条件是系统为开放系统。作为一个开放系统，必然与外界进行物质或能量的交换。系统与外界的物质交换可以分为两类：一类是单一物质交换；另一类是存在多种物质交换以及物质间的融合。

（1）单一物质交换的系统

单一物质交换的情况下灾害要素导致突发事件的常见方式是物质的量超临界。典型例子是雨涝和洪水灾害，这二者有时也统称洪涝灾害。雨涝灾害指由于大雨、暴雨或长时间持续降雨使低洼地区大量积水或淹没的现象。雨涝灾害对农作物生长有较大的危害。近年来，随着城市建设的发展，城市地表"水泥化"程度不断增长，加之城市排水系统能力的局限，城市道路凹槽路段增多等因素影响下，暴雨导致的城市内涝时有发生，对城市居民的生命财产安全造成威胁。2012 年 7 月 21 日，北京市遭遇特大暴雨，中央气象台的资料显示，北京全市平均降雨量为 190.3mm，石景山区模式口村降雨量达到 328mm，房山区河北镇降雨量达到 460mm，北京市 11 个气象站观测到的雨量突破了建站以来的历史极值。据有关报道，北京"7·21"大暴雨导致北京受灾面积 16 000km²，成灾面积 14 000km²，造成 79 人遇难，全市受灾人口 190 万人，全市经济损失近百亿元。

洪水灾害是另一个典型的由于物质的量超临界导致的灾害。洪水灾害是由于流域大范围持续暴雨降雨或短时间内大量冰雪急剧融化等原因引起的江河水量迅速增加、水位迅速上升的现象。一旦江河水冲出河道或堤坝，就会导致严重的灾难性破坏。洪水灾害往往是经过较长时间的连续强降雨，水量累积造成洪水。在洪水发生之前通常有十几到几十天的累积时间。而一旦堤坝不能抗御洪水，溃坝往往在瞬间发生并迅速造成严重的破坏。在物质（水）的累积过程中，我们可以采用科技手段对物质的量的累积规律和趋势进行观察、观测和分析、预测，从而了解物质（水）的累积过程和可能达到的峰值，将这一可能的峰值与承灾载体的抗御能力进行比较分析，对灾害的发生和演化作出综合研判。1998 年的长江抗洪中，在荆州市沙市区水位达到 45.22m，比规定的分洪水位 44.67m 超过 0.55m 时，决策层毅然作出不分洪的决定，支持这一决策的依据就是对洪水累积规律的认识和对洪水峰值的判断。

值得注意的是，无毒害物质的灾害要素本身并不具有危害性，因此，在其物质累积的初期往往容易被忽视，错过了控制其累积发展的最佳时机。2008 年年初我国南方发生的雨雪冰冻灾害就反映了这一问题。低温天气初期，社会各界并没有意识到降雪可能造成的破坏，降雪在北方是年年都有的自然现象，东北地区动辄积雪数尺，几乎没有发生过由于降雪导致的大规模灾害。可以想见，降雪初期南方很多省市的人们对罕见的降雪是带着新奇和欣喜的。南方地区常年无雪的气候条件也使大部分南方城市没有足够的清雪除冰材料和设施的储备。当人们意识到过量的降雪可能导致严重灾害的时候，显然已经错过了应对雪灾的最佳时机，各地道路积雪积冰严重，输电线路覆冰、悬冰现象突出，低温天气仍然在继续并日趋恶劣。种种因素的累积导致了 2008 年雨雪冰冻灾害的严重后果。事后反思，其实我们有足够的技术手段来分析、预测雪灾的发生发展，也有足够的技术手段应对雪灾，但我们没有把握时机，在量（降雪量）的累积初期没有采取有效的应对措施，这是导致严重雪灾后果的原因之一。

还需要注意的是，物质的量累积超临界致灾的发生有时还和众多的环境因素有关，从量的超临界到发生灾害之间存在过渡区间。2011 年春季发生在新疆的融雪性洪水灾害就是典型的例子。2011 年初春，随着冷空气结束，从 3 月下旬开始，新疆大部分地区升温较快，加速了积雪融化。由于南疆山区及北疆地区积雪较厚，乌鲁木齐、昌吉、博尔塔拉、阿勒泰、塔城、巴音郭楞等地局部均已出现融雪性春洪。3 月 29 日，洪水冲出山谷，袭击了昌吉市沿山地带的两个乡镇，导致 7 个村庄遭受较大的洪涝灾害。从 27 日开始，融雪性洪水还先后袭击了乌鲁木齐的近郊地区。洪水穿过乌昌高速公路涵洞，袭击乌鲁木齐市小地窝堡村。在塔里木盆地东部，洪水还一度阻断公路，造成 315 国道新疆若羌至青海段百余台车辆受阻。融雪性洪水的发生和强降雨导致的洪水发生存在很大的区别。强降雨导致的洪水，物质的量是持续累积并且趋向临界值发展，其趋势和规律较易被发现和掌握。对于融雪性洪水，其物质的量的累积并达到临界值存在一个提前"储存"阶段，这一阶段并不会导致灾害的发生。灾害发生的"储量"的"释放"阶段，并且灾害强度和"储量"与"释放速率"有关，而"释放速率"又和环境因素有密切的关系。例如，在融雪性洪水灾害中，由于前冬的降雪量大导致积雪的"储量"大，春季气温回升快导致了"释放速率"大，融雪性洪水灾害发生。如果春节气温回升缓慢，积雪虽然量大，但缓慢融化的过程并不会导致洪水发生。因此，关注"储量"、"释放速率"以及影响"释放速率"的环境等因素，是应对此类灾害的关键。

（2）多种物质交换及融合的系统

对于存在多种物质交换以及物质间的融合的开放系统，导致突发事件的常见方式也是量的超临界，但这种情况下的临界值并不是其中任何一种物质单独存在下的临界值，也不是几种物质临界值的简单叠加，而是与物质间的融合有着复杂的相关关系。一个典型的例子是泥石流。

泥石流是指在山区或沟谷地形区，由于强降雨或融雪性洪水引发的，挟带大量泥沙石块等倾泻而下，具有强大破坏力的特殊洪流。泥石流具有突然性、流速快、流量大、物质容量大和破坏力强等特点。泥石流与洪水的区别在于洪流中含有大量的泥沙石砾等固体物，比洪水具有更大的破坏力。

泥石流的形成有几方面的条件：

其一，强降雨或其他原因导致的大量水流。水是泥石流的基本组成部分，也是搬运泥沙石砾的基本动力。发生泥石流的地区通常是先发生强降雨，或者急剧融雪，有时上游水库溃决也是产生大量水流的原因。

其二，地表条件。发生泥石流地区的地表条件往往结构疏松、山体破碎、植被生长不好，使大量的泥沙石砾等地表固体物容易被流水挟带。

其三，地形条件。地势陡峭，地形沟床纵坡大，流域形状便于水的汇集，这些条件都使泥石流容易迅猛直下，导致灾害。

可见，水流裹挟泥沙石砾形成的物质交换与融合系统，是形成泥石流的基本方式。泥石流的形成，与水流情况、地表情况、地形条件等众多因素有关，其导致灾害发生的临界值不是简单的因素叠加，而是多因素耦合的复杂函数关系。

（3）物质–能量共激系统

开放系统存在与外界能量交换的情况下，物质与能量的共激往往是导致突发事件的根本原因。例如，地震等引发的海啸就是典型的物质–能量共激系统造成的灾害。

关于海啸的定义有很多种，海洋学中把海啸定义为：由海底地震、火山爆发或巨大岩体塌陷和滑坡等导致的海水长周期波动，能造成近岸海面大幅度涨落。生态学中把海啸定义为一种具有强大破坏力的海浪，当海水被扰动而引起海水剧烈起伏时，形成强大的波浪，向前推进将沿海地带淹没的灾害称为海啸。水利学中海啸的定义较之海洋学有一定的延伸：由于海底地震、地壳变动、火山爆发、山体滑坡、海中核爆炸等造成的海洋和近岸水域水面巨大涨落现象。

2004年12月26日，印度尼西亚苏门答腊外海发生里氏9级海底地震，之后引发海啸，灾情波及东南亚、南亚和东非多国，造成斯里兰卡、印度、泰国、印度尼西亚、马来西亚等国家近30万人丧生，500多万人受灾，100多万人无家可归。印度尼西亚苏门答腊岛北部的亚齐省离震中最近、受灾也最严重。省内的基础设施绝大多数被海啸摧毁，所剩不多的基础设施也被严重破坏。斯里兰卡上千千米的海岸线受到袭击，沿岸约100 000栋房屋被摧毁，其中的75%被完全摧毁。150 000辆车和沿海的公路、铁路、电力设施、通信系统、供水设施、渔港也遭到不同程度的破坏。其中渔业、旅游业和零售业遭到严重破坏，12个渔港中的10个遭到破坏。马尔代夫全国范围内均受到海啸袭击，全国约一半房屋受灾，大量建筑设施被摧毁，经济遭受严重损失[3]。

海啸是典型的物质 - 能量共激系统。海底地震、地壳变动、火山爆发等造成的大量能量释放使海水产生大范围剧烈震动，并很快形成海浪。在最初阶段，表现为长度为数十公里到数百公里、高度不大的群浪，且运动速度非常快，有时可达每小时1000多千米。波浪生成的海域越深，浪速越快。当传播到近海岸处时，由于海域变浅，骤然间形成"水墙"，于是出现巨浪滔天的现象。到达岸上后，由于深度再次急剧变浅，波高骤增，带着巨大冲击力的巨浪具有毁灭性的破坏力，轻而易举便可席卷整个城市和村庄。

2.1.2 有毒害性的物质

2.1.2.1 有毒害性物质的分类

有毒害性物质一般可以分为三类——生物物质、化学物质、核物质，也就是所谓的"核生化"。一提到核生化，我们首先想到的就是恐怖袭击。事实上，早期的恐怖手段很少涉及核生化物质，大多以暗杀、绑架、劫持人质、武装袭击等手段进行，究其原因可能是那个时期人类所掌握的核生化物质还很少。随着时代发展，人类"发明创造"了越来越多的核生化物质，这些物质在为人类的生产生活服务的同时，也被恐怖分子所利用，成为现代恐怖袭击的主要手段。这真是人类和自己开的一个大玩笑。

(1) 生物物质

生物恐怖袭击是现代恐怖袭击的主要手段之一，利用可在人与动物之间传染或人畜共患的感染媒介物（细菌、病毒、原生动物、真菌），制成各种生物制剂，发动攻击，致使疫病流行，人、动物、农作物大量感染，甚至死亡，造成较大的人员、经济损失，引起社会恐慌、动乱。生物恐怖袭击的可怕之处在于恐怖组织不必建造大型工业水平的实验室就可小规模地生产生物武器，从而造成可怕的后果。美国的炭疽信件案表明，几克炭疽病原体就足以对一个庞大的国家造成严重的影响。由生物物质导致的突发事件，在恐怖袭击之外，最受关注的就是大规模传染性疾病了。研究表明，2003年爆发的非典型肺炎事件是由冠状病毒导致的，非典型肺炎的冠状病毒的生命力比原先预测的要强：它在人体外一般存活数小时，但在人类排泄物中存活长达4天，在0℃时甚至可以无限期存活。根据世界各地一些实验室的研究，科学家们发现，"非典"病毒可以在室温情况下在一个塑料表面存活至少24小时，在低温环境中可以存活更长时间，不过它们在36.9℃时就会死亡。值得欣慰的是，中国和欧盟的科学家联手，成功找到了15种能有效杀灭"非典"病毒的化合物，为合成非典型肺炎治疗药物提供了新方法。

当科学家刚刚为找到治愈非典型肺炎的方法而欣慰时，另一种高致病性流行疫病——禽流感已经开始悄悄侵袭人类。据世界卫生组织公布，流感病毒一般具有很高的非特种性，即侵犯一个物种（人类、某些种类的禽、猪、马和海豹）的病毒"忠实于"该物种，仅在罕见的情况下超越范围使其他物种受感染，但高致病性 H5N1 型病毒显然是个例外。高致病性病毒能够在环境中长期生存，特别是当温度很低的时候。有关研究表明，H5N1 型病毒在最近几年至少有三次感染人类：1997 年在香港（18 人患病，6 人死亡）、2003 年在香港（2 人患病，1 人死亡）以及于 2003 年 12 月开始并于 2004 年 1 月首次得到确认的爆发；如果 H5N1 型病毒获得足够的机会，它将具备发起另一场流感大流行所需的条件。

对于由生物物质导致的突发事件，由于生物本身所具有的特殊能力，人类迄今仍无法了解相当多的致病和致命性生物的作用机理。因此，在病理学、生理学、药理学等研究之外，如何通过控制接触从而阻断流行性的疾病蔓延已经成为该领域的热点问题之一。

（2）化学物质

由化学物质导致的突发事件中，化学恐怖袭击也是常见的恐怖手段。据报道，自 20 世纪 60 年代以来，全世界已经发生化学恐怖袭击 207 起。1995 年 3 月 20 日发生在日本的震惊世界的东京地铁沙林毒气事件就是典型的化学恐怖事件。通过将有毒化学物质（大多是气体）释放到一定区域形成危害，是化学恐怖常用的方式。有毒气体扩散的范围越大，该区域内的人员越多，造成的危害就越大。因此，城市大型公共场所，如城市商业中心、文娱中心、交通枢纽、大型交通工具、会议中心、公务中心以及标志性建筑设施，食物、饮水配送系统等人群密集地区往往成为化学恐怖袭击的首选目标。在东京地铁沙林毒气事件中，恐怖分子就使用了 5kg 的沙林，用报纸包成 6 个饭盒大小的纸包散落在地铁中加以释放，造成严重的后果。沙林在 20 世纪 30 年代由纳粹分子发明，它的毒性比氰化物气体大 20 倍。长时间暴露于沙林气体中，可导致痉挛、麻痹、昏迷、心脏和呼吸系统衰竭。它无色无味，因此从人们感觉异常的那一刻起就已出现了相关症状，这包括呼吸困难和眼睛水肿。医院对于如此大规模的紧急情况尚无准备，而且在确定沙林是致病原因后也几乎不知道应如何医治伤患。某些乘客在帮助他人的同时又使自己深陷毒气危机中，而由于缺乏保护设备和隔离程序，又导致了 135 名医务人员受伤。这次袭击导致 12 人死亡，3000 多人受伤，许多人至今依然受到毒气袭击带来的后遗症的影响，这包括脑损伤、呼吸问题和情绪沮丧。

在恐怖袭击之外，最受关注的当属危险化学品的意外泄漏。由于有毒化学物质在现代化工业生产中被大量使用，我们不得不遗憾地注意到，由化学物质导致的突发事件中，化学恐怖只是很小的一部分，大量涉及化学物质的突发事件是一系列的事故灾难引发的危化品泄漏。2003 年年底发生了我国乃至世界井喷史上罕见的事故——重庆市开县高桥镇井喷事故。高桥镇位于重庆市开县西北方向，距离县城约 80 公里。高桥镇内的"罗家 16H"井，蕴藏的天然气高含硫。"罗家 16H"设计井斜深 4322m，垂深 3410m，水平段长 700m，设计天然气产量为每日百万立方米。2003 年 12 月 23 日晚 9 时 55 分，在钻探队对该气井起钻时突然发生井喷，而且事故发展异常迅速，大量硫化氢气体涌出，致使其浓度高达 100ppm① 以上，预计无阻流量为每天 400 万～1000 万

---

① 本书 ppm 指测定的体积浓度值，$1ppm = 10^{-6}$。

m^3。涌出的毒气随风快速弥漫开来，引发大面积有毒气体灾害，严重威胁人民群众的生命安全和财产安全。据统计，此次事件共导致 9.3 万余人受灾，紧急转移人员超过 6.5 万人次，累计救治伤员达 27 011 人次，其中住院治疗 2142 人次，因灾死亡 243 人，直接经济损失超过 8200 万元。其中由于距离"罗家 16H"井较近，开县的高桥镇晓阳、高旺两个村受灾最为严重，有 2419 人受灾，死亡 212 人。2004 年 4 月 15 日 19 时左右，重庆天原化工总厂的工人在操作中发现，2 号氯冷凝器的列管出现穿孔，有氯气泄漏，随即进行紧急处置。到 16 日凌晨 2 点左右，这一冷凝器发生局部的三氯化氮爆炸，导致氯气大量泄漏。氯气一旦进入呼吸系统，可能迅速灼伤呼吸系统使人窒息而死，浓度超过 $25mg/m^3$ 就会让人失明直至送命。该事故造成 9 人失踪或死亡，3 人受伤，约 15 万周边居民被疏散[4]。

我们所庆幸的是，相对于生物物质，人类对于化学物质的认识显然要深入得多，因此我们有可能和有能力采用恰当的手段去阻止化学物质的蔓延。例如，在重庆天原化工厂的氯气泄漏事件中，消防人员采用消防用水与碱液在外围 50m 处筑起两道水幕进行稀释，水幕封锁线以每小时 12t 的速度喷洒碱水对泄漏的氯气进行稀释。有效的应对措施使泄漏的氯气得以控制，没有造成更大范围和更严重的影响。但是，化学物质应对的一个难题是，其扩散是无声无息、自由飘散的。相比于生物物质需要依靠媒介传播的模式，化学物质的扩散显然更迅速也更难以控制。因此我们就更需要依靠科学的手段去了解化学物质蔓延扩散的机理和规律。

（3）核物质

核物质是一类让我们谈虎色变的物质，由于其所具有的放射性特点和这种放射性可能带来的严重后果，核物质几乎是公众认为最危险的物质之一。事实上，宇宙、自然界能产生放射性的物质很多，但危害都不太大，只有核爆炸或核电站事故泄漏的放射性物质才能大范围地造成人员伤亡。宇宙和自然界的天然辐射被称为本底辐射，主要有两个来源：一个是高能粒子形式的辐射，它来自外层空间，统称宇宙射线；另一个是天然放射性，即天然存在于普通物质（如空气、水、泥土和岩石，甚至食物）中的放射性辐射。现代社会中人们还会接触到各种人为的辐射，如 X 射线检查、看电视、使用微波炉等。公众对核物质的恐惧主要源于历史上的几起核事件：广岛原子弹爆炸、三里岛核泄漏事故、切尔诺贝利核泄漏事故。1945 年 8 月 6 日，美国在日本广岛投下了人类第一枚原子弹。瞬息之间，整个广岛市变成废墟。据日本有关部门统计，因广岛原子弹轰炸而死去的人已达 22 万余人。原苏联的切尔诺贝利核泄漏事故导致 31 人当场死亡，由于泄漏核物质远期影响而致命或重病的人员达万人。据统计，此次事故中泄漏的放射污染相当于日本广岛原子弹爆炸产生的放射污染的 100 倍。1979 年 3 月 28 日，在美国宾西法尼亚的三里岛发生的核泄漏事故，是美国历史上最严重的一起核泄漏事故，仅清理费就达到 10 亿美元。有调查表明，超过 40 万人自行撤离周边区域。

2.1.2.2 有毒害性物质的致灾方式

有毒害性物质作为灾害要素导致突发事件，大体上可分为两种情况：一是有毒害性的物质直接产生灾害作用；二是有毒害性的物质以人体为中间载体产生灾害作用，如各种大规模流行疫病。

（1）有毒害性物质直接产生灾害作用

对于直接产生灾害作用的毒害性物质，其作为灾害要素导致突发事件的主要方式是各种人为或意外释放，主要发生在其生产、运输和储存等环节。与无毒害性的物质不同的是，由于这类物质通常在很低的剂量下就会对人体造成严重伤害，或者说，其常态存在状态已经超出其临界量。因此它造成突发事件往往不以量的超临界为主要方式，而是以意外触发为主要方式。

例如，造成松花江大面积水域污染的中国吉化公司双苯厂爆炸事故，经有关部门调查指出，事故系违章操作造成的。双苯厂硝基苯的经流装置塔底发生堵塞，在处理中，操作员对于进料加热器的阀门改错导致爆炸事故。2005 年京沪高速公路淮安段液氯泄漏事故，是由交通事故导致。一辆载有 35t 液氯的山东槽罐车与另一辆山东货车相撞，导致槽罐车液氯大面积泄漏，造成公路旁 3 个乡镇村民重大伤亡，周边村民近万人被疏散。发生于 1989 年的黄岛油库爆炸事件，则是由于雷击点火导致的。

上述案例说明，在危险化学品的生产、运输和储存等环节，防范由于意外触发因素导致突发事件是安全保障的重点，应针对灾害要素的属性特点加以深入细致的分析，从而做到有效防范。

（2）以人体为中间载体产生灾害作用

对于以人体为载体产生灾害作用的毒害性物质，如各类大规模流行疫病，其导致突发事件的方式仍以量的超临界为主要方式，但这里的"量"的超临界并不是仅仅指"物质"本身的超临界，而是指其作用在人体这一中间载体上而形成的复合体的量的超临界。例如，出于研究需要，在实验室中大量复制的病毒如果管理妥当，并不会由于其"量"的增加而导致疫病流行，只有当人群大规模感染疫病时，才会造成严重的灾害。同时，由于这类突发事件以人体为中间载体，其造成的后果往往不仅仅停留在疫情上，而且会带来谣言、社会恐慌等一系列社会问题。例如，非典型肺炎期间就发生了全国范围的抢购潮，社会上遍布各种谣言，给社会经济生活造成严重影响。

当系统同时存在能量交换时，有毒害性物质与能量的共激往往导致更加严重的后果。例如，当发生危险化学品泄漏事故时，应急救援非常关注天气情况，特别是风向和风速。风速的大小可能造成泄漏影响范围的差异有时可达几十公里。风向直接影响事故后果的严重程度，如果风向朝向人群居住密集区，所造成的人员伤亡可能会更大。再如，发生油库火灾爆炸事故时，风速和风向情况会直接影响发生库区大范围连环爆炸的可能性。因此，在应对这类事件时，必须考虑可能存在的物质 - 能量共激行为和作用。

2.2 能量形式的灾害要素

科学研究指出，能量表征了物质的运动，所谓世界是物质的，物质是运动的。对于能量的控制和运用，是现代社会的重要特点，也是现代科技的重要表现。化学能、风能、水能、核能、太阳能，人类通过对自然界各种能量的掌握、转换和运用，对客观世界进行着不懈的探索和追求。

但是，能量同时也是很多突发事件的主要灾害要素。地震是典型的能量致灾的例子。地震强度的大小一般用震级来评定，通过地震时所释放出的能量来分级。国际上通常采用里氏震级对地震强度进行评定。里氏规模每增强一级，释放的能量约增加32倍，相隔二级的震级其能量相差近1000倍（$32^2 = 1024$）。小于里氏2.5级的地震，一般不易感觉到，称为小震或微震；里氏2.5~5.0级的地震，震中附近会有不同程度的感觉，称为有感地震；大于里氏5.0级的地震，会造成建筑物不同程度的损坏，称为破坏性地震。

震级表示了地震能量的大小，但我们更关心的是对地震破坏程度的度量——烈度。烈度表示地震范围内地面震动的激烈程度，表征了地震的影响和破坏的程度。换句话说，烈度表示地震在地面造成的破坏程度，表示地面运动的强度。地面震动的强弱直接影响到人对地震的感觉、建筑物的破坏程度、地面景观的变化情况等。地震烈度同地震震级有严格的区别。震级代表地震波能量的大小，同一次地震只有一个震级。烈度在同一次地震中是因地而异的，它与受灾地的自然和人为条件相关。对震级相同的地震，震源越浅，震中距越短，烈度一般就越高。同样，当地的地质构造的稳定程度、土壤结构的坚实程度等都对当地的烈度高低有着直接的关系。

火灾是有史以来危害最持久、最剧烈的灾害之一，也是另一个能量致灾的例子。火的使用，是人类从动物界最终分化出来的标志之一，也是我们日常生活中不可或缺的。即使我们可以完全依靠各类厨房电器完成一日三餐，所使用的电绝大部分也来源于火力发电。火一旦脱离了人类的控制，将瞬间吞噬一切物质，让其蕴涵的巨大能量释放出来，造成巨大的灾祸。1987年的大兴安岭火灾，是新中国成立以来最严重的一次特大森林火灾。大火不但使中国境内的1800万acre①的森林遭受到不同程度的火灾损害，还波及苏联境内的1200万acre森林。据统计，这次火灾过火面积为101万hm²，其中近70%为有林面积。其他损失还包括：烧毁房舍61.4万m²，各种设备2488台，粮食325万kg，桥涵67座，铁路专用线9.2km，通信线路483km，输变电线路284.2km。死亡211人，受伤226人，5万多人无家可归。大火持续了21天，过火森林面积达56万hm²，投入灭火人员共3万多人，直接经济损失约5亿元人民币，森林覆盖率由76%降至61.5%。星星之火是可以轻易扑灭的，一旦成燎原之势其能量就不可估量。火灾是典型的能量在较短时间和空间内的超大量释放。

另一个例子是爆炸。用科学的语言来描述，爆炸是物质由一种状态迅速转变成另一种状态，在瞬间放出大量能量并伴随巨大声音的现象。爆炸本质上是气体或蒸汽在瞬间剧烈膨胀造成的，是大量能量的瞬间释放。一般来说，爆炸有物理性爆炸和化学性爆炸两种情况，物理性爆炸是指由物理变化引起的物质状态或压力突变而形成的爆炸。例如，容器内液体过热气化引起的爆炸，压缩气体、液化气体超压引起的爆炸等。

① 1acre = 0.404 856hm²

化学性爆炸是指由于物质发生极迅速的化学反应而产生高温、高压引起的爆炸。爆炸作为一种能量使用手段是大型工程中常用的方法，工程爆破几乎在任何大型工程建设中都会用到，工程爆破是矿山生产过程中的一个重要技术环节，也作为破碎岩石的主要方法在公路工程的石方施工中得到广泛应用。然而，一旦爆炸的巨大能量以超出人类控制能力的形式出现，如压力容器因超压爆炸等，就成为灾害事故。

作为灾害要素的能量主要有四种表现形式：机械能（包括动能和势能）、热能、化学能、核能。能量形式的灾害要素在致灾时经常伴随着能量的转化。绝大多数自然灾害的能量灾害要素都表现为机械能。例如，台风的灾害要素是动能，地震的灾害要素也是动能，滑坡的灾害要素是势能但在成灾时表现为势能转化动能，泥石流的灾害要素也是势能并在成灾时表现为势能转化动能。火灾的能量灾害要素是化学能转化为热能，爆炸的能量灾害要素是化学能转化为热能和动能。

2.3　信息形式的灾害要素

信息可以说是现代科学发展中最神奇和争议最多的概念，到目前为止，对于信息，仍然没有一个唯一公认的科学定义。不同领域的学者从不同的角度对信息作出不同的诠释。例如，信息是物质的普遍属性，信息是主体所感知或所表述的事物运动状态和方式的形式化关系等。也有研究者认为，信息就像生命、混沌、分形、基因等一样，没有统一的实质，是物质之间普遍存在的相互作用和相互联系的因果对应关系的表征。一个被普遍认同的观点是，信息是对事物及其运动状态和状态变化方式的描述。简单地说，我们可以这样来理解，信息是主体通过一切可能的手段获得的对事物过去、现在和未来的属性特点、运动状态及运动状态变化方式的认知、分析和判断。

首先，信息不是绝对真实的客观世界的反映，而是接受主体对客观世界的感知，同样的客观世界，不同的主体由于其个体特点和工具手段的不同，所感知到的信息是不同的，正所谓仁者见仁、智者见智。

其次，信息不是单纯的对客观世界的被动感知，而是结合了主体的主观思想。因此，即使给予完全相同的客观感知，不同经验、能力、知识水平的个体所得到的信息仍然是不同的。

最后，主体并不会仅停留在获取信息层面上，而是将客观感知和主观思想结合后，根据其获取的信息对客观世界作出相应的反应。例如，"红灯停绿灯行，黄灯亮等一等"，很形象地说明了主体获取信息并根据信息作出反应的过程。也许有读者会说，我看到红灯了如果不停下来呢，那样是不是就只接受了信息而没有作出反应呢？不是的，即使没有停下来，也是一种反应，只是没有按照交通规则来反应罢了。这正是信息经由主体作用于客观世界的特点，不是唯一规则。经过主体的主观思想，规则多样化了。

讨论到这里，我们发现，主体获得信息和根据信息作出反应似乎总是共存的，有点类似作用力与反作用力，差别在于获得信息和根据信息作出反应之间存在着主观思想这个中间媒介。

经过上面的分析，我们可以得到一个初步结论，信息作用和物质作用、能量作用的最大不同在于信息作用不表现为直接的实体形式，而是通过信息对主体心理的影响再经由主体的行为表现出来。这正是由于信息作用导致的突发事件总是和人与人群紧密联系在一起的原因，如社会恐慌、群体性事件等。

那么，什么样的信息会成为灾害要素呢？让我们看一个例子。

1）假设你今天下班准备去A超市买些大米，发现超市的货架上没有大米了。你会恐慌吗？

2）晚上你回到家，你的家人说他今天也去买米了，去的是B超市，那个超市也没有大米了。你会感觉奇怪吗？

3）饭后散步，碰到一个邻居，邻居说他今天去C超市买大米没买到，超市没有大米了。你会有点紧张吗？

4）又碰到了几个邻居，分别去了D、E、F超市，这些超市都没有大米。你会有些害怕了吗？

想想看，第二天会发生什么情况？大家会和同事、朋友交流情况，如果听说有更多超市大米紧缺的消息，几乎可以肯定会发生抢购潮了。

从这个例子中我们可以很容易地发现，面对少数信息时人们通常不会产生恐慌，一旦信息达到一定的量，就有可能造成群体或社会恐慌。那么，是否任何信息一旦达到一定的量都会导致突发事件呢？我们再来看一个例子：

1）今天你的单位通知，明天开始加薪。

2）晚上你回到家，你的家人说，今天他们单位也通知加薪了。

3）饭后散步，碰到一个邻居，聊天，邻居说他的单位也在加薪呢。

4）又碰到了几个邻居，分别在不同的单位工作，大家的单位都在酝酿加薪。

请问，会有恐慌出现吗？显然不会。

显然，作为灾害要素的信息是那些可能对人的心理产生紧张、恐慌、焦虑、不安、急躁等负面影响的信息。

哈尔滨水污染事件是典型信息致灾案例[5]。2005年11月13日，吉林石化双苯厂发生爆炸，导致大量苯、苯胺、硝基苯等有毒化学物质泄漏。裹挟着泄漏物质的污水被排放入松花江，流经附近十余个县市，直逼拥有900万人的哈尔滨。哈尔滨的城市生活供水被迫中断。然而，哈尔滨市政府对于停水事件起初并没有如实发布公告，第一次的公告称由于要对供水设施进行检修，需要自22日始停水4天。之后又再次发布公告，称停水原因是由于石化双苯厂事故的泄漏物可能引起松花江水体污染。由于公众没有获知对爆炸情况、松花江污染情况、停水和恢复预期等信息，公众开始产生恐慌情绪，诱发谣言四起，许多民众到超市抢购饮用水、不敢去松花江边的公园，担心可能会发生地震，甚至传出"喝的水有剧毒"等谣言，引起全市人民的恐慌。

2002年11月发生并在2003年4月蔓延全球的非典型肺炎事件中，也是由于信息作用导致了大范围的社会恐慌。自2002年12月15日离广州198km的河源市发现首例非典型肺炎病例后，在相当长的一段时间内，政府没有公开对非典型肺炎情况的说明报道，公众获得的绝大部分是小道消息和谣言。于是，流言比病毒跑得快，进入2003年，河源开始了抢购板蓝根等药物的风潮；1月16日，中山市重演了药物抢购；2月，病毒和传言一起进入广州，2月9日，广州各大药店纷纷打出板蓝根、其他抗病毒药物、口罩售尽的公告；流言很快传到邻近省市，湖南、江西、海南、福建等省均发生了药物和白醋抢购潮；4月上旬，北京开始流传有关非典型肺炎的各种说法和猜测，中旬，出现了"铺天盖地"传说非典型肺炎，下旬，出现了卫生日用品、食品、保健医药品的抢购潮，某些超市甚至粮油销售殆尽。发生上述种种情况的主要原因之一在于，关于非典型肺炎的不明信息给公众心理带来了极大的紧张和不安情绪。

随着信息技术的飞速发展，网络时代使信息的传播更为便捷、迅速，但同时也使谣言的传播更加便宜，网络环境中的信息流及其与现实世界中的信息流的交互作用，往往成为引发突发事件的方式，2010年2月的山西地震谣言风波就是典型的例子[6]。2010年1月，有网民称1月5日凌晨太原有震感；1月6日始，山西省地震局开展为期一周的全省地震应急预案实施情况检查工作，省内各部门按照相关预案进行了地震演练，该演练被部分市民误认为真的要有地震了。1月中旬，一条谣言短信又在市民中流传开来："最近各大医院正在搞防震演练，并且储备医疗用品，还选派很多医生和护士作为地震应急人员，看来太原近期会发生大地震，请做好准备，尽量不要在建筑物内逗留。"凑巧的是，24日，山西运城发生里氏4.8级地震。虽然地震当天山西省地震局就出面称此次地震不属于破坏性地震，但并没有阻止谣言的进一步升级："我已经看过山西省地震局网站上的地震目录，上面写着六级以上地震。"谣言里，甚至链接了山西省地震局官方网站的"山西地震目录"，虽然名录中并没有谣言所说的"六级以上地震"，虽然山西省地震局再次辟谣，但地震谣言却愈演愈烈。2月20日深夜，谣言短信进一步升级："家人们，明天早上6点以前太原地区有地震，请大家一定要注意，并转告身边的朋友们，切记。"至次日凌晨，在山西许多重要城市中关于即将发生地震的谣言已经流传甚广，导致大量当地市民半夜跑到街头、公园躲避灾难。更夸张的是祁县、平遥、左权等地，在深夜乡村通过广播叫醒村民起床躲避灾害。直至山西省政府通过电视、广播、短信、网络等一系列手段进行辟谣，谣言方才平息[7]。可见，网络时代的信息传播既为我们带来了更方便、快捷的信息渠道，同时也为谣言传播提供了机会。对于网络舆情的分析，是认识信息类灾害要素演化规律的重要手段之一。

2.4 灾害要素的致灾方式

灾害要素作为一种客观存在，是无法也不能被"消灭"的。我们所能做和需要做的，是采取各种有效的技术和方法避免或减少灾害要素引发突发事件。这就要求我们了解和认识灾害要素导致突发事件的方式。

总体上，灾害要素导致突发事件的方式有两类：一是超临界；二是被非常规触发。这两类方式又由于系统的物质交换和能量交换的方式不同而存在几种情况。

无毒害性的物质形式的灾害要素导致突发事件的主要方式是灾害要素本身超临界。例如，洪水灾害，其灾害要素是水，而水本身是不具有任何危害性的。只有当江河湖泊水量达到一定规模并超出其容纳能力时，才会导致洪水灾害。这一类的例子还有暴雨、暴雪等。另一种情况是与其他物质融合后的超临界，如泥石流。最后是与能量共激下的超临界，如海啸。

有毒害性的物质形式的灾害要素导致突发事件的常见方式是被非常规触发。以危险化学品泄漏为例，"泄漏"两个字不和危险化学品连在一起时，是没什么不安全的。自来水管泄漏似乎是常见的，汩汩而流而路人无暇顾及的情况时有发生。而泄漏一旦和危险化学品连在一起，顷刻就成为灾难。2003 年的重庆开县井喷事故致灾的原因在于井喷气体中富含有毒气体硫化氢[8]，而一旦发生核泄漏那就几乎可以称为灭顶之灾了[9]。原苏联的切尔诺贝利核泄漏事故，超过 8t 强辐射物质泄漏，外泄的辐射尘随着大气飘散，原苏联的西部地区、东欧地区、北欧的斯堪的纳维亚半岛等许多地区遭到核辐射的污染。因事故而直接或间接死亡的人数难以估算，且事故后的长期影响到目前为止仍是个未知数。2005 年一份国际原子能机构的报告认为，当时有 56 人丧生（47 名核电站工人及 9 名儿童患上甲状腺癌），并估计大约 4000 人最终将会因这次意外所带来的疾病而死亡。究竟有多少人在事故中因为受到核辐射而死亡，成了此后 20 年世界各国媒体争论的焦点。可见，非常规触发导致的高危害性物质的意外泄漏是致灾的常见原因。

有毒害性物质的致灾因素在导致突发事件时其本身通常已经具有一定的"量"，在被触发之前通常被一定的技术手段所安全控制。例如，核电站、危险化学品储罐，正常情况下这些高危险性物质被应用于生产活动中时并不会造成破坏作用，只有在遇到某些触发因素，如失误操作、故意破坏等，才会导致突发事件。例如，调查结果表明，开县井喷事故原因在于[10]：事前对"罗家 16H"井的特高出气量估计不足；高含硫天然气井的钻井工艺不成熟；在起钻前，钻井液循环不充分；钻井液灌注违规操作；未能及时发现溢流征兆，等等。有关人员违章卸掉钻柱上的回压阀，是导致井喷失控的直接原因。加上没有及时采取相关措施，导致富含硫化氢的天然气喷出造成事故。可以看出，开县井喷的直接触发因素是"有关人员违章卸掉钻柱上的回压阀"[11]。另外，在道路运输过程中发生交通事故导致意外泄漏也是危化品泄漏事故的多发原因之一。例如，2005 年 6 月 24 日凌晨发生在京沪高速公路淮安段的化学品泄漏事故，就是由于危险化学品运输车在行至京沪高速下行线淮安段 128km 左右时撞破护栏侧翻进路沟，导致所载丙烯腈发生泄漏。事故造成两名驾乘人员 1 死 1 伤，直接经济损失约 300 万元，事故现场方圆 3km 范围内的两个乡镇 6 个村的 1 万多名群众全部被疏散。环保专家认为附近水质可能受到一定程度影响。在这起事故中，交通事故是导致危化品泄漏的直接触发因素。

需要指出的是，在这类情况下，触发因素虽然是导致突发事件的直接原因，但通常都不是唯一原因。突发事件往往是多种原因共同造成的，触发因素只是起到了关键的触发作用。如果能够及早、及时采取措施，使其不被触发，就有可能防止突发事件的发生。

虽然对于有毒害性的物质，我们主要关注其高危害性，但并不意味着这类物质不存在超临界的问题。从广义的概念上说，无论多么毒的物质，都有一个"安全剂量"，在这个剂量以下的接触，即使物质本身剧毒也不至于造成严重伤害。"安全剂量"也正是由高危害性物质所导致的突发事件的研究所关注的问题之一。我们之所以重点讨论这类物质的高危害性而不讨论其超量问题，原因在于这类物质的所谓"安全剂量"通

31

常都极低，而实际存在以及人类生产经营活动中所使用或存储的高危害性物质的剂量大多远远超出"安全剂量"。因此，在这里我们把高危害性作为讨论的重点。

有毒害性的物质形式的灾害要素导致突发事件有时也表现为超临界的方式，如大规模传染病的爆发。通常少数个体染病并不被界定为流行性疫病，但少数被感染的个体如果得不到及时控制就可能使被感染的个体数迅速增加，造成疫病的大规模流行。

地震是能量灾害要素超临界致灾的典型例子。如前所述，烈度是具体地点感受到的地震能量强度的度量。即使同样的地震能量强度，施加在不同承受能力的工程或构筑物上，其破坏程度也大不相同。地震是否会成为"灾害"，关键在于其破坏程度，也就是地震能量强度的实际值是否超出当地的临界值、超出多少。对于各种工程和构筑物，一般针对不同重要性类别，采用特定安全水准的地震能量强度作为设防依据。这个特定安全水准的地震能量强度，常以一定概率水平下的地震烈度或地震震动参数来表达。在现行的多种抗震设计规范中称为"设防烈度"。同一场地震，设防烈度（临界值）超出地震烈度（实际值）的区域一般不会导致严重的破坏，而设防烈度低的区域则会成为灾区。2008 年我国的汶川地震，一些重灾区的地震烈度达到 11 度。但是按照我国的《建筑抗震设计规范》，此次地震受灾最严重的 6 个极重灾区中，阿坝、绵阳、德阳、广元等地的抗震设防烈度仅为 6 度，其他两个地区（成都和雅安）也仅为 7 度。显然，地震的能量超出了该地区的临界值，导致了严重的灾害。

能量灾害要素致灾除了其本身超临界外，还有与物质共激致灾的情况，这方面前文已有讨论。

信息形式的灾害要素导致突发事件的方式通常是同时存在超临界与被触发两方面的条件，但信息类灾害要素导致突发事件的方式与物质类和能量类灾害要素有很大不同。首先，信息类灾害要素通常很难找到一个唯一的临界值，而是存在一个临界区间，在该区间内灾害要素具有某一可能导致突发事件发生的概率，表现出一定的模糊性；其次，信息量累积过程的表现与物质类和能量类灾害要素也有很大不同，信息类灾害要素的累积往往不是缓慢的渐变过程，而是在短期内呈现迅速增加的趋势；最后，信息类灾害要素导致突发事件往往是超临界和触发因素同时存在，极少有单纯由于触发因素导致的信息作用类型的突发事件。

我们以非典型肺炎事件为例来对上述四点加以说明。首例非典型肺炎患者于 2002 年 11 月在广东佛山市被发现，2003 年 2 月中下旬疫情在广东局部地区流行，3 月上旬传入山西、北京，开始在华北地区传播和蔓延，并逐步向全国扩散。到 4 月中下旬，疫情波及全国 26 个省（自治区、直辖市），截至 2003 年 8 月 7 日，中国内地共报告非典型肺炎临床诊断病例 5327 例。这期间各种流言越来越多，2003 年年初南方部分城市开始出现抢购药品风潮，4 月北京出现了"铺天盖地"传说非典型肺炎现象，并出现了卫生日用品、食品、保健医药品的抢购潮，某些超市甚至粮油销售殆尽。在这个过程中，很难找到某个时间点代表非典型肺炎恐慌的"开始"，但非典型肺炎恐慌的确在某个时间段存在。非典型肺炎恐慌的发生表现出很明显的模糊性。在自然科学或社会科学研究中，存在着许多定义不很严格或者说具有模糊性的概念。模糊性一般指客观事物的差异在中间过渡中的不分明性，如某一生态条件对某种害虫、某种作物的存活或适应性可以评价为"有利、比较有利、不那么有利、不利";灾害性霜冻气候对农业产量的影响程度为"较重、严重、很严重",等等。在信息类灾害要素导致突发事件的过程中也存在此类现象,我们往往用"较严重、很严重"等词汇来形容社会恐慌度,而很少也很难找到一个明显的"开始"和"结束"的时间点。

对于信息类灾害要素的累积过程,其呈现出的增幅迅速的特点与现代的信息交流技术的进步有密切关系。在网络十分发达的今天,几乎任何信息都可能迅速传遍全球。这与物质、能量的累积所必须经历的渐变过程有很大不同,与非灾害要素类的信息量的增长过程也有很大不同。信息类灾害要素的量的增加往往表现为突变曲线。

值得注意的是,对于信息类灾害要素,并不是存在信息量突变峰值就代表存在群体性或社会性突发事件。这些信息量的突增仅仅表现出公众对该事件的关注度,是否会导致突发事件还与很多其他因素有关,如瓮安事件。瓮安事件的发生、发展过程也表现出一定的模糊性,事件并不是在打砸抢烧发生的那一刻开始的,而是在之前的群体聚集、流言传播等时候就已经开始了。如果当地政府能够注意到事态发展的趋势,早期加以有效的疏导,或许事件可以避免。

可见,对于信息类灾害要素,由于现代信息技术的发展、信息作用与人的心理行为的密切联系,应同时关注其超临界的可能和触发因素的防控,对超临界的关注应重点关注信息量发生突变的起点而不是其峰值。

当我们使用"超临界"一词时,很容易把读者引向一个关于临界值的误区,那就是简单地认为临界值是一个上限。事实上,大部分的灾害要素的临界值都是具有上、下限的,也就是说,灾害要素的量通常具有一个上、下限的区间,在这个区间内灾害要素不会导致突发事件,我们也可以称其为安全区间。当灾害要素超出安全区间时,则有可能导致灾害事故。例如,干旱作为一种灾害,其灾害要素同洪水一样,也是无毒害的物质——"水",是灾害要素的量值低于下界所导致的灾害。下文就对临界值/临界区间进行探讨。

2.5　关于临界值/临界区间的思考

当我们思考和分析灾害要素的临界值/临界区间时,并不能仅仅考虑灾害要素本身,而是必须同时考虑承灾载体。当我们试图确定某一灾害要素的临界值时,必须同时考虑承受灾害要素作用的承灾载体的能力。

我们举一个简单的例子来说明。1998 年的长江洪水是我国自 1954 年以来最大的洪水,长江全流域告急,两月间经受八次洪峰冲击,洪峰之高、流量之大,皆破历史纪录。与此同时,嫩江、松花江、西江、闽江也相继发生百年一遇的特大洪水。然而这场大灾却没有造成大难,水位高达 45.22m(比分洪水位 44.67m 超出 0.55m)的荆江沙市区长江干堤终于得保。在这个过程中,8 月 6 日,沙市区水位达到 44.68m,超过国务院规定的分洪水位 44.67m。8 月 16 日 14 时,沙市区水位达到 44.84m,16 时达到 44.88m 并预计在 20 时超过 45m 大关。现在,让我们回到刚刚讨论的问题,超量物质的临界值是灾害要素的属性还是承灾载体的属性?显然,在 1998 年的洪水中,水量本

33

身具有一个临界值（警戒水位），水位超出临界值就需要采取措施进行干预。同时，长江干堤也存在一个水位临界值，44.67m 的分洪水位是预计的大堤承受水位的临界值，但在加固加固再加固的抗洪奋战中，长江大堤抗御洪水量的临界值在不断增高，终于抗住了 45.22m 的超高水位。再回头看看我国历史上的洪灾记录，在 1788 ~ 1870 年中，长江宜昌站就发生 1788 年、1860 年及 1870 年三次特大洪水，使江汉平原、洞庭湖平原区陆沉，洪水泛滥面积达 3 万 km² 左右，造成极为严重的人员伤亡和财产损失。1931 年和 1935 年的两次大水除淹没大片农田和众多城市外，共淹死 28.7 万人。这些洪水虽然没有 1998 年洪水的水量大，却远远超过其造成的破坏，堤坝承受水位的临界值不高显然是原因之一。可见，对于灾害要素，其临界值具有双重含义：一方面是灾害要素本身的临界值；另一方面是其作用对象，也即承灾载体对灾害要素作用的承受能力的临界值。在对灾害要素的超量进行分析时，必须结合相应的承灾载体进行分析。我们可以通过适当的方式和手段提高承灾载体的抗御能力临界值，从而提高抗灾能力。

灾害要素的临界区间可以分为三种形式：有限区间、半无限区间、模糊区间。

（1）有限区间

［例 2-1］ 洪水与干旱。灾害要素为物质，即水。在一定的条件下，江河中水的量超过临界值就可能会发生洪水灾害；而如果水量过小则容易导致干旱，因此其临界区间是有上、下限的有限区间，如图 2.1 所示，其中横坐标为水量，代表物质，纵坐标为洪水和干旱灾害的风险，灰色图点为临界点。

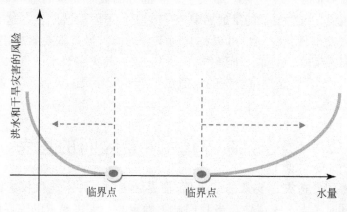

图 2.1　灾害要素的有限区间示意图

（2）半无限区间

［例 2-2］ 地震。灾害要素为能量。地壳运动达到一定程度，即能量达到临界值的时候，才会发生地震，而小幅度的地壳运动则不会引发地震。如图 2.2 所示，横坐标为地壳运动的幅度，代表能量，纵坐标为地震灾害的风险，表示地震灾害发生的概率和造成的后果，灰色点为临界点。可见，只有在能量达到临界点时，才会有地震灾害的风险。

［例 2-3］ 危化品泄漏。灾害要素为物质，即危化品。如被违规装填、过量充装、或设施本身有裂纹等损伤，一旦充装量超出其容纳能力，即超出临界值时，就有可能导致危化品泄漏事故。如图 2.3 所示，横坐标为危化品充装量或罐体损伤程度，纵坐

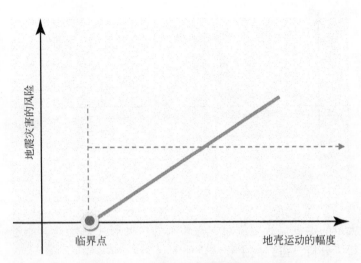

图 2.2　灾害要素的半无限区间示意图

标为危化品泄漏的风险，灰色点为临界点。在达到临界点的时候，发生危化品泄漏事件，如果超过临界点过多，则风险趋近于极限值，即最大可能的风险。

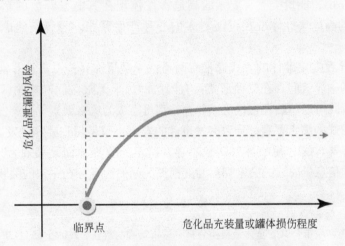

图 2.3　灾害要素的半无限区间示意图

（3）模糊区间

［**例 2-4**］　社会恐慌。灾害要素为信息，即谣言或不实消息。随着谣言愈演愈烈，传播范围越来越大，谣言在社会上的信息量达到一定程度，即临界点，则会引发社会情绪冲动，就有可能导致社会秩序的动荡。但是临界点很难确定，呈现为模糊区间。如图 2.4 所示，横坐标为信息量，纵坐标为社会恐慌的风险，灰色点为临界点。可见临界点的位置及临界区间的范围是很难界定的，因此表现为模糊区间。

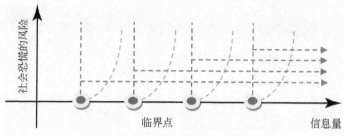

图 2.4　灾害要素的模糊区间示意图

2.6　小　　结

本章通过大量的灾害事故案例对灾害要素的三种形式（物质、能量、信息）及其各自的特点进行了分析，得到的主要结论如下：

灾害要素是可能导致突发事件发生的因素。灾害要素本质上是一种客观存在，具有物质、能量、信息三种形式。

高危害性是灾害要素的特点之一，物质类灾害要素的高危害性体现在物质本身的核、生、化等作用；能量类灾害要素的高危害性体现在其能量释放的超时空强度；信息类灾害要素的高危害性体现在可能对人的心理产生紧张、恐慌、焦虑、不安、急躁等负面影响。

灾害要素导致突发事件的方式通常有两类：一是超临界；二是被非常规触发。

灾害要素的临界区间存在三种形式：有限区间、半无限区间和模糊区间。超临界和非常规触发二者既可以单独存在也可以并存，都可能成为灾害要素导致突发事件的条件。

对于信息形式的灾害要素，导致突发事件的方式一般是超临界和触发因素同时存在。信息形式的灾害要素的"超临界"一般不存在确定的临界值而是表现为某一模糊区间。作为灾害要素的信息量曲线的突增拐点与其模糊区间的边界存在一定的关联关系。

参 考 文 献

[1] 范维澄，刘奕. 城市公共安全体系架构分析. 城市管理与科技，2009，(5)：38-41.

[2] 刘奕. 论灾害要素. 见：中国突发事件防范与快速处置优秀成果选编. 2009.

[3] 陈虹，李成日. 印尼8.7级地震海啸灾害及应急救援. 国际地震动态，2005，(04)：22-26.

[4] 琴心. 年底行业盘点岁末年初的焦点话题. 化工管理，2004，(2)：9-10.

[5] 吴峰. 从哈尔滨水污染事件看公众的知情权. 今传媒，2006，(2X)：55.

[6] 王凤，袁志祥. 从山西地震谣传事件看地方政府的公关危机. 高原地震，2011，(2)：60-22.

[7] 于松. 山西"等地震"谣言始末. 东方早报，2010.

[8] 蒋小平. 致命的毒气硫化氢. 湖南安全与防灾，2012，(2)：48-51.

[9] 刘骞. 基于GIS的井喷事故可视化应急演练系统的研究与实现. 湖北工业大学硕士学位论文，2011.

[10] 段和平，王发其. 重庆"12·23"井喷特大事故处置经验与教训. 公安研究，2004，(3)：5-6.

[11] 国务院应急管理办公室. 重庆开县井喷事故. http：//www. gov. cn [2005-08-09].

第3章 突发事件

突发事件指可能对人、物或社会系统带来灾害性破坏的事件。突发事件通常表现为灾害三要素的灾害性作用。对突发事件的研究重点在于了解其孕育、发生、发展和突变的演化规律，认识突发事件作用的类型、强度和时空分布特性。研究的结果将能为预防突发事件的发生、阻断突发事件多极突变成灾的过程、减弱突发事件作用，提供科学支撑；并能为突发事件的监测监控和预测预警、掌握实施应急处置的正确方法和恰当时机，提供直接的科学基础[1]。

3.1　突发事件的基本概念

突发事件是公共安全科学关注的重点之一。我国的中长期科技规划中对公共安全领域的研究就是以突发事件为线索展开的。我国的突发事件应对法对突发事件给出了如下界定：突发事件是指突然发生，造成或者可能造成严重社会危害，需要采取应急处置措施予以应对的自然灾害、事故灾难、公共卫生事件和社会安全事件。事实上，在相当长的一段时间内，我们对公共安全科学关注的各类灾难、事故、流行疫病、社会恐慌等具有社会危害性的事件并没有一个统一定义的名词，"突发事件"一词，是在各类事件的应对过程中，从实践中提炼出来的，但对其含义或概念，一直缺乏明确的界定。这在一定程度上给公共安全的科学研究和各级安全与应急管理机构的实际工作带来了困扰。

我们举个简单的例子：干旱，是否属于突发事件？

按照突发事件应对法的释义，突发事件首先是突然发生的，干旱显然不是一件"突然"发生的事件。但干旱显然属于"造成或者可能造成严重社会危害，需要采取应急处置措施予以应对的自然灾害"。这就产生了一个问题，一个绝大部分属性都符合突发事件概念的事件，却在根本点的"突发"上不符合其界定。在本书中，我们沿用"突发事件"一词，并尝试着对突发事件的概念给予如下诠释：

1）由灾害要素超临界或被触发失控所导致的事件；

2）具有较高强度的破坏性，且其破坏性已经或即将施加在承灾载体上。

3.1.1　灾害要素与突发事件

仅从中文字面理解，"突发事件"并不一定和灾害事故联系在一起，"突发"仅强调了其发生的突然性，"事件"则是一个中性词，好的事件、坏的事件都可以称为"事件"，并没有表达出会造成破坏、需要应对等方面的含义。可以说，一个突如其来的惊喜在某种意义上也是一个突发事件。在公共安全领域，对"突发事件"的英文翻译一般用"emergency"，查阅英文词典可以发现，对"emergency"的解释是 a serious, unexpected, and often dangerous situation requiring immediate action。看起来，"emergency"的含义似乎更加准确。因此，我们也更有必要对公共安全领域的"突发事件"的内涵给予更清晰的诠释。在本书中，出于对使用习惯的延续，我们仍然采用"突发事件"一词，并对其给予更清晰的界定。基于我们前文对灾害要素的阐述和理解，在这里，我们把突发事件界定为"由灾害要素超临界或被触发失控所导致的事件"。这一界定有两方面的含义：其一，只有由灾害要素导致的事件才称其为"突发事件"，这类事件必然是具有破坏性的。一个突如其来的意外惊喜显然不存在灾害要素，自然也不能成为"突发事件"。其二，灾害要素的超临界或者被触发失控意味着破坏性的高强度。很显然，一个烛光、一个篝火都是火焰，都存在能量的释放，但显然它们不是灾害，不属于"突发事件"。只有在能量超临界形成火灾时，才属于突发事件。显然，突发事件的破坏性是极高强度的。

3.1.2 如何理解"突发"

最初使用"突发"一词时很可能更多源于对灾害事故，如火灾、爆炸、滑坡、泥石流等的直观感受。这些灾害事故的发生都是在很短的时间内"突然"发生的。但当我们更加深入地去分析各种灾害事故时，发现"突然发生"的灾害事故只是一部分，还有很多灾害事故是经过长时间的累积才发生的，如洪涝和干旱。因此有必要对"突发"的概念给予更合理的解释。

从灾害要素的角度分析，由于灾害要素被触发失控所导致的突发事件，其发生的确存在"突然性"。由灾害要素超临界所导致的突发事件，通常其在达到临界值前有较长的累积时间。由逐渐累积直至导致突发事件，是一个量变到质变的过程。量变往往是缓慢的，而质变往往是瞬间或短期内发生的，因此，对于"突发"的理解，不能简单解释为发生的突然，而应理解为灾害要素突破临界值是在较短时间内发生的，具有"突发"的特点。

3.1.3 存在承灾载体是必要条件

事实上，在世界各地几乎每时每刻都发生着各种各样的具有破坏性的事件，但我们并不把这些事件都界定为公共安全领域关注的突发事件。只有那些发生在人类居住区、对人类和人类的生存环境造成严重破坏的事件，我们才从安全的角度给予关注。换言之，承灾载体的存在是界定突发事件的必要条件。例如，我们知道，由于地球的板块活动频繁，地震几乎是无时无刻不在发生的，全世界每年发生的有感地震大约有十几万次，小震或微震不计其数。但只有那些发生在人类居住区域附近、震级较高的浅源地震才会带来严重的破坏性，才被公共安全研究所关注。再如，每年形成于海洋上的飓风非常多，但仅有少部分会登陆海岸线人类居住区，大部分飓风在海上生成后在其运动过程中又逐渐减弱直至消失。只有那些登陆后可能对人类造成伤害的台风,我们才从安全的角度给予关注,包括科学研究和实际应急策略等,对大部分在海上自行生成又自行消退的台风并不关注。

当然,这并不意味着那些没有对人类造成破坏的地震、台风等事件人类完全不予关注,恰恰相反,从事相关研究的科研人员投入更多的精力研究其产生和发展过程,从而为公共安全研究甚至更多相关领域的研究提供基础支撑。这些研究,更多地注重于事件本身的发生和演化机理和规律。但对公共安全研究而言,研究不仅仅关注事件本身,还必须考虑承受其破坏性作用的承灾载体的特点和规律,并且将突发事件的破坏作用与承灾载体的抗灾能力进行综合分析,从而为应急管理提供方向和方法的指导。

3.2 突发事件的特点

突发事件具有以下特点:

1) 突发事件本质上是一种"过程";
2) 突发事件发展过程中通常存在若干关键或特殊"状态";
3) 突发事件可能是自然社会系统演化过程中的对称破缺。

3.2.1 突发事件本质上是一种"过程"

前文在对灾害要素进行的分析中指出,灾害要素包括物质、能量、信息三类,这三类灾害要素究其本质,都是以一种实体(包括实体的运动状态及其描述)的方式存在。下一章将要讨论的承灾载体也同样是以实体的方式存在。但对突发事件而言,其本身并不是某种实体,而是一种过程,是灾害要素突破临界区间后对承灾载体和环境产生作用的过程。突发事件是一个随时间发展变化的过程,可以定义为 $\xi(t)$,它与时间、空间及灾害要素类型有关。很多情况下,突发事件可以看做某种随机过程。但是,并非所有的突发事件都可以定义为随机过程,特别是与个体及群体心理行为有密切关系的社会安全类事件,人的心理行为具有极大的不确定性,难以用概论进行描述,因此很难采用随机过程的理论进行分析研究。

对突发事件的研究,大多重点关注其发展过程规律。不同类型灾害要素所导致的突发事件具有各自不同的时空发展规律,公共安全科学研究的目的之一就是尽可能多地掌握其过程规律,从而找到和掌握突发事件的应对方法,降低其可能造成的危害。对于灾害要素的研究,重点在于预防灾害事件的发生;而对于突发事件的研究,重点在于如何有效地阻止其发展、降低其作用程度。

以室内火灾为例[2,3]。室内火灾对人体的损害主要来自于热量、有害的燃烧产物和缺氧,其发生和发展过程通常遵循一定的规律。室内发生的火灾和开放空间的火灾相比,有着显著的不同:其一,可燃物燃烧产生的热量会在室内积聚,通过辐射等方式强化了对可燃物表面的传热,加快了火灾的发展速度;其二,通风控制对受限空间内的燃烧有着非常大的影响。

　　假设某次室内火灾是由于乱扔烟头所引起的。在初始阶段，烟头作为热源将会引起其周围的一些可燃物，如废纸、地毯等发生阴燃，随着阴燃前锋不断扩展，燃烧表面的热解区域和炭化区域逐渐扩大，热解产生的烟尘和可燃挥发份逐渐增多，同时炭化区保持着较高的温度，当挥发份的产生速率和阴燃区通风速率超过某个确定的临界值时，燃料表面就可能出现明火[4]。此时火焰体积较小，其燃烧状况接近开放环境中的燃烧。随后火焰逐渐扩大，并向临近的家具或可燃物蔓延，当火增大到一定程度时，室内的通风状况开始对火的发展起重要作用，这时若房门打开，有足够的空气流入，将会促使火势进一步发展。燃烧产生的热量不断在室内积聚，并加热室内其他可燃物，使其发生热解，经过一段时间后，室内可燃挥发份积累到一定程度，轰燃随之发生[5]，顷刻间室内几乎所有可燃物均被引燃，室内充满火焰，温度急剧上升，此后，燃烧强度和热释放速率仍在增加，温度也相应升高，甚至可达1000℃，可严重地损坏室内设施及建筑结构。而且高温火焰还会卷着一定量的可燃气体从门窗窜出，延烧临近房间或上层房间，使火势进一步扩大。此时室内尚未逃出的人员极难生还，而且灭火也相对困难。一般称轰燃前的室内火为火灾的增长阶段，轰燃后的猛烈燃烧过程是火灾的充分发展阶段。

　　由上述案例可见，根据室内火灾温度随时间的变化特点，我们可以将火灾的发展过程分为三个阶段，即初期增长阶段、充分发展阶段、减弱阶段，如图3.1所示。

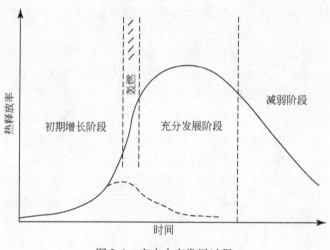

图3.1　室内火灾发展过程

　　当火灾处于初期增长阶段时，火灾仅影响起火点附近的区域，范围并不大；室内不同区域的温差比较大，在起火位置及其周围区域的温度相对较高，但室内的平均温度却并不很高。由图3.1可见，处于初期增长阶段的火灾发展速度相对较慢，并且在发展过程中火势并不稳定[6-10]。该阶段的燃烧主要受燃料因素的控制。

　　若初始可燃物不多且距离其他可燃物较远，则可能会发生全部烧完而未能使燃烧蔓延至其他可燃物的现象，最终会使局部燃烧逐渐熄灭，也不会引发更大的火灾。因此，初期增长阶段是灭火的最佳时机，应尽早发现火灾，控制火势的发展，应在建筑物中配置足够的灭火器材、预警设施，同时配有适量受过火灾知识培训的工作人员，将火灾隐患控制在初期增长阶段。火灾隐患的初期增长阶段也是人员逃生的最佳时机[11,12]。

倘若有充足的可燃物和氧气，火灾将快速发展，使燃烧区域附近的可燃物引燃，火势将进一步扩大。

初期增长阶段后期，燃烧区域迅速扩大，当室内温度达到一定值将引起弥漫在室内的可燃性挥发份猛然起火，进而引燃室内所有可燃物的表面。整个室内空间瞬间进入一片火海，温度急速升高。火灾情况由局部燃烧向全面燃烧过度的这一短暂现象被称为轰燃。其是室内火灾典型的特征之一，也是火灾全面发展阶段的开始，在轰燃之前还没有安全疏散的人员将很难幸存[13]。

轰燃引燃了室内所有的可燃物，放热速率非常高，导致室内温度迅速提高。高温烟气和火舌从房间的开口大量喷出，引燃起火房间周围的建筑部分。燃烧所产生的高温还会对建筑构件本身产生不良影响，导致建筑构件的承载能力降低，甚至可能引起建筑物局部或整体损毁和坍塌。

由耐火材料构造的房间在火灾发生后，因为其四周墙壁、地面及天花板能耐火不会烧穿，所以通风开口的大小不会随着火灾的发展而扩大，而处于全面燃烧阶段的火灾，其燃烧速率主要由氧气量及通风所决定，耐火建筑的室内火灾将维持相对平稳的状态。全面发展阶段的持续时间也由通风量及房间内可燃物的数量所决定。

全面发展阶段过后，由于房间内可燃性挥发分及可燃物的数量减少，燃烧速率将降低，室内温度随之下降。通常认为，如果房间内的温度下降到最高温度的八成左右，则标志着火灾开始进入熄灭阶段。随后，房间温度迅速下降，直至室内所有可燃物燃尽，室内温度将最终降低到与室外相同的温度，即宣告火灾结束。

由上面的分析可知，对火灾发展过程的研究，对于选择灭火的最佳时机和最佳方式具有重要的指导意义[14-16]。

3.2.2 关键或特殊"状态"

不同类型的突发事件，基于其本身的物理规律的不同具有各自不同的发展规律，在其发展过程中往往存在一些关键或特殊的"状态"，这些状态往往标志着突发事件发展面临重要转折，是突发事件应对过程中应给予重点关注的。公共安全科学研究的重要目标之一即通过科学的方法寻找和发现突发事件发展过程中的关键状态，分析其特征参数及规律，从而更好地把握突发事件应对的方法和时机。

一般而言，任何过程都是由一系列"状态"组成的。系统的状态指可以观察和识别的状况、态势、特征等，用以刻画系统的性质，通常用状态变量进行定量描述。能够完全描述动态系统时域行为的所含变量，个数最少的变量组称为系统的状态变量。所谓完全描述系统的时域行为指的是，如果给定初始时刻 $t_0 \in I$ 的状态 $x(t_0)$ 和 $(t_0, t]$ 上的输入函数 $u(t)$，则系统在 $[t_0, t]$ 上任一瞬时的行为都被唯一确定。状态变量具有完备性和独立性的特点。完备性指其数量应足够多，足以全面刻画系统状态；独立性指任一状态变量不能表示为其他状态变量的函数。

对于连续过程，其状态的数目为无穷多；对于离散过程，虽然其状态数目有可能可数，但通常数量极大，大多数情况下状态数目也是无穷多的。对于大多数过程而言，具有重要意义的往往是若干关键或典型的状态。突发事件过程也不例外。

仍以建筑火灾为例，在建筑火灾的发展过程中，轰燃是火灾从发展期转向全盛期的重要转折点，是火灾发展的关键和特征状态。在室内局部火的发展过程中，热烟气向火源基底辐射，在一定条件下会产生正反馈，导致热烟气温度和火源释放速率急剧增加，从而转变成遍及整个房间的大火。一般认为，在火灾发展过程中，当温度达到一定值时，会导致室内绝大部分可燃物起火燃烧，这种现象称为轰燃。轰燃也可以理解为火在建筑内部突发性的引起全面燃烧的现象。其具体表现在：火灾规模从局部向整个室内空间大火的方向蔓延，引燃了房间内所有可燃物表面；室内燃烧的主导因素从由燃料控制转为由通风控制，使得火灾由发展期进入全盛期；在室内天花板下汇聚的可燃性气体或蒸气迅速起火而引发火焰迅速蔓延。引发轰燃的条件包括：①上层烟气平均温度达到600℃；②地面处接受的热流密度达到20kW/m²。辐射和对流情况对轰燃的发生作用最大，即上层烟气的热量得失关系，倘若获得的热量大于失去的热量，则轰燃就有可能发生。轰燃的其他影响因素有通风条件、房间尺寸和烟气层的化学性质等。轰燃发生后紧接着会产生飞火等现象，其绕开通风口、从房间的空洞中喷出、形成新的火焰传播途径，导致火灾的进一步扩散。同时由于热辐射陡然增加也可能导致邻近的可燃物起火，形成火势的跨越式蔓延，引发新的火灾。因此，在建筑火灾消防扑救中，通常均针对轰燃发生的特点采取一系列有针对性的消防措施。

轰燃的火灾模型如图3.2所示，并有以下几点假设：

1）着火房间分为上层、下层两个区域，分别用其平均温度表示。

2）轰燃发生在初级的火灾发展阶段。

3）下层的密度和温度与室外空气相同，墙壁温度等于所在区域的温度。

4）燃烧面积认为是常数，且室内压强不发生变化。

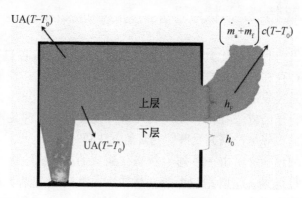

图3.2　室内火灾示意图

由能量平衡方程得出

$$G = \chi \dot{m}_{f,r} \Delta h_c, \quad L = (\dot{m}_a + \dot{m}_f) c(T - T_0) + \mathrm{UA}(T - T_0) \tag{3.1}$$

式中，G 和 L 分别表示产热速率和散热速率。

$$mc_p \frac{\mathrm{d}T}{\mathrm{d}t} = G - L \tag{3.2}$$

$$\dot{m}_{\mathrm{f}} = \frac{A_f q''(T)}{H_{\mathrm{vap}}} \quad \dot{m}_{\mathrm{f},r} = \min\left(\dot{m}_{\mathrm{f}}, \frac{\dot{m}_{\mathrm{a}}}{r}\right) \tag{3.3}$$

$$q''(T) = q'' + \alpha(T)\sigma\left(T^4 - T_0^4\right) \tag{3.4}$$

式中，下标 a 是空气，f 是燃料。

图 3.3 描述了轰燃发生的条件。当散热曲线 L 与产热曲线 G 仅相交于点 C 时，C 为平衡点，散热与产热相等，达到平衡状态。此时若温度升高，则散热大于产热，温度又会重新回到 C 点；若温度降低，产热大于散热，也会重回至 C 点。因此，C 点是稳定平衡点。

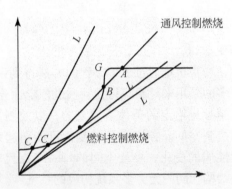

图 3.3　轰燃的发生条件

若产热曲线 G 与散热曲线 L 相交于点 A、B、C。C 为稳定平衡点，若温度不断升高到达 B 点，则产热速率再一次等于散热速率。此时，若温度稍微下降，则散热大于产热，温度将会重新回到 C 点；若温度稍微升高，则稳定至 A 点，也就是发生了轰燃。C 点和 B 点都是由燃料控制，而 A 点则转化为了通风控制。B 点是不稳定的平衡点，可以看做是轰燃发生的临界条件。若产热曲线 G 与散热曲线 L 没有交点，则轰燃必然会发生。

在实际火灾发生时，对人员疏散和消防灭火而言，以下现象可以作为轰燃即将发生的警告信号：

1）充满烟雾的房间内聚积大量的热能而且温度很高。如果烟雾温度低，轰燃发生的可能性就很小。若消防人员进入着火房间时由于烟雾温度高迫使其不得不蹲下，则表示有发生轰燃危险的可能。

2）浓烟翻滚。若是着火房间的天花板高度或门洞、窗洞顶部浓烟翻滚而出，并时而夹杂着小量的闪燃火焰，则轰燃可能即将发生。

研究人员针对轰燃现象研究了其突变动力学规律，指出建筑火灾中轰燃现象的突变模式是燕尾型突变，在燕尾型突变的分岔集中仅有少数的几个区是轰燃区。为了确定在建筑火灾发展过程中是否出现轰燃现象，可以通过判断其工况点是否在轰燃区内得到。轰燃现象的临界温度点可以利用燕尾型突变的分岔集确定[17,18]。

从系统的角度，动态系统可以用状态空间和参量空间进行描述。由系统所有状态组成的集合称为系统的状态空间，又称相空间。状态空间的每个点称为状态点或相点，代表系统的某一具体状态。设系统有 n 个独立状态变量，记作 x_1，x_2，x_3，…，x_n。以状态变量为轴的几何空间就称为状态空间或相空间，状态变量的每一组具体数值（x_1，x_2，x_3，…，x_n）就代表系统的一个具体状态或相。n 是状态空间的维数，是决定系统行为特性的重要参数。维数越高的系统其行为往往越复杂。可以通过建立系统的演化方程，研究系统具有的不同类型的状态以及系统的状态转移规律。

系统的演化方程：

$$x_1' = f_1(x_1, x_2, \cdots, x_n; c_1, c_2, \cdots, c_m)$$
$$x_2' = f_2(x_1, x_2, \cdots, x_n; c_1, c_2, \cdots, c_m)$$
$$\cdots\cdots$$
$$x_n' = f_n(x_1, x_2, \cdots, x_n; c_1, c_2, \cdots, c_m)$$

$$(3.5)$$

式中，$x_1, x_2, \cdots, x_n$ 是状态变量，$c_1, c_2, \cdots, c_m$ 是控制参量。

大多数系统的复杂性，通常很难通过求解方程的办法得到系统状态空间的全部解，因此，状态空间的方法更多的是用来对系统行为特性进行定性分析。

状态空间是在若干控制参量给定的条件下建立的，以控制参量为轴构建的几何空间被称为参量空间，也称控制空间。控制参量的变化可能引起系统部分行为特性的量变，也可能导致系统定性性质的变化。参量空间的每一个点代表一个确定的系统，参量空间研究的是演化方程结构相同的无穷多系统构成的系统族。

系统的状态大致上可以分为两类：一类是暂态，指系统可以达到但不借助外力无法保持或回归到该状态的一类状态集；另一类是定态，指系统到达后无须外力作用即可保持不变或反复回归的一类状态。

状态空间中绝大部分是暂态点，但暂态点不能代表系统的本质特征。定态是状态空间中极微小的部分，但却决定系统的定性性质，定态的变化反映了系统的演变。

常见的定态有如下几类。几种定态示例，如图3.4所示。

（1）平衡态（不动点）

指所有状态变量的导数（变化率）为0的点。对于式（3.5），满足式（3.6）的状态点为平衡点。

$$x_1' = x_2' = \cdots = x_n' = 0 \tag{3.6}$$

（2）周期态

设 $\phi(t)$ 是演化方程式（3.6）的一个解，满足条件

$$\phi(t + T) = \phi(t) \tag{3.7}$$

式中，T 是某个常数，则称 $\phi(t)$ 是式（3.6）的一个以 T 为周期的周期解，也即周期态。

（3）拟周期态

由多个不同周期且周期比为无理数的周期运动叠加在一起形成的复杂运动形式，称为拟周期态。

（4）混沌态

混沌态的典型例子是分形。

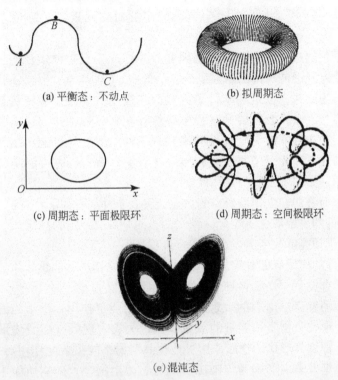

(a) 平衡态：不动点

(b) 拟周期态

(c) 周期态：平面极限环

(d) 周期态：空间极限环

(e) 混沌态

图 3.4　几种定态示例[19]

3.2.3　突发事件与对称破缺

从事物发展的普遍规律来看，系统的运动、偏离平衡态、突破临界、发生突变等行为是系统生存发展的重要原动力。正如基于对称性破缺的发展原理所指出的：自然界的演化就是一个不断发生对称性破缺的过程；每当自然界到达一个新的里程碑，必然会产生一个基本的物质的或相互作用的、时间的或空间的对称性破缺与之相适应；对称性逐步破缺的过程中能够产生高度有序化、复杂化和组织化的系统。所谓对称，是指在一定变换下的不变性，如可逆性过程的时间反演对称性（时间对称）、空间对称（结构对称）和功能对称等。最高级的对称状态就是在任何变换下都不会发生改变的状态，这就是我们通常所说的无序。完全对称的世界不会有任何的秩序和结构，也没有任何特殊方向和特殊点，这就是平衡态的特点。破缺指在一定变换下所表现的可变性或对称性的降低，与之对应的是我们通常所说的有序。复杂性和层次结构都是来自于某种对称破缺。有序的自然界是对称破缺的产物，有了对称破缺才使系统向有序化、组织化、复杂化的方向转变。

倘若经过对称破缺之后，系统从旧的对称性形成一个新的对称性，是对旧对称性的扬弃，那么该系统是向上发展的。如果经过对称破缺之后，没有对称程度更高的新对称性产生，那么该系统是向下发展的[20]。研究表明，系统从无序走向有序时，对称操作和对称元素都会逐渐减少；相反，系统从有序走向无序时，对称操作和对称元素就会增加；系统处于混乱状态时，会有无穷多的对称元素，任何对称操作都是被允许的。

正如物种进化的过程中由于存在基因变异才形成今天物种多样的自然界。现代非平衡态热力理论以及混沌理论的研究发现，分叉（bifurcations）是现实世界中复杂系统的一种奇特的行为方式，也是基本行为方式，它描述在远离平衡的状态和条件下系统的进化。自然界与人类社会发展的过程中必然存在着各种各样的分叉和突变，其中的部分，可能在某种条件下成为灾害性的事件，正如基因变异可能产生新的物种，也可能造成严重的畸形。因此，公共安全领域关注的突发事件，有可能是自然社会系统演化过程中发生的一类朝下发展的对称破缺。

总体上，作为公共安全领域研究的重点，突发事件具有如下特点：

1）突发事件的发展演化不是无法预测的，而是具有一定的规律。

2）合理的干预能够改变突发事件演化过程。

3）突发事件的作用有四种表现形式，分别为物质作用、能量作用、信息作用和耦合作用，同时具有类型、强度和时空特性三方面属性。

举几个典型的案例：地震的表现形式为巨大的能量作用；洪水、滑坡、泥石流等地质灾害的表现形式为物质和能量的双重作用；火灾表现既有高温热量形式的能量作用也同时存在有毒烟气形式的物质作用；危化品泄漏事故主要的作用形式为物质作用；流行病的大规模爆发表现形式为传染源（病毒、微生物等）的物质作用；而谣言传播引发的社会恐慌表现为信息作用；等等。

3.3　突发事件的基本规律

3.3.1　随机性规律

在很多情况下，突发事件具有随机过程的特点，即其演化状态服从概率分布的过程，符合如下定义：

设 $S_k(k=1, 2, \cdots)$ 是随机试验，每一次试验都有一条时间波形（称为样本函数或实现），记作 $x_i(t)$，所有可能出现的结果的总体 $\{x_1(t), x_2(t), \cdots, x_n(t)\}$ 就构成一个随机过程，记作 $\xi(t)$。简言之，无穷多个样本函数的总体叫做随机过程（图3.5）。

随机过程也可以理解为随机变量的状态集，即设 E 是一个随机实验，样本空间为 $\Omega=\{\omega\}$，参数 $T \subset (-\infty, +\infty)$，如果对任意 $t \in T$，有一定义在 Ω 上的随机变量 $X(\omega,t)$ 与之对应，则称 $\{X(\omega, t), t \in T\}$ 为随机过程，简记为 $\{X(t), t \in T\}$ 或 $\{X(t)\}$，也可记为 $X(t)$。

用以表征随机过程数字特征的函数包括：

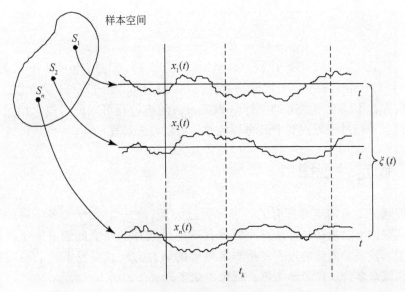

图 3.5 随机过程示例

1）均值函数

$$\mu_X(t) = E[X(t)], t \in T \tag{3.8}$$

2）均方值函数

$$\psi_X^2(t) = E[X^2(t)] \tag{3.9}$$

3）方差函数

$$\sigma_X^2(t) = D_X(t) = D[X(t)] \tag{3.10}$$

4）协方差函数

$$C_X(s,t) = \text{Cov}[X(s), X(t)]$$
$$= E\{[X(s) - \mu_X(s)][X(t) - \mu_X(t)]\} \tag{3.11}$$

5）自相关函数

$$R_X(s,t) = E[X(s)X(t)] \tag{3.12}$$

上述函数之间存在如下关系：

$$\psi_X^2(t) = R_X(t,t), C_X(s,t) = R_X(s,t) - \mu_X(s) \cdot \mu_X(t) \tag{3.13}$$

$$\sigma_X^2(t) = C_X(t,t) = \psi_X^2(t) - \mu_X^2(t) \tag{3.14}$$

若 $X(t)$、$Y(t)$ 为定义在同一样本空间 Ω 和同一参数集 T 上的随机过程，对于任意 $t \in T$，若 $[X(t), Y(t)]$ 是二维随机变量，则称 $\{[X(t), Y(t)], t \in T\}$ 为二维随机过程。相应地，二维随机过程的特征用如下函数表示。

1）互相关函数

$$R_{XY}(s,t) = E[X(s)Y(t)] \tag{3.15}$$

若对于任意的 $s, t \in T$，$R_{XY}(s,t) = 0$，称 $\{X(t)\}$ 与 $\{Y(t)\}$ 正交。

2）互协方差函数

$$C_{XY}(s,t) = E\{[X(s) - \mu_X(s)][X(t) - \mu_Y(t)]\} \tag{3.16}$$

显然有，

$$C_{XY}(s,t) = R_{XY}(s,t) - \mu_X(t)\mu_Y(t) \tag{3.17}$$

若对于任意的 $s,t \in T$，有 $C_{XY}(s,t) = 0$，称 $\{X(t)\}$ 与 $\{Y(t)\}$ 不相关。若 $\{X(t)\}$ 与 $\{Y(t)\}$ 相互独立，且二阶矩存在，则 $\{X(t)\}$ 与 $\{Y(t)\}$ 不相关。

依照过程在不同时刻状态的统计依赖关系，随机过程可以分为独立增量过程、马尔可夫过程、平稳过程等，其中最为著名的是马尔可夫过程。

3.3.2　确定性规律

确定性规律是事物本身固有的，可以通过物理、数学、化学等各学科的理论和方法探寻并掌握的事物内在规律。对突发事件确定性规律的研究能够有助于我们了解突发事件发生、发展、演化的过程，是非常重要的研究方法。突发事件的确定性规律涉及的学科领域众多，仅以力学为例，就包含众多分支，如图3.6所示。

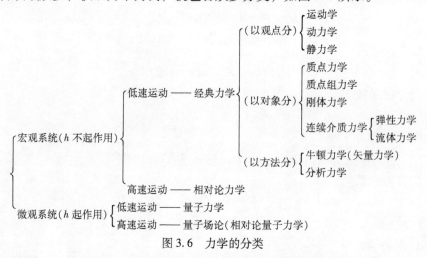

图3.6　力学的分类

本节仅选取其中较为常用的连续介质力学中流体力学的方法加以概括性介绍。连续介质力学方法是灾害模拟预测常用的方法之一，如对台风、洪水的预测预报，对火灾、危化品泄漏等的演化过程的预测分析等都需要基于连续介质力学的理论和方法。连续介质模型是把流体视为没有间隙地充满它所占据的整个空间的一种连续介质，且其所有的物理量都是空间坐标和时间的连续函数的一种假设模型。我们在考虑宏观特性时，在流动空间和时间上所采用的一切特征尺度和特征时间都比分子距离和分子碰撞时间大得多，因此没有必要深入流体的微观领域研究问题。基于连续介质模型，就可以应用数学上的微积分手段对有关问题加以研究。

连续介质理论模型把流体所占有的空间视为由无数个流体质点连续地、无空隙地充满着，组成连续介质的流体质点，指的是微观上无穷大，宏观上充分小的分子团，流体质点是流体力学中的无穷小。描述流体的物理量包括密度和压强：

密度：$\rho = \lim\limits_{\delta V \to 0} \dfrac{\Delta m}{\Delta V}$

压强：$p = \lim\limits_{\Delta A \to \delta A} \dfrac{\Delta F_n}{\Delta A}, \quad \Delta A \approx (\Delta V)^{2/3}$

在实际问题中，我们经常使用的是黏性流体力学的方法。流体运动所遵循的规律是由物理学三大守恒定律规定的，即质量守恒定律、动量守恒定律和能量守恒定律。这三大定律对流体运动的数学描写就是流体动力学基本方程组。

（1）连续方程

连续方程描述流体的质量守恒，因此也被称为质量方程：

$$\frac{\partial \rho}{\partial t} + \nabla \cdot (\rho u) = 0 \tag{3.18}$$

它表示：

$$\begin{pmatrix} 净输出控制体 \\ 的质量流量 \end{pmatrix} + \begin{pmatrix} 控制体内的质量 \\ 随时间的变化率 \end{pmatrix} = 0 \tag{3.19}$$

按照取和约定，式（3.18）可以表示为

$$\frac{\partial \rho}{\partial t} + \frac{\partial (\rho u_i)}{\partial x_i} = 0 \tag{3.20}$$

对于定常流，式（3.20）成为

$$\frac{\partial (\rho u_i)}{\partial x_i} = 0 \tag{3.21}$$

对于不可压流，式（3.20）成为

$$\frac{\partial u_i}{\partial x_i} = 0 \tag{3.22}$$

（2）运动方程

描述黏性流体动量守恒定律的方程称为运动方程，即著名的纳维 – 斯托克斯（Navier-Stokes）方程，简称 NS 方程。

$$\rho \frac{\partial u_i}{\partial t} + \rho u_j \frac{\partial u_i}{\partial x_j} = \rho F_i - \frac{\partial p}{\partial x_i} + \frac{\partial}{\partial x_j}\left[\mu\left(\frac{\partial u_i}{\partial x_j} + \frac{\partial u_j}{\partial x_i}\right)\right] + \frac{\partial}{\partial x_i}\left(\lambda \frac{\partial u_j}{\partial x_j}\right) \tag{3.23}$$

式（3.23）也可以写为矢量形式

$$\rho \frac{\partial u}{\partial t} + \rho (u \cdot \nabla) u = \rho F - \nabla p + \mu \nabla^2 u + \frac{\mu}{3} \nabla (\nabla \cdot u) \tag{3.24}$$

对于不可压流体，式（3.24）可以写为

$$\frac{\partial u}{\partial t} + (u \cdot \nabla) u = F - \frac{1}{\rho} \nabla p + \nu \nabla^2 u \tag{3.25}$$

（3）能量方程

能量方程反映了黏性流体在流动过程中满足的能量守恒定律。当流体流动时，能量守恒定律可叙述为封闭系统内流体能量随时间的变化率等于单位时间内作用在该系统上所有外力所做的功和由边界传入的热量，相应的数学表达式为

$$\frac{\mathrm{d}}{\mathrm{d}t}\iiint_v \rho\left(\frac{V^2}{2} + \varepsilon\right)\mathrm{d}v = W_1 + W_2 + q \tag{3.26}$$

式中，左边项中分别表示系统内流体的动能和内能，W_1 是单位时间内边界上应力对流体所做的功，W_2 是单位时间内体积力所做的功，q 是单位时间内从边界面传入流体团的热量。

对于空气等气体，通常采用完全气体假设：

$$p = R\rho T, h = c_p T \tag{3.27}$$

热流密度矢量 q、对热传导系数 κ、黏性系数 μ 可采用公式：

$$q = -k\nabla T, \quad \frac{\kappa}{\kappa_0} \approx \left(\frac{T}{T_0}\right)^{1.5}\left(\frac{T_0 + T_s}{T + T_s}\right), \quad \frac{\mu}{\mu_0} \approx \left(\frac{T}{T_0}\right)^{1.5}\left(\frac{T_0 + T_s}{T + T_s}\right) \tag{3.28}$$

NS 方程推导过程中引入了一些假设：完全气体的状态方程、广义牛顿黏性应力公式、连续介质假设。对于连续介质的假设，只要最小涡尺度大大超过分子平均自由行程，这个假设就可用。气体分子平均自由行程为 0.0001mm，液体为 0.000 000 1mm。NS 方程是玻耳兹曼（Boltzmann）方程的第一次近似，即分子运动达到近似平衡状态的玻耳兹曼方程。可见，除了稀薄气体和个别特殊情况（研究激波厚度内的结构等特殊问题），对于水和空气一类的流体，NS 方程总是可用的。

3.3.3 时间之矢

从系统演化的角度，自然演化过程中有两种相互对应的过程：可逆过程与不可逆过程。如果系统从某一状态转变到另一状态后，能够再恢复到原来的状态，并且同时使系统的环境也恢复到原状，这样的过程就是可逆过程；反之，若系统及其环境一经变化后，不能恢复，这种过程就是不可逆过程。如果用数学的语言来描述，就是时间反演的对称性。如果描述一个过程的动力学方程在时间反演变换下保持不变，则称该过程是时间反演对称的，亦即为可逆过程，换言之，可逆性就是过程的时间反演对称性。例如，著名的牛顿方程就是时间反演对称的，它描述的质点运动是典型的可逆过程，运动轨线中的状态序列既可按 $t = +\infty$ 方向展开，也可按 $t = -\infty$ 的方向展开，两种过程具有相同的物理图像。这意味着系统的始态和终态、过去和未来是没有差别的。如果描述一个过程的动力学方程在时间反演变换下不能保持不变，则该过程是时间反演不对称的，亦即为不可逆过程。换言之，不可逆性意味着过去与未来之间的时间对称性破缺。例如，描述热传导过程的傅里叶方程表现出时间反演的不对称性。它描述的是不可逆过程，意味着系统的始态与终态、过去与未来是不等价的。可逆与不可逆实际上反映了系统演化的状态对时间的关系，即系统演化是否存在时间箭头的问题。

事实上，自然界中实际发生的过程都是不可逆的、有时间箭头的。自然界真实的物理图像是：不可逆过程才是无条件的、绝对的。因为任何系统都处于一定的时间和空间之中，都有其演化的历史，在进化的单行道上不允许走回头路。相反，可逆过程倒是相对的，是一种理想过程，是舍去了许多规定的抽象的形式。经典力学、电动力学、量子力学等用可逆的物理方程描述客观世界，只是一种相对的、有条件的、简化了的认识，是忽略掉了不可逆性的真实过程的理论近似。这里我们举例说明几种系统演化的"时间之矢"。

（1）热力学、统计物理学的时间之矢

即熵增加的时间方向。热力学与统计物理学研究发现，孤立体系的宏观自发过程是一个不可逆过程，满足"熵增原理"，不具有时间反演不变性，具有时间箭头。于是，人们便把热力学中熵增加原理定义的时间箭头称为热力学箭头。

美国学者詹奇说："热力学引入了不可逆性，即过程的时间方向性，从而标志着向过程思维的转变。由于不可逆性，时间对称性被打破了，过去和未来被分割开来，宏观世界于是有了历史。"

（2）生物学的时间之矢

即生物进化的时间方向。生物进化论表明，生物呈现由低级到高级、由简单到复杂的进化图景。这是一个复杂性不断增加的不可逆过程。生命世界的过去和现在不一样，因而时间是有方向性的。生物学的时间箭头指示的是有序的方向，它和热力学的演化的时间箭头方向相反。

（3）量子力学的时间之矢

即原子的自发辐射的时间方向。在原子内部，电子能从高激发能级自发地跃迁到低能级，而不能自发地从低能级跃迁到高能级。要使电子从低能级跃迁到高能级，必须受到外界的激发，从外界吸收能量，这是不可逆过程。这样，也就可以把自发辐射定义的时间箭头称为量子力学箭头。

与不可逆过程相联系的时间对称破缺，具有重要的意义，它意味着在有不可逆过程存在的情况下，自然界的演化才是可能的，质的多样性才是可能的。不可逆过程既可以导致有序结构的破坏，也可以导致更加有序结构的产生。因此，与不可逆过程相联系的时间箭头既可以指向退化的方向，也可以指向进化的方向。

当我们把突发事件作为一个系统进行观察和分析，可以发现，系统的演化是灾害要素从平衡态向临界态发展并最终突破临界、形成灾害的演化过程。图 3.7 给出了突发事件孕育发生过程中灾害要素状态的演化过程，图中 x 代表广义的灾害要素。一般情况下，灾害要素的状态处于平衡态或平衡态附近，即图中亚临界范围之内，一些微小的偏离能够自动返回，不会导致灾害性事件发生。一旦灾害要素的状态远离平衡态，即超出亚临界区域范围，系统就进入了某种自组织过程，一些外界作用下形成系统状态的涨落，于是灾害要素不再自动回归平衡态而是向着更加远离平衡态的方向发展，直至达到临界点。超出临界点后系统状态形成分叉，有可能存在三种行为模式：第一种是突变式爆发模式，即在瞬间形成大的灾难，如地震；第二种是渐变式爆发模式，即在短时间内灾害要素迅速发展造成灾难，如流行性传染病的蔓延；第三种可能是在没有触发条件的情况下，灾害要素会停留在临界范围之内直到被触发或者在外界作用下返回。

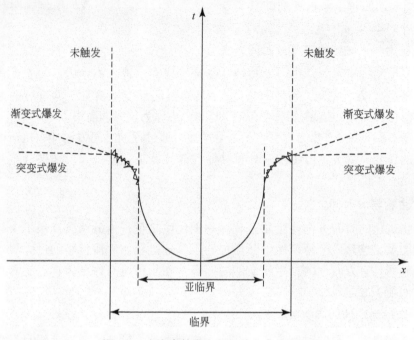

图 3.7　突发事件发生的几种方式示意图

3.3.4　负熵

系统论指出，平衡态是高度对称的无序状态，非平衡态是对称破缺的有序状态。突发事件的孕育，是系统从平衡态向非平衡态发展的过程，也可以说，突发事件的孕育过程存在由无序指向有序的时间之矢。虽然目前我们还没有经过严格的推理去论证这一观点，从突发事件的表现规律分析，至少存在一些类型的突发事件，其孕育到发生的时间之矢并不是与热力学、统计物理的时间矢方向相同，而是与生物学的时间相同，是从无序到有序的演化过程。可见，长期以来被广泛讨论的人类的行为增加了灾难性事件的发生这一观点不无道理。系统自发地从无序向有序演化的条件在于系统必然吸收负熵，对于突发事件系统，显然人类的行为给系统带来巨大的负熵。

负熵是物质系统有序化、组织化、复杂化状态的一种量度。齐拉德首次提出了"负熵"这个经典热力学中从未出现过的概念和术语。熵是用以表示某些物质系统状态的一种量度或说明其可能出现的程度（或者说是描述一个孤立系统中物质的无序程度）。在自然科学家看来，人类的发展过程实际上就是有序化的增长过程，人类的一切生产与消费实际上就是"负熵"的创造与消耗；在社会科学家看来，人类的发展过程实际上就是本质力（即劳动能力或社会生产力）的增强过程，人类的一切生产与消费实际上就是"价值"的创造与消耗。然而，无论是自然科学家还是社会科学家，既不承认"负熵与价值毫不相干"，也不承认"负熵就是价值，价值就是负熵"。1944 年，著名的物理学家、量子力学的奠基人之一、诺贝尔奖获得者薛定谔（E. Schrodinger）

所著《生命是什么?》一书,明确地论述了"负熵"的概念,并且把它应用到生物学问题中,提出了"生物赖负熵为生"(或"生物以负熵为食")的名言。

如果我们把突发事件视为自然社会系统的某种自组织过程,如前文所述,突发事件的孕育和发生有可能是系统吸收负熵发生某种自组织的过程。

系统论研究指出,系统自发地从无序变为有序的现象称为自组织现象。典型的自组织现象是生命发展过程中的自组织。例如,蛋白质大分子链由几十种类型的成千上万个氨基酸分子按一定的规律排列起来组成,假定蛋白质是随机形成的,而且每一种排列有相等的概率,那么即使每秒进行 100 次排列,也要经过 10^{109} 亿年才能出现一次特殊的排列,而地球的年龄也只有几十亿年。因此,这种有组织的排列绝不是随机形成的。

另一个自组织的例子是著名的 Benard 对流现象。如图 3.8 所示,夹在两个平板间的一薄层液体,在下板缓慢加热的过程中,会形成有序的蜂窝状结构。千千万万的分子被组织起来,参加一定方式的宏观定向运动,能量得到更有效的传递。

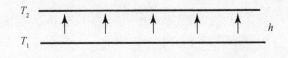

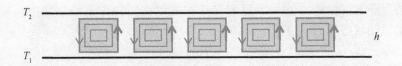

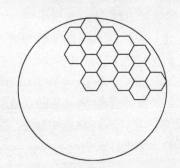

图 3.8　Benard 对流现象

注:当 $\Delta T = T_1 - T_2 = 0$,为平衡态;当 $\Delta T > 0$ 但不太大时,为稳定的非平衡态;

当 ΔT 增大到 $\Delta T \geq T_c$ 时,出现有序的宏观对流

显然,自组织现象是与热力学第二定律的时间矢方向相反,其根本原因在于孤立系统与开放系统的区别。

热力学第二定律指出,孤立系统中发生的过程,熵变 $\Delta S \geq 0$。但对一个开放系统,熵有可能减少。所谓开放系统,是指与外界有能量交换(通过做功,传热)或物质交换的系统。

热力学对熵变的定义是基于理论上的可逆过程给出的,即

53

$$\Delta S = \int_{(1)}^{(2)} \frac{\mathrm{d}Q}{T}$$
（可逆） (3.29)

对孤立系统，因绝热 $\Delta S = 0$，熵不变；对开放系统，若吸热 $\Delta S > 0$，熵增加，若放热 $\Delta S < 0$，熵减少。

对实际的不可逆过程，利用卡诺定理可以证明：

$$\Delta S > \int_{(1)}^{(2)} \frac{\mathrm{d}Q}{T}$$
（不可逆） (3.30)

对孤立系统，因绝热 $\Delta S > 0$，熵增加；对开放系统，若吸热 $\Delta S >$ 正数，熵增加，若放热 $\Delta S >$ 负数，ΔS 为正，熵增加，ΔS 为负，熵减少，ΔS 为零，熵不变。因此，对于开放系统（不论可逆过程或不可逆过程），熵都有可能减少。

通常引入"负熵流"的概念，由系统内部过程引起的熵变记为 $\mathrm{d}_i S$，$\mathrm{d}_i S \geqslant 0$；与系统外部交换物质或能量引起的熵变记为 $\mathrm{d}_e S$，称为"熵流"，熵流可正可负。因此，系统的熵变为 $\mathrm{d}S = \mathrm{d}_i S + \mathrm{d}_e S$。因此，若 $\mathrm{d}_e S < 0$，即存在负熵流，且 $|\mathrm{d}_e S| > \mathrm{d}_i S$，则有 $\mathrm{d}S < 0$，系统发生熵减过程，系统趋向更加有序。因此，系统变得更有序是依靠开放系统的负熵流。

系统的有序度可以用不同的参量来描述和度量。例如，在热力学中，系统的熵 S 与相对应的微观状态数 Ω 成正比，即有

$$S = K \ln \Omega$$
(3.31)

式中，K 是玻尔兹曼常数，Ω 是系统可能的状态数。这一公式表明系统的熵越大，系统的结构越无序；熵越小，系统的结构越有序。

在信息论中，信息被看做是减少或消除不确定性的东西，因而信息量越大，系统的结构越有序；信息量越小，系统就越无序。信息论之父 C. E. Shannon 在 1948 年发表的论文《通信的数学理论》（*A mathematical theory of communication*）中指出，任何信息都存在冗余，冗余大小与信息中每个符号（数字、字母或单词）的出现概率或者说不确定性有关。Shannon 借鉴了热力学的概念，把信息中排除了冗余后的平均信息量称为"信息熵"，并给出了计算信息熵的数学表达式。

设信息源 X 的符号集为 $a_i(i = 1, 2, 3, \cdots, N)$，即 $X\{a_1, a_2, a_3, \cdots, a_N\}$，$a_i$ 出现的概率为 $p(a_i)$，则信息源 X 的熵为

$$H(X) = \sum_{i=1}^{N} p(a_i) I[p(a_i)] = -\sum_{i=1}^{N} p(a_i) \log_2 p(a_i)$$
(3.32)

信息熵表示了信息源每一符号提供的平均信息量，表示接收者接收信息前对信息源的不确定性，也表征了随机变量的随机性。

在突发事件的孕育发生、发展演化以及应急处置的过程中，人类的行为都有可能给系统输入负熵。在突发事件的孕育过程中，系统存在由平衡态向非平衡态发展的趋势，在这一过程中，人类的某些不当行为很可能会对系统形成负熵，加速突发事件的发生。在突发事件发生后，承灾载体系统受到极大的破坏，系统的有序度极大降低，

科学合理的应急管理行动也会以负熵的方式增加系统的有序度，实现快速的灾后恢复。因此，人类的行动对于突发事件系统和承灾载体系统都有可能形成负熵，公共安全科技研究的重要目的之一就在于减少不当的人类行动对突发事件孕育系统的负熵，减少和降低突发事件的发生和作用程度；增加科学的应急行动对承灾载体系统的负熵，加快和更有效地实施灾后恢复。

参 考 文 献

[1] 范维澄，刘奕．城市公共安全体系架构分析．城市管理与科技，2009，(5)：38-41.

[2] 李明．大空间早期火灾的双波段图像型探测方法的研究．天津大学硕士学位论文，2007.

[3] 赵晓玲．封闭式易燃场所自动灭火系统的研究．合肥工业大学硕士学位论文，2004.

[4] 徐鹏．基于统计模式识别的早期火灾检测算法研究．沈阳理工大学硕士学位论文，2009.

[5] 黄道灿，彭骏．轰燃预测与灭火战术要点．消防技术与产品信息，2007，(8)：51-54.

[6] 吕普轶．基于普通 CCD 摄像机的火灾探测技术的研究．哈尔滨工程大学硕士学位论文，2003.

[7] 王振华．基于视频图像的火灾探测技术的研究．西安建筑科技大学硕士学位论文，2008.

[8] 张庆磊．基于图像处理的大空间火灾探测技术研究．西华大学硕士学位论文，2007.

[9] 陈月．基于小波神经网络的智能火灾探测研究．东北大学硕士学位论文，2008.

[10] 曹壬艳．图像识别技术在大空间建筑火灾探测中的应用．安徽理工大学硕士学位论文，2009.

[11] 王晓华．超高层建筑防火疏散设计的探讨．湖南大学硕士学位论文，2007.

[12] 张海卿．建筑物火灾烟气模拟及应急疏散对策研究．北京化工大学硕士学位论文，2010.

[13] 吴立荣．建筑火灾危险性评价研究．山东科技大学硕士学位论文，2006.

[14] 李斌．重庆市人员密集公共建筑防火安全设计评价初探．重庆大学硕士学位论文，2009.

[15] 徐仕玲．野外火灾的图像识别方法研究．南京航空航天大学硕士学位论文，2008.

[16] 李树青．"遥视"在变电站中的应用．上海交通大学硕士学位论文，2007.

[17] 宋虎，杨立中，范维澄．通风开口对轰燃影响的数值模拟．火灾科学，2001，(3)：10-12.

[18] 翁文国，范维澄．建筑火灾中轰燃现象的突变动力学研究．自然科学进展，2003，13 (7)：725.

[19] 许国志．系统科学．上海：上海科技教育出版社，2009.

[20] 武杰，李润珍，程守华．对称性破缺创造了现象世界：自然界演化发展的一条基本原理．科学技术与辩证法，2008，(3)：62-67，89.

第4章 承灾载体

承灾载体是突发事件的作用对象，一般包括人、物、系统（人与物及其功能共同组成的社会经济运行系统）三方面。承灾载体是人类社会与自然环境和谐发展的功能载体，是突发事件应急的保护对象。

承灾载体在突发事件作用下所受的破坏表现为本体破坏和功能破坏两种形式。承灾载体的破坏有可能导致其所蕴涵的灾害要素的激活或意外释放，从而导致次生衍生灾害，形成突发事件链。虽然大部分情况下突发事件会同时造成承灾载体的本体破坏和功能破坏，但其本体破坏和功能破坏具有不同的机理，对于不同类型的承灾载体，研究关注的重点不同。通过对承灾载体的研究可以确定应急管理的关键目标，加强防护，从而实现有效预防和科技减灾；研究承灾载体的破坏机理与脆弱性等，从而在事前采取适当的防范措施，在事中采取适当的救援措施，在事后实施合理的恢复重建；研究承灾载体对突发事件作用的承受能力与极限、损毁形式和程度，从而实现对突发事件作用后果的科学预测和预警；研究承灾载体损毁与社会、自然系统的耦合作用，承灾载体蕴涵的灾害要素在突发事件下被激活或触发的规律，从而实现对突发事件链的预测预警，采取适当的方法阻断事件链的发生发展[1]。

4.1 人——最重要和最脆弱的承灾载体

"以人为本"是公共安全最核心的理念，保障公众的生命安全无疑是公共安全保障的第一使命。回顾近年来的灾害事故，伤亡数字触目惊心：日本东京地铁沙林毒气事件，12 人死亡，3000 多人受伤；韩国大邱地铁火灾，死亡约 200 人；美国"9·11"事件，死亡 3000 余人；汶川地震，死亡近 7 万人；印度洋地震海啸，死亡近 30 万人……当人类面临各种灾难事故时，生命是如此的脆弱！

对于人作为承灾载体的突发事件，如果按照突发事件的作用范围，人所受的伤害可以分为个体伤害、群体伤害等；如果按照伤害来源的类型来分类，可以分为物理伤害、核生化伤害、心理伤害等。

4.1.1 物理伤害

物理伤害是突发事件对人类造成危害的最普遍方式。小到交通事故，大到建筑物垮塌，都能够造成人类本体的破坏。有研究指出，人类肌肉组织的每根肌纤维都能够产生约 $0.3\mu N$（约 $0.03kg$）的力，而每平方厘米的肌肉可以产生大约 $10kg$ 的力。人体除牙齿以外最结实的器官就是骨骼，每平方厘米的骨骼最高可能承受高达 2t 的力。根据这些数据，人类设计出安全气囊、安全帽等保护措施，以增长受力时间而减小加速度或增大受力面积来减小压强，起到保障人体安全的目的。

温度过高、过低也能引起人体的损伤。人的皮肤组织温度降至冰点（0℃以下）就可能导致冻伤，75℃以上的高温可能导致二度烫伤，90℃以上的高温可能导致三度烫伤。局部冻伤和全身冻伤（冻僵）大多发生于意外事故或战时，人体接触冰点以下的低温，如在野外遇到暴风雪，陷入冰雪中或工作时不慎受制冷剂（液氮、固体二氧化碳等）损伤。高温对人体的伤害可以分为烫伤和烧伤两种。烫伤主要由高温的液体、固体或者高温蒸汽所致。而烧伤一般由火焰引起人体的本体破坏和功能性破坏。

高压电击、雷击等也会对人体造成电灼伤等损害。而对于人体的安全电压仅仅为36V，因此若通过降低供电设施的电压达到安全的目的显然是不现实的。现有的安全措施主要是通过切断电源来缩短电击时间，达到减少损伤的目的。但过高的电压瞬间便能置人于死地。

烟气、掩埋、溺水等会造成人体的窒息。人类最长的憋气纪录为15min，而一般人只要窒息5min就有生命危险了。

另外，长时间缺乏食物、饮水，长时间不眠不休都会对人体造成物理性损伤甚至危及生命。

4.1.2　核生化伤害

人类无时无刻不在承受着各种各样的辐射。天然辐射主要来自宇宙射线、天然放射性核素，如氡气等。此外，使用电器、医疗检查、乘坐飞机等都可能接受到更多的辐射，而这些并不会对人体造成直接的伤害。通常，人类最多能承受7Sv（希沃特）的辐射。国际放射防护委员会指出，身体每接受1Sv的辐射，致癌率会提高1.65%。一般来说，X射线的辐射为160mSv/h。2Sv左右的辐射剂量就会导致早逝，6Sv则有可能马上致人死亡。缩短照射时间、增加射线源与人体之间的距离、在人体与辐射源之间设置屏蔽都可以有效降低辐射对人体的伤害。

人类周围也无时无刻不充满了各种有毒有害的化学品或者严重威胁人类健康和生存的生物。

煤气中毒是很普遍的危及人类的突发事件。据统计，我国每年死于煤气中毒的人数高达1500人左右。煤气中的一氧化碳与血红蛋白结合能力约为氧气与血红蛋白结合能力的300倍，而且无色无味难以察觉，一旦进入人体会和血液中的血红蛋白结合，导致与氧气结合的血红蛋白数量迅速减少，人体最终窒息而亡。即使未导致人体死亡，重度中毒也会给人留下严重的并发症和后遗症。

各种有毒有害的气体、液体、固体不胜枚举，这里也不再一一赘述。研究有毒有害化学品尤其是人类日常生活中常见的化学品的作用机制、人体承受极限、急救方法等是公共安全领域的重要课题。

人类作为承灾载体的生物伤害，主要指能够对人体造成伤害并引发传染病的细菌、病毒等微生物，或能够将其携带、传播、扩散的动植物。霍乱、疟疾、猩红热、手足口病等都是此类常见的传染病。我国近年来爆发的 SARS 疫情、H1N1 高致病性禽流感疫情等也属于此类突发事件。2002 年 11 月至 2003 年 8 月 5 日，29 个国家和地区报告"非典"型肺炎临床诊断病例 8422 例，死亡 916 例。报告病例的平均死亡率为 9.3%。

4.1.3　心理影响

物理、化学、生物以及核辐射对于人体的伤害是客观存在的，而且人类经过长时间的研究已经掌握了其中绝大部分的规律。相比较之下，突发事件对人心理的影响看不见摸不着，但却又是真实存在的，目前已经有越来越多的心理学者对突发事件下人类的心理变化、心理影响以及心理伤害进行研究，为公共安全研究提供了许多宝贵的经验[2]。

在突发事件下，公众心理状态直接影响社会的稳定，而公众的心理状态在很大程度上与其获取的关于突发事件的信息有关。英国危机公关专家里杰斯特提出了危机处理的"3T"原则，强调了危机时期信息发布的重要性，即①Tell your own tale（以我为主提供情况）、②Tell it fast（尽快提供情况）、③Tell it all（提供全部情况）。因此，突发事件的信息发布对公众心理会产生极大的影响。

有研究指出，SARS 疫情爆发期间，SARS 病毒的传染性强、缺少十分有效的治疗方法，SARS 病毒的快速致命性、致病原因不清是引发公众恐惧心理的最主要因素，而外在环境信息的影响则相对较小。患病信息的影响作用越大，个体的风险感就越高，越会直接引起负性预警指标（如紧张感）的上升。这是因为，人们往往根据事件发生的频率、后果的严重性等客观指标作出判断。当突发事件发生的次数越多、后果越严重时，个体所感到的风险就越大。对 SARS 的风险意识和适度的担心是人们面对突发事件的正常心理反应。但是过度的担心和非理性的风险意识则会造成人们过高的焦虑、惊恐和无所适从，甚至引发社会大范围的群体恐慌。

（1）公众面对突发事件的心理反应

面对同一突发事件，不同的个体因为年龄、性别、认知、经历、心理素质等方面的差异，会呈现出不同的心理反应。突发事件具有发生的突然性、影响的深远性、破坏的大规模性等共同特征，所以，公众在突发事件中又会表现出一些具有规律性的心理特征，如警戒、从众、过度防范、焦虑等[3-5]。

（2）影响公众对突发事件心理反应的主要因素

公众在突发事件发生时会产生上述心理反应，主要影响因素有主观和客观两个方面：客观因素包括突发事件的时间、地点、成因及破坏程度；主观因素有公众对突发事件的认知状况、突发事件与自身利益的关系。

（3）突发事件中公众认知心理偏差

一般来说，公众对于突发事件的认知、判断与采取决策行为应该是基于理性的，但是人的记忆、思维等方面是存在局限性的，这种知识储备空间的有限性约束了人的心理认知与行为决策，从而会产生认知的巨大偏差。

风险认知是人们对某个特定风险的特征和严重性所作出的主观判断，是测量公众心理恐慌的重要指标。公众对风险的认知，不是建立在对风险本质的理解上，而是受个体心理认知以及社会文化因素的影响。由于性别、年龄、职业、文化教育程度等个人因素差异的影响，公众对突发事件的感知方式和程度也是多种多样的。因此，突发事件中公众会出现认知心理偏差[6]。

（4）突发事件不同阶段的公众认知心理特点

突发事件由于其突发性和紧急性，常常会使公众出现心理失衡的现象。具体来说，突发事件不同阶段的公众认知心理常呈现出以下几个特点：

1）突发事件发生之初的恐慌心理。突发事件刚发生时，公众所表现出的紧张、恐惧、焦虑等心理反应是一种正常现象。而且，这种适度反应对于预防和控制突发事件也是有效的。但是，如果这种反应不是适度，而是过度时，公众就容易丧失理性，进而产生不理性行为。

2）突发事件过程中的盲从心理。突发事件发生时，由于信息的不及时或不对称，公众无法对事件的信息有准确和全面的了解。这种状况一旦出现，别有用心者会乘虚而入，散布谣言，混淆是非，加上公众无法判断其真伪，就会产生一种盲从心理。这种心理很大程度上影响了政府对事件的处置效果。因此，为了减轻突发事件的危害程度，需要及时对这种盲从心理进行有效干预。

3）突发事件过后悲观痛苦的心理。突发事件会对现实的生产和生活造成巨大的物质破坏，同时也给受害人群带来无法抹去的负面影响，容易在内心深处留下长期无法消除的阴影。

（5）公众应对突发事件相关信息的心理反应

1）漠视。突发事件刚发生时，未被突发事件影响或波及的人们很容易产生漠视心态。漠视产生的原因之一在于缺乏与突发事件相关的信息。

2）恐慌。突发事件发生后，比事件本身更可怕的是心理恐慌。恐慌产生的主要原因：①信息不透明造成谣言传播；②事件的不确定性会增加人们的心理恐慌。

3）过度反应。

（6）小结

在突发事件发生时，公众一般的心理特点就是容易出现警戒、从众、过度防范、焦虑等现象，并且在不同阶段表现出不同的反应，如事件之初的恐慌、事件发生过程中的盲从、事后的悲观痛苦等现象。导致这些现象出现的原因很多，客观上主要是事件发生的时间、地点、成因及破坏程度等，主观上主要是公众对突发事件的认知状况及突发事件与公众自身利益的相关程度等。其中，公众的认知状况又会因直觉、想象、信息获得量、以往经验等原因而异。如果突发事件发生时，政府能够保持信息发布渠道的畅通，通过媒体及时发布权威信息，在发布内容上增加公众对突发事件不确定因素的认知，如事件发展趋势、政府如何应对、个人应有什么举措等，并且在事件发展的不同阶段发布不同的信息内容，就能够在很大程度上控制公众的过度紧张和恐惧，减少心理认知偏差，减轻过度反应，最大限度地减少谣言的产生，引导公众更理性地看待事件，达到消除整个社会恐慌的目的。

4.2 物的世界——社会的基本载体

物的世界既包括自然事件的各类物体，如山川河流，也包括人类创造的文明世界。物的世界也是人类社会的基本载体。人类文明进步最直接的表现就是我们居住的地球所发生的日新月异的变化：从马车、蒸汽机车、电力机车到今天的磁悬浮、高速铁路；从莱特兄弟的第一次有动力飞行到热气球和飞艇再到今天各式各样的飞机、火箭和宇宙飞船；从茅草屋、砖瓦房到摩天大厦；从烛光、油灯到现代化的不夜城；从挑水拾柴到遍布城市每个角落的城市生命线管网系统。人类在用最大的想象和能力创造着的世界，成为人类社会生产、生活和经济运行的有效载体。

4.2.1 概述

人类时时刻刻都被各种各样的物包围着，从身边的一支笔、一本书到城市中的摩天大楼、跨海大桥再到七大洲四大洋这些都是物，可以说整个地球都是由物所构成的。而将所有的物都当做潜在的承灾载体来进行研究显然是不现实的。灾害是普遍存在的，承灾载体也是多种多样、或大或小的，而公共安全学者们主要研究的承灾载体往往具有以下两个特点。

（1）以损害人类的生命或财产安全为前提

一座无人岛上的山脉发生滑坡、泥石流，无人远洋上的狂风暴雨，这些事件并不会明显影响到人类的安全，自然这些无人的山脉和海洋就不值得学者们耗费大量的时间和精力进行研究。桥梁坍塌、建筑起火、输油管线爆炸，这些显然都严重威胁着人类的生命和财产安全，而这些人类文明的载体也就作为承灾载体需要我们进行深入研究。当然，针对自然物的研究显然不能仅仅停留在其是否会对人类造成直接伤害、直接影响如此肤浅的程度。我们头顶的臭氧层空洞、原始森林的熊熊大火、南北极的冰山消融，虽然它们周围没有人类的存在，不会直接伤害人类的生命，但是对我们的间接伤害和长远影响却是不容忽视的，因此其同样也是学者们普遍关注的承灾载体。

（2）伤害和损失需要具有一定规模

身边的一本书不慎起火，虽然也造成了一定损失，但如果因此要花费大量精力来研究一张纸、一本书的承灾能力和破坏特性就显然有些小题大做了。而倘若火焰引燃了整间房屋，整栋建筑，那么其对人类生命和财产安全造成的伤害和损失就不容忽视了，需要学者们对其进行关注和研究。因此，就不同的系统，针对承灾载体的研究也需要系统化、具体化。以城市系统为例，学者们普遍研究的承灾载体是建筑物（或建筑群）、桥梁、管网系统等能够对人类的生命或财产安全构成重大危险的物，而很少涉及价值较低、威胁较小的物。

城市建筑物主要承受的灾害有洪灾、火灾、震灾，对于不同的灾害源和不同类型的建筑物，发生灾害时建筑物的特点是不同的。对于洪灾[7]，需要研究建筑物建筑结构的抗冲击能力，此外建筑材料、年代、地面高度等因素也影响着建筑的抗洪能力。对于火灾，需要研究建筑材料的耐火能力、建筑主体结构在高温状态下的应力变化、建筑内消防配套设施情况。不合理的通风方式和建筑结构可能诱发火势在建筑内迅速蔓延，甚至波及临近建筑，因此整个建筑群的布局方式以及建筑间的相互作用关系也是承灾载体研究的内容[8, 9]。而对于震灾，主要考察建筑的抗震等级，在震灾中的应力变化、结构性变化等特性[10]。桥梁作为城市交通的一大重要组成部分，其主要受到风灾和震灾的影响。风灾是自然灾害中频繁发生的一种，桥梁的风害事故屡见不鲜。如果风的频率与桥梁的固有频率接近时有可能导致桥梁折断。风与桥梁的相互作用非常复杂，随着桥梁跨径的日益增大，桥梁自重逐渐降低，阻尼减小，对风的作用将愈加敏感，人们如今也越来越关注风作用下的桥梁安全性问题，这也给桥梁风工程研究带来更大的机遇和挑战。桥梁结构在地震时遭到破坏，不但直接影响交通，而且往往引起次生灾害，因此对桥梁的抗震能力的研究也是桥梁作为承灾载体重要的研究课题[11, 12]。地震对桥梁产生的作用主要来自4个方面：①惯性荷载（地震荷载）；②动土压力和动水压力；③地基失效和地裂缝使墩台产生变形；④岸坡滑移引起的移动动土压力。

城市的各种管网系统被称为城市的生命线，其在城市运行中的重要地位不言而喻。城市管网由于规模大、结构复杂、易发事故点多，在重特大灾害下经常发生多处断裂、泄露等问题，加之地下埋设检漏困难，其修复通常需要很长时间。例如，日本阪神地震后，神户市供水管网经两个多月的抢修后才完全恢复。因此城市管网系统的安全在世界各地都受到高度重视。

4.2.2 常见荷载形式及其计算方法

物的破坏主要体现为结构的破坏。人类文明程度的标志之一体现在各种结构上，有承受力而又有一定功能的物体都可以归结为结构。例如，高楼、车、船、飞机、大桥、大坝、机床、望远镜、精密仪表等都可视为特定的结构。广义而言，地壳、岩基、土层也可以视为结构。人类越进步，结构越复杂。

作用在结构上的常见荷载有以下几种。

（1）结构自重

结构自重是由地球引力产生的组成结构的材料重力，一般而言，只要知道结构各部件或构件尺寸及所使用的材料资料，就可根据材料的重度，算出结构自重。

$$G_b = \gamma V \tag{4.1}$$

式中，γ 为材料重度，V 是体积。

实际工程中结构各构件的材料重度可能不同，计算结构总自重时可将结构人为地划分为许多容易计算的基本构件，先计算基本构件的重量，然后叠加即得到结构总自重，计算公式为

$$G_b = \sum_{i=1}^{n} \gamma_i V_i \tag{4.2}$$

为了工程上应用方便，有时把建筑物看成一个整体，将结构自重转化为平均楼面恒载。一般的木结构建筑，其平均楼面恒载可取值为 $1.98 \sim 2.48 \mathrm{kN/m^2}$；钢结构建筑，平均恒载为 $2.48 \sim 3.96 \mathrm{kN/m^2}$；钢筋混凝土结构建筑为 $4.95 \sim 7.43 \mathrm{kN/m^2}$；预应力混凝土建筑，可取普通钢筋混凝土建筑恒载的 $70\% \sim 80\%$。对于道路工程，特别是高速公路，应特别重视路堤的重力效应。

（2）雪荷载

雪荷载是房屋屋面的主要荷载之一，在我国寒冷地区及其他大雪地区，因雪荷载导致屋面结构以及整个结构破坏的事例时有发生。大跨度结构对雪荷载更为敏感，在有雪地区，在结构安全中必须考虑雪荷载。

雪压是指单位面积地面上积雪的自重，基本雪压是指当地空旷平坦地面上根据气象记录资料经统计得到的在结构使用期间可能出现的最大雪压值。决定雪压值大小的是雪深（d）和雪重度（γ）。

$$s = \gamma d \tag{4.3}$$

雪重度是随雪深和时间变化的，为工程应用方便，常将雪重度定为常值，即以某地区的气象记录资料经统计后所得雪重度平均值或某分位值作为该地区的雪重度。我国由于幅员辽阔，气候条件差异较大，故对不同地区取不同的雪重度值，东北及新疆北部地区取 $1.5 \mathrm{kN/m^3}$；华北及西北地区取 $1.3 \mathrm{kN/m^3}$，青海取 $1.2 \mathrm{kN/m^3}$；淮河、秦岭以南地区一般取 $1.5 \mathrm{kN/m^3}$，江西、浙江取 $2.0 \mathrm{kN/m^3}$。确定了雪重度以后，只要测量雪深，就可计算雪压。基本雪压一般根据年最大雪压进行统计分析确定，我国按五十年一遇重现期确定基本雪压分布图。最大雪深与最大雪重度两者并不一定同时出现。当年最大雪深出现时，对应的雪重度多数情况下不是本年度的最大值。因此采用平均雪重度来计算雪压有一定的合理性。当然最好的方法是像美国气象部门一样，直接记录地面雪压值，这样可避免最大雪深与最大雪重度不同时出现带来的问题，而能准确确定真正的年最大雪压值。

海拔高度会对基本雪压产生影响，主要原因是由于海拔较高地区的温度较低，降雪的机会增多，且积雪的融化延缓。一般山上的积雪比附近平原地区的积雪要大，随山区地形海拔高度的增加而增大。图 4.1 是欧洲一些国家给出的基本雪压随海拔高度的变化曲线。

基本雪压是针对地面上的积雪荷载定义的，屋面的雪荷载由于多种因素的影响，往往与地面雪荷载不同，造成屋面积雪与地面积雪不同的主要原因有风、屋面形式、屋面散热等。

在下雪过程中，风会把部分本将飘落在屋面上的雪吹积到附近的地面上或其他较低的物体上，平屋面或小坡度屋面上的雪压普遍比邻近地面上的雪压要小，高低跨屋面的低屋面上形成局部较大漂积荷载，连续屋面，在屋谷形成较大雪压。屋面雪荷载与屋面坡度密切相关，一般随坡度的增加而减小，主要原因是风的作用和雪滑移所致。对双坡屋面及曲线形屋面，风作用除了使总的屋面积雪减少外，还会引起屋面的不平衡积雪荷载，当风吹过屋脊时，在屋面的迎风一侧会因"爬坡风"效应而风速增大，吹走部分积雪。在屋脊后的背风一侧风速下降，风中夹裹的雪和从迎风屋面吹过来的

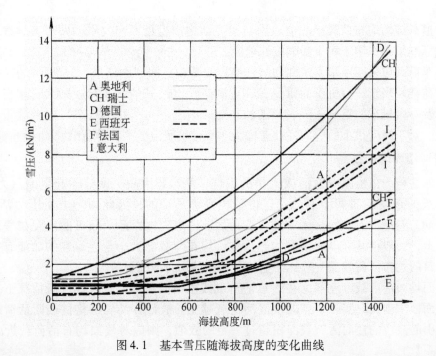

图 4.1 基本雪压随海拔高度的变化曲线

雪往往在背风一侧屋面上漂积。

冬季采暖房屋的积雪一般比非采暖房屋小,这是因为屋面散发的热量使部分积雪融化,同时也使雪滑移更易发生。不连续加热的屋面,加热期间融化的雪在不加热期间可能重新冻结。冻结的冰碴儿可能堵塞屋面排水,以致在屋面较低处结成较厚的冰层,产生附加荷载。重新冻结的冰雪还会降低坡屋面上的雪滑移能力。对大部分采暖的坡屋面,在其檐口处通常是不加热的。因此融化后的雪水常常会在檐口处冻结为冰凌及冰坝。

(3) 车辆荷载

对于公路桥,车辆荷载是指汽车、挂车、履带车等;对于铁路桥,车辆荷载是指列车。在世界范围内,车辆荷载标准有两种形式:一种为车列荷载,另一种为车道荷载。车列荷载考虑车的尺寸及车的排列方式,以集中荷载的形式作用于车轴位置。车道荷载则不考虑车的尺寸及车的排列方式,将车辆荷载等效为均布荷载和一个可作用于任意位置的集中荷载形式。不包括冲击效应的车辆荷载,称之为静活载。

汽车荷载分为两个等级:公路-Ⅰ级和公路-Ⅱ级。对于桥梁结构的整体计算,汽车荷载采用车道荷载。对于桥梁的局部加载,以及涵洞、桥台和挡土墙压力等的计算,汽车荷载采用车辆荷载。

车道荷载:

公路-Ⅰ级:车道荷载的均布荷载标准值为 $Q_k = 10.5 \text{kN/m}$;集中荷载标准值 P_k 按桥涵计算跨径分别取 180(≤5m)、360(≥50m)和内插值。

公路-Ⅱ级:车道荷载的均布荷载标准值和集中荷载标准值公路-Ⅰ级的

0.75 倍。

车道荷载的均布荷载标准值应满布于使结构产生最不利效应的同号影响线上，集中荷载标准值只作用于相应影响线峰值处。

列车荷载应采用中华人民共和国铁路标准活载，即"中活载"。普通活载左面的 5 个集中荷载相当于一台机车的重量，其右侧一段 30m 长的均布荷载则大致相当于两台煤水车及一台机车的重量。最右侧的均布荷载则表示列车的（货车）车辆载重，其长度不限。对于跨度很小的桥，往往考虑由 3 个轴重所组成的特种荷载。

（4）楼面活荷载[13]

楼面活荷载指房屋中生活或工作的人群、家具、用品、设施等产生的重力荷载。这些荷载的量值随时间而变化，且位置也是可移动的，因此国际上通用"活荷载"（live load）这一名词表示房屋中的可变荷载。考虑到楼面活荷载可能出现在楼面的任意位置上，一般将其处理为楼面均布荷载。均布荷载的大小与建筑物的功能有关，如公共建筑的均布活荷载值一般比住宅、办公楼的均布活荷载值大。

楼面均布活荷载可理解为楼面总活荷载按楼面面积平摊，因此一般情况下，所考虑的楼面面积越大，实际平摊的楼面活荷载越小。故计算结构或构件楼面活荷载效应时，如引起效应的楼面活荷载面积超过一定的数值，则应对楼面均布活荷载折减（乘以折减系数）。

（5）人群荷载

在公路桥梁安全设计中需考虑人群荷载对结构的作用。人群荷载的一般取值为 $3kN/m^2$，市郊行人密集区域取值为 $3.5kN/m^2$。在有人行道的桥梁上，人群荷载与汽车荷载同时考虑，而用验算荷载时则不考虑人群荷载。当人行道为钢筋混凝土板时，还应以 $1.2kN$ 集中竖向力作用在一块板上进行验算。计算栏杆时，人群作用于栏杆上的水平推力为 $0.75kN/m$，力的作用点位于栏杆柱顶，人群作用于栏杆扶手上的竖向力为 $1kN/m$，力的作用点位于上部扶手。城市桥梁和人行天桥设计中也要分别考虑人群荷载对结构的作用，包括人行道板（局部构件）的人群荷载、梁、桁架、拱及其他大跨度结构的人群荷载。

（6）风荷载[12, 14-19]

风是由于空气流动而形成的。空气流动的原因是地表各点大气压力（简称气压）不同，存在压力差或压力梯度，空气要从气压大的地方向气压小的地方流动。气流如遇到结构物的阻塞，会形成压力气幕，即风压。一般风速越大，风对结构产生的压力也越大。

为了区分风的大小，按照风对地面（或海面）物体影响程度的大小，常将风划分为 13 个等级。风速越大，风级越大（表 4.1）。由于早期人们还没有仪器来测定风速，就按照风所引起的现象来划分风级。

表 4.1 风级和相应描述风力的术语

蒲福氏风级	风速/[kt /(km/h)]	描述风力术语	浪高/m	海上情况	陆上情况
0	0-1/0-2	无风/静止 Calm	0	平静如镜	静，烟直向上
1	1-3/2-6	轻微/微风/软风 Light/Light air	0.1	无浪：波纹柔和，如鳞状，波峰不起白沫	烟能表示风向，风向标不转动
2	4-6/7-12	轻微/微风/轻风 Light/Light breeze	0.2	小浪：小波浪相隔仍短，但波浪显著；波峰似玻璃，光滑而不破碎	人面感觉有风，树叶有微响，风向标转动
3	7-10/ 13-19	和缓/温和/微风 Moderate/Gentle breeze	0.6	小至中浪：小波较大，波峰开始破碎，波逢间有白头浪	树叶及小树枝摇动不息，旗展开
4	11-16/ 20-30	和缓/和风 Moderate/Moderate breeze	1	中浪：小波渐高，形状开始拖长，白头浪颇频密	吹起地面灰尘和纸张，小树枝摇动
5	17-21/ 31-40	清劲/清新/清风 Fresh/Fresh breeze	2	中至大浪：中浪，形状明显托长，白头浪更多，间中有浪花飞溅	有叶的小树，整棵摇摆；内陆水面有波纹
6	22-27/ 41-51	强风/清劲 Strong/Strong breeze	3	大浪：大浪出现，四周都是白头浪，浪花颇大	大树枝摇摆，持伞有困难，电线有呼呼声
7	28-33/ 52-62	强风/强劲/疾风 Strong/Near gale	4	大浪至非常大浪：海浪突涌堆栈，碎浪之白沫，随风吹成条纹状	全树摇动，人迎风前行有困难
8	34-40/ 63-75	烈风/疾劲/大风 Gale	5.5	非常大浪至巨浪：接近高浪，浪峰碎成浪花，白沫被风吹成明显条纹状	小树枝折断，人向前行阻力甚大
9	41-47/ 76-87	烈风 Gale/Strong gale	7	巨浪：高浪，泡沫浓密；浪峰卷曲倒悬，颇多白沫	烟囱顶部移动，木屋受损
10	48-55/ 88-103	暴风/狂风 Storm	9	非常巨浪：非常高浪。海面变成白茫茫，波涛冲击，能见度下降	大树连根拔起，建筑物损毁
11	56-63/ 104-117	暴风/狂暴风 Storm/Violent storm	11.5	非常巨浪至极巨浪：波涛澎湃，浪高可以遮掩中型船只；白沫被风吹成长片于空中摆动，遍及海面，能见度低	陆上少见，建筑物普遍损毁
12	64+/118+	飓风 Hurricane	14+	极巨浪：海面空气中充满浪花及白沫，全海皆白；巨浪如江倾河泻，能见度大为降低	陆上少见，建筑物普遍严重损毁

当风遇到阻塞时，将对阻塞物产生压力，即风压。气流冲击面积较大的建筑物时，由于受到阻碍，气流改向四周外围扩散，形成压力气幕（图4.2）。

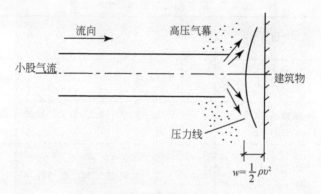

图 4.2　风压示意图

若气流压强为 w_b，气流冲击建筑物后速度减小，其截面中心点的速度减小为零，此时产生的气压最大，设为 w_m，则建筑物受气流冲击的最大压强为 $w_m - w_b$，这就是工程上定义的风压，记为 w。

风压与风速的关系：

取流线中任一微段 $\mathrm{d}l$，微段左端压力为 w，则作用于微段右端压力为 $w + \mathrm{d}w$，作用于微段上的合力为 $\mathrm{d}w\mathrm{d}A$。A 是气流截面面积，该合力应等于微段气流质量 M 与顺流向加速度 a 的乘积（以流向为正），ρ 是空气质量密度。有

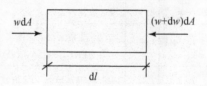

图 4.3　风压与风速的关系

$$-\mathrm{d}w\mathrm{d}A = M \cdot a = \rho\mathrm{d}A\mathrm{d}l \cdot \frac{\mathrm{d}v}{\mathrm{d}t} \tag{4.4}$$

$$-\mathrm{d}w = \rho\mathrm{d}l\frac{\mathrm{d}v}{\mathrm{d}t} \tag{4.5}$$

$$\mathrm{d}w = -\rho v\mathrm{d}v \tag{4.6}$$

得到

$$w = -\frac{1}{2}\rho v^2 + c \tag{4.7}$$

$v = 0$ 时，$w = w_m$，因此有 $c = w_m$；风速为 v 时，$w = w_b$，则 $w_b = w_m - \frac{1}{2}\rho v^2$。于是得到

$$w = w_m - w_b = \frac{1}{2}\rho v^2 = \frac{1}{2}\frac{\gamma}{g}v^2 \tag{4.8}$$

式中，γ 和 g 分别是空气重量密度及重力加速度。

式（4.7）称为伯努利方程，c 为常数。气流的压力随流速变化而变化，流速快时，

压力相对较小；流速慢时，压力相对较大。

由于风压在地面附近受到地面物体的阻碍（或称摩擦），造成风速因离地面高度不同而变化，离地面越近，风速越小。地貌环境（如建筑物的密集程度和高低情况）不同，对风的阻碍或摩擦大小不同，也可能导致相同高度、不同环境下的风有着不同的速度。为了比较不同地貌环境的风速或风压大小，需要对不同地区的地貌、测量风速的高度等有所规定。按规定的地貌、高度、时距等测量的风速所确定的风压称为基本风压。

4.3 社会经济运行系统

社会经济运行系统是承灾载体的重要类型，突发事件导致的承灾载体破坏中，对社会经济系统的破坏所造成的后果往往比单纯的人或物的破坏更加严重，这不仅表现在社会经济运行系统的破坏极易导致人和物的伤害与破坏，更表现在社会经济运行系统的破坏往往会造成长期的影响，恢复的难度更大[20, 21]。

让我们回顾 2008 年的雨雪冰冻灾害，看一看雪灾对社会经济运行系统的严重影响[22]（详细受灾情况见表 1.1）。

2008 年 1 月中旬到 2 月上旬，在我国南方地区发生大规模持续性低温雨雪冰冻极端天气过程，总体灾害程度为五十年一遇，尤其以贵州、湖南等省（区）为甚。此次低温冰冻天气影响范围非常广，持续时间很长，灾害强度也很大。这次极端天气给交通运输、电煤供应、农业林业、电力设施、工业企业、居民生活都造成严重影响，对人民群众生命财产安全和经济发展影响也很大。

（1）交通运输

全国许多重要铁路因断电运输受阻，高速公路干线近 2 万 km 无法通行，受影响的普通公路超过 20 万 km，被迫关闭的民用机场达到十余个，大批航班取消或延误，造成大量旅客滞留。

（2）电煤供应

由于交通运输受到严重影响，以及煤矿放假和检修等原因，一些火电厂库存燃料急剧减少。1 月下旬，直供电厂煤炭库存仅剩余 1600 余万 t，不到正常库存水平的一半，仅够维持电厂一周的正常运转，部分火电厂的剩余燃料几乎只能维持 3 天。由于缺乏燃料导致的停机最多时达 4200 万 kW，近 20 个省（自治区、直辖市）出现不同程度的拉闸限电。

（3）农业、林业

在这场低温雨雪冰冻极端天气过程中，有超过两亿亩的农作物受灾，绝收 3000 余万亩。部分秋冬种蔬菜受灾面积超过全国总种植面积的一半。对良种繁育体系造成严重损失，许多农林设施，如塑料大棚、畜禽圈舍及水产养殖设施损失惨重，大量畜禽、水产等因灾死亡。超过 3 亿亩森林受灾，种苗损失近 70 亿株。

67

（4）电力设施

持续的极端恶劣天气造成大面积电塔倒塌及断线，十余个省（自治区、直辖市）输配电系统遭到破坏，170 个市（县）的供电因灾中断，300 余万条线路、2000 余座变电站无法运转。湖南 500kV 电网绝大部分无法运转，其中郴州电网破坏最为严重；贵州电网 500kV 主网架破坏严重，导致西电东送通道因灾受阻；江西、浙江电网也遭受大面积影响。

（5）工业企业

由于电力设施破坏、交通运输不畅导致受灾省市的工业生产受阻，其中湖南八成规模以上工业企业、江西九成工业企业被迫停止运行。另外还造成 600 余处矿井被淹。

（6）居民生活

受灾城镇供水、电力、燃气管线（网）、通信等基础设施遭受损毁，影响普通百姓的生命安全。经初步核定，极端恶劣天气共造成 129 人死亡，4 人失踪；需要紧急转移安置 160 余万人；近 50 万间房屋坍塌，毁损近 170 万间；造成的直接经济损失约 1500 亿元[23]。

4.4 事件链原理

4.4.1 承灾载体在突发事件作用下的破坏类型

承灾载体在突发事件作用下的破坏表现为本体破坏和功能破坏两种形式。本体破坏指承灾载体在突发事件作用下发生的实体破坏，是最常见的破坏形式。例如，地震导致建筑物的倒塌、桥梁公路的断裂、生命线管网系统破坏等，火灾导致房屋、设施被烧毁和人员的烧伤等。功能破坏指由于突发事件的作用导致承灾载体原本具有的各种功能无法履行。典型的功能破坏例子是 2008 年年初的雨雪冰冻灾害，多个省市的公路铁路无法通行，在道路本体没有遭受破坏的情况下，其承担的交通功能无法履行，交通功能的破坏造成了严重的灾害性后果。承灾载体在突发事件作用下发生本体破坏的可能性和程度，通常用脆弱性来衡量，脆弱性越大的承灾载体越容易发生本体破坏，破坏程度也更严重；承灾载体在突发事件作用下发生功能破坏的可能性和程度，通常用鲁棒性来衡量，鲁棒性越强的承灾载体在突发事件作用下保有原有功能的能力越强。

脆弱性降低和鲁棒性增强，是提高承灾载体抗灾能力的两大方向。一般而言，承灾载体的本体破坏通常都伴随着功能破坏，而功能破坏则不一定发生本体破坏。脆弱性研究的目的在于如何减少本体破坏，鲁棒性研究的目的在于如何做到本体破坏下的功能保有。例如，在火灾安全研究领域，面向降低建筑物的火灾脆弱性，研发各类防火涂层、难燃、阻燃材料，从而使建筑物本体可以耐受更高和更长时间的火灾高温，为火灾扑救争取时间。自"9·11"事件之后，工程和结构领域开始关注建筑物的抗连续倒塌能力，即在部分结构被破坏的情况下，如何使整个建筑主体能够保持在缺陷结构下不发生整体坍塌，从而给建筑物内的人员提供更多的逃生时间和空间。

4.4.2 事件链原理[1]

承灾载体被破坏有可能带来的另一问题是，承灾载体自身蕴涵的灾害要素可能被意外释放，从而导致突发事件的次生、衍生。地震火灾是典型的承灾载体破坏导致次生灾害的例子。据统计，地震后发生最多的次生灾害就是火灾，其原因在于地震的强大破坏性经常导致燃气管网的断裂、各种危险化学品储罐的破坏等。当地震作为原生灾害时，燃气管网、危化品储罐等都是地震灾害的承灾载体，而管网、储罐内的天然气、危化品等则是承灾载体蕴涵的灾害要素。地震导致承灾载体（管网、储罐）的破坏，从而使其蕴涵的灾害要素被意外释放，这些灾害要素遇到明火等触发条件就会引发火灾。

进一步深入分析，我们可以发现，承灾载体破坏导致其蕴涵的灾害要素的释放，是产生次生事件的必要条件，也是形成事件链的基本原理。

哈尔滨水污染事件是典型的事件链的例子，我们就以该事件作进一步分析。2005年 11 月 13 日中石油吉林石化公司双苯厂苯胺装置 T−102 塔发生堵塞，循环不畅，因处理不当，发生爆炸，约 100t 苯类污染物流入松花江水体。受污染的松花江水流过的江面总长度超过了 1000km。松花江受影响区域周边地区大范围停水，严重影响居民正常生产、生活（图 4.4）。

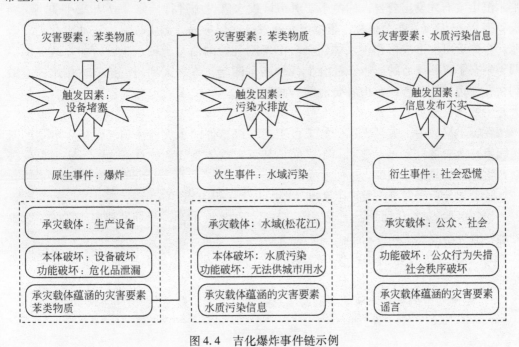

图 4.4 吉化爆炸事件链示例

（1）原生事件：爆炸

这一案例的原生事件是爆炸，事件的灾害要素是生产装置中的化学品物质，事件的触发因素是设备堵塞，事件的承灾载体是生产设备，承灾载体蕴涵的灾害要素是设备内部的苯类物质。在原生事件中，承灾载体蕴涵的灾害要素和导致突发事件的灾害要素是同一主体，这是突发事件的一种类型，即由于承灾载体自身蕴涵的灾害要素导致的突发事件。这里突发事件的发生直接导致其蕴涵的灾害要素的意外释放。另一种类型是导致突发事件的灾害要素来自承灾载体以外，如台风和地震。

（2）次生事件：松花江水域污染

在原生事件中被意外释放的灾害要素苯类物质在事件的处置过程中用水洗消，如果这些洗消水被排入某个临时储水设施等待处理，那么吉化事件就可能被终止在一次普通的生产事故。然而遗憾的是，这些洗消后的污染水被直接排入城市的地下排水系统从而进入了松花江水域，造成了大规模的水域污染事件。在次生事件中，导致突发事件的灾害要素正是原生事件（爆炸）中由于承灾载体被破坏所意外释放的苯类物质。次生事件的灾害要素来自原生事件承灾载体的破坏，次生事件的承灾载体是松花江水域，而松花江是其流经地区的主要生产生活用水来源，次生事件导致了承灾载体的功能被破坏，松花江不能为流经地区提供生产生活用水，这一信息直接成为哈尔滨市社会恐慌事件的灾害要素。

（3）衍生事件：哈尔滨市社会恐慌

2005年11月13日松花江发生水域污染后，被污染的江水流经附近10余个市（县），直逼拥有900万人口的哈尔滨市。直到11月21日，也就是爆炸发生8天后，哈尔滨市政府才发出公告，称由于要对市区供水管设施进行检修，故从22日起停水4天。但在22日又发布公告称，根据黑龙江省环境保护局监测报告，中石油吉化公司双苯厂爆炸后可能造成松花江水体污染。由于刚开始的信息封锁、隐瞒，加之政府前后两天发布了自相矛盾的通告，社会上各种谣言四起，许多人到超市抢购饮用水，不敢到松花江边的公园晨练，担心要地震，甚至传出"居民喝的水有剧毒"等谣言，导致大范围的社会恐慌。

在衍生事件中，灾害要素仍然来自于上一级事件的承灾载体破坏，衍生事件的触发因素是政府信息发布不透明和不真实，其承灾载体是社会公众，这些不实信息使公众产生恐慌、焦虑等心理，进而形成了社会恐慌。

从上述分析我们可以发现阻断事件链的几个关键节点：

1）加强承灾载体防护：实现生产设备运行的实时监测，早期发现事故征兆，妥善处理，避免事故发生；

2）加强承灾载体防护：保护作为水源的松花江水体，不将洗消污染水排入松花江；

3）阻断触发因素：政府如实公布信息和应对措施，避免公众恐慌。

参 考 文 献

[1] 范维澄，刘奕. 城市公共安全体系架构分析. 城市管理与科技，2009，(5)：38-41.
[2] 杜坤林. 羊群效应与高校学生思想政治工作策略探究. 黑龙江高教研究，2004，(8)：85-87.
[3] 于玲，朱雷，杨立伟. 从众心理对大学毕业生就业的影响. 中国冶金教育，2008，(3)：66-68.
[4] 张涛. 从众在大学生思想政治教育中的运用研究. 大连医科大学硕士学位论文，2010.

［5］ 宋官东．对从众行为的再认识．心理科学，2002，（2）：202-204.

［6］ 邬剑明，李英辉，杜红兵．火灾中人的心理状态及行为特点的研究．中国安全生产科学技术，2007，（3）：35-38.

［7］ 石勇，许世远，石纯，等．城市居民建筑洪涝灾害脆弱性研究初探．华北水利水电学院学报，2009，（1）：10-14.

［8］ 王书声，孙建，孟于．建筑物的火灾危险源分析及防火安全管理．经营管理者，2008，（16）：10-13.

［9］ 李引擎．建筑物火灾安全等级确定方法的研讨．消防技术与产品信息，1994，（8）：3-5.

［10］ 杨高中．地震对桥梁的作用．华东公路，1981，（s1）：8.

［11］ 李杰，邢燕．基于可靠度的生命线工程网络抗震设计．同济大学学报（自然科学版），2010，（6）：783-786.

［12］ 高福林．桥梁结构地震响应与对风响应．长安大学硕士学位论文，2009.

［13］ 吴小强．住宅楼面活荷载及其可靠性研究．西安建筑科技大学硕士学位论文，2005.

［14］ 万钧，滕二甫．风对桥梁结构的影响及作用浅析．交通科技，2009，（B07）：55-57.

［15］ 高峰．偏心质量法提高大跨度悬索桥架设阶段颤振稳定性的研究．西南交通大学硕士学位论文，2006.

［16］ 黎安金．浅谈桥梁风工程研究．科技资讯，2009，（1）：48.

［17］ 程兆君．浅谈桥梁抗风设计．商品储运与养护，2008，（4）：96-97.

［18］ 张俊．浅析风作用下桥梁的动态特性．科学之友（学术版），2006，（8）：10-12.

［19］ 张新军．桥梁风工程研究的现状及展望．公路，2005，（9）：27-32.

［20］ 张明媛．城市复合系统承灾能力研究．大连理工大学硕士学位论文，2006.

［21］ 廖学华．基层政府应对突发自然灾害危机管理机制的构建．浙江大学硕士学位论文，2010.

［22］ 丁杰，刘倪，刘甜甜，等．2008年南方冰灾及其成因分析．安徽农业科学，2009，（9）：4162-4166.

［23］ 张平．国务院关于抗击低温雨雪冰冻灾害及灾后重建工作情况的报告：2008年4月22日在第十一届全国人民代表大会常务委员会第二次会议上的报告．2008.

71

第5章 应急管理

应急管理指可以预防或减少突发事件及其后果的各种人为干预手段。应急管理可以针对突发事件实施，从而减少事件的发生或降低突发事件作用的时空强度；也可以针对承灾载体实施，从而增强承灾载体的抗御能力。对应急管理的研究重点在于掌握对突发事件和承灾载体施加人为干预的适当方式、力度和时机，从而最大限度地阻止或控制突发事件的发生、发展，减弱突发事件的作用以及减少承灾载体的破坏。对应急管理的科技支撑，体现在获知应急管理的重点目标、应急管理的科学方法和关键技术、应急措施实施的恰当时机和力度等方面。

自"9·11"事件以来，国际社会对公共安全和应急管理的重视一直在不断提高。从系统论的角度，突发事件及其应对具有典型的复杂系统特征，存在突发事件、承灾载体、应急管理三者间复杂的时空耦合关系，是一个具有高度不确定性的开放系统。面对如此复杂的系统，如何提高应急管理的能力和水平是政府部门和研究界共同关心的问题[1]。

5.1 应急管理的对象和内涵

公共安全"三角形理论模型"的三条边以及与灾害要素之间具有密切的联系，突发事件是灾害要素的状态发展演化到超出临界区造成破坏性作用的过程，承灾载体是承受突发事件破坏性作用的载体，同时承灾载体本身蕴涵的灾害要素也可能在突发事件的作用下被意外释放进而造成次生灾害。应急管理的对象既包括突发事件也包括承灾载体，同时可以理解为应急管理的对象是灾害要素，既包括造成突发事件的灾害要素，也包括承灾载体蕴涵的灾害要素。应急管理的目的在于：认识在突发事件的孕育、发生、发展到突变成灾的过程中灾害要素的发展演化规律及其产生的作用；认识承灾载体在突发事件产生的能量、物质和信息等作用下的状态及其变化，可能产生的本体和（或）功能破坏，及其可能发生的次生、衍生事件；进而掌握在上述过程中如何施加人为干预，从而预防或减少突发事件的发生，弱化其作用；增强承灾载体的抵御能力，阻断次生事件的发生，减少损失。

应急管理的环节可以归纳为：预防准备、监测监控、预测预警、救援处置、恢复重建等几个关键环节，对于每个环节，针对突发事件和承灾载体的应急管理都有其特定的内涵，同时应急管理本身在各个环节上也有其特定的内涵，下文将逐一进行分析。

5.1.1 面向突发事件的应急管理环节及其内涵

(1) 预防准备

面向突发事件的预防准备指通过分析识别灾害要素的早期形态、特征与规模，采用恰当的技术手段防止灾害要素被触发或达到其临界值，从而防止突发事件的发生；基于对灾害要素突破临界值或被触发的模式和演化规律的认识，在突发事件发生后尽可能短的时间内启动恰当的防控技术，从而抑制突发事件发展的规模和程度。

我们以社会恐慌事件为例进行说明。社会恐慌的原因通常是某种不实的言论、舆论或谣言，是信息类型的灾害要素作用。小股谣言初起时，并不会对社会造成严重影响，这时如果有关部门及时出面澄清事实，就可以避免大规模谣言和社会恐慌的产生。当前，信息和计算机技术的发展使网络成为信息传播最快捷的方式，也给谣言传播提供了工具。有数据显示，我国网民人数已达 1.37 亿人，突破人口总数的 10%。随着互联网在全球范围内的飞速发展，网络新闻媒体已被公认为是继报纸、广播、电视之后的"第四媒体"。网络已成为人们获取信息的主要渠道之一。由于其范围广、交互性强、更新速度快，信息的正确性及传播范围都无法得到有效控制，任何人都可以在网络上发布言论和观点，并且发布者往往不必考虑发布言论的真实性以及带来的社会影响，网络成了谣言酝酿的温床。由于网络信息难以核实，往往出现"三人成虎"的现象，即某种观点或言论被重复达到一定程度，就很容易使更多人轻信，而忽视了言论本身的正确与否。这与人类的社会性和从众心理有很大的关系。心理学研究表明，人类在对所面临的形势无法获取清晰认知的情况下，更倾向于从众，也就是心理学所谓的"羊群效应"或从众心理。因此，网络谣言一旦达到一定规模，其发展速度是惊人的，网络上经常发生几分钟内回帖上万的情况。网络舆论几乎就是社会舆论的直接体现。对于网络舆情信息的监控技术是及时发现谣言征兆的有效手段。舆情监控技术通过对网络上出现的恶意信息热点的监测，及时快速地捕捉具有谣言征兆的网络信息，并提交政府舆情控制部门进行决策参考，使有关部门可以在谣言尚未形成规模时及时采取措施（如发布正面消息、公布真实情况等），防止大规模社会恐慌的发生。

(2) 监测监控

面向突发事件的监测监控，一方面是对灾害要素的临界值和可能的触发要素进行监测监控；另一方面是对突发事件作用的类型、强度、时空特性进行监测监控。

我们以台风为例进行说明。台风是热带气旋的一种，气象学上，按世界气象组织定义：热带气旋中心持续风速达到 12 级（即每秒 32.7m 或以上），称为飓风或本地近义名称。发生在北太平洋西部、国际日期变更线以西区域的此类强热带气旋被称为"台风"；而发生在北大西洋或东太平洋东部的此类强热带气旋叫做"飓风"。在中国台湾、日本等，则将中心持续风速每秒 17.2m 以上的热带气旋皆称为"台风"；在某些地区的非正式场合，台风甚至泛指热带低气压、热带风暴和强烈热带风暴等所有在北太平洋西部出现的热带气旋。据美国军方联合台风警报中心统计，

1959～2004年西太平洋及南海海域平均每年有17.7个台风生成。台风经过时常伴随着大风和暴雨或特大暴雨等强对流天气。

我国是世界上少数几个遭受台风影响最为严重的国家之一。台风（或飓风）影响最大的海区分别是西北太平洋（含中国南海）、西北大西洋（含加勒比海和墨西哥湾）和孟加拉湾。我国拥有漫长的海岸线，总计约3.2万km，领海面积也非常大，北自辽宁南至广西的沿海地区都可能遭受台风登陆的侵害，尤其以东南部地区受台风灾害影响最为严重。据统计自1961年到2006年，平均每年约有7个热带气旋在我国沿海登陆，最多时甚至有12个（1971年）。据2008年11月的统计，该年度西北太平洋和南海海域共有19个热带风暴（包括强热带风暴和台风）生成，其中，在我国登陆的台风数量多达10个。我国的太行山—伏牛山—武夷山—苗岭以东区域是遭受热带气旋影响的主要区域，广东、福建、浙江沿海区域最为严重，江苏、广西等次之。台风登陆的主要路线有：台风通过巴士海峡向西到达我国东南部各省份及广西和海南；台风通过我国台湾后逐渐转向西北，在福建、浙江登陆，然后再向北转移到江苏、山东至渤海，甚至可能继续向北方发展，直至影响到东北沿海区域乃至内陆。

为了减轻台风的灾害，需要加强对热带气旋的实时监测。这既需要监测热带气旋的形成、气旋中心的位置、气旋强度等，也需要监测气旋形成后的移动速率和方向等；当气旋到达近海时，则需要利用雷达来监测其动向。我国台风监测技术手段目前主要集中在卫星、雷达遥感、地面自动站等方面，经过多年建设，我国台风监测能力提升较快，每15分钟可以得到一张台风卫星云图，每6分钟可以得到沿海雷达监测资料，每5至10分钟可以得到沿岸或海岛地面自动站资料。就当前的技术手段而言，基本可以做到根据各类监测数据了解气旋的形成、台风登陆地点及影响范围等，并对台风路径进行预报。

（3）预测预警

面向突发事件的预测预警指基于对灾害要素引发突发事件的机理和规律的认识，结合相关监测信息，对事件发生的大致时间、地点、影响范围、程度等进行预测预警；基于对突发事件演化规律的认识，结合相关监测信息，在事件发生后尽可能短的时间内对事件发生的时间、地点、影响范围、程度、可能的发展趋势等进行预测预警。

对于台风、暴雨等气象灾害，随着气象监测和预报技术的发展，这类灾害性天气的预测预警能力有了很大的提高。我国是暴雨多发区，主要有三种类型的暴雨：第一种是梅雨锋暴雨，这种暴雨会随着季风的北抬而北抬；第二种是对流暴雨，主要是冷暖空气相遇，形成强对流造成的；第三种就是台风暴雨，台风走到哪里就会把暴雨带到哪里。通过卫星、雷达、探空站等多种手段进行大气监测，理论上讲台风预测和预报能力可达到提前几个到十几个小时。但由于目前对暴雨云团内发生的微物理过程的认识不够和观测资料的不足，现有技术水平尚不能提供较长期的暴雨预测，但我们对突然发生的暴雨、台风灾害至少有提前1个半到2个小时提供临近预报的能力，在一定程度上可做到灾前预警。

然而，由于人类对自然世界的认知水平和技术水平有限，还有相当多的灾害难以做到事前预警，典型的例子就是对地震的预测。地震预测是公认的世界难题，至今尚未出现比较有效的方法。有很多因素都会影响地震的孕育、发生和发展，而且不同的地震也有各自不同的特点和深层动力过程，这使得地震的预报异常困难。我国著名地质专家滕吉文院士[2]认为，地震预报的难点有三：第一，地球内部的不可入性，人类目前最深的钻井（原苏联科拉半岛超深钻井）深度达到 12km 不足地球平均半径的千分之二，因此人类无法对震源进行直接观测。"通过地球物理方法精确探测深部介质与结构，对预报地震发生的地点有着极为重要的意义。"第二，大地震的非频发性。对地震理论的研究需要建立在大量切实可靠的经验规律基础上，而目前对大地震前兆的研究仍然停留在对各个震例逐一进行总结研究的阶段。第三，物理过程的复杂性。地震是高度非线性、极为复杂的物理过程。目前，人类尚不能高精度测量断层及其周围区域的状态，而且对其物理规律也知之甚少。地震难以预报，我们显然很难在地震发生之前进行预警，但现有地震监测技术完全有可能在地震发生后的极短时间内确定震中地理位置和地震强度。因此，仍然有可能在地震发生后的短时间内发出预警，为距离震中较远的地区争取一定的逃生时间。2004 年 12 月 26 日印度苏门答腊发生海啸，2 小时之后海啸到达斯里兰卡，造成 20 多万人丧失生命，5 万人失踪，超过 50 万人流离失所，涉及 12 个国家。印度尼西亚亚齐省的损失达 45 亿美元，占其国内生产总值的97%，斯里兰卡的直接损失约为 10 亿美元，此外旅游业约遭受 3 亿美元的损失。然而，据报道，位于夏威夷檀香山附近的"美国太平洋海啸预警中心"在海啸之前已经监测到地震的发生，遗憾的是由于缺乏信息沟通机制，他们与印度洋各国迟迟无法取得联系。试想，海啸发生 2 小时后才到达斯里兰卡，如果斯里兰卡能及时收到预警信息，及时组织撤离并作出相关准备，将极大地减少伤亡和损失。

（4）救援处置

面向突发事件的救援处置指基于对突发事件机理和规律的认识，采取恰当的手段阻止或减弱突发事件的作用，阻断或减少事件的次生衍生。

面向突发事件的救援处置的基本手段大致可以分为"进攻型"、"防御型"、"进攻 - 防御混合型"三类。"进攻型"指在我们掌握事件的发展演化规律，具备阻断灾害要素演化路径的技术和能力的情况下，及时采取恰当的方式，对灾害要素加以控制，从而达到阻止或减弱事件发展的目的；"防御型"指在我们还没有完全掌握其演化规律，灾害要素作用强烈的情况下，通过采取"避"的办法减少伤亡；"进攻 - 防御混合型"是介于上述二者之间的方法，指对于我们了解其部分发展演化规律但不全面，或者具有一定的技术和能力但还不足以将其完全控制的灾害要素，需要结合主动和被动两种方式灵活处理，随机应变。在实际的突发事件救援处置过程中，将进攻型手段和防御型手段有效结合、灵活应用，是非常重要的。正如毛泽东军事思想的十六字精髓："敌进我退、敌驻我扰、敌疲我打、敌退我追。"

（5）恢复重建

面向突发事件的"恢复重建"指采用技术手段对突发事件的发生发展过程进行再现，进一步了解事件规律，提高应对能力。这里我们把"恢复重建"用引号引起来的目的在于说明恢复重建并不是要让突发事件"再来一次"，而是利用人类已经掌握的科技手段，结合事件过程中所监测和采集到的事件发生发展的相关参数和信息，进行突发事件的"虚拟"再现，从而可以进一步深入分析事件的机理和规律，加深对突发事件的认识，寻找更加恰当和有效的应对方法，从而在将来有可能再次面对类似事件时能够更好地应对。

5.1.2　面向承灾载体的应急管理环节及其内涵

（1）预防准备

面向承灾载体的预防准备一方面指采取适当的技术手段降低承灾载体的脆弱性，增强承灾载体的抗灾能力；另一方面指在承灾载体受损初期阻止或减弱损伤发展趋势的临时应变措施。

以建筑火灾为例。建筑火灾是多发和危害性大的火灾类型，因此世界各国都对建筑防火有着严格的规定。阻燃材料和防火涂层是建筑防火的重要预防手段之一。阻燃材料一般是通过吸热作用、覆盖作用、抑制链反应、不燃气体的窒息作用等达到阻燃目的。例如，膨胀型防火涂料[3]其阻燃原理是防火涂料在遇到高温时会炭化发泡，形成不燃的海绵状炭质层，其厚度为原涂层厚度的数十倍之多，而且炭质层内充满非活性气体，有效阻碍热量的传播和扩散。同时，涂层的膨胀发泡，聚合填充物的分解、蒸发和炭化过程会吸收大量热量，降低温度，阻碍火势传播。另外，阻燃剂高温分解出的不燃气体能够起到隔离氧气，抑制火势的作用。对于现代化建筑物中大量使用的钢材料，由于钢材本身在高温下强度大幅降低，防火涂层的使用极为重要。因此，我国现行标准规范《钢结构防火涂料》（GB 14907—2002），对钢结构防火涂料的分类和质量要求作出明确的规定。

建筑防火的另一重要预防手段是装设火灾探测和自动水喷淋系统。当火灾发生后，只要火灾探测设备感知到火灾的发生，水喷淋系统就会自动启动，向室内喷水，冷却上升的热空气，防止火灾达到跳火阶段。跳火阶段是火灾发生前很危险的阶段，在这个阶段未燃的一氧化碳会达到它的自燃点从而爆发火焰。发生在热空气扩散到屋顶的墙壁再返回到地面后，跳火阶段的辐射热会立即点燃屋内的可燃物，导致大规模火灾的发生。一旦水喷淋系统喷出的水抑制了跳火阶段的火灾后，也会将燃烧物的温度控制在不可燃温度范围，从而起到阻燃灭火的作用。火灾调查统计报告表明，约93%的火灾是水喷淋系统可以扑灭的。

（2）监测监控

面向承灾载体的监测监控一方面是对承灾载体在突发事件作用下的破坏方式和程度进行监测监控；另一方面是对承灾载体蕴涵的灾害要素被释放的可能性和释放强度进行监测监控。

例如，各类危险化学品生产和储存设备以及各种压力容器等的日常监测是避免事故的重要手段和环节，通过对运行参数的监测，可以及时发现相关参数，如压力、流量等是否已接近临界值，一旦监测参数达到临界值附近就立刻采取合理的控制措施，从而防止由于超出临界值导致的事故。同时，如果由于某些原因，事故征兆没能被及早发现导致了爆炸或泄漏等突发事件，对泄漏危化品的种类、浓度、蔓延速度等的实时监测信息是事件应对的重要参考依据。

（3）预测预警

面向承灾载体的预测预警指基于对承灾载体在突发事件作用下的响应特征和规律的认识，结合相关监测信息，预测承灾载体可能发生的失效或破坏的规模与程度，并进行预警；对承灾载体蕴涵的灾害要素被释放的可能性及其影响程度和范围进行预测预警。

承灾载体在突发事件作用下的响应特征和规律认识的典型例子是建筑火灾。近年来国内外都发生了多起火灾中建筑整体坍塌造成公众和救援人员伤亡的例子。建筑物在火灾的热、湿、力等多种作用耦合下的响应特征与规律已经受到广泛和高度重视，如何及时发现建筑物在火灾中整体坍塌的先兆特征也是研究人员和火灾扑救人员共同关心的问题[4,5]。

对承灾载体蕴涵的灾害要素被释放的可能性及其影响程度和范围，是承灾载体防护的另一个重要方法，典型的例子是油库火灾。就目前的技术水平而言，油罐火灾一旦发生是很难在短时间内被扑灭的，而通常的油库都设有大量油罐，当前油罐区火灾扑救中最大的难题之一是如何防范其他油罐被引燃引爆。在油罐火灾的扑救中，能够准确判断其他油罐是否可能被引燃引爆，以及一旦被引燃引爆后火灾可能波及的范围和程度，是制订火灾扑救方案的重要依据。遗憾的是目前我们的油库火灾扑救很大程度上依靠指挥救援人员的经验，缺乏足够的科技支撑。

（4）救援处置

面向承灾载体的救援处置指基于对承灾载体在突发事件作用下的破坏形式和规模的认识，采用恰当的方法阻止或减弱承灾载体的破坏程度，阻断事件链。

如前文所述，如果我们能够对承灾载体在突发事件作用下的响应特征和规律、破坏的形式和规模等有较深入的掌握，我们就有可能针对关键薄弱环节施加高强度的救援措施。例如，在火灾中重点保障关键梁柱不被烧毁，从而阻止或减弱承灾载体的被破坏程度。如果我们认识到承灾载体所蕴涵的灾害要素的类型、强度、可能的触发因素等，我们就有可能采取恰当的措施防止或控制所蕴涵的灾害要素的释放，屏蔽或阻止触发因素的发生，从而阻断事件链。

（5）恢复重建

面向承灾载体的恢复重建指通过评估承灾载体的破坏程度，采用科学的方法进行重建，力图在最短时间内以最经济合理的方式恢复心理状态、自然和社会环境与秩序。

相当一部分经受过突发事件作用的承灾载体并没有被完全破坏，这时就需要对其破坏程度和可恢复程度进行合理评估，对于经过适当维修就可以恢复使用的进行维修，对于已经无法维修的则根据需要再建。维修和再建的过程应综合考虑灾后当地的实际地理、气候、人口、经济等条件，进行科学合理的灾后恢复重建。

与各类设施的重建相比，更为艰难的是灾后心理的恢复。心理学研究指出，灾后的应激心理将持续相当长的时间，汶川地震一年后还不断有灾民自杀事件发生，如何使灾民尽快从灾害的心理阴影中走出来，恢复对生活的信心和希望，是灾后重建的重要问题[6]。

5.1.3　应急管理自身的环节及其内涵

应急管理自身的科学内涵主要体现为应急能力，通过预防准备、监测监控、预测预警、救援处置、恢复重建等环节保障和提升应急能力。

（1）应急管理的预防准备

针对可能的突发事件的特点和规律、承灾载体的特征和布局，分析应急管理的需求，从体制、机制、法制、预案和设施、资源、队伍、保障等方面进行科学有效的预防准备。

（2）应急管理的监测监控

基于对突发事件作用机理和规律、承灾载体脆弱性与鲁棒性的认识，确定合理有效的监测监控源头、范围、方式、方法等；对应急管理的组织、流程、设施、资源、队伍、基础保障等进行全面翔实的数据统计并及时更新；对应急管理流程进行跟踪记录。

（3）应急管理的预测预警

基于对即将发生或已经发生的突发事件的当前态势的掌握和可能的发展趋势的分析，结合对承灾载体可能破坏及破坏程度的认识，对突发事件可能导致的综合性后果进行科学有效的分析预测和预警。对所需的应急管理组织机构、设施、资源、力量等方面进行预先分析，对所采取的应急措施的程度、规模等是否恰当有效进行判断；基于全面综合的风险评估和应急管理能力评估，对应急管理能力的冗余度进行预测预警。

（4）应急管理的救援处置

在应急过程中需要根据突发事件和承灾载体的综合灾情的实时发展与态势分析，及时调整应对方案和措施，从而使应急管理更加科学有效；应急过程中的组织、流程、设施、资源、队伍、基础保障等各方面的协同应对。

（5）应急管理的恢复重建

对突发事件应对过程进行总结评估，对损耗的应急设施、资源、队伍、基础保障等进行补充修整，恢复应急能力。

5.2　国际典型应急管理模式介绍

随着近年来国际范围内突发事件的多发频发和严重程度的明显加剧，对于应急管理的研究已经成为国际的热点问题，受到了政府和学术界的普遍重视。国际上在应急管理方面的研究和实践也形成了很多不同的理念和模式，这些理念和模式既有一致性，也在某些方面存在差异。在此我们也对国际上典型的应急管理模式作出简要介绍，作为学术思想的交流和讨论。

5.2.1 以降低脆弱性为核心的应急管理模式

以降低脆弱性（vulnerability）为核心的应急管理理念，认为系统的脆弱性或薄弱环节是导致系统在灾害下遭受重大破坏或损失的主要原因。因此，其应急管理重点关注系统在何种灾害作用或打击下最易被破坏，以及灾害发生时系统的哪些环节或部位最易首先被破坏并可能导致系统整体毁灭性的破坏，从而有针对性地加以防范。应急管理的重点在于识别和分析"威胁"和"脆弱性"，并进而分析风险态势，实现面向风险防控的应急管理。美国工业安全世界协会（ASIS International）于 2009 年发布的关于应急管理的标准[7] 即体现了上述理念。该标准采用"预案－实施－评估－改进"（PDCA）模型（图 5.1），以对系统的主要威胁和薄弱环节的分析作为输入，通过有针对性的实施、评估、改进的 PDCA 模型，实现基于系统风险态势的应急管理。

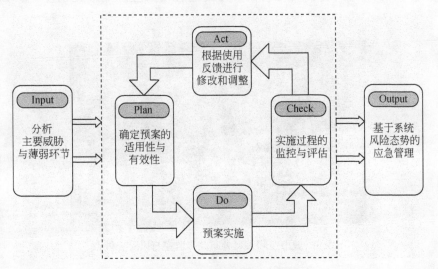

图 5.1 应急管理的 PDCA 模型

资料来源：ASIS SPC. 1-2009 标准

在以降低脆弱性为核心的应急管理理念中，脆弱性包括以客观实体为主的技术脆弱性、以公众和组织机构为主的社会脆弱性、二者耦合下的技术－社会耦合脆弱性三类问题，其中社会脆弱性与技术－社会耦合脆弱性最受关注。

例如，随着现代化工业的迅速发展，各种危险化学品的物流、运输极大增加，交通运输过程中的危险化学品事故多发，加之城市人群密集，极易造成严重的伤亡事故，是城市面临的主要技术脆弱性之一。对于危险化学品运输过程的风险监控与管理已经成为城市应急管理的重点。对于复杂路网中移动危险源的溯源研究成为研究领域的热点之一，如图 5.2 所示。

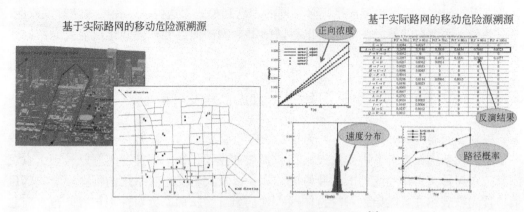

图 5.2　复杂路网中移动危险源的溯源研究[8]

关注社会脆弱性的理念也体现在应急系统的设计和研发中，发达国家的应急平台系统特别注重基础数据库的建设和数据分析方法的研究，将人口分布、人员流动规律、城市空间布局、典型灾害分布等数据进行融合分析，并追踪其动态变化过程，从而掌握城市的风险分布及其动态变化规律，为迅速有效的应急响应提供基础，如图 5.3 所示。

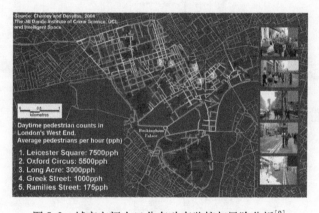

图 5.3　城市空间人口分布动态监控与风险分析[9]

5.2.2　以提高抗灾力为核心的应急管理模式

以提高抗灾力（resilience）为核心的应急管理理念，重点关注系统在灾害条件下的快速恢复与可持续发展能力。英国的《民事紧急状态法》使用"resilience"一词，指国家有准备地应对灾害，并迅速恢复社会正常状态的能力。我们可以用拳击运动来形象地说明"resilience"的含义，在拳击运动中，运动员既需要尽量避免被击中，同时还需要有一旦被击中能迅速恢复并再投入战斗的能力。因此，以提高抗灾力为核心的应急管理理念更加重视系统能力，应急管理的重点在于提升系统的整体抗灾能力，其主要体现在三个方面：重视部门间的信息共享与协同；重视风险评估并且把风险评估作为应急管理的重要环节；重视业务持续管理并把业务持续管理作为与应急预案具有同等地位的环节，如图 5.4 所示。以提高抗灾力为核心的应急管理理念特别重视风险评估，认为风险评估既是制订应急预案的重要基础，也是实施业务持续管理的重要基础，并且贯穿于应急管理的全过程（图 5.5）。

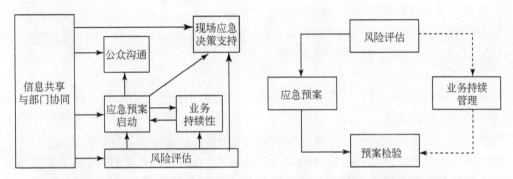

图 5.4 面向"Resilience"的应急管理

资料来源：Civil Contingencies Act, 2004

图 5.5 风险评估在应急管理中的地位

从研究的角度而言，风险评估具有多因素、多灾种、多环节、全过程的特点，其技术手段大致上可以概括为两大类：一是基于指标体系的评估方法；二是基于模拟预测的评估方法。

重视多部门间的协同是以提高可持续能力（resilience）为核心的应急管理的重要理念之一，对于多部门协同的研究也是当前国际应急管理研究的热点之一。在我国 2008 年年初的雨雪冰冻灾害之后，国内相关理论界开展了大量协同应对机制与模式的研究。采用 Multi-agent 方法对雪灾应对中多部门协同过程建模分析表明，良好的协同模式对于降低可能的灾害损失具有重要的作用[10]。

5.3 风险管理与应急管理

风险管理与应急管理既有各自独立的内涵，又有着紧密的联系。风险管理既是应急管理的重要前提和基础，同时又贯穿于应急管理的全过程。各国的应急管理体系中，无不把风险管理作为重要的组成部分，并对风险管理的体系有深入的思考和研究。

5.3.1 英国的风险管理体系

英国是位于欧洲西部的岛国，主要由英格兰、苏格兰、威尔士和北爱尔兰组成。英国自然条件优越，鲜有巨灾发生，可能发生的自然灾害主要有暴风雨、洪水、风暴潮等，其中洪灾发生频繁，有近 500 万居民长年受到洪水灾害的威胁。可能发生的人为灾害同世界其他地区类似，主要有火灾、恐怖袭击、危险化学品泄漏等。英国是世界经济强国之一，是重要的金融中心，在经济全球化的今天，无论是英国本土还是世界其他地区发生重大灾害都将严重威胁到英国的经济发展。因此，对灾害的有效预防、控制和应对就显得尤为重要。英国政府长期以来都非常重视风险管理和应对工作，颁布了多个与风险管理和应对相关的法令和标准。2004 年，英国颁布《民事经济状态法》后，对风险管理和应对的重心已经朝提高综合抗灾能力、提高系统的灾后快速恢复能力和可持续能力方向转变，形成了较为完备和有效的风险管理模式和实施框架。本节将结合英国《民事经济状态法》有关内容对英国风险管理总体框架、流程、特点及风险评估的步骤和重点进行介绍、分析。

5.3.1.1　风险管理总体框架

英国风险管理和应对的精髓和核心是提高系统的可持续能力和灾后恢复能力，提高系统的整体抗灾能力。为实现这一目标，总体框架分为七个部分：风险评估、业务持续性管理、应急预案、公众沟通、现场应急决策指挥、信息共享和部门协同。

英国的风险管理框架的核心为风险评估和业务持续性管理。风险评估是整个风险管理框架的基础，是风险管理过程的前期步骤，是应急预案启动的判断依据，是现场应急指挥的决策依据，还是业务持续性管理的基本原则和依据；业务持续性管理是风险管理的主体工作，贯穿于整个风险管理工作的生命周期内，同应急预案的制订、启动和完善有着密切联系，是确保应急预案能够与千变万化的灾情相适应的有力保证。

虽然英国国土面积不大，但是由于英国是由英格兰、苏格兰、威尔士和北爱尔兰组成的共和国，不同种类的灾害或者不同等级的灾害都由不同的部门负责，风险管理涉及的单位和部门众多，信息共享和合作交流就在整个框架体系中得到了高度的重视。信息共享和合作交流不仅贯穿于整个风险管理框架，同时也为风险评估、应急预案、公众沟通、现场应急决策指挥四个部分提供信息支持和沟通保障，主要包括：一是在风险评估阶段，部门间共享风险信息，交流风险预测趋势的分析；二是应急预案的启动，需要在多部门沟通下发布预警信号以及启动预案，主要是部门对风险形势的认识；三是部门与公众之间的沟通，其一方面是政府或部门从社会公众那里获得风险信息，了解公众的恐慌程度，另一方面是政府向社会公众及时发布风险预警信息和应对灾害的实时情况，减轻社会公众恐慌程度；四是灾害应对时的现场应急决策支持需要多部门之间的合作与沟通，主要是汇报各部门的当前状况如损失程度、可用的救援物资、急需的物资等。

应急预案的制订与启动以业务持续性管理为基础，以风险评估为支撑。目的是使风险管理者在紧急情况下能够更有效地行使其职能。同时，应急预案中还规定了同社会公众进行沟通的具体措施，如向公众发布灾害警报信息的时机、方式、范围，宣传公众对特定灾害的应对处置办法等。应急预案还会向业务持续性管理提供反馈信息，从而加强业务管理的持续性更新。

公众沟通是英国风险管理的又一特点，也是我国可以借鉴的先进经验之一。公众沟通是指通过对风险评估结果和应急预案的公开出版发行，一方面让公众了解风险存在情况，以及一旦灾害发生公众应如何应对；另一方面在紧急时期要向公众提供必要的预警信息和指导建议。例如，灾害发生的可能性及灾害可能发生的时间、地点、规模，灾害发生对公众生命、财产的影响，灾害中生活资源的储备等信息。良好的公众沟通可以消除民众的恐惧心理和不稳定情绪，可以使公众了解应对灾害的方法，提前作出准备，提高持续的抗灾能力。

5.3.1.2 风险管理流程

英国的风险管理流程如图 5.6 所示：第一，风险管理者正确分析自己的管理水平，即按照自己现有的技术水平和灾害应对能力，确定风险管理的目标，明确自己可接受风险的水平；第二，对自己所辖区域内可能出现的灾害或者导致灾害发生的风险因素进行识别，并且进一步分析灾害发生后引发次生灾害的风险因素；第三，对风险因素进行定性分析，一是要确定不同灾害发生的主要引发因素，建立灾害发生与引发因素之间的对应关系，二是明确需要密切关注的风险变量参数；第四，对主要风险因素进行定量评估，将主要风险因素进行量化分析；第五，将量化的风险同政府或部门的可接受风险进行比较，若大于可接受风险水平，则立即向风险管理的相关部门发布预警信号，并按照之前制订的应急预案或计划采取应对措施，争取将灾害发生的可能性降到最低，或者尽可能地减少灾害发生所造成的损失程度，而若评估结果低于风险可接受水平，则不必启动应急预案，只是仍对风险因素施以关注即可。

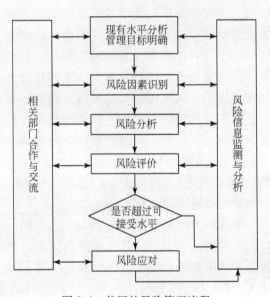

图 5.6　英国的风险管理流程

另外，部门之间的合作交流和对风险信息的监测与分析贯穿于整个风险管理的过程中。风险管理的相关部门无论是在平时还是在紧急情况下，为了更好地做好风险管理工作，都需要加强交流与合作。例如，分享先前的灾害应对经验、联合进行虚拟灾害应对的演练、建立信息系统数据库，共享部门之间的有效数据，并建立在紧急情况下快速进行信息传递及决策指挥的平台等。对风险的实时监测与分析，可以不断地更新风险管理的各个过程，将最新的信息用于风险分析与评估过程，做到对灾害的快速反应和及时应对，避免由于信息滞后而导致的决策失误问题。而且风险信息的实时监测，可以使相关部门时刻清楚自己所面对的情形，当真正的灾害发生时，也不至于出现手忙脚乱、不知如何应对的混乱局面。

整个风险管理过程，就是不断地对风险进行分析，并将其控制在某一可接受的水平以下的循环过程。因此，为了减少灾害所造成的损失和影响，风险管理工作的重点应是灾害发生前的风险管理工作。风险管理的理想状态是控制风险，不让其发生，即通过对风险信息的监测以及采取一些早期有针对性的措施，避免灾害的发生。但是，有些风险不是人力因素所能控制的，如地震、火山喷发、海啸等自然灾害，我们只能采取措施去应对灾害，这时风险管理的目标就是通过早期的防范措施和灾害发生时有效的积极应对，减少灾害所造成的人员伤亡和财产损失。

5.3.1.3 风险评估步骤

英国政府认为风险评估可以使风险管理者准确把握当前形势，在制订预案时有一个可靠的基础，为优化资源分配、制定工作目标和合理安排计划等工作提供可靠的依据，通过风险评估还可以发现现有工作中的缺陷与不足。由于风险环境的不断变化，风险评估也应不时地反复、更新，这就要求加强对风险的监测和风险评估的更新机制。

英国政府高度重视部门之间的合作与共享对风险评估的促进，通过实行"国家风险登记册"制度，一方面避免了由于风险的重复评估而导致的资源浪费，另一方面风险管理的相关部门之间形成了一种流线型作业模式，明确了各部门的职权和义务。同时，英国政府强调风险评估是应急预案编制过程中的重要环节，强调应急预案的编制必须要以风险评估为基础和依据：风险评估为标准应急预案的制订提供依据，然后通过审核和实践来检验应急预案的有效性。而风险评估的常规更新又进一步为应急预案的修订和完善提供最新指导信息。另外，业务持续性管理的目标应和应急预案的基本原则相一致，在日常的业务管理中进行应急预案的检验。

英国将风险评估划分为六个步骤，分别是情景设定、风险危害性审查与分类评估、风险分析、风险评价、风险应对和风险监测与总结。

第一步为情景设定，涉及的工作主要包括界定风险管理活动的范围和遵循的程序，分析可能影响区域风险发生的可能性和造成损失程度的因素，确定区域应对灾害的恢复性和脆弱性等。这就要求风险管理者除了要认清当前形势外，还要对可能出现的情况和未来事件的趋势作出判断，这主要包括社会、环境、基础设施、潜在危险源等方面。

第二步为风险危害性审查与分类评估，主要内容为区别对待风险并进行分类评估。风险可以简单地分为灾害和威胁，前者发生的可能性和发生后造成的损失都具有一定的可预测性，可以进一步地进行风险分析，控制风险发生因素，降低可能性和损害性，而后者的发生更具有突然性，对其发生较难预测，重点应为灾后应对。

第三步为风险分析，主要包括灾害发生可能性的分析和灾害发生后损失程度的分析两部分。前者首先需要界定何种后果才算灾害的发生，而且需由专业人员通过对实际情况进行充分判断后作出分析。而后者需结合承灾载体的薄弱环节和可恢复能力来进行。

第四步为风险评价，主要通过建立风险等级矩阵的方式，根据风险发生的可能性和灾害发生后造成的损失程度来综合评价风险。英国风险评价中按照风险发生的可能性和灾害发生后造成的损失程度综合考虑将风险等级分为四类，分别是非常紧急的风险（very high）、紧急风险（high）、一般风险（medium）和低级风险（low）。

1）非常紧急的风险被归类为主要的或关键风险，需要立即引起注意。这类危险事故发生的可能性或高或低，但事故造成的潜在结果必须要引起高度的重视。这就意味着要制定发展战略去减轻和消除风险，而且应该去规划（多方位机构）实行灾害的减轻，并定期监测风险发生的频率。面对此类风险，应该考虑处置风险的具体规划，而不是采用通用的计划。

2）紧急风险被归类为会造成影响意义的风险，这类危险事故发生的可能性或高或低，但是其潜在的后果是相当严重的，值得在适当考虑后把这类风险归类为"非常紧急的风险"。要考虑制定发展战略去减轻和和消除风险，而且至少应该去制定通用规划（多方位机构），实行灾害的减轻，并定期监测风险发生的频率。

3）一般风险通常具有很小的影响，但是可能会在短时期内造成破坏并带来不便。对这类风险应该进行监测，以确保其受到适当的管理。要根据通用紧急计划安排对这类风险实行管理。

4）低级风险一般都是不会发生或是不会造成影响意义的。运用一些通用的常规计划对其进行管理，并规定最低限度的监测。但是并不意味着不需要监测管制，因为很难避免以后的风险评估显示会不会有很大的改变。

如图 5.7 所示风险等级矩阵，与灾害发生可能性相比，损失程度对英国风险评价影响要更大一些。尽管灾害发生后造成的损失程度大的风险发生概率很小，风险等级也至少要定为一般风险。与之相比，一些发生概率很高或者经常发生的灾害，却因为风险发生后损失小、破坏力不高或者系统可以承受，风险等级只被定为低级风险。风险评价的结果能够使风险应对目标更加明确，也有利于统筹各部门资源，提高应对和处置关键风险的能力。

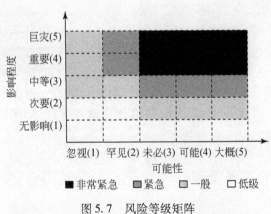

图 5.7　风险等级矩阵

第五步为风险应对，主要内容是根据以上四步综合分析风险并区别对待，控制风险演变为灾害的必要条件，降低灾害发生的可能性，减少灾害发生后造成的损失，制定切实可行的灾害应急预案和处置措施。严格地讲，风险应对不属于风险评估的范畴，是风险管理中风险评估下一步的工作。而在风险评估过程中及时采取一些必要的措施，可以有效地控制风险，减少灾害发生的可能性。

第六步为风险监测与总结，全面而正式的风险总结有利于风险管理工作的进一步开展，而持续的风险监测可以捕捉到风险信息的潜在变化，从而相应地进行风险评估工作的更新。因此，风险评估是一个循环的过程。

5.3.1.4　小结

英国风险管理体系以业务的持续性理念为核心，强调风险评估的基础性作用，重视信息共享和合作，加强了公众沟通，具有以下特点：

1）在风险管理中强调采取主动、系统的方式方法在灾前干预灾害的发生，降低灾害的影响，在灾后提高应对灾害能力和灾后恢复能力，强调通过加强能力建设，进行主动干预而不是被动应对。同美国等国家的以降低系统的"脆弱性"理念相比，英国的"业务的持续性"的风险管理理念更加积极、有效，在思想深度也更加准确。

2）在风险管理中强调以风险评估作为整个体系的基础，更加科学地发现、测量、记录、控制风险，并制订相应的应急预案。

3）在风险管理中强调共同工作、协调应对，合作与协调贯穿整个框架之中。

4）在风险管理中增加公众沟通，消除了民众的恐惧心理和不稳定情绪，可以使公众了解应对灾害的方法，提前作出准备，提高持续的抗灾能力。

5.3.2　美国的风险管理体系

美国国土面积巨大，几乎横跨整个北美洲大陆，东临大西洋，西濒太平洋，主要的自然灾害有龙卷风、海啸、火山爆发、地震、暴风雪等。另外，美国经常会发生森林火灾，严重威胁着人民的生命和财产安全。

美国是世界上风险管理体系比较完备的国家之一。1979年美国成立了联邦应急管理局（Federal Emergency Management Agency，FEMA），专门负责突发事件的应对处置。"9·11"恐怖袭击和"卡特里娜飓风"等重大突发事件不仅给美国造成了巨大的损失，也给美国政府和灾害管理者带来了许多教训，为今后风险管理提供了经验。2008年美国分别颁布了《国家响应框架》和《国家事故管理系统》，为不同层次政府和非政府组织的风险管理工作者提供了指导依据。

5.3.2.1　风险管理框架

为了提高组织应对灾害和管理风险的能力，采取一切合适的措施确保组织的可持续性能力，美国制定了国家安全标准，对管理系统中检查、改进等管理环节提供一些一般性的标准，从而提高组织对风险的预防、应对、减轻、灾后恢复等能力。

美国的风险管理为一种基于 PDCA 模型的框架结构，如图 5.8 所示，每个环节的内容和基本要求描述如表 5.1 所示。PDCA 模型也称为 APCI 模型，即评估 - 保护 - 确认 - 改进（assess-protect-confirm-improve）。

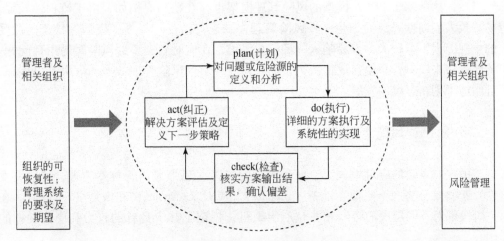

图 5.8　美国基于 PDCA 模型的风险管理框架

表 5.1　PDCA 模型各环节内容及基本要求

环节内容	基本要求
plan（制定管理系统）	制定管理系统同风险管理和事故预防、应对和恢复的相关政策、目标、过程及程序，并使其同组织系统的全面政策和目标相一致
do（实现与运行管理系统）	实现和运行管理系统的政策、控制、过程，以及程序
check（监测与评估管理系统）	对管理系统的政策、目标、实践操作、结果等进行监测和评估
act（维护与改进管理系统）	在对管理系统监测和评估的基础上，通过采取相应的预防性措施，达到管理系统持续性改进的目标

美国的风险管理框架以降低系统的脆弱性为核心理念，这种基于 PDCA 模型的框架在风险管理中已经得到广泛的应用，发展得较为成熟，具有以下特点：

1）基于 PDCA 模型的风险管理框架采用的是一种过程方法的思想。一个组织为了使其功能得到有效地发挥，就需要确认和管理一系列的活动，而任何利用资源的存在从输入地向输出地转变的活动都可以认为是过程。并且，这种过程中的输出又可以直接作为下一个过程的输入。

2）风险管理目标明确。这种以脆弱性为核心的管理理念，将关注重点集中在容易导致灾害发生的薄弱环节，可以使风险管理工作做到有的放矢，集中有限的资源和力量，专门针对容易受到灾害攻击而失效的地方采取措施预防。

3）脆弱性逐级降低。PDCA 模型中的循环过程不是在原来层次上的重复，每循环一次，都会对计划或应急预案作出进一步的完善，承灾体的脆弱性也会降低一些，如此反复，最终将风险控制在可接受水平以下。

4）动态性。能及时适应灾害信息的变化，并对风险的应对策略和防范措施进行及时的改善和调整。

5）模型中的四个模块之间连接紧密，循环性好，信息流动也快，通过四个模块的循环和信息传递的管理，风险管理的有效性可以不断地得到提高。

当然，这种基于PDCA模型的风险管理框架也存在缺陷。例如，由于流程性较强，容易导致人们惯性思维的产生，在风险管理中缺乏灵活性。另外，模型的检查阶段受人的主观因素影响较大，容易陷入一种模式思维，在应对新类型的风险时易出现问题。用传统策略来应对，会使在评估新类型的风险时，不仅风险管理效率和效果难以保证，而且制约了创新思维的发展。

5.3.2.2 风险管理步骤

美国在对风险的应对中，无论何种类型的灾害（恐怖袭击、自然灾害、其他突发事件）都将其分为三个阶段：准备（prepare）、应对（respond）和恢复（recover）。在每一阶段都对不同层次的政府和非政府组织机构规定了其所具有的权力和应当发挥的作用。

（1）准备

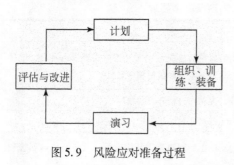

图 5.9　风险应对准备过程

准备是能够有效应对灾害的前提。整个准备过程如图5.9所示，应包括计划，组织、训练、装备，演习，评估与改进几项内容。

计划的编制可以有效地管理潜在的危机，确定现有状态的水平，以及帮助相关人员认清自己的角色。另外，计划的编制还可以在灾害应对时清晰地界定不同机构的责任、缩短控制灾害的必需时间、加强部门之间的信息交流。

不同层次的政府机构都应该制订详细的、有效的灾害应对计划。计划中应清楚地定义领导者的角色和责任，要指明在何时、由谁来作出决策。另外，计划的编制应该是完整的、可操作的，要融合一些重要的民间组织和非政府机构的力量，还要考虑到弱势群体的特殊性。

组织主要是通过建立全面的组织机构、加强不同层次的领导能力、召集可以利用的资源和志愿者来完成灾害的应对和恢复工作。《国家事故管理系统》正是规定了灾害应对时的基本要求和管理框架，可以使不同地区或不同领域的人员能够在一起有效地工作，更好地处置风险。此外，组织还涉及对物资的管理，包括应急物资的储备等。

装备是地方、区、州和联邦政府等各级部门在灾害准备过程中极重要的一部分。有效的准备应是风险管理部门有办法获得足够量的装备、供给、设备等，这一方面可以自己储备，另一方面可以从相邻区域挪用来实现。装备资源的使用、维护、补充需要有高效的后勤系统。另外，储备的装备应该定期维护、修理，并进行现场运行测试。

对个人和组织进行严格、持续的训练是必需的。其中组织涉及政府、非政府组织、志愿组织和私营部门等众多单位。无论是志愿的风险管理者还是专职的风险管理者都应该达到相关的专业水平和职业资格认证水平。

演习可以在可控风险情况下为计划的测试和提高灾害应对的熟练性提供机会，演习还可以使参与人员明确和熟悉自己的角色和任务。设计较好的演习可以提高部门协调和交流能力，发现计划的薄弱环节，确定需改进的地方。演习应该涵盖计划的各个方面，私营部门和非政府组织也应参加，尤其是应加强地区之间互助和援助过程及程序的演练。

评估和持续性的改进是灾害有效准备的基础。演习结束后，风险管理者都应对相关的机构性能进行评估，确定损失以及制订纠正措施计划。另外，还需根据评估结果对行动、时间节点安排等作出改进。

（2）应对

一旦灾害发生，风险管理部门和人员的工作重心都将转移到挽救生命和保护财产安全上来。根据灾害的大小、影响程度会有不同层次的风险管理部门介入，执行风险应对工作。为了更好地应对灾害，有四方面的工作须做好，如图 5.10 所示，下面也将分别阐述。

A. 当前灾害形势的感知

认清把握当前灾害形势以及发展趋势需要持续地对相关的信息进行监测。所要监测信息的类型和范围根据灾害类型的不同而有所不同。但是信息的监测有一些共同的原则：①对的时间里发布正确的信息；②提高与整合国家对灾害的相关报道；③同操作中心和相关专家保持密切联系。

灾情报告应是证实过的信息，应包含明确的细节信息（时间、地点、人物、发展情况）。地方、州政府等应该通过

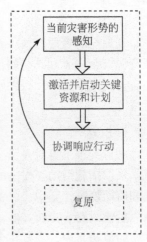

图 5.10 风险应对工作

建立专门机构、确定信息需求和报道协议等措施来实现信息共享网络。美国联邦政府已经建立了国家业务中心（National Operations Center）来收集、综合和分析所有来源的信息，该中心还会同地方和州政府进行信息交流。

B. 激活并启动关键资源和计划

灾害发生时，管理者需要启动计划、采取相应措施去挽救生命财产安全。这就要求灾害发生的初期，管理者应立即调动人员、激活资源采取应对措施。而所需调动人员及资源的多少同发生灾害的性质、大小、复杂性以及影响范围等因素密切相关。对巨大灾害的发生，首先应加强信息交流，明确资源的需求，从而有效地调动额外的人力物力资源。另外，储备物资的调动在灾害应对中也发挥着重要作用。

地方和州政府需要同应急管理部门联合采取必要的措施实现操作的可持续性，还要调动事故管理和职业灾害应急响应人员，必要时还要按要求寻求援助和加强互助。联邦政府国家业务中心将当前灾害的情形及应急启动命令通报给相关部门，动员相关人员履行其相应的职责。

89

C. 协调响应行动

基于分配角色、责任的灾害响应机构决定了需要做好灾害响应活动的协调。首先，地方和州政府对自己所辖的应急职能管理负责，主要包括调动后备役军人、预配置资产等。此外，还需做好初始应急响应的协调，包括紧急医疗服务、营救、疏散、物资运输、应急信息公告发布等。灾害信息的协调也应重视，有效的公共信息策略是准确定位灾害形势的前提。应当建立一个信息处理中心，协调和分发向公众和媒体关于灾害应对的信息。

灾害响应活动会因所发生灾害的性质和范围的不同而不同，然而，仍有一些共同的响应活动，主要有：向公众发布警报信息；进行疏散及提供避难场所，安置转移人群；为受灾群众提供食物、水等生活必需品，并满足特殊群体的图书需求；搜寻与营救被困人员；治疗受伤人员；提供法律保障与支持；控制灾害；保证应急救援的安全与健康。

D. 复原

复原是将资源有秩序地、安全地返回到其初始位置和状态。地方和州政府应当保证资源安全恢复到其初始位置，跟踪并确保这些资源可再利用，此外，地方和州政府还有责任遵循互助和援助原则。联邦政府则安排了专门的机构统一检查复原计划的执行情况。

90

（3）恢复

一旦灾害不再对人民生命财产构成威胁，风险管理就应转移到恢复重建中。恢复就是采取措施帮助受损失的个体、团体和政府恢复到正常状态。恢复可以分为短期恢复和前期恢复，其中，前者主要包括提供公共健康与安全服务、恢复中断的基础设施、恢复运输线路、为转移群众提供食物与安置场所等；而长期恢复的内容不在国家响应框架的范畴之内，需要几个月甚至是数年的时间。

对不同的地区，由于灾害所造成的损失和该地区可快速获得的资源不同而导致灾后的恢复也具有地区差异性。短期恢复实际上是灾害应对响应阶段的延续，而长期恢复主要有个体基本生活和团体组织正常运转的恢复。恢复程序主要包括：确定需求与资源；提供可利用的住房及促进恢复；对受影响的人们给予关心和照顾；告知居民并防止非预料性事件的发生；为机构组织的恢复采取额外措施；融合缓解措施与技术。

恢复过程灾害的协调工作非常关键，要做好灾后恢复工作，需从以下几个方面做好协调工作：①为帮助个人、家庭和市场满足基本需求和恢复到自给状态需要协调好援助程序；②建立灾害恢复中心，为恢复工作提供信息、建议、咨询服务以及相关的技术支持；③做好同私营部门以及非政府组织之间的协调，协调处理好捐赠物品及其他的恢复活动；④协调好公共援助程序；⑤同私营部门协调好重要基础设施和能源的恢复工作；⑥协调好对未来灾害的潜在影响。

5.3.2.3 小结

美国作为世界大国，已经形成了较为完备的风险管理体系，风险管理和应对能力越来越强。《国家响应框架》从灾害的一般性出发，规定了不同层次的政府和非政府组织在共同应对灾害时的职责和角色。在灾害应对中可以做到快速响应、多部门高效合作协调地进行风险管理。

　　基于 PDCA 模型的风险管理框架采用的过程方法的思想，也有其独到的优点：①有助于掌握组织的风险、安全、准备、应对、持续性和可恢复性的需求；②有助于制定风险管理的目标和政策；③在组织的职责范围内实现和操作组织的风险管理；④监测和评估组织可恢复性管理系统的性能和效力；⑤管理系统的持续性改进。

5.3.3　联合国风险管理体系

　　全球已经进入风险社会，频发的各种类型的巨灾给社会造成了巨大损失，各国普遍开始密切关注风险管理，联合国也极为重视，20 世纪最后十年开展了国际减灾十年活动，活动结束后，1999 年又建立了减灾战略特别工作组，颁布实施了《国际减灾战略》。2004 年时，联合国发布了《与风险共存：全球减灾情况回顾》(*Living with Risk*：*A Global Review of Disaster Reduction Initiatives*)。

　　国际上十分关注全球环境变化与自然灾害的密切关系，减轻风险与社会协调发展的相互关系，以及减轻灾害的风险管理。2005 年 1 月召开的第二次世界减灾大会，形成了有关纲领，确定了未来 10 年减灾工作的 5 个优先领域，确保减灾成为国家和地方的优先工作。

5.3.3.1　风险管理框架

　　随着全球化的加快，为了协调系统管理风险的各个不同要素，建立全球的风险管理框架成为必然。这样的一个风险管理框架有助于信息和数据的收集，分析国际减灾行动的趋势，辨识现有资源技术环境中风险管理的缺陷与限制。图 5.11 为一般风险管理的基本框架，描述了风险管理的主要活动及各环节之间的相互关系。

　　联合国的风险管理以全球范围内广泛的风险为对象。下面，我们从五个方面分别阐述联合国的风险管理框架，力图总结出针对不同类型的风险进行风险管理时所应把握的共性规律。

　　1）政府保障和制度发展。政府在持续性地减轻灾害行动中发挥着越来越重要的作用。通过制定一些政策和强制性措施，良好的管理可以推动减灾工作。这主要体现在：将减灾工作融合到政府发展规划和部门政策中；法律的形势界定部门的责任和义务；政府协调资源的征集和分配；私营部门以及非政府组织等机构的积极参与。

　　2）风险识别与评估。风险识别是风险评估和灾害损失评估的基础。系统地评估损失，尤其是社会和经济损失，是建立灾害分布图和今后风险管理侧重点的指导原则，早期的预警也是建立在有效的风险评估基础上的。如前所述，风险评估主要包括灾害分析和承灾载体脆弱性及能力分析两个方面，另外，还有风险监测能力、风险图、风险场景等评估内容。

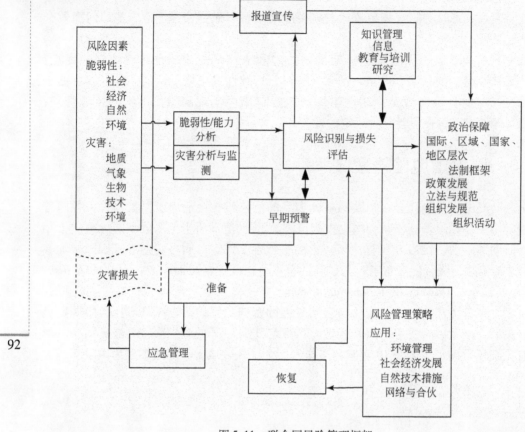

图 5.11 联合国风险管理框架

3）知识管理。知识管理主要包括信息管理与通信、教育与培训、公众宣传和研究等。部门之间合作、社会公众应对风险都会涉及知识管理的内容。其中，信息管理与通信包含公众与私营的信息系统（数据库、网站）、风险管理通信网络；教育与培训有各种层次的教育、职业训练、组织培训、散发资料等；我们接触最多的公众宣传就是新闻媒体的宣传报道；研究主要是政府、科研单位对风险管理各个方面的科学探索。

4）风险管理应用及手段。对环境和自然资源的有效管理可以减轻气候引起的灾害。例如，流域管理可以减轻洪水灾害，森林适度采伐控制泥石流灾害的发生，通过生态系统来改善干旱风险等。社会与经济的发展可以缓解贫困的压力，保险、巨灾基金等可以减轻风险的压力。洪水控制技术、土地保养研究、土地利用规划等技术手段也可以减轻风险的压力。

5）风险准备、应急预案及应急管理。风险准备和应急管理在风险管理工作中发挥着直接和间接的作用。良好的风险准备可以在早期就由预警系统发挥作用而减轻灾害。当然，应急预案需要经常性的演练以发现不足，并建立起有效的通信与协作系统。

5.3.3.2　风险管理步骤

下面我们以南非为例简要介绍风险管理的几个关键步骤，南非的风险管理是建立在综合发展计划（Integrated Development Plan）基础上的二者之间的关系和各阶段的具体内容，如表5.2所示。

表5.2　考虑综合发展计划的风险管理

综合发展计划	风险管理
阶段1：分析	阶段1：分析
编辑与融合以下信息：	编辑灾害管理信息：
关于发展的现有信息（哪些信息可用？）	灾害评估（哪种灾害流行？）
机构和管理者分析（谁应参与？）	脆弱性评估－市政和居民易受攻击形式：
市政层次分析	社会（文化）环境
空间	经济环境
性别	政治环境
环境	自然（生态）环境
经济	能力评估（以何应对灾害影响？）
制度	可能性分析
（分析应包含优先次序的确认及研究）	能力分析
	可恢复性分析
	关键设施分析
	历史灾害统计（过去发生过哪些灾害？）
	有风险的组织（哪些组织处于风险中？）
阶段2：策略	阶段2：策略
市政目标：	简要陈述风险管理策略：
侧重点	预防与缓解策略
每一侧重点目标	降低脆弱性策略
局部策略方针：	能力提升
空间	应急预案
贫困地区	应急准备
性别	市政层次的风险管理实现：
环境	建立机构
经济	组织了解
制度	志愿者机构
阶段3：计划	阶段3：计划
设计发展计划：	设计灾害管理计划：
按照计划来确认政府的规范	建立区域风险管理中心
	风险管理相关活动
	所有计划必须按照可能出现的所有风险进行评估

综合发展计划	风险管理
阶段4：综合	阶段4：综合
编辑和综合计划与程序：	编辑风险管理，包括：
部门预算	市政风险分布
五年经济计划	风险减轻策略
五年资金总额预算	灾害响应策略
综合空间发展体系	现场执行指导方针
综合局部经济发展体系	标准操作程序
综合环境体系	应急准备
综合 HIV/AIDS 体系	风险管理信息系统
发展与性能管理指标	GIS
灾害管理计划	电子数据库
	通信
	为其他相关计划提供资源：
	风险管理的财务问题
	灾害管理部门的角色、任务、责任
	处于风险中的组织机构和风险覆盖区域
	制度规范
	管理性能指标
阶段5：批准	阶段5：批准
提交市政系统	提交南非风险管理法（2002）

5.3.3.3 灾害评估与脆弱性分析

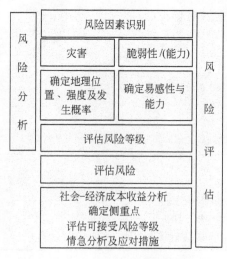

图 5.12 风险评估一般过程

风险评估就是对风险进行定性和定量的详细分析，包括风险的社会、自然、经济、环境因素和导致的后果。它是风险管理的第一步，是制定完善可行的国际减灾策略和政策的必需步骤。

风险评估就是通过对可用信息资源的有效利用来确定特定风险发生的可能性，以及风险发生后可能影响等级或程度，风险评估通常包含以下四个方面：①确定风险的类型、位置、强度和发生的可能性；②识别应对风险的脆弱性和薄弱环节；③确定应对风险的能力和可用资源；④确定可接受风险等级水平。

风险评估的基本过程如图 5.12 所示。按照评估对象的不同，可以分为针对主体的灾害评估和针对承灾载体的脆弱性及能力评估。灾害评估是利用科学技术手段对地质、气象等参数数据信息进行监测、分析，主要由相关领域的专业技术人员完成，而脆弱性及能力评估更多的是利用传统的经验方法作出评判。风险分析是整个风险评估过程中的核心元素，它决定了可接受风险的等级水平。社会－经济成本效益分析可以帮助制定风险管理的优先权和可接受风险水平。

灾害评估的目的是确定特定灾害在未来特定时期内灾害发生的可能性，以及它的强度和影响范围。对单一类型的特定风险的评估，目前大多可以借助计算机和相应软件进行评估。而多种类型灾害复合的风险评估较难实现，但这又是必需的。灾害事件不能被孤立起来，灾害评估时需要综合考虑灾害之间的相互影响。利用地理信息系统技术（GIS）建立灾害分布图是目前可行的一种方法。

脆弱性分析是风险评估中不可缺少的部分，通常包含机场、高速公路、救护中心、电力网络等基础设施和关键场所的脆弱性分析。美国最早开始利用 GIS 技术针对关键基础设施进行脆弱性分析，英国、加拿大联合建立了包含全部的灾害、风险和脆弱性的逐步分析工具箱。

图 5.13 为脆弱性分析框架示意图。

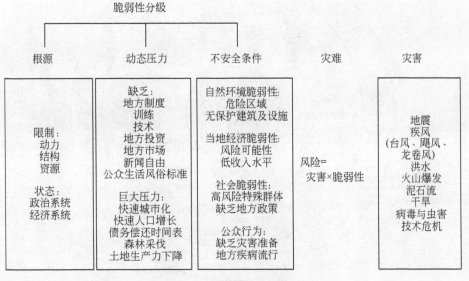

图 5.13 风险管理脆弱性分析

5.3.3.4 小结

联合国通过对全球减灾行动的回顾，提出了适用于不同类型风险的风险管理框架，并不局限于单一的特定类型的某种风险，并提出了风险管理中需要把握的一些共同规律及基本原则。

5.4　应急管理与业务持续性管理

5.4.1　业务持续性管理

　　业务持续性管理（business continuity management，BCM）[7]是一个整体性的管理流程与方法，主要识别特定组织（organization）潜在的危机和相关影响，并制订一个建立快速恢复能力和有效反应能力的计划，从而减小突发事件给组织业务（business）带来的破坏并降低不良影响，确保关键业务的持续性（continuity）。

　　业务持续性管理是特定组织为应对面临的风险（这种风险可能是来自组织内部的系统故障，也可能是来自外部灾害，如极端天气、洪水、恐怖袭击或者传染病等）所提前作的持续准备。业务持续性管理四个阶段循环图，如图 5.14 所示。

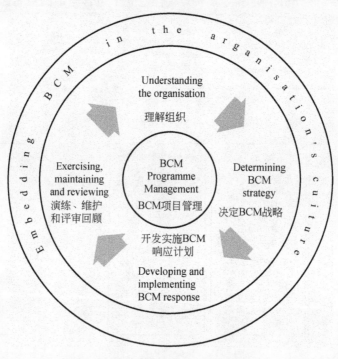

图 5.14　业务持续性管理四个阶段循环图

　　无论重大灾害还是小事故导致的突发事件，能保持持续运行是任何组织的基本需求。业务持续性管理所需要考虑的主要问题包括：什么是你的组织的核心业务和服务？为保障这些核心业务的延续性，需要哪些关键活动和资源？对于这些关键的活动，存在什么样的风险？在事故灾难条件下（某些功能失效）如何尽可能地维持这些关键活动？

（1）理解组织

理解组织是业务持续性管理中最关键的一个环节，是整个过程的基础性工作。理解组织主要分为两部分：业务影响分析（business impact analysis，BIA）、风险评估（risk assessment，RA）。

（2）决定 BCM 战略

制定 BCM 战略需要考虑如下的问题：采取合理的控制措施，降低威胁发生的概率或威胁造成的不利影响；预先考虑弹性恢复机制和缓建方案；在事件发生过程中和结束之后，提供关键活动的连续性；分析未被认定成关键活动的部分。制定 BCM 战略时还需要考虑人员、场所、技术、信息、供应、利益相关人等资源准备。

（3）开发实施 BCM 响应计划

业务持续性计划开发是业务持续性管理中的重要环节。计划开发是在此前工作基础上，编制、整理并贯彻一个详细的业务持续性计划（business continuity plan，BCP），完善计划的每个流程，包括：①由谁来启动和执行恢复程序；②需要何种资源和条件来继续、重启、恢复或修复正常业务功能；③确定何时恢复业务功能和在何地重启业务；④具体的详细流程等。

（4）演练、维护和评审回顾

BCP 编制完成后，需要进行反复的测试和演练，以检查计划中的错误和疏漏，全面评价业务持续计划的有效性和恢复效率，进而对 BCP 进行修正。适当的时候需要对 BCM 相关计划进行维护和更新；通过正式评审或自我评估的方式，对 BCM 相关安排进行定期的回顾。

5.4.2 应急管理与业务持续管理的区别和联系

业务持续性管理与应急管理（emergency management，EM）尽管关系密切，但它们还是存在一些不同的特点。最显著的区别在于各自的视角和着眼点有差异，即针对的目标和范畴有差异。应急管理是由政府主导的社会公共事务，即政府是应对突发公共事件的领导和管理主体，应急管理是履行政府社会管理和公共服务职能的重要内容。只有政府才能够有效组织协调政府内部和全社会的人力、财力和物资资源，实现有效应对。业务持续性管理主要针对具体的特定组织，其主旨在于解决具体组织机构如何应对突发事件，保证特定组织机构在发生突发事件时能保持业务持续进行。这里的组织指任何机构，包括任何单位、公私机构、企事业团体等。

业务持续性管理侧重于保持特定组织业务的持续，关注整个组织机构的生存，而应急管理侧重于政府组织整个社会应对突发事件，关注挽救生命和财产。业务持续性管理侧重于组织机构内各种响应计划的统一协调性，从而集合成为一体化的管理流程，而应急管理侧重于针对灾难事件整个社会的应对措施，从而使损失降到最低；业务持续性管理是以组织机构为关注对象，而应急管理则以整个社会（当然也包括组织机构）为关注对象。

应急管理与业务持续性管理具有各自鲜明的特征。应急管理以避免或减少灾害事故对公众和社会的破坏为目标，力图达到全局性的减灾防损。在这一目标下，最缺乏自救能力的弱势群体和最易被破坏的系统薄弱环节成为应急管理最为关注的对象，同时，应急管理还需要全面考虑灾害发展的时间和空间特征，进行系统化和全局性的应急管理。因此，如果把应急管理视为某种动态系统，系统的理想化的目标函数应为零损失和零破坏，虽然这一目标很难达到。

业务持续性管理更多关注如何在系统遭受灾害破坏的情况下保持系统关键功能的可恢复与可持续。因此，持续性管理更多关注系统的"重要"环节而不是"脆弱"环节。业务持续性管理并不把系统不遭受破坏作为终极目标，而是基于无法达到100%防护水平的前提假设下，考虑系统可能遭受的严重破坏，分析系统的哪些环节被破坏可能对整体系统造成无法恢复的致命性影响，并加以重点防护，从而实现破损系统的功能恢复与再生。因此，如果把业务持续管理视为某种动态系统，系统的目标函数应为系统功能不得低于某下临界。这一目标函数在实际操作中必须实现，否则系统将面临崩溃。

应急管理与业务持续性管理在具有各自特点的同时又具有紧密的联系。二者的共同目标都是减少系统在灾害作用下的破坏和损失。因此，二者具有共同的特点，即把风险评估作为管理的重要基础和前提。不论是系统面临的"威胁"、"脆弱性"，还是系统的"关键"环节，都需要经过深入、细致的风险评估得到。表5.3概括地给出了应急管理和业务持续性管理的区别与联系。

表5.3　应急管理和业务持续性管理的区别与联系

类别	区别			联系	
	关注重点	目标函数	目标函数的达成方式	基础和前提	终极目标
应急管理	脆弱环节	零损失零破坏	趋向于目标但难以达到	风险评估	减少损失（时间、空间、程度）
业务持续性管理	关键环节	系统功能不低于下临界	必须达到		

虽然业务持续管理与应急管理存在范畴和目标对象上的差异，但二者又具有一致性，表现在以下几点[11]。

（1）内在关系相对统一

无论重大灾害还是小事故导致的突发事件，能保持持续运行是任何组织的基本需求。政府公共机构根据职能分工，除了承担社会公共应急管理职能外，也需要同时考虑作为一个"组织"，机构自身能在突发事件应对过程中持续运转。自身无法持续运转，可能也就丧失了履行公共应急职能的能力。

从广义上讲，众多组织是社会实现应急管理服务的基础，其自身业务持续性是应急管理的重要组成部分。所以，从一定程度上来说，应急管理（EM）所涉及的范畴涵盖了业务持续性管理。本书中以应急管理为主导，在局部内容上，如果需要突出特定组织的业务持续性管理时，适当增加 BCM 的有关介绍。例如，"应急预防准备"的有关章节中会给业务持续性管理更多篇幅，这与业务持续性管理的内涵相符，即业务持续性管理是特定组织为应对面临的风险所事先做的准备，这种准备通过业务持续性管理程序保证其成为组织日常文化的一部分，在突发事件发生后，自然体现在应急响应过程中。

（2）基础工作协调一致

应急管理应该考虑整个事件的全过程[11]。因此，业务持续性管理考虑的全过程与应急管理所考虑的相一致。

应急管理人员主要负责制订应急预案，各类业务专家（subject matter experts，SME）则侧重制订恢复预案和持续计划，各小组和部门协调工作保持各预案、计划的一致性和资源协调配置。考虑到预案和计划都与突发事件有关，因此要将各种预案和计划统筹安排，确保各种预案和计划之间的协调一致。为了保证协调一致，应该由一个统一的管理机构来管理，确保应急准备与业务持续性管理的成功。

（3）标准指南充分融合

近年来，随着业务持续性管理和应急管理理论、方法的不断成熟，一些国家或国际组织逐步将业务持续性管理和应急管理的研究成果和经验总结到相对一致的标准中，以便借助这些标准指导政府和企业的行动。

由美国国家消防协会、联邦应急管理署、国家应急管理协会、国际应急管理者协会协同制定、修改、完善的 NFPA1600 标准是美国国家标准之一，应用十分广泛。2007版的 NFPA1600 标准在以前版本基础上，将应急预防作为独立的内容，使业务持续性管理的指导思想充分地融合到应急管理标准中。

英国的 BS25999、澳大利亚的 HB221/292/293、新加坡的 TR19 等业务持续性管理标准，虽然着重于为组织机构提供业务持续性管理指南，但其内容也是将业务持续性管理概念与应急管理方法融合在一起来描述。尤其是英国，在应急管理的应急准备环节中，把业务持续性管理作为一个重点进行了统筹考虑，强调在进行应急预防与准备时，要重点关注并指导有关组织机构和企业制订应急预案和业务持续性计划，实施和完善业务持续性管理。

基于上述分析，在以安全保障为目标的应急实践中，应急管理与持续性管理具有高度的目标一致性，并应实现紧密融合，如图

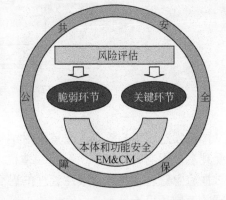

图 5.15 EM 与 BCM 融合的公共安全保障

5.15 所示，从而实现兼顾全面系统性的公共安全保障。近年来，国际应急管理领域已经普遍认识到 EM 与 BCM 融合在实际应急中的重要性，并制订了若干标准流程（图

5.16、图 5.17)。

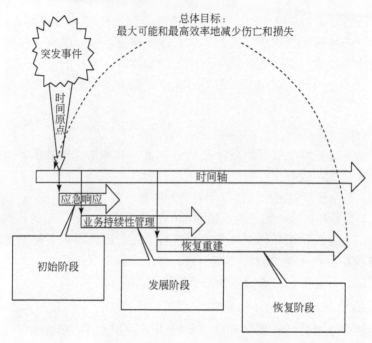

图 5.16　EM 与 BCM 融合的应急流程

资料来源：Civil Contingencies Act，2004

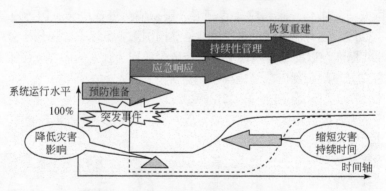

图 5.17　EM 与 BCM 融合的应急系统

资料来源：ISO/PAS 22399，2007

　　国际发达国家的政府普遍重视对纳税人的服务，在突发事件应对过程中需要保证在受到意外影响的情况下还能够为纳税人提供基本保障的能力，因此，各级政府都非常重视应急管理与业务持续性管理的融合。目前我国在应急管理工作中对业务持续性管理的考虑还很不足。

　　应急管理与业务持续性管理既有各自的鲜明特点又具有重要的联系和一致性，二者的有效融合是实现"平战结合"与系统可持续的公共安全综合保障的必由之路。实现良好的应急管理与业务持续性管理的融合，必须重视管理的精细化水平与可持续能力，重视从技术手段到管理流程的紧密联系与协同。

参 考 文 献

［1］刘奕，张辉．面向平战结合与系统可持续的应急管理．科学中国人，2010，(12)：24-27.

［2］滕吉文．地震预测存在三大困难．分析测试百科网 http://www.antpedia.com/html/53/n − 8753.html［2008-09-01］.

［3］李风．浅谈防火涂料的防火隔热原理．中国涂料，2007，(1)：38-40.

［4］王永智．浅谈火灾对钢筋混凝土构件的影响．经营管理者，2009，(14)：8-10.

［5］张守宁，付家营．简析钢筋混凝土构件的保护层及防火措施．黑龙江科技信息，2008，(20)：265.

［6］刘粤湘．四川汶川地震与举国抗震救灾．中国地质教育，2008，(2)：16-20.

［7］陈建新，段永朝，于天．中国业务持续管理现状与发展．北京：原子能出版社，2010.

［8］Guo S D, Yang R, Zhang, et al. International Journal of Heat and Mass Transfer, 52：3955-3962.

［9］Chainey, Desyllas. Report of The Jill Dando Institute of Crime Science. UCL and Intelligent Space, 2004.

［10］刘奕，周琦，苏国锋，等．基于 Multi-Agent 的突发事件多部门协同应对建模与分析．清华大学学报，2010，2：165-169.

［11］陈建新．BCM 与应急管理有效融合应对灾难．中国计算机报，2009.

第6章 公共安全科学研究方法绪论

6.1 科学研究方法概述

6.1.1 科学方法与方法论

"工欲善其事、必先利其器"。这里的"器"就是指在研究中要采用科学、适用、简便的方法。所谓方法是指人类认识世界和改造世界的思路、途径、方式和程序。《辞源》对"方法"一词作了三个方面的解释：①量度方形之法。《墨子·天志》："中吾矩者，谓之方，不中吾矩者，谓之不方。是以方与不方，皆可得而知之。此其故何？则方法明也。"②办法。唐《韩愈昌黎集二一·送水陆运使韩侍御归所治序》："而又为之奔走经营，相原隰之宜，指授方法。"③方术、法术。《张司业集四·书怀诗》："别从仙客求方法，时到僧家问苦空。"方法是实践过程中最重要、最基本的要素，是主体认识客体的桥梁和根据。当然并不是所有的方法都是科学的，科学方法只是所有方法中的一部分。采用非科学方法，很可能事倍功半，甚至无法解决问题；而科学方法，往往能事半功倍，很好地解决问题[1]。科学研究方法是人类解决自然界各种实际问题的有力手段。所谓科学研究方法，就是在人们解决某些实际问题的研究中所采用的各种手段和步骤。科学技术研究必须有正确的研究方法才能有效地进行[2,3]。

方法论是以方法为研究对象的科学，是关于研究方法的逻辑，是学者在进行理论创作和学术发展过程中所积累的研究哲学。方法论从哲学的高度总结人类创造和运用各种方法的经验，是方法的一种规律性知识。笛卡儿在 1637 年出版的著名哲学论著《方法论》，对西方人的思维方式、思想观念和科学研究方法有极大的影响。笛卡儿在《方法论》中指出，研究问题的方法分四个步骤：①永远不接受任何自己不清楚的真理，就是说要尽量避免鲁莽和偏见，只能是根据自己的判断非常清楚和确定，没有任何值得怀疑的地方的真理。即只要没有经过自己切身体会的问题，不管有什么权威的结论，都可以怀疑。这就是著名的"怀疑一切"理论。②可以将要研究的复杂问题，尽量分解为多个比较简单的小问题，一个一个地分开解决。③将这些小问题从简单到复杂排列，先从容易解决的问题着手。④将所有问题解决后，再综合起来检验，看是否完全，是否将问题彻底解决了[4]。

科学方法论是研究探讨科学研究活动本身的一般规律及一般方法，以及人类认识客观事实的基本程序及一般方法。科学方法论作为关于科学的一般研究方法规律性的理论，既研究个别特殊科学研究方法的规律性，也研究这些个别科学研究方法整体上的相互联系。事实上，各种科学研究方法并不是彼此独立的，而是相互之间通过某种形式在某种程度上关联，成功的科学家往往能够把所需要的各种方法巧妙地结合起来综合运用。各种科学研究方法相互之间的联系并不是杂乱无章的，而是具有一定的规律性，探索研究这些规律性是科学方法论的研究任务之一[5]。

6.1.2　科学方法论层次与分类

科学方法论在不同层次上可划分为三个层次：第一层次是具体科学方法论，研究某一具体学科的方法，涉及某一具体领域，是该学科所特有的研究方法，如光谱分析方法、化学催化方法等。第二层次是一般科学方法论，研究各门具体学科的方法，带有一定的普遍意义，适用于许多有关领域，如观察方法、实验方法等。第三层次是一般哲学科学方法论，是人们认识世界和改造世界最一般的方法理论，如归纳法、演绎法、分析法、综合法等，如图 6.1 所示。三个层次上的科学方法论大体呈现出个别、特殊和普遍的关系，首先，比较具体的各专门学科的方法论；其次，分别概括自然科学、社会科学和人文科学一般方法的自然科学方法论、社会科学方法论和人文科学方法论；最后，从哲学认识论高度来论述的更为一般的科学方法论[2]。三个层次之间互相依存、互相影响、互相补充，形成纵横交错的金字塔形结构。

103

图 6.1　科学方法论的层次结构

科学方法根据上述的层次结构，既可以以学科分类，即数学方法、物理学方法、经济学方法、社会学方法、历史学方法和语言学方法等；又可以以科学普遍性方法来分类，如观察方法、社会调查法、实验方法；也可以以一般哲学方法来分类，如归纳法、演绎法、类比法、分析法等。

科学方法按类型上分类，可以分为经验方法、理论方法和系统科学方法[6]。经验方法即是获得经验材料的方法，通常包括四个方面：①文献研究法是有关专业文摘、索引、工具书、光盘、互联网教育信息资源等文献的检索方法以及鉴别文献真伪、发挥文献价值与创造性地利用文献的方法。②社会调查法是人们有目的、有意识地对社会现象进行考察，从中获得来自社会系统中各种要素和结构的直接资料的一种方法。根据调查目的、调查对象和调查内容的不同，社会调查法可分为访问调查、问卷调查、个案调查等多种方法。在教育技术学研究中，经常使用问卷调查法。③实地观察法是研究者有目的、有计划地运用自己的感觉器官或借助科学观察仪器，直接了解当前正在发生的、处于自然状态下的社会现象的方法。④实验研究法是实验者有目的、有意识的通过改变某些社会环境的实践活动，来认识实验对象的本质及其规律的方法。理论方法是提供从感性认识向理性认识飞跃的切实可行的、具体的思考方法与加工处理的步骤的方法。它主要包括两个方面：①数学方法。就是在撇开研究对象的其他一切特性的情况下，用数学工具对研究对象进行一系列量的处理，从而作出正确的说明和判断，得到以数字形式表述的成果。②思维方法。科学的思维方法是人们正确进行思维和准确表达思想的重要工具，在科学研究中最常用的科学思维方法包括归纳演绎、类比推理、抽象概括、思辨想象、分析综合等，它对于一切科学研究都具有普遍的指导意义。系统科学方法是近几十年来交叉学科和综合学科发展的结果，它使人们摆脱了传统方法的束缚，将事物联系起来，系统地、动态地考察。系统科学方法中的功能模拟法、信息方法、反馈方法、系统方法等均是从整体上解决复杂系统实际问题的锐利武器。系统科学方法把研究对象视为完整的有机体和复杂系统，将定量分析方法引入各个学科，使科学研究方法产生了质的飞跃[5]。

6.2　公共安全科学研究方法

6.2.1　公共安全科学与研究方法

公共安全科学是以突发事件、承灾载体和应急管理为研究背景的一门交叉学科，主要研究其共性的科学问题，即突发事件的孕育、发生、发展到突变的演化规律及其产生的能量、物质和信息等风险作用的类型、强度及时空特性；承灾载体在突发事件作用下和自身演化过程的状态及其变化，可能产生的本体和（或）功能破坏，及其可能发生的次生、衍生事件；在上述过程中如何施加人为干预，从而预防或减少突发事件的发生，弱化其作用；增强承灾载体的抵御能力，阻断次生事件的链生，减少损失；避免应急不当可能造成的突发事件的再生及承灾载体的破坏，以及代价过度等[7]。公共安全科学研究的核心是研究灾害要素的演化行为与规律，即灾害要素如何从常态转化为突发事件，突发事件产生、释放或携带的灾害要素的类型、强度及其随时间和空间的变化；灾害要素如何作用于承灾载体，承灾载体的破坏模式及其所伴生的灾害要素是否会导致链生新的突发事件（次生事件）；以及如何实施优化的人为干预（应急管理），弱化灾害要素及其可能带来的损害。

作为公共安全科学的研究对象，突发事件、承灾载体和应急管理所遵循的规律有着不同于一般技术科学的特点，它既不具有完全的确定性，也不是完全随机的，而是兼有确定性和随机性的双重特性。只有既研究它的确定性，又研究它的随机性，进而研究两者的综合，才能完整地认识其规律，建立反映这种客观规律的公共安全科学。以室内火灾为例，在给定环境和火源条件的情况下，室内火灾烟气的运动规律是确定的，然而环境、发火形式、可燃物种类、位置和载量等诸多因素的变化，使得就总体而言，室内火灾的发生和发展都带有随机性[8]。

公共安全科学的研究方法突出体现了公共安全科学双重性规律的特点，即确定性和随机性研究方法；作为这两种研究方法补充的基于信息的研究方法和系统科学的研究方法；这四种研究方法中几个相互嵌入形成的综合性方法，即复合研究方法。总的来说，公共安全科学的研究方法可以用"4＋1"来概括（图6.2）。确定性和随机性研究方法直接探索公共安全科学的确定性和随机性规律；

自然科学方法	社会科学方法	人文科学方法
公共安全科学研究方法		

确定性研究方法	随机性研究方法	基于信息的研究方法	系统科学的研究方法	复合研究方法

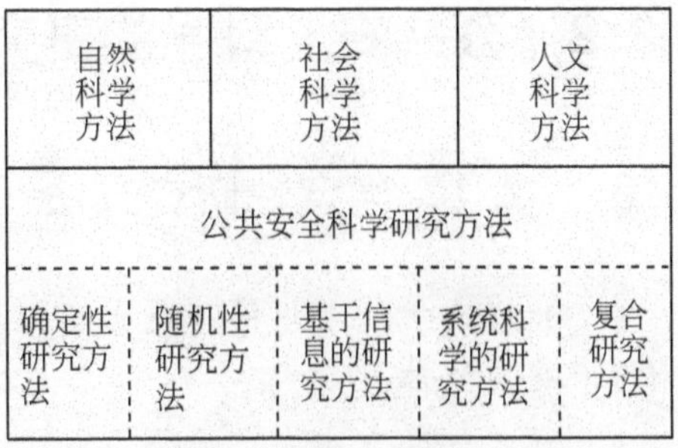

图 6.2 公共安全科学研究方法的分类

基于信息的研究方法利用监测监控设备获取相关数据，直接应用于确定性研究方法和随机性研究方法，以便更科学准确地研究公共安全科学的确定性规律和随机性规律。例如，对于确定性方法中的实验模拟中数据的获取，理论分析和数值模拟的一些参数、初始参数和边界参数的确定，以及中间结果的修正等，对于随机性方法，也需要有足够的有效数据或信息来进行统计分析，这些都离不开基于信息的方法。由于公共安全科学的确定性规律和随机性规律的复杂性，利用传统的一些确定性方法和随机性方法不足以探索其规律，所以经常借助系统科学的研究方法。

公共安全科学中综合风险评估的研究方法是典型的体现公共安全科学双重性规律的方法。综合风险评估关注危害及其发生的概率。其中主要利用随机性研究方法研究风险发生的随机性规律，即基于统计原理获得突发事件的可能性或概率。主要利用确定性研究方法、基于信息的研究方法、系统科学的研究方法以及复合研究方法等研究风险作用的确定性规律，即基于事件动力学机理获得突发事件的发生发展演化规律及可能产生的作用类型、强度和时空特性；研究风险后果的确定性规律，及基于承灾载体的脆弱性分析和破坏机理获得承灾载体的损毁程度。同时利用确定性研究方法、随机性研究方法、基于信息的研究方法、系统科学的研究方法以及复合研究方法（"4＋1"研究方法）统筹考虑应急管理能力的因素，获得风险评估的结果。

另外，公共安全科学作为交叉学科，既涉及自然科学，如数学、物理等，又有社会科学，如经济学、社会学等，还有人文科学，如历史学等。因此公共安全科学研究方法既涉及自然科学研究方法，如数学方法、物理学方法等，又有社会科学研究方法，如经济学方法、社会学方法等，还有人文科学研究方法，如历史学方法等，如图6.2所示。当然这与上述的公共安全科学的研究方法并不矛盾。上述的研究方法分类是从公共安全科学的双重性规律出发，而这里的研究方法分类是从公共安全作为交叉学科出发。本书将以公共安全科学特有的研究方法分类——确定性研究方法、随机性研究方法、基于信息的研究方法、系统科学的研究方法以及复合研究方法，即"4＋1"方法进行介绍。

105

6.2.2　公共安全科学的研究方法

6.2.2.1　确定性研究方法

确定性研究方法主要是通过实验模拟、理论分析和数值模拟，研究公共安全科学的相关机理和规律。

实验模拟研究方法是实验研究方法的重要手段，一般在实验室中进行，分为小尺寸实验模拟和全尺寸实验模拟，两种研究方法都涉及相似理论。相似理论是说明自然界和工程中各相似现象相似原理的学说，是研究自然现象中个性与共性，或特殊与一般的关系以及内部矛盾与外部条件之间的关系的理论。相似理论从现象发生和发展的内部规律性（数理方程）与外部条件（定解条件）出发，以这些数理方程所固有的在量纲上的齐次性以及数理方程的正确性不受测量单位制选择的影响等为大前提，通过线性变换等数学演绎手段而得出了自己的结论。相似理论主要应用于指导模型试验，确定"模型"与"原型"的相似程度、等级等。

在研究科学问题（包括公共安全科学问题）时，经常根据一定的科学规律，建立反映这种规律的动力学模型（即系统的状态随时间演化的过程的模型）和方程，并通过求解该方程，揭示其规律。如果通过已有的方法，对某个科学问题在其解决域上，进行变换演绎得到解，这种方法一般称为理论分析研究方法，确定性研究方法中的理论分析研究方法即是确定性动力学模型和方法，一般包括差分方程（主要研究离散时间演化动力学）、常微分方程（连续时间演化动力学）、偏微分方程（时空演化动力学）以及应急决策所需的数学方法，如线性规划方法和博弈论等。

在求解上述公共安全科学问题的动力学模型或方程时，由于太复杂，经常无法获取解析解，这时经常采用数值模拟研究方法，以获取数值解。类似于洪水演进、泥石流堆积、火灾蔓延等流体力学和燃烧学问题，经常采用计算流体力学方法（computational fluid dynamics，CFD）。CFD 方法一般首先建立反映工程问题或物理问题本质的数学模型，并寻求高效率、高准确度的计算方法，其次编制程序并进行计算，最后显示计算结果。

6.2.2.2　随机性研究方法

随机性研究方法主要通过概率统计与分析的方法研究公共安全科学在时间序列、空间分布和时空耦合上的规律。随机性研究方法一般涉及时间序列分析方法、空间统计分析方法和时空耦合分析方法，其基础是随机变量和统计量及其分布等。

按照时间顺序把随机事件变化发展的过程记录下来就构成了一个时间序列。对时间序列进行观察、研究，寻找它变化发展的规律，预测它将来的走势就是时间序列分析。时间序列分析方法有很多，如趋势外推法、移动平均法、指数平滑法、ARMA 模型法、马尔可夫方法、灰色系统模型法等。

一般来说，公共安全科学中的突发事件经常有空间分布，如地震的空间分布受地质构造影响，最明显的是成带性。公共安全科学的空间统计分析方法即是研究突发事件的多发区域、承灾载体的脆弱范围和应急管理的薄弱环节等，以保障生命和财产免受突发事件的袭击，减少损失。空间统计分析方法很多，如主成分分析方法、层次分析方法、空间聚类分析方法、判别分析方法、多元回归预测方法等。

上述的时间序列分析方法和空间统计分析方法并不是完全独立的，也相互补充，这就需要利用时空耦合分析方法。时空耦合分析方法是把时间及空间这两大范畴纳入某种统一的基础上进行研究的方法。在考虑空间关系时，不能忽略时间因素对它的作用。与此相应，在研究时间进程时，应把这类进程置于不同空间中去考察。时空耦合一般认为是四维向量的充分表达，除了三维空间位置外，还要同时考虑时间维。

6.2.2.3　基于信息的研究方法

基于信息的研究方法是利用监测监控设备获取相关数据，并作为确定性方法与随机性方法的重要支持。基于信息的研究方法可分为两个部分：一部分是当无法获取研究对象的规律时，利用信息以获取当前情景的描述；另一部分是确定性研究方法和随机性研究方法的补充，如对于确定性研究方法中的实验模拟中数据的获取，理论分析和数值模拟的一些参数、初始参数和边界参数的确定以及中间结果的修正等。对于随机性研究方法，也需要有足够的有效数据或信息来进行统计分析，同时信息也会对随机性研究方法的结果产生影响，这些都离不开基于信息的研究方法。

信息处理方法可分为确定性信息处理方法和不完备信息处理方法，其中确定性信息是指那些相对于随机、模糊、灰色信息（数据）而言稳定、确定性的信息，人们可以依据确定性信息总结出确定性的因果关系，这种确定性的因果关系是一一对应的。确定性信息处理方法大多是多元分析方法，如统计分析、相关分析、主成分分析、回归分析、数据平滑、数据变换等。不完备信息一般涉及随机信息、主观信息、模糊信息、灰色信息、小样本信息等。随机信息的处理方法有概率论、数理统计和随机过程等；主观信息的处理方法有模糊数学、隶属数学、主成分分析法等；灰色信息的处理方法主要是灰色理论；小样本信息的处理方法主要有贝叶斯方法等。

6.2.2.4　系统科学的研究方法

系统科学是以系统为研究对象的基础理论和应用开发的学科组成的学科群。它着重考察各类系统的关系和属性，揭示其活动规律，探讨有关系统的各种理论和方法。系统科学的产生始于一般系统论、控制论和信息论。它们分别是由 Bertalanffy、Wiener 和 Shannon 创立的。在我国把一般系统论、控制论和信息论统称为"老三论"。20 世纪 70 年代兴起的耗散结构论、协同学和突变论是系统科学的发展，它们是一批非平衡系统的自组织理论，在我国有所谓"新三论"之说。虽然这种说法并不全面，也未能涵盖混沌学、分形理论、复杂网络等，但也是一种约定俗成的称谓。"新三论"使人类对

107

客观世界的认识水平从平衡态到非平衡态，从确定性到非确定性，从线性到非线性，从连续性到非连续性，从他组织到自组织，从简单性到复杂性推进。它几乎涉及自然科学、社会科学和人文科学的各个领域，并正在改变人们对客观世界的传统看法，深刻地影响着人们的思维方式和方法[9]。

系统科学的研究方法是一个很宽广的领域，其概念主要来源于古代人类长期的生产、生活和社会活动。对于公共安全科学来说，系统科学的研究方法主要涉及非线性科学的研究方法，如耗散结构论、协同学、突变论、混沌学、分形等的研究方法，以及复杂性科学的研究方法，如基于 Agent 方法、元胞自动机和复杂网络动力学等的研究方法。

6.2.2.5　复合研究方法

复合研究方法是上述四种研究方法，即确定性研究方法、随机性研究方法、基于信息的研究方法和系统科学的研究方法的两种或两种以上方法的有机组合。由于公共安全科学的复杂性，即使研究某一个公共安全科学的问题时，也可能会用到复合研究方法。风险评估方法是典型的确定性与随机性结合的研究方法。风险评估方法涉及两个方面，评估风险的概率和风险的强度。评估风险的概率经常采用的是随机性研究方法；评估风险的强度有时利用确定性研究方法，有时利用随机性研究方法。当然确定性研究方法和随机性研究方法经常也与基于信息的研究方法结合，探索相应的公共安全规律。城区有毒气体泄漏的泄漏源信息反演即是一个典型的例子[10]。确定性研究方法和随机性研究方法经常也与复杂系统的研究方法结合，探索相应的公共安全规律。传染病传播动力学即是典型的例子[11]。

参 考 文 献

[1] 盛昭瀚，张军，杜建国. 社会科学计算实验理论与应用. 上海：上海三联书店，2009.

[2] 陈寿仙. 方法论导论. 大连：东北财经大学出版社，2007.

[3] 刘晓君. 走进实验的殿堂：实验方法谈. 上海：上海交通大学出版社，2006.

[4] 佚名. 方法论. http://baike.baidu.com/view/14069.htm [2012-02-20].

[5] 杨建军. 科学研究方法概论. 北京：国防工业出版社，2006.

[6] 佚名. 科学研究方法的类型. http://ettc.sysu.edu.cn/edutecres/ReadNews.asp? NewsID = 221. 2012-02-20.

[7] 范维澄，刘奕，翁文国. 公共安全科技的"三角形"框架与"4+1"方法学. 科技导报卷首语，2009，6：1.

[8] 范维澄，陈莉. 火灾规律双重性模型及其对室内漏油火灾的分析. 自然灾害学报，1992，1 (3)：31-38.

[9] 吴今培，李学伟. 系统科学发展概论. 北京：清华大学出版社，2010.

[10] 郭少东. 基于贝叶斯理论与蒙特卡洛方法的扩散源反演研究. 清华大学博士学位论文，2010.

[11] 倪顺江. 基于复杂网络理论的传染病动力学建模与研究. 清华大学博士学位论文，2009.

第7章 确定性研究方法

很多科学问题的确定性研究方法，通常有实验模拟、理论分析和数值模拟三种。公共安全科学也不例外，本章的确定性研究方法就以实验模拟、理论分析和数值模拟三种研究方法作为分类标准探讨公共安全科学的确定性研究方法，并以举例方式说明这三种研究方法。

7.1 实验模拟研究方法

近代实验科学的创始人伽利略认为自然科学本质上是实验科学，而实验科学的出发点是观察和实验所得到的结果，这说明实验在自然科学研究中的重要性。实验既是发展理论的依据又是检验理论的准绳，解决公共安全科学问题往往离不开实验手段的配合。在探讨公共安全科学的内在机理和物理本质方面，当根据不同问题发展公共安全科学理论解决各种公共安全工程实际问题时，都必须以科学实验为基础。

一般实验研究方法可分为现场实测（观察）研究方法和实验模拟研究方法。现场实测研究方法一般需要较多的人力、物力，工作量大、耗费时间长，同时公共安全科学中实际突发事件的发生很难事先预测，进而事先布置好测量仪器等，因此很难做到现场实测。实验模拟研究方法是实验研究方法的重要手段，一般在实验室中进行，分为小尺寸实验模拟和全尺寸实验模拟，两种研究方法都涉及相似理论。

7.1.1 相似理论

相似是指两个及两个以上自然现象在外在表象及内在规律方面的一致性。根据实际原型仿照的模拟实验的模型，通常都采用缩小的比例尺寸或在某些情况下用放大的比例来制作模型，绝大部分的实验模拟都采用小尺寸实验模拟。为了使小尺寸实验模拟结果能最大限度与实际相符，小尺寸实验模拟需要解决一些问题：怎样使小尺寸模型与实际原型相似？怎样使小尺寸模型中所发生的情况如实地反映实际中发生的现象？解决这些问题就需要依赖相似理论[1]。

7.1.1.1 量纲分析法

(1) 量纲和谐原理

量纲也称因次，它是表征各类物理量类别的标志，如密度、速度、时间和力等。量纲包括基本量纲和导出量纲，基本量纲具有独立性。例如，传热学中，将［长度］、

[时间]、[质量]、[温度] 作为基本量纲，其度量单位分别是 [L]、[T]、[M]、[Θ]。由于各个物理量都是互相联系的，因此可以将其他物理量从这几个基本量纲中推导出来，这种量纲是导出量纲。如：

$$[x] = [L^{\alpha}T^{\beta}M^{\gamma}] \tag{7.1}$$

式中，α,β,γ 为量纲指数，当

$$\begin{aligned} \alpha \neq 0, \beta = 0, \gamma = 0 & \quad \text{则 } x \text{ 为几何学的量} \\ \alpha \neq 0, \beta \neq 0, \gamma = 0 & \quad \text{则 } x \text{ 为运动学的量} \\ \alpha \neq 0, \beta \neq 0, \gamma \neq 0 & \quad \text{则 } x \text{ 为动力学的量} \end{aligned} \tag{7.2}$$

例如，在流体力学中，运动黏性系数 $[\upsilon] = [L^2 T^{-1}]$，动力黏性系数 $[\mu] = [L^{-1}T^{-1}M]$。

量纲和谐原理是指凡正确反映客观规律的物理方程，其各项的量纲都必须是一致的。其含义是：①任一物理量的量纲均可由基本量纲的指数幂的乘积来表示；②量纲不独立量可由量纲独立量的指数幂乘积来表示；③物理方程中各项的量纲相同且与度量单位无关，即一个完整、正确的物理方程式中的每一项应具有相同的量纲，或者说，只有量纲相同的物理量才能够相加减。

（2）π 定理

量纲分析更为通用的方法是布金汉提出的 π 定理。这种方法可以把原来较多的变量改写成较少的无量纲变量，使问题得到简化。

π 定理的运用步骤如下：

设表达某一物理现象的方程式为

$$A = (x_1, x_2, x_3, \cdots, x_n) \tag{7.3}$$

式中，$x_1, x_2, x_3, \cdots, x_n$ 是方程式内所包含的各物理量。假设各物理量间存在以下关系：

$$A = (x_1^{a_1}, x_2^{a_2}, x_3^{a_3}, \cdots, x_n^{a_n}) \tag{7.4}$$

式中，$a_1, a_2, a_3, \cdots, a_n$ 是待定系数。

如果将 A 去除上式两边，于是有

$$1 = (x_1^{b_1}, x_2^{b_2}, x_3^{b_3}, \cdots, x_n^{b_n}) \tag{7.5}$$

在这 n 个物理量中挑选的 m 个相互独立的物理量 x_q, x_r, x_s, x_t 作为基本单位（取 $x_q = M, x_r = L, x_s = T, x_t = \Theta$），那么在其余（$n - m$）个物理量中，任一物理量都应当是这 m 个任选基本量纲的组合，并可写成 $[M]^{q_i}[L]^{r_i}[T]^{s_i}[\Theta]^{t_i}$，其中 q_i, r_i, s_i, t_i 是各物理量的量纲之幂。

将各物理量的量纲代入式（7.5），则有

$$[M^0 L^0 T^0 \Theta^0] = [M^{q_1} L^{r_1} T^{s_1} \Theta^{t_1}]^{b_1} \cdots [M^{q_n} L^{r_n} T^{s_n} \Theta^{t_n}]^{b_n} \tag{7.6}$$

根据量纲齐次原则，在一个方程式中，各物理量的量纲之幂应相等，因此可得出方程

$$\begin{aligned} q_1 b_1 + q_2 b_2 + \cdots + q_n b_n &= 0 \\ r_1 b_1 + r_2 b_2 + \cdots + r_n b_n &= 0 \\ s_1 b_1 + s_2 b_2 + \cdots + s_n b_n &= 0 \\ t_1 b_1 + t_2 b_2 + \cdots + t_n b_n &= 0 \end{aligned} \tag{7.7}$$

在上式中，方程组的数目为 m 个，而其中未知数却有 $b_1, b_2, b_3, \cdots, b_n$ 为 n 个，因此只有 m 个未知数受式（7.7）约束并可解出，而其余 $(n-m)$ 个可任意取值，它们是互不相干的。将从式（7.7）中解出的根代入式（7.5），则其右边组成 $(n-m)$ 个独立的无量纲的乘积，称为无量纲完全组，并可用下式来表达。

$$1 = \phi(\pi_1, \pi_2, \pi_3, \cdots, \pi_{n-m}) \tag{7.8}$$

因此 π 定理的基本含义可以表达为

1）设一物理系统（方程式）有 n 个物理量，并且这 n 个物理量中含有 m 个基本量纲，那么独立的相似判据 π 值为 $(n-m)$ 个。

2）两个相似现象的物理方程可以用这些物理量的 $n-m$ 个无量纲的关系式来表示，而 $\pi_1, \pi_2, \pi_3, \cdots, \pi_{n-m}$ 之间的函数关系式为

$$f(\pi_1, \pi_2, \pi_3, \cdots, \pi_{n-m}) = 0 \tag{7.9}$$

上式被称为判据关系式或 π 关系式。

对彼此相似的现象，在对应点和对应时刻上相似判据则保持相同值，所以它们的 π 关系式也应该是相同的，那么实际原型和小尺寸模型的 π 关系式分别为

$$\begin{cases} f(\pi_1, \pi_2, \pi_3, \cdots, \pi_{n-m})_H = 0 \\ f(\pi_1, \pi_2, \pi_3, \cdots, \pi_{n-m})_M = 0 \end{cases} \tag{7.10}$$

式中

$$\begin{cases} \pi_{1H} = \pi_{1M} \\ \pi_{2H} = \pi_{2M} \\ \cdots\cdots \\ \pi_{(n-m)H} = \pi_{(n-m)M} \end{cases} \tag{7.11}$$

式（7.11）的意义在于说明，如果把某现象的结果整理成相应的无量纲的 π 关系式，那么该关系式便可推广到与它相似的所有其他现象中去。

3）如果在所研究的现象中，没有找到描述它的方程，但对该现象有决定意义的物理量是清楚的，则可通过量纲分析运用 π 定理来确定相似判据，从而为建立小尺寸模型和实际原型之间的相似关系提供依据，所以相似第二定理更广泛地概括了两个系统的相似条件。

7.1.1.2 相似原理

所谓小尺寸模拟实验就是按照相似原理，将需要进行实验的实际研究区域制作成相似的小尺寸的模型，根据小尺寸模拟实验结果，推测原型可能发生的现象。相似原理就是进行小尺寸模拟实验的理论结果。

(1) 几何相似

任何复杂的物理现象之间的相似都是以几何相似为前提的，因而也是最基本的相似概念。几何相似要求小尺寸模拟实验的模型与实际原型相同，必须将原型的尺寸，包括长度、宽度和高度等都按一定比例缩小做成小尺寸模型。设以 L_H 和 L_M 代表实际原

型和小尺寸模型的"长度"。这里 L 表示一个广义的长度，可以是长、宽和高等，角标 H 表示原型，角标 M 表示模型。以 α_L 代表 L_H 和 L_M 的比值，称为长度比尺，那么几何相似要求 α_L 为常数，即

$$\alpha_L = L_H/L_M = 常数 \tag{7.12}$$

相应的面积比尺和体积比尺分别是式（7.13）和式（7.14）：

$$A_H/A_M = \alpha_L^2 \tag{7.13}$$

$$V_H/V_M = \alpha_L^3 \tag{7.14}$$

（2）运动相似

要求小尺寸模型中与实际原型中所有各个对应的运动情况相似，即要求各对应点的速度 v、加速度 a、运动时间 t 等都成一定比例，并且要求速度、加速度等都有相对应的方向。设 t_H 和 t_M 分别表示实际原型和小尺寸模型中对应点完成沿几何相似的轨迹运动所需的时间，以 α_t 表示 t_H 和 t_M 的比值，称为时间比尺。那么运动相似要求为常数，即

$$\alpha_t = t_H/t_M = 常数 \tag{7.15}$$

相应的速度比尺和加速度比尺分别是式（7.16）和式（7.17）：

$$\alpha_v = v_H/v_M = \frac{L_H}{t_H} \Big/ \frac{L_M}{t_M} = \alpha_L/\alpha_t \tag{7.16}$$

$$\alpha_a = a_H/a_M = \frac{L_H}{t_H^2} \Big/ \frac{L_M}{t_M^2} = \alpha_L/\alpha_t^2 \tag{7.17}$$

（3）动力相似

要求小尺寸模型中与实际原型中有关作用力相似。即

$$\alpha_F = F_H/F_M = 常数 \tag{7.18}$$

根据达朗贝尔原理，对于任一运动的质点，设想加在该质点上的惯性力与质点所受到各种作用力相平衡，这些力构成一个封闭的力多边形。从这个意义上说，动力相似表征为流体对应点上的力多边形相似，相应边（或者力）成比例。

此外还有热相似、质量相似等，式（7.19）的 α_T 和式（7.20）的 α_m 分别是温度比尺和质量比尺。

$$\alpha_T = T_H/T_M = 常数 \tag{7.19}$$

$$\alpha_m = m_H/m_M = 常数 \tag{7.20}$$

相似原理还明确：凡属相似现象均可用同一个基本方程式描述。因此各相似常数 α_L、α_t、α_F、α_T 和 α_m 等不能任意选取，它们将受到某个公共数学方程（物理定律）的相互制约[1]。例如，两个运动力学的相似系统，均应服从牛顿第二定律，即惯性力 F 是质量 m 和加速度 a 的乘积，即 $F = ma$。

对于实际原型

$$F_H = m_H \cdot a_H \tag{7.21}$$

对于小尺寸模型

$$F_M = m_M \cdot a_M \tag{7.22}$$

将式（7.17）、式（7.18）和式（7.20）代入式（7.21），可写为

$$F_M \cdot \alpha_F = m_M \cdot \alpha_m \cdot \alpha_a \cdot a_M \tag{7.23}$$

因此，

$$F_M = m_M \cdot a_M \frac{\alpha_m \cdot \alpha_a}{\alpha_F} \tag{7.24}$$

对比式（7.22）和式（7.24），可见，只有 $\alpha_m \cdot \alpha_a / \alpha_F = 1$ 时，两个系统的基本方程式才相同，说明在 α_m、α_a、α_F 这三个相似常数中，如果任意选定两个以后，其余的一个常数就已经确定，而不允许再任意选取了，在相似理论中，通常称这个约束相似常数的指标 $K = \alpha_m \cdot \alpha_a / \alpha_F = 1$ 为相似指标。

（4）初始条件和边界条件相似

初始条件和边界条件是指相似系统的初始条件和边界条件均满足几何相似、运动相似、动力相似，它是保证两个系统相似的充分条件。初始条件是指运动初始时刻各点的运动参数，边界条件是指运动特征边界上的已知条件。

对于某些相似系统，还应保证几何条件（或空间条件）和介质条件（或物理条件）相似，许多具体现象都发生在一定的几何空间内，所以参与过程的物体几何现状和大小应该保证相似；许多具体现象都在具有一定物理性质的介质参与下进行，因此参与过程的介质也应该保证相似。

7.1.1.3　相似理论的应用

在进行小尺寸模拟实验时，需要考虑如下几个问题：在什么条件下进行实验？应该测量哪些物理量？实验结果如何应用？这些问题的回答都应利用上述的相似理论：在相似的条件下进行实验，应该测量无量纲表达式中所包含的所有物理量，实验结果应整理成相似准数和其他无量纲量来表示的函数关系式或绘制成曲线，实验结果只能应用于相似现象之间。

下面以洪水演进为例，说明相似理论的应用。如果我们在实验室内进行小尺寸模拟实验，需要符合上述的相似原理。洪水研究的流体运动可视为不可压流体流动，两个相似的流动中，对应的无量纲量是相同的。不可压流体的流动都受连续方程和 N-S 方程的控制，那么我们怎样来保证两个不同规模的流动是相似的呢？两个相似的不可压流体流动的无量纲解应是相等的，这意味着控制流动的无量纲方程和无量纲边界条件和初始条件应是完全一样的。

连续方程

$$\nabla \cdot u = 0 \tag{7.25}$$

N-S 方程

$$\frac{\partial u}{\partial t} + (u \cdot \nabla)u = -gk - \frac{1}{\rho}\nabla p + \nu\nabla^2 u \tag{7.26}$$

我们用流动的时间、长度、流速和压强特征量分别为 T、L、U、P，将方程的自变量和应变量无量纲化。

$$(x,y,z) = (L\tilde{x}, L\tilde{y}, L\tilde{z}) \tag{7.27}$$

113

$$t = T\tilde{t} \tag{7.28}$$

$$u = U\tilde{u} \tag{7.29}$$

$$p = P\tilde{p} \tag{7.30}$$

这样将无量纲特征量代入连续方程和 N-S 方程，得到无量纲方程：

$$\nabla \cdot \tilde{u} = 0 \tag{7.31}$$

$$\frac{U}{T}\frac{\partial \tilde{u}}{\partial \tilde{t}} + \frac{U^2}{L}(\tilde{u} \cdot \nabla)\tilde{u} = -gk - \frac{P}{\rho L}\nabla\tilde{p} + \frac{\nu U}{L^2}\nabla^2\tilde{u} \tag{7.32}$$

式中

$$\nabla \equiv \left(\frac{\partial}{\partial \tilde{x}}i + \frac{\partial}{\partial \tilde{y}}j + \frac{\partial}{\partial \tilde{z}}k\right) \tag{7.33}$$

接着再将无量纲 N-S 方程对流项前的系数归一，得到

$$\frac{L}{TU}\frac{\partial \tilde{u}}{\partial \tilde{t}} + (\tilde{u} \cdot \nabla)\tilde{u} = -\frac{gL}{U^2}k - \frac{P}{\rho U^2}\nabla\tilde{p} + \frac{\nu}{LU}\nabla^2\tilde{u} \tag{7.34}$$

相似流动的无量纲方程和边界条件、初始条件应该完全一样，所以两个相似流动对应的 $L/(TU)$、gL/U^2、$P/(\rho U^2)$、$\nu/(LU)$ 必须相等。它们都是无量纲量，分别反映了时变惯性力、重力、压差力和黏性力在流动的动力平衡中相对于惯性力的重要性。

根据上面得到的四个无量纲量得到流动的相似准数：

斯特劳哈尔数 $S_t \equiv UT/L$，表征惯性力和时变惯性力的比值。弗劳德数 $F_r \equiv U/\sqrt{gL}$，表征惯性力和重力的比值。欧拉数 $E_n \equiv P/(\rho U^2)$ 表征压差力与惯性力的比值，雷诺数 $R_e \equiv UL/\nu$ 表征惯性力与黏性力的比值。

显然在进行小尺寸流动模拟实验时，需要保证黏性、重力、时变惯性力和压差力相似，因此需要保证雷诺数、弗劳德数、斯特劳哈尔数和欧拉数相等。在实验的特征量测量时一般取容易测量到的，能显著体现实际系统特征，或者对实际系统起到重要控制作用的量。因此在流动的测量时经常测量 T 为周期性运动的周期，L 为绕流物体的特征长度或圆管直径，U 为无穷远方来流速度，P 为与无穷远方的压差。

当然在做小尺寸流动模拟实验中，保证这4个相似准则数都相同很难做到。例如，保证 F_r 相等，$F_{rH} = F_{rM}$，则 $u_H/u_M = \sqrt{l_H/l_M}$（g 相同）；保证 R_e 相等，$R_{eH} = R_{eM}$，则 $u_H/u_M = l_M/l_H$（ν 相同）；显然这对于小尺寸流动模拟实验中很难做到 F_r 和 R_e 都与实际原型相同，特别对于需要更多的相似准数时，如传热学中的常见相似准则数（表7.1），更难实现。因此我们进行小尺寸模拟实验室只能抓主要矛盾，保证起决定作用的那个相似准则数相等，这称为部分相似。表7.1列出了传热学中常见相似准则数。

表7.1 传热学中常见相似准则数

相似准则数	定义式	物理意义
雷诺数	$R_e = UL/\nu$	流场中流体的惯性力与黏滞力之比
普朗特数	$P_r = \nu/\alpha$	流场中流体的动量扩散能力与热量扩散能力之比
格拉晓夫数	$G_r = g\Delta T\alpha L^3/\nu^2$	流场中流体的浮升力与黏滞力之比
努谢尔特数	$N_u = hL/\lambda$	壁面法向无量纲过余温度梯度

相似准则数	定义式	物理意义
斯坦特数	$S_t = N_u/(R_e P_r) = h/(\rho c_p U)$	流场中流体实际换热热流密度与理想换热热流密度之比
欧拉数	$E_n \equiv P/(\rho U^2)$	流场压差力与惯性力之比
贝克来数	$P_e = R_e P_r = UL/\alpha$	流场中流体对流热流与传导热流之比
瑞利数	$R_a = G_r P_r$	——

7.1.2　建筑火灾中回燃前重力流的小尺寸盐水模拟实验

小尺寸实验模拟研究方法是一种重要的科学研究手段，是在实验室内按照相似理论制作与实际原型相似的模型，借助测试仪器观测模型内各种参数及其分布规律，利用在模型上研究的成果，借以推断实际中可能发生的现象和规律，从而解决公共安全科学中的实际问题。这种研究方法具有直观、简便、经济、快速以及实验周期短等优点[1]。而且可以根据需要，通过固定某些参数，改变另外一些参数来研究这些参数在时间和空间上的分布规律和变化情况，确定单因素或多因素对所研究问题的影响规律。

必须指出，小尺寸实验模拟研究方法有一定的局限性，这是由于公共安全科学问题非常复杂，完全、准确地模拟它们很难做到。当然小尺寸模拟实验研究所用的模型毕竟不是实际原型，不可能也没有必要在一切方面都做到相似，应当根据所研究的内容确定相似条件，而小尺寸实验模拟的成功关键在于抓住研究问题的实质，以相似理论和量纲分析为依据，采用先进的实验设备和严谨的科学态度，从小尺寸实验模拟的结果来推测在实际中可能出现的现象。另外，目前模拟技术还不够完善。有些小尺寸实验往往是基于某些假设之上，如果在模拟研究中做了一些不恰当的修改，或者某些基本因素达不到相似条件，就难以由小尺寸实验模拟结果来推断实际可能出现的现象。

本小节在上述相似理论的基础上，以研究建筑火灾中回燃前重力流的小尺寸盐水模拟实验为例说明小尺寸实验模拟研究方法[2]。在通风受限的建筑物内，火灾发生过程中，由于新鲜空气的补充不足以满足加速燃烧的要求，燃烧将逐步进入缺氧性燃烧状态。这时建筑物内的热烟气中会含有大量的可燃成分。如果由于某种原因（门的突然打开或窗玻璃突然破裂等）造成新鲜空气的突然进入，同时热烟气也会流出建筑物，在建筑物内热烟气和新鲜空气混合形成重力流。此时如果混合气被点燃或产生自燃，热烟气将会发生极为猛烈的燃烧，室内温度将迅速升高，并促使初期火灾转变为轰燃或爆燃。当火焰传播到建筑物外部时，会点燃建筑物外的混合气形成一个巨大的火球或冲击波，这种现象就是建筑火灾中的回燃现象。图 7.1 就是回燃现象的发展过程。显然，回燃现象由于其突然性和强大的破坏性威胁着人类的安全，特别是消防人员的安全[3,4]。

建筑物内热烟气和新鲜空气混合形成的重力流是一种流体流入另一种不同密度的流体时由于密度差而产生的一种流动。重力流是自然界中最为常见的流动之一，海风前部（seabreeze fronts）、雪崩（avalanches）、河道交汇处的流动（lock exchanges）、火

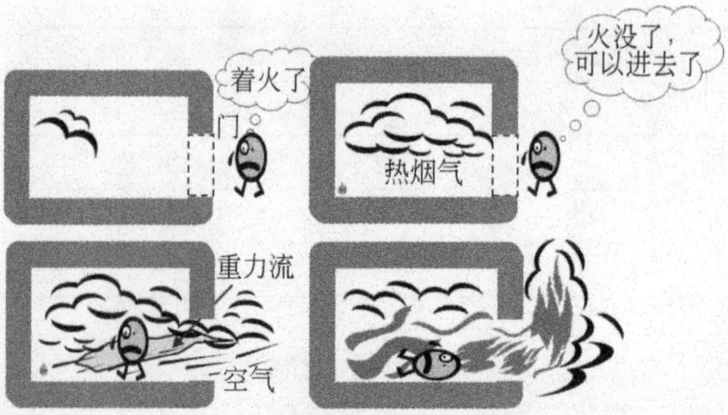

图 7.1　回燃现象的发展过程

山爆发后的流动（flows following volcanic eruptions）等都属于重力流。建筑火灾中回燃前重力流的实验研究由于新鲜空气和热烟气的视觉效果不好，很难直接进行研究，利用盐水模拟研究回燃前重力流是一种可行的方法[5]。

7.1.2.1　实验原理

（1）盐水模拟实验原理

建筑火灾中回燃产生前由于腔室内的火焰很小或处于闷烧阶段，羽流效果可以忽略，所以腔室内可以假设为由单一温度（密度）的气体填充。当开口开启时，高密度的冷空气由开口的底部流入，而热烟气由于其密度低从开口的顶部流出。盐水模拟实验为了模拟这个过程，可以利用在一个长方形腔体内由浓度差诱导的密度差异引起布森涅斯克（Boussinesq）流动。如果不考虑热烟气与冷空气之间以及与之接触的腔室表面之间的热传输，冷空气在热烟气下的流动和混合与盐水在清水下的流动和混合这两种过程从流体动力学方面可以看做是无差异的。

用盐水模拟实验来模拟回燃前重力流的流动，主要是依据两者的量纲分析和相似理论，反映在数学形式上，则是其守恒方程组。按照流体力学理论，如果我们引入下列的特征参数：长度尺度 H 为腔室高度，长度尺度 L 为热（质量）源的空间尺度，速度尺度 U 和密度（温度）扰动尺度 ζ；那么两者的无量纲相似方程组为

$$\nabla^* \cdot \vec{u}^* = 0 \tag{7.35}$$

$$\frac{D\vec{u}^*}{Dt^*} + \nabla^* \tilde{p}^* - \theta^* \vec{k} = (1/R_e) \nabla^{*2} \vec{u}^* \tag{7.36}$$

$$\frac{D\theta^*}{Dt^*} = GQ^* + (1/R_eP) \nabla^{*2} \theta^* \tag{7.37}$$

式中

$$H \nabla = \nabla^* = h \nabla \tag{7.38}$$

$$\vec{x_g}/H = \vec{x}^* = \vec{x_s}/h \tag{7.39}$$

$$t_g U/H = t^* = t_s U/h \tag{7.40}$$

$$\vec{u}/U = \vec{u}^* = \vec{u}/U \tag{7.41}$$

$$\tilde{p}/\rho_0 U^2 = \tilde{p}^* = \tilde{p}/\rho_0 U^2 \tag{7.42}$$

$$(T - T_0)/T_0\zeta = \theta^* = Y/\zeta \tag{7.43}$$

$$\overline{Q}'''/(\overline{Q}_0/L^3) = 1 = Q^* = 1 = \overline{m}'''/(\overline{m}_0/l^3) \tag{7.44}$$

$$(\overline{Q}_0 g/\rho_0 c_p T_0 H)^{1/3} = U = (\overline{m}_0 g/\rho_0 h)^{1/3} \tag{7.45}$$

$$U^2/gH = \zeta = U^2/gh \tag{7.46}$$

$$\mu c_p/k = P_r = P = S_c = \mu/\rho_0 D \tag{7.47}$$

$$\rho_0 UH/\mu = R_e = \rho_0 Uh/\mu \tag{7.48}$$

$$(H/L)^3 = G = (h/l)^3 \tag{7.49}$$

方程（7.35）~方程（7.37）分别代表质量，动量和能量方程，其中 $\vec{u}^*$，t^*，$\tilde{p}^*$，θ^* 分别是无量纲速度、时间、压力扰动和温度。方程（7.38）~方程（7.49）的左边代表的是烟气项。烟气受体积热源 $\overline{Q}''' = \overline{Q}_0/L^3$（其中 $\overline{Q}_0$ 是热释放速率，L 是热释放特征空间尺度）驱动，在 t_g 时刻的速度 $\vec{u}$，位移 $\vec{x}_g$；此时温度为 T，定压比热为 c_p，热传导系数为 k，黏性系数为 μ。烟气的压力是静态压力（可以认为是初始密度 ρ_0 的函数，故为常数）与压力扰动项 $\tilde{p}$ 的和。g 为重力加速度，T_0 为初始温度，$\vec{k}$ 为向上的单位矢量。方程（7.38）~方程（7.49）的右边代表的是盐水项。盐水模拟实验的腔体高度为 h，起始充满的是清水。受体积盐水质量源 $\overline{m}''' = \overline{m}_0/L^3$（其中 $\overline{m}_0$ 是盐水质量释放速率，l 是质量释放特征空间尺度）引起的压力扰动项 $\tilde{p}$ 驱动，在 t_s 时刻的速度 $\vec{u}$，位移 $\vec{x}_s$；此时盐水质量百分比为 Y，质量扩散系数为 D，黏性系数为 μ。g 为重力加速度，ρ_0 为清水初始密度。

通过以上的分析，既然盐水和烟气的无量纲控制方程一致，只要能保持式（7.46）~式（7.49）中的 G、R_e、P 相等，并且具有相似的初始条件和边界条件，盐水模拟实验就能精确地模拟回燃前重力流的流动。但实际的情况并非如此，保持这三个参数的一致一般是不可能的。根据实际情况，保持关键参数的一致也能保证盐水模拟实验精确地模拟回燃前重力流的流动。

（2）重力流尺度问题

我们考虑一个理想的重力流情况，如图7.2所示。在半无限大（宽度有限）的水平腔体内充满了理想流体，右端部在零时刻完全开启，高密度的流体（图7.2中的状态0）从右端部的底部流入，而腔体内的低密度流体（图7.2中的状态1和2）由于浮力从右端部的顶部流出。两种流体在腔体内混合形成重力流。为了表示浮力，我们引入归一化密度差 $\beta = (\rho_0 - \rho_1)/\rho_1$，式中 ρ_0 为外界流体的密度，ρ_1 为腔体内理想流体的密度。

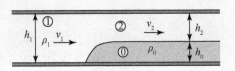

图7.2　理想重力流示意图

Benjamin 证明没有混合（mixing）和耗散（dissipation）的理想流体，它的质量、动量和能量守恒方程可以表述如下[6]：

$$v_1 h_1 = v_2 h_2 \tag{7.50}$$

117

$$v_1^2 h_1 + \beta g h_1^2 = 2v_2^2 h_2 + \beta g h_2^2 \tag{7.51}$$

$$v_2^2 = 2\beta g (h_1 - h_2) \tag{7.52}$$

求解式（7.50）与式（7.51）可以得到：重力流无量纲高度和无量纲速度分别为

$$h^* = h_0/h_1 = 0.5 \tag{7.53}$$

$$v^* = v_1/\sqrt{\beta g h_1} = 0.5 \tag{7.54}$$

但实际的流体如果考虑到能量的损耗，$h_0 < h_1/2$，$v^* < 0.5$ [6]。因此重力流的特征长度和速度可以分别定义为

$$x_c = h_1 \tag{7.55}$$

$$v_c = \sqrt{\beta g h_1} \tag{7.56}$$

这样，特征时间为

$$t_c = \frac{x_c}{v_c} = \sqrt{\frac{h_1}{\beta g}} \tag{7.57}$$

典型建筑物的高度为 2.4m，这里所要建立的盐水模拟实验腔体高度为 0.1m，所以尺度因子为 1/24。

盐水模拟实验能够定量地给出转捩（transients）、混合、能量消散、开口形式和腔体尺寸比例（aspect ratio）对重力流高度和速度的影响，并能预测回燃前产生的时刻。盐水模拟实验的归一化密度差 β 限制在 $0.003 \leqslant \beta \leqslant 0.103$，但是实际的回燃前重力流的归一化密度差 β 往往大于 0.103，有关文献[7]研究表明，当 $R_e > 1000$ 时，$Fr = v^* = v/\sqrt{\beta g h_1}$ 与 β 无关，仅与开口形式有关。所以小尺度的盐水模拟实验结果能直接表征实际的回燃前重力流的速度特征、几何特性及其混合层范围。

7.1.2.2　实验设备及步骤

盐水模拟实验装置包括一个小腔体和一个大箱体，实验时，小腔体放到大箱体中。大箱体的尺寸为 0.6m×0.2m×0.3m（长×宽×深），材料是 5mm 厚的有机玻璃。大箱体在开始实验前充满了密度为 $1.003 \times 10^3 \sim 1.103 \times 10^3 \mathrm{kg/m}^3$ 的盐水溶液，这是由于密度小于 1.003 的盐水实验很难精确测量，大于 1.103 时流体变得浑浊使流动显示测量结果变得不可信。盐水溶液的温度一般为 18℃。

小腔体的尺寸是 0.4m×0.1m×0.1m（长×宽×深），材料也是 5mm 厚的有机玻璃。小腔体的一个端部和另一侧的顶部做成凸缘的形式以方便调换不同的开口形式，如图 7.3 所示。图 7.4 是实验所用的 6 个开口形式，其中灰色区域为开口。端部开口的凸缘处装备有垂直向上拉升的滑槽，而顶部开口的凸缘处装备有水平向外拉的滑槽，这样使挡板能被迅速地抽离，保证实验顺利进行和实验结果准确。小腔体的外底部黏附有大约 2kg 的重物，以免实验过程中由于浮力造成小腔体浮动。小腔体中放入的水在流动显示中时是一般的自来水，而在 DPIV 实验时是蒸馏水，以免摄取图像时引入过大的噪声影响 DPIV 测量结果。实验时小腔体中水的参数：pH 为 6.9，密度为 $1.0 \times 10^3 \mathrm{kg/m}^3$，温度为 18℃。

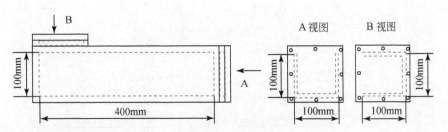

图 7.3 盐水模拟装置小腔体俯视示意图

在流动显示的实验中，小腔体的清水中放入少量的酚酞，浓度约为 $5 \times 10^{-4} \mathrm{mol/L}$。而大箱体中溶有氢氧化钠溶液，pH 为 12。当小腔体的挡板抽离时，清水与大腔体中的盐水溶液混合，此时酚酞与氢氧化钠反应呈现极为明显的红色。并且这种反应由于仅产生极小的表面张力、浮力和热量，并不影响湍流效果，所以比一般的染色技术的流动显示效果更好。为了得到三维的图像，一个平面镜搁置在大箱体上，与水平方向成 45°角，使实验摄像时摄取流场的平视图像的同时摄取俯视图像。

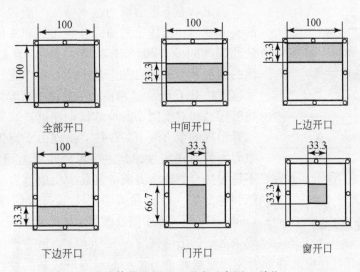

图 7.4 小腔体装配的开口形式示意图（单位：mm）

在二维 DPIV 实验中，采用直径为 $8 \sim 12 \mu \mathrm{m}$、密度范围为 $1.05 \times 10^3 \sim 1.15 \times 10^3$ $\mathrm{kg/m^3}$ 的空心玻璃球作为示踪粒子。示踪粒子同时均匀地放入小腔体的蒸馏水和大箱体的盐水溶液中，使 DPIV 图像处理时一个采样窗口有 $10 \sim 20$ 个粒子。流场的照明采用 5W 氩离子激光光源，其蓝色光线（488nm）被一组柱透镜展成 1mm 厚的片光。

当称准一定量的盐、氢氧化钠和酚酞加入到各自溶液并搅拌均匀后，记录下归一化密度差、溶液 pH 及其温度，而后把小腔体放入大箱体内，小腔体和大箱体的位置示意图如图 7.5 所示。在 90s 内必须开始抽离挡板以免小腔体的泄漏造成实验结果的偏差；0.1s 范围内抽离挡板，抽离挡板时需要小心并尽可能地减少抽离挡板时造成流体的扰动。同时计时并开始摄取图像。本章的所有实验都是以抽离挡板时刻为 0s。流动显示实验用 GR-DV1（JVC）摄像机采集录像；在二维 DPIV 实验中，重力流图像用

WAT-902H CCD 摄像头进行采集并通过 DT3155 图像转化卡转化成每个像素 8bit 的图像进行处理。

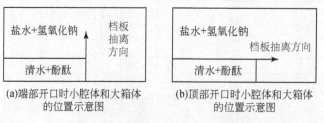

(a)端部开口时小腔体和大箱体的位置示意图　(b)顶部开口时小腔体和大箱体的位置示意图

图 7.5　小腔体和大箱体的位置示意图

7.1.2.3　实验结果及讨论

（1）重力流流场结构

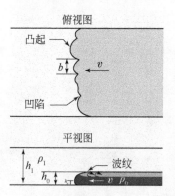

图 7.6　稳定重力流的俯视和平视示意图

稳定状态下重力流的基本特征一般包括：重力流前的头部、两种流体之间的混合剪切层和头部边缘一系列的凸起（lobes）和凹陷（cleft），图 7.6 就是稳定重力流的俯视和平视示意图。从图 7.6 可以看出，重力流的头部被抬升了 h_n，这是由于重力流中密度大的流体流动速度超过相对密度小的流体流动速度造成的。在一般自然界出现的重力流中，往往会出现由于流体的翻腾造成重力流的不稳定性，其主要原因是重力流的三维效应。不稳定性会随着重力流的发展演化成重力流头部边缘的凸起和凹陷，以及在重力流头部前后形成的波纹结构（billow）。图 7.6 中俯视图显示了凸起和凹陷结构，研究成果显示凹陷的宽度 $b \sim O(h_0)$。随着凹陷变宽，它会使重力流分裂并且耗损部分重力流，而后在重力流头部后面形成新的波纹。由于分裂产生了两个更小的凹陷和一个在两个凹陷之间的凸起，重力流头部后面形成的波纹不仅是定性的，而且定量的符合不同密度流体间剪切层分离的 Kevin-Helmholtz 不稳定性。

为了得到重力流的流场结构，这里利用二维 DPIV 实验技术定量的和流动显示技术定性的描述重力流的流场结构。

图 7.7 就是利用作者自制的二维 DPIV 系统测量的典型重力流矢量图。其诊断方法是作者发展的一种发展互相关算法，这种算法是基于离散窗口偏移（discrete window offset），并考虑流动的旋转和剪切重构第二幅诊断窗口，具体内容详见文献[8,9]。图 7.8 的盐水模拟实验参数如下：开口形式为端部中间开口；归一化密度差 $\beta = 0.003$（比高密度差的流场有着更好的二维效果）；时间 $t = 12.0s$；诊断 DPIV 图像时诊断窗口大小为 $64mm \times 16mm$，平移窗口重叠 87.5%。图像的大小范围为 $70mm \leqslant x \leqslant 245mm$，$0mm \leqslant y \leqslant 50mm$。图 7.7 显示当盐水流入清水时，重力流头部附近的流场情况，重力流

与清水的交界面附近存在漩涡，这与 Kneller[10] 利用 LDA 系统测量的结果一致。所以盐水模拟实验中存在的重力流与别的自然界中存在的重力流相似，并且能表述回燃前重力流的典型特征。

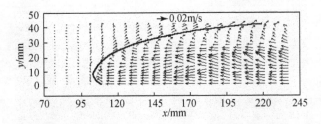

图 7.7　二维 DPIV 系统测量的典型重力流矢量图

流场参数：开口形式是端部中间开口，$\beta = 0.003$，$t = 12.0\,\text{s}$

典型的流动显示结果如图 7.8 所示，图中的结果经过了一定的图像处理。图 7.8（a）模拟的流场参数：开口形式为端部全部开口，$\beta = 0.003$，$t = 9.96\,\text{s}$。图中的上半部分是重力流经过平面镜反射的俯视图，下半部分为重力流的平视图。在两种流体之间（盐水与清水）之间的剪切层（混合区域）由于酚酞和氢氧化钠的反应呈现红色（如果是黑白图像则是灰色）。从平视图中可以看到：重力流的头部轻微抬升，头部后的红色区域显示流体产生翻滚；沿着两种流体之间的剪切层，重力流后的波纹特征也很明显。从俯视图中我们可以很清楚地发现重力流的凸起和凹陷典型特征。图 7.8（b）模拟的流场参数：开口形式为端部中间开口，$\beta = 0.003$，$t = 11.06\,\text{s}$。从图中除可以发现上述的典型特征外，还可以发现：重力流完全混合，其混合区域大小比端部全部开口时大得多。其中的原因是开口的底部与腔体的底部有一段距离，这段距离造成了盐水流入小腔体时需要流过一个台阶引起卷流。图 7.8（c）模拟的流场参数：开口形式为端部下边开口，$\beta = 0.023$，$t = 4.11\,\text{s}$。从此图中也可以看出典型的重力流特征，凸起、凹陷和波纹等。图 7.8（d）模拟的流场参数：开口形式为顶部全部开口，$\beta = 0.003$，$t = 16.08\,\text{s}$。与图 7.8（a）比较，重力流混合得更加充分，其原因是顶部开口的三维流动效果更加显著，它增加了流体的层叠引入了更多的卷流。图中也很明显地显示了重力流的典型特征，凸起、凹陷和波纹等。这些特征也可以在图 7.8（e）和 7.8（f）中观察到。图 7.8（e）和 7.8（f）模拟的流场参数分别为：开口形式为顶部门开口，$\beta = 0.043$，$t = 6.71\,\text{s}$；开口形式为顶部窗开口，$\beta = 0.043$，$t = 5.05\,\text{s}$。因此我们也可以得出上述的结论，盐水模拟实验中存在的重力流与其他的自然界中存在的重力流相似，并且能表述回燃前重力流的典型特征。

（2）模拟实验结果

表 7.2 给出了盐水模拟实验结果（包括流入的重力流和返回的重力流）。表中的无量纲速度定义为 $v^* = v/\sqrt{\beta g h_1}$（有的文献定义为 F_r 数），其中端部开口的重力流流入速度为 $v_{in} = L/t_{in}$，t_{in} 是重力流从开口处达到另一端部所需要的时间，L 是小腔体的长度。重力流一旦到达另一端部，立刻返回至开口处流出小腔体。重力流返回速度是 $v_{out} = (2L + 2h_1/3)/t_{out}$，其中 t_{out} 是重力流从另一端部返回到开口处所需要的时间，h_1 是小腔

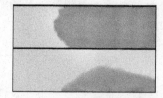

(a)重力流流动显示图，流场参
数：开口形式为端部全部开口（β=0.003，t=9.96s）

(b)重力流流动显示图，流场参
数：开口形式为端部中间开口（β=0.003，t=11.06s）

(c)重力流流动显示图，流场参
数：开口形式为端部下边开口（β=0.023，t=4.11s）

(d)重力流流动显示图，流场参
数：开口形式为顶部全部开口（β=0.003，t=16.08s）

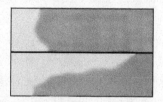

(e)重力流流动显示图，流场参
数：开口形式为顶部门开口（β=0.043，t=6.71s）

(f)重力流流动显示图，流场参
数：开口形式为顶部窗开口（β=0.043，t=5.05s）

图 7.8　重力流流动显示图

注：图 7.8 是利用摄像机摄取的原始数据经过一定的图像处理后的结果（图像去噪和图像增强）；
为了视图方便，把俯视图和平视图放在一起，其中上半部分是小腔体内的重力流经过平面镜反射
的俯视图，下半部分为重力流的平视图

体高度，$2h_1/3$ 是为了补偿在另一端部爬升时需要的时间。顶部开口的重力流流入速度 $v_{in} = (l + h_1)/t_{in}$，其中 l 是重力流流动的水平距离，顶部全部开口、中间开口、上边开口、下边开口、门开口、窗开口的水平距离分别是 0.35m、0.35m、0.317m、0.383m、0.37m 和 0.35m。重力流返回速度是 $v_{out} = (2l + h_1 + 2h_1/3)/t_{out}$。$R_e$ 数定义为 $R_e = v_{in}h_0/\nu$，ν 是流体的运动黏性系数。

表 7.2　盐水模拟实验结果

β	流入的重力流				返回的重力流		
	t_{in}/s	$v_{in}/$ (m·s)	$v_{in}^* = \dfrac{v_{in}}{\sqrt{\beta g h_1}}$	R_e	t_{out}/s	$v_{out}/$ (m·s)	$v_{out}^* = \dfrac{v_{out}}{\sqrt{\beta g h_1}}$
端部开口形式							
全部开口							
0.003	14.75	0.027	0.498	1273	32.62	0.027	0.498

β	流入的重力流				返回的重力流		
	t_{in}/s	$v_{in}/$ $(m \cdot s)$	$v_{in}^* = \dfrac{v_{in}}{\sqrt{\beta g h_1}}$	R_e	t_{out}/s	$v_{out}/$ $(m \cdot s)$	$v_{out}^* = \dfrac{v_{out}}{\sqrt{\beta g h_1}}$
全部开口							
0.023	5.38	0.074	0.493	3390	11.71	0.074	0.493
0.043	3.92	0.102	0.497	4583	8.48	0.102	0.497
0.063	3.22	0.124	0.499	5471	6.97	0.124	0.499
0.083	2.82	0.142	0.498	6065	6.10	0.142	0.498
0.103	2.55	0.157	0.494	6494	5.51	0.157	0.494
门开口							
0.003	15.02	0.027	0.498	1098	31.96	0.027	0.498
0.023	5.43	0.074	0.493	2922	11.66	0.074	0.493
0.043	3.98	0.101	0.492	3923	8.53	0.102	0.497
0.063	3.29	0.122	0.491	4576	7.05	0.123	0.495
0.083	2.87	0.139	0.487	5042	6.20	0.140	0.491
0.103	2.59	0.154	0.485	5309	5.57	0.156	0.491
中间开口							
0.003	16.39	0.024	0.443	1034	35.52	0.024	0.443
0.023	5.89	0.068	0.453	2846	12.69	0.068	0.453
0.043	4.32	0.093	0.453	3825	9.28	0.093	0.453
0.063	3.57	0.112	0.451	4365	7.67	0.113	0.455
0.083	3.10	0.129	0.452	4955	6.68	0.130	0.456
0.103	2.80	0.143	0.450	5225	6.04	0.143	0.450
下边开口							
0.003	15.37	0.026	0.480	1078	32.96	0.026	0.480
0.023	5.67	0.071	0.472	2860	12.03	0.072	0.480
0.043	4.10	0.098	0.477	3806	8.80	0.099	0.482
0.063	3.46	0.116	0.467	4351	7.42	0.117	0.471
0.083	2.92	0.137	0.480	5068	6.33	0.137	0.480
0.103	2.57	0.156	0.491	5593	5.57	0.156	0.491
上边开口							
0.003	18.44	0.022	0.406	1020	38.98	0.022	0.406
0.023	6.83	0.059	0.393	2656	14.43	0.060	0.400
0.043	4.93	0.081	0.395	3516	10.55	0.082	0.400
0.063	4.13	0.097	0.390	4137	8.94	0.097	0.390
0.083	3.51	0.114	0.400	4622	7.60	0.114	0.400
0.103	3.21	0.125	0.393	4998	6.91	0.125	0.393

β	流入的重力流				返回的重力流		
	t_{in}/s	$v_{in}/$ (m·s)	$v_{in}^* = \dfrac{v_{in}}{\sqrt{\beta g h_1}}$	R_e	t_{out}/s	$v_{out}/$ (m·s)	$v_{out}^* = \dfrac{v_{out}}{\sqrt{\beta g h_1}}$
窗开口							
0.003	20.49	0.020	0.369	797	43.33	0.020	0.369
0.023	7.01	0.057	0.380	2206	15.09	0.057	0.380
0.043	5.13	0.078	0.380	2970	11.11	0.078	0.380
0.063	4.24	0.094	0.378	3456	9.18	0.094	0.378
0.083	3.74	0.107	0.375	3805	8.00	0.108	0.379
0.103	3.30	0.121	0.378	4171	7.18	0.121	0.378
顶部开口形式							
全部开口							
0.003	20.75	0.022	0.406	1058	38.98	0.022	0.406
0.023	7.59	0.059	0.393	2756	14.44	0.060	0.400
0.043	5.77	0.078	0.380	3564	10.82	0.08	0.390
0.063	4.89	0.092	0.370	4059	9.18	0.094	0.378
0.083	4.05	0.111	0.389	4669	7.60	0.114	0.400
0.103	3.68	0.122	0.384	5047	7.00	0.124	0.390
门开口							
0.003	30.30	0.015	0.284	638	58.24	0.015	0.285
0.023	10.54	0.044	0.293	1817	19.98	0.045	0.300
0.043	7.45	0.063	0.307	2509	14.14	0.064	0.312
0.063	6.37	0.073	0.294	2853	12.07	0.075	0.302
0.083	5.64	0.083	0.291	3087	10.18	0.088	0.309
0.103	4.96	0.094	0.296	3444	9.44	0.095	0.299
中间开口							
0.003	26.69	0.017	0.311	675	51.40	0.017	0.311
0.023	8.82	0.051	0.339	2002	16.98	0.051	0.339
0.043	6.85	0.066	0.321	2499	12.79	0.068	0.331
0.063	5.66	0.080	0.322	2980	10.90	0.080	0.322
0.083	4.85	0.093	0.326	3464	9.21	0.094	0.330
0.103	4.17	0.108	0.340	3702	8.02	0.108	0.340
上边开口							
0.003	25.62	0.016	0.300	613	49.18	0.016	0.300
0.023	8.67	0.048	0.320	1787	16.65	0.048	0.320

β	流入的重力流				返回的重力流		
	t_{in}/s	$v_{in}/$ (m·s)	$v_{in}^* = \dfrac{v_{in}}{\sqrt{\beta g h_1}}$	R_e	t_{out}/s	$v_{out}/$ (m·s)	$v_{out}^* = \dfrac{v_{out}}{\sqrt{\beta g h_1}}$
上边开口							
0.043	6.77	0.062	0.302	2266	12.57	0.064	0.312
0.063	5.50	0.076	0.306	2683	10.39	0.077	0.310
0.083	4.57	0.091	0.319	3107	8.77	0.091	0.319
0.103	4.15	0.100	0.315	3309	7.75	0.103	0.324
下边开口							
0.003	27.01	0.018	0.330	652	52.16	0.018	0.330
0.023	9.47	0.051	0.339	1899	18.28	0.051	0.339
0.043	6.97	0.069	0.336	2523	13.37	0.070	0.341
0.063	5.53	0.087	0.350	3071	10.73	0.087	0.350
0.083	5.10	0.095	0.333	3243	9.63	0.097	0.340
0.103	4.58	0.106	0.334	3507	8.64	0.108	0.340
窗开口							
0.003	36.40	0.012	0.228	401	70.10	0.012	0.228
0.023	12.14	0.037	0.246	1203	23.18	0.037	0.246
0.043	8.91	0.051	0.248	1598	16.89	0.051	0.248
0.063	7.87	0.057	0.232	1761	14.53	0.060	0.241
0.083	6.86	0.066	0.231	1971	12.66	0.068	0.238
0.103	6.13	0.073	0.230	2114	11.37	0.076	0.239

从表 7.2 中可以看出，无量纲速度 v^* 与归一化密度差 β 和 R_e 数无关，仅与开口形式有关；而且各种开口的重力流流入和返回无量纲速度相差无几。各种开口的 v^* 和无量纲高度 $h^* = h_0/h_1$ 的平均值列在表 7.3 中。实验中得到的 v^* 和 h^* 值都小于理想重力流的 $v^* = 0.5$ 和 $h^* = 0.5$，其原因就是上面所分析的是由于重力流混合时造成能量的耗散等。表 7.2 中 R_e 数除了一些开口形式在 $\beta = 0.003$ 时小于 1000 外，其余的情况都是 $R_e > 1000$，同时当 $R_e > 1000$ 时，无量纲速度 v^* 值与 R_e 数无关或轻微依赖于 R_e 数。对于一个 3m 的腔室火灾中，重力流的 R_e 数的范围大约是 $5 \times 10^3 < R_e < 5 \times 10^4$，而这里得到重力流的 R_e 数的范围仅在 $10^3 < R_e < 10^4$，但根据当 $R_e > 1000$ 时，无量纲速度 v^* 值与 R_e 数无关或轻微依赖于 R_e 数这一结论，盐水模拟实验结果可以直接应用于预测回燃产生的时刻。比如上述模拟实验得到的结果：$\beta = 0.063$ 的端部门开口重力流速度 0.122m/s 得到的 $v^* = 0.491$，从这个结果我们可以预测在 2.4m 高的建筑物内，$\beta = 1.2$ 时回燃前重力流的速度是 0.72m/s。

表7.3　从表7.2计算得到的不同开口形式的 v^* 和 h^* 平均值

项目	端部开口形式					
	全部开口	门开口	中间开口	下边开口	上边开口	窗开口
$\bar{v}^*$	0.497	0.493	0.451	0.479	0.397	0.377
$\bar{h}^*$	0.49	0.42	0.44	0.43	0.48	0.41
	顶部开口形式					
$\bar{v}^*$	0.391	0.298	0.328	0.339	0.312	0.238
$\bar{h}^*$	0.50	0.44	0.41	0.40	0.40	0.35

（3）开口形式的讨论

从上面的分析可知：无量纲速度 v^* 与归一化密度差 β 无关，仅与开口形式有关。图7.9和图7.10就是不同开口形式下无量纲速度 v_{in}^* 与归一化密度差 β 之间的关系图，其中直线是对应的平均值。

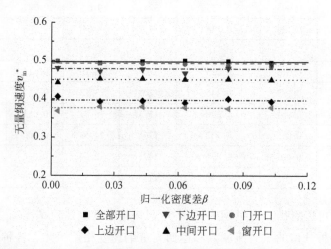

图7.9　端部开口形式下不同开口的无量纲速度 v_{in}^* 与归一化密度差 β 之间的关系图
（其中直线是对应的平均值）

开口形式的不同主要表现在开口面积和开口中心点位置的不同；端部形式的开口中心点位置的不同表现为开口中心点的高度不同，而顶部开口的开口中心点位置不同则表现为开口的中心点离另一端部的距离不同。从图7.9和图7.10很容易看出，顶部开口形式的 v_{in}^* 都比相应的端部开口形式的 v_{in}^* 要低，其主要原因是顶部开口形式更明显的三维效果降低了重力流的速度；对于端部开口形式，在开口面积相等的情况下，即对应着端部中间、上边和下边开口，开口中心点位置越低，v_{in}^* 越高；而如果开口中心点位置一致，即对应着端部全部开口、中间和窗开口，开口面积越大，v_{in}^* 越高；端部门开口的 v_{in}^* 介于端部全部开口和端部下边开口的 v_{in}^* 之间，其 v_{in}^* 值仅次于端部全部开口，是端部各种开口中的第二大的 v_{in}^* 值。对于顶部开口形式，在开口面积相等的情况下，即对应着顶部中间、上边和下边开口，开口的中心点离另一端部的距离越大，v_{in}^* 越高；而如果开口中心点位置一致，即对应着顶部全部开口、中间和窗开口，开口面积越大，v_{in}^* 越高，这与端部开口形式的结果一致；顶部门开口 v_{in}^* 介于顶部上边开口和顶部窗开口之间，其 v_{in}^* 值仅高于顶部窗开口，是顶部各种开口中的第二小的 v_{in}^* 值。

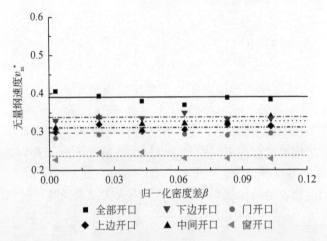

图 7.10　顶部开口形式下不同开口的无量纲速度 v_{in}^* 与归一化密度差 β 之间的关系图

注：直线是对应的平均值

上述分析可以得出这样的结论：小尺寸盐水模拟实验能够很准确地模拟真实建筑火灾中回燃前重力流的流动，其实验结果可以应用于预测真实回燃产生的时刻。

7.1.3　机械车库单元内火灾蔓延实验

小尺寸实验模拟研究方法主要是以相似理论和量纲分析为依据进行简化的，显然这种基于相似理论的处理过程，本身就是一个去伪存真、去芜存菁的过程，也是一个抓住主要矛盾、略去次要因素，使小尺寸模拟实验能够反映所研究对象的本质问题的过程。但是，有时由于对所研究对象的本质性问题认识不足而忽略了其中某些关键性的主要因素，或者是由于模型相似理论本身的局限性，或者局限于实验室条件（如空间条件、设备条件等），小尺寸模拟实验会得出与所研究对象的实际情况相悖的结论。这种问题的解决一般借助于全尺寸实验模拟研究方法。但全尺寸实验模拟经常需要大量的人力、物力，工作量大、耗费时间长，甚至目前人类还没有能力进行。

本小节将以机械车库单元内火灾蔓延实验为例说明全尺寸实验模拟研究方法[11]。随着我国经济的快速增长，汽车保有量剧增，停车设施的增长大大落后于车辆的增长，导致城市停车问题的解决经常处于比较被动的局面。欧美国家和亚洲国家都积极采取立体化停车措施解决停车难问题，尤其是全自动化的机械式停车库在很多国家的大中型城市得到了快速发展。钢砼结构机械立体停车库因其占地面积小，停车效率高，近年来在国内开始出现且发展迅猛。这种车库停车数量多在 200～300 辆。车库中间为垂直贯通的运输通道，两侧为停车单元，主体框架为钢筋混凝土结构。我国"汽车库、修车库、停车场设计防火规范"（GB50067—97）对于此类车库"单个防火分区允许车位数不超过 50 辆"的规定严重影响了车库使用功能，进而阻碍了机械车库行业的发展。规范的再修订与消防性能化设计可以解决这个矛盾，但两者的前提均为对钢砼结构机械立体停车库内的火灾蔓延问题进行实验研究。

7.1.3.1　实验目的

实验参照某一实体车库图纸建立了上下两层机械车库单元，并在单元内放入三辆三厢小汽车，底层单元放置 1# 与 2# 两辆，上层放置 3# 车辆，如图 7.11 所示，模拟起火点为 1# 车辆的发动机舱。本次单车全尺寸实验目的如下：

1）测量钢砼结构机械车库单元内消防设施失效情况下汽车火灾热释放速率、热辐射通量及不同位置的温度等参数；

2）观察并记录钢砼结构机械车库火灾单元内火灾发展及蔓延过程。

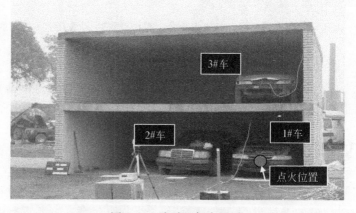

图 7.11　实验现场布置图

7.1.3.2　实验准备

（1）实验用汽车基本情况

A. 1# 车辆特征见表 7.4，外观及内饰见图 7.12。

表 7.4　1# 车辆特征

车型	车内可燃物	车宽	车长	车高
本田 2.2EXi	完好车窗、皮坐椅，后车厢有备胎	2m	4.56m	1.44m

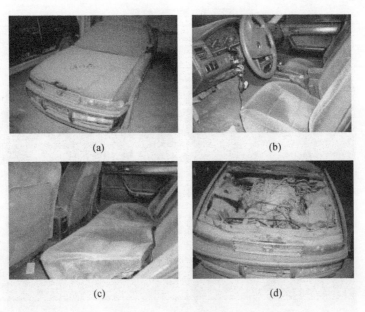

图 7.12　1#车外观及内饰

B. 2#车辆特征见表 7.5，外观及内饰见图 7.13。

表 7.5　2#车辆特征

车型	车内可燃物	车宽	车长	车高
奔驰 300CE	后左侧无车窗，两门轿车，皮坐椅	2.2m	4.56m	1.37m

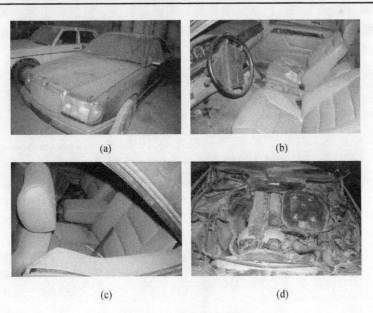

图 7.13　2#车外观及内饰

C. 3#车辆特征见表 7.6，外观及内饰见图 7.14。

表7.6　3#车辆特征

车型	车内可燃物	车宽	车长	车高
本田 EX	副驾无窗、皮坐椅、后侧无车窗	2m	4.56m	1.4m

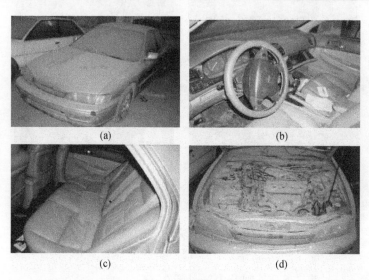

图7.14　3#车外观及内饰

（2）热电偶布置

A.1#汽车

在1#汽车（点火车辆）汽车发动机舱、驾驶舱前部、驾驶舱中部、驾驶舱后部及后备箱内共设置了8个高温热电偶 $T_{c_1} \sim T_{c_8}$，并与测试室的数据采集系统相连接，自动采集火灾过程中温度随时间的变化情况。T_{c_1} 布置在汽车发动机舱内，T_{c_2}、T_{c_3} 布置在汽车驾驶员坐椅上空，分别距车顶棚距离为 20cm、70cm；T_{c_4} 和 T_{c_5} 布置在汽车驾驶舱中部上空，分别距车顶棚距离为 20cm、70cm；T_{c_6} 和 T_{c_7} 布置在汽车后排坐椅上空，分别距车顶棚距离为 20cm、70cm；T_{c_8} 布置在汽车后备箱内。车内热电偶测点布置平面坐标及位置见表7.7及图7.15。

表7.7　1#汽车内热电偶测点位置记录

热电偶	X 坐标/cm	Y 坐标/cm
T_{c_1}	75	−126
T_{c_2}	10	40
T_{c_3}	10	30
T_{c_4}	60	70
T_{c_5}	60	60
T_{c_6}	84	102
T_{c_7}	84	92
T_{c_8}	55	220

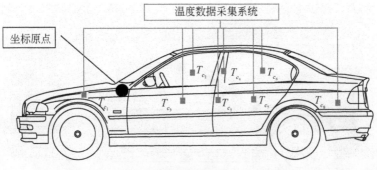

图 7.15 汽车内热电偶布置图

■为热电偶测点

B. 2#汽车

T_{c9} ~ T_{c11}布置在2#汽车内。T_{c9}布置在汽车驾驶员侧车窗上，距车顶棚垂直距离为25cm；T_{c10}布置在汽车驾驶舱中部上空，距车顶棚距离为20cm；T_{c11}布置在汽车驾驶员左后侧车窗上，距车顶棚垂直距离为25cm。车内热电偶测点布置见表7.8及图7.16。

C. 3#汽车

T_{c12}、T_{c13}布置在3#汽车内。T_{c12}布置在汽车发动机舱前；T_{c13}布置在汽车驾驶舱中部上空，距车顶棚距离为20cm。车内热电偶测点布置见表7.9及图7.17。

表 7.8 2#汽车内热电偶布置图

测点编号	X 坐标/cm	Y 坐标/cm
T_{c9}	0	50
T_{c10}	60	100
T_{c11}	0	150

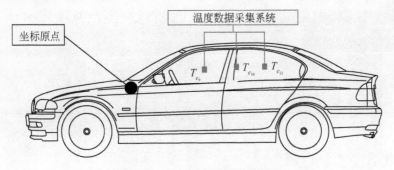

图 7.16 2#汽车内部探测点布置

表 7.9 3#汽车热电偶测点位置记录

测点编号	X 坐标/cm	Y 坐标/cm
T_{c12}	55	80
T_{c13}	55	−210

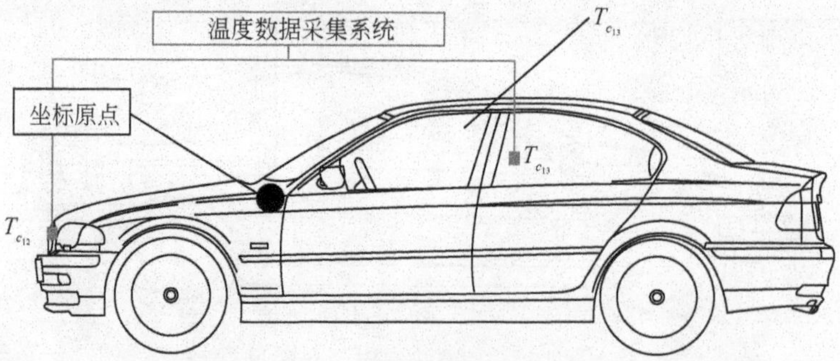

图 7.17 3#汽车内部探测点布置

（3）其他测试仪器的布置

1）热像仪：本次实验采用 BJ73-ThermaCAM PM 525 红外热像仪对汽车燃烧时火场的温度分布进行记录。热像仪距车 20m。

2）激光功率计：本次实验采用 HJG-1 型激光功率计采集汽车火灾的辐射热通量，功率计放置距车 6m，高 1.3m。

（4）车库单元尺寸及车辆摆放位置

车库单元尺寸及车辆的摆放位置如表 7.10 及图 7.11 所示。

表 7.10 车库单元内车辆放置位置

位置描述	距离/cm
单元高度	200
单元宽度	700
楼板厚度	20
汽车前端距楼板边缘	30 ~ 35
后视镜距墙	15
两车反光镜间距	20
热辐射通量计距车	6
热像仪距车	15

7.1.3.3 实验过程

火由发动机舱点燃，3min 后汽车发动机舱全部被引燃，5min 时汽车前部包括轮胎全部着火；7min 左右，同层相邻 2#车轮眉漆面开始冒烟；11min 左右，同层相邻 2#车的轮胎及轮眉漆面开始燃烧；13min 左右，着火汽车上方的混凝土楼板保护层开始爆裂，发出噼啪声响且一直持续至实验结束；18min 左右一层火场有断续火焰向上层卷吸，威胁上层车辆，但火焰观测不明显；实验持续燃烧至 22min，激光功率计测得火场有最大热辐射。在 23min，消防队员开始灭火。火灾实验过程如图 7.18 所示。

图 7.18　火灾实验过程

7.1.3.4　实验结果分析

图 7.19 为 1#汽车各测点温度随时间变化曲线。可以看到，1#汽车发动机舱点火后，舱内的温度迅速上升，在 400～1400s 时间内始终维持在 600℃左右；900s 时驾驶舱内温度开始快速升高，驾驶舱后部在 1360s 时达到最高温度 1060℃；在实验进行的 25min 内，后备箱的最高温度不超过 350℃。可以看出，火由发动机舱蔓延至驾驶舱再到发动机舱需要 900s，而如实验过程所述，11min 时火已由 1#车发动机舱蔓延至 2#车轮胎。图 7.20 是 2#汽车各测点温度随时间变化曲线，如图可以看出 1#汽车点燃后约

700s 时，2#汽车驾驶舱内的温度开始急剧上升，1400s 时温度达到最高约 800℃。图 7.21 是 3#汽车各测点温度随时间变化曲线，由图可以看出整个实验过程中 3#车保险杠处 $T_{c_{12}}$ 的温度不超过 130℃，3#汽车驾驶舱内 $T_{c_{13}}$ 的温度不超过 80℃。

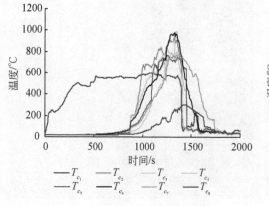

图 7.19　1#汽车温度随时间变化曲线　　　　图 7.20　2#汽车温度测量结果

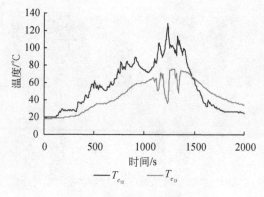

图 7.21　3#汽车温度测量结果

上述的全尺寸实验模拟研究主要是利用三辆相邻放置的三厢小汽车进行钢砼机械车库单元内火灾蔓延实验研究，其中一辆车由发动机舱点燃，观察记录并分析了火蔓延至相邻汽车的可能性及过程，结果表明相邻水平放置的汽车火灾主要是通过车轮蔓延。

7.2　理论分析研究方法

在研究科学问题（包括公共安全科学问题）时，经常根据一定的科学规律，建立反映这种规律的动力学模型（即系统的状态随时间演化过程的模型）和方程，并通过求解该方程，揭示其规律。如果通过已有方法，对某个科学问题在其解决域上，进行变换演绎得到解，这种方法一般称为理论分析研究方法，确定性研究方法中的理论分析研究方法即是确定性动力学模型和方法，一般包括差分方程（主要研究离散时间演化动力学)、常微分方程 (连续时间演化动力学)、偏微分方程 (时空演化动力学) 以及应急决策所需的数学方法,如线性规划方法和博弈论等。

公共安全科学的理论分析研究方法与其他科学一样,其基础是高等数学、数学物理方法以及决策科学所需的数学方法等。下面仅简要介绍差分方程、微分方程和数学物理方程等。

7.2.1　理论分析研究方法基础

7.2.1.1　差分方程

差分方程主要研究离散时间演化动力学,差分的定义是:

设 $y = y(x)$ 是一个函数,自变量从 x 变化到 $x+1$,这时函数的增量记为 $\Delta y_x = y(x+1) - y(x)$,我们称这个量为 $y(x)$ 在点 x 步长为 1 的一阶差分,简称为 $y(x)$ 的一阶差分,也记 $y_{x+1} = y(x+1), y_x = y(x)$,即 $\Delta y_x = y_{x+1} - y_x$。

称 $\Delta(\Delta y_x) = (y_{x+2} - y_{x+1}) - (y_{x+1} - y_x) = y_{x+2} - 2y_{x+1} + y_x$ 为 $y(x)$ 二阶差分,简记为 $\Delta^2 y_x$。同样记 $\Delta(\Delta^2 y_x)$ 为 $\Delta^3 y_x$,并称为三阶差分。一般记 $\Delta^n y_x = \Delta(\Delta^{n-1} y_x)$,称为 n 阶差分,且有 $\Delta^n y_x = \sum_{i=0}^{n} C_n^i (-1)^i y_{x+n-i}$。

差分方程的定义是:

设是含有未知函数差分的等式,称为差分方程。

它的一般形式为 $F(x, y_x, y_{x+1}, \cdots, y_{x+n}) = 0$ 或 $G(x, y_x, \Delta y_x, \cdots, \Delta^n y_x) = 0$,其中 F、G 是表达式,x 是自变量。使等式成立自变量的取值范围称为该方程的定义域的 $F(x, y_x, y_{x+1}, \cdots, y_{x+n}) = 0$ 的方程,也称为 n 阶差分方程。n 为方程的阶形如:

$$a_0(x) y_{x+n} + a_1(x) y_{x+n-1} + \cdots + a_n(x) y_x = f(x) \tag{7.58}$$

称为 n 阶线性差分方程,$f(x) = 0$ 时为齐次的,$f(x) \neq 0$ 为非齐次的。

差分方程是含有未知函数及其导数的方程,满足该方程的函数称为差分方程的解。对于一阶差分方程来说,它含有一个任意常数的解,称为此微分方程的通解。一般来说,对于 n 阶差分方程,其含有 n 个互相独立的任意常数的解称为差分方程的通解。不含有任意常数的解称为差分方程的特解。初值条件也有如下情形:一阶的如 $y_x|_{x=x_0} = y_0$;二阶的如 $y_x|_{x=x_0} = y_0$,$\Delta y_x|_{x=x_0} = \Delta y_0$ 等。

差分方程的一个典型是种群生态学中的虫口模型,在种群生态学中,考虑像蚕、蝉这种类型的昆虫数目的变化,其变化规律是:每年夏季这种昆虫成虫产卵后全部死亡,第二年春天每个虫卵孵化成一只虫子。建立的数学模型如下:假设第 n 年的虫口数目为 P_n,每年一个成虫平均产卵 c 个,则有 $P_{n+1} = cP_n$,这是一种简单模型。如果进一步分析,由于成虫之间会有争斗以及传染病、天敌等的威胁,第 $n+1$ 年的成虫数会减少,如果考虑减少的主要原因是虫子之间的两两争斗,由于虫子配对数为 $p_n(p_n - 1)/2 \approx p_n^2/2$,故减少数应当与其成正比,从而有 $x_{n+1} = \lambda x_n(1 - x_n)$,这个模型可化成：$x_{n+1} = \lambda x_n (1 - x_n)$，这是一阶非线性差分方程。这个模型的解的稳定性可以用相应一阶差分方程的判断方法。

7.2.1.2 微分方程

微分方程是联系自变量、未知函数以及未知函数的某些倒数或微分的方程式。研究一个微分方程主要是给出它的各种求解方法，以及讨论其解的某些性质。未知函数为一元的叫常微分方程，未知函数为二元或以上的叫偏微分方程。

微分方程中未知函数的最高阶导数的阶数，叫做微分方程的阶，n 阶微分方程的一般形式为

$$F(x, y, y', \cdots, y^{(n)}) = 0 \tag{7.59}$$

代入微分方程中使之恒等的函数，叫做微分方程的解。

如果微分方程的解中含有任意常数，且任意常数的个数与微分方程的阶数相同，这样的解称为微分方程的通解（这里的任意常数是独立的）。不含有任意常数的解称为特解。

用来确定通解中的任意常数的特定条件，叫初始条件，n 阶微分方程的初始条件是

$$y(x_0) = y_0, y'(x_0) = y'_0, \cdots, y^{(n-1)}(x_0) = y_0^{(n-1)} \tag{7.60}$$

n 阶微分方程的初值问题是指

$$\begin{cases} F(x, y, y', \cdots, y^{(n)}) = 0 \\ y(x_0) = y_0, y'(x_0) = y'_0, \cdots, y^{(n-1)}(x_0) = y_0^{(n-1)} \end{cases} \tag{7.61}$$

对于形如 $M_1(x)M_2(y)dx + N_1(x)N_2(y)dy = 0$ 的方程称为可分离变量的微分方程，其中 $M_1(x), M_2(y), N_1(x), N_2(y)$ 均为已知表达式。求解可分离变量的微分方程只需把变量 x, y 分离到两边后再积分，即

$$\int \frac{M_1(x)}{N_1(x)} dx = \int \frac{N_2(y)}{M_2(y)} dy \tag{7.62}$$

（1）一阶线性微分方程

对于一阶线性微分方程

$$\frac{dy}{dx} + P(x)y = Q(x) \tag{7.63}$$

式中，$P(x)$、$Q(x)$ 为已知函数，当 $Q(x)$ 恒为 0 时，叫做一阶齐次线性微分方程，其解为

$$y = Ce^{-\int P(x)dx} \tag{7.64}$$

当 $Q(x)$ 不恒为 0 时，叫做一阶非齐次线性微分方程，其通解为

$$y = e^{-\int P(x)dx}\left(\int Q(x)e^{\int P(x)dx}dx + C\right) \tag{7.65}$$

对于伯努利方程

$$\frac{dy}{dx} + P(x)y = Q(x)y^n \tag{7.66}$$

可以做适当变化，令 $z = y^{(1-n)}$，则可得到线性方程

$$\frac{\mathrm{d}z}{\mathrm{d}x} + (1 - n)P(x)z = (1 - n)Q(x) \tag{7.67}$$

如果 $f(x, y)$ 在点 (x_0, y_0) 处的一个邻域内连续，则微分方程 $y' = f(x, y)$ 总存在满足初始条件 $y\big|_{x=x_0} = y_0$ 的解。如果 $\frac{\partial f}{\partial y}$ 在这个邻域内也是连续的，则解是唯一的。这是一阶微分方程解的存在与唯一性定理。

（2）二阶线性微分方程

对于二阶齐次线性微分方程

$$y'' + a_1(x)y' + a_2(x)y = 0 \tag{7.68}$$

如果 $y_1(x)$ 与 $y_2(x)$ 是上述方程的解，则 $y = c_1 y_1(x) + c_2 y_2(x)$ 是其解，其中 c_1，c_2 为任意常数。当 $y_1(x)$ 与 $y_2(x)$ 线性无关时，则 $y = c_1 y_1(x) + c_2 y_2(x)$ 是其通解。$y_1(x)$ 与 $y_2(x)$ 线性无关是指在区间 I 上，如果存在不同时为 0 的常数 λ、μ，使 $\lambda y_1(x) + \mu y_2(x) = 0$，则称 $y_1(x)$ 与 $y_2(x)$ 在 I 上线性相关，否则，称 $y_1(x)$ 与 $y_2(x)$ 在 I 上线性无关。

如果知道二阶齐次线性微分方程的一个解是 $y_1(x)$，则另一个与之线性无关的特解是

$$y_2(x) = y_1(x) \int \frac{\mathrm{e}^{-\int a_1(x)\,\mathrm{d}x}}{y_1^2(x)}\,\mathrm{d}x \tag{7.69}$$

由此可得该二阶齐次线性微分方程的通解 $y = c_1 y_1(x) + c_2 y_2(x)$。

对于二阶非齐次线性微分方程通解，如果 $Y(x)$ 是二阶非齐次线性微分方程

$$y'' + a_1(x)y' + a_2(x)y = f(x) \tag{7.70}$$

的一个解，则二阶非齐次线性微分方程的通解是

$$y = Y(x) + c_1 y_1(x) + c_2 y_2(x) \tag{7.71}$$

对于二阶齐次线性微分方程的特殊形式

$$y'' + a_1 y' + a_2 y = 0 \tag{7.72}$$

式中，a_1, a_2 为常数，这样上述方程为二阶常系数齐次线性微分方程，其通解为

1）当特征方程 $r^2 + a_1 r + a_2 = 0$ 有两个不相等的实根 m_1，m_2 时，方程通解为

$$y = c_1 \mathrm{e}^{m_1 x} + c_2 \mathrm{e}^{m_2 x} \tag{7.73}$$

2）当特征方程 $r^2 + a_1 r + a_2 = 0$ 有重根 $m_1 = m_2 = m$ 时，方程通解为

$$y = (c_1 + c_2 x)\mathrm{e}^{mx} \tag{7.74}$$

3）当特征方程 $r^2 + a_1 r + a_2 = 0$ 有复根 $m_1 = \alpha + i\beta$，$m_2 = \alpha - i\beta$ 时，方程通解为

$$y = (c_1 \cos\beta x + c_2 \sin\beta x)\mathrm{e}^{\alpha x} \tag{7.75}$$

7.2.1.3 数学物理方程

数理方程一般指从其他各门自然科学、技术科学中所产生的偏微分方程，有时也

包括与此相关的积分方程、微分积分方程和常微分方程。对于数学物理方程，需要讨论各种典型问题的解，通过与实验或观测结果比较，来检验相关的物理理论，从而加深人们对于有关自然规律的认识，甚至预言新的现象。对于公共安全科学来说，也经常使用数学物理方程，这里仅介绍典型的二阶线性偏微分方程。

（1）波动方程

波动方程可以从弦的横振动和杆的纵振动方程推导出来。弦的横振动是指一个完全柔软的均匀弦，沿水平直线绷紧，而后以某种方法激发，使弦在铅直平面内做小振动。杆的纵振动是指一均匀细杆，沿杆长方向做小振动，假设在垂直杆长方向的任一截面上各点的振动情况（即位移）完全相同，并且不考虑在垂直杆方向上相应地发生的形变。对弦的横振动和杆的纵振动进行力学推导，可得到波动方程。

$$\frac{\partial^2 u}{\partial t^2} - a^2 \frac{\partial^2 u}{\partial x^2} = 0 \tag{7.76}$$

这里对于弦的横振动，$a = \sqrt{T/\rho}$ 为弦的振动传播速度，T 为切向应力，ρ 为弦的线密度（单位长度的质量）；对于杆的纵振动，$a = \sqrt{E/\rho}$ 为杆振动传播速度，E 为杆的杨氏模量，ρ 为杆的密度。如果弦在横向上或杆在纵向上还受到外力的作用，设单位长度所受的外力为 f，则有

$$\frac{\partial^2 u}{\partial t^2} - a^2 \frac{\partial^2 u}{\partial x^2} = \frac{f}{\rho} \tag{7.77}$$

（2）热传导方程

热传导方程是从热学的能量守恒定律和热传导的傅里叶定律出发推导出来的，即

$$\frac{\partial u}{\partial t} - \kappa \nabla^2 u = 0 \tag{7.78}$$

式中，$\kappa = k/\rho c$ 为扩散率，或温度传导率，k 为热导率，ρ、c 分别是介质的密度和比热容。如果在介质内有热量产生（如存在化学反应，或通有电流等），即有内热源，单位时间内单位体积中产生的热量为 $F(x,y,z,t)$，则有

$$\frac{\partial u}{\partial t} - \kappa \nabla^2 u = \frac{1}{\rho c} F(x,y,z,t) = f(x,y,z,t) \tag{7.79}$$

如果介质不均匀，则导热率 k 与坐标有关，这时热传导方程就变为

$$\rho c \frac{\partial u}{\partial t} - \nabla(k \nabla u) = F(x,y,z,t) \tag{7.80}$$

（3）稳定问题

在一定条件下，物体温度达到稳定（不随时间变化）时，热传导方程满足泊松方程

$$\nabla^2 u = -\frac{f}{\kappa} \tag{7.81}$$

特别是，如果 $f = 0$，即是拉普拉斯方程

$$\nabla^2 u = 0 \tag{7.82}$$

这两种方程描述的是达到稳恒的物理状态。如果波动方程中 u 不随时间变化，则也满

足泊松方程，如果外力为 0，也满足拉普拉斯方程。

上述的三类基本的偏微分方程，从数学上看，波动方程属于双曲线方程，热传导方程属于抛物线方程，而泊松方程和拉普拉斯方程属于椭圆型方程。

（4）边界条件与初始条件

上述的偏微分方程并不能唯一地、确定地描写某一个具体的物理过程，要完全确定地描述物理过程，还需要边界条件和初始条件。

初始条件应该完全描写初始时刻（通常定为 $t=0$）介质内部及边界上任意一点的状况。对于波动方程，需要给出初始时刻的位移和速度

$$u \big|_{t=0} = \phi(x,y,z), \frac{\partial u}{\partial t}\bigg|_{t=0} = \psi(x,y,z) \tag{7.83}$$

对于热传导方程，由于方程中只出现未知函数 $u(x,y,z,t)$ 对 t 的一阶偏微分，所以只需给出初始时刻的温度。

$$u \big|_{t=0} = \phi(x,y,z) \tag{7.84}$$

边界条件的形式比较多样化，要由具体问题中描述的具体状况决定，总的原则是边界条件应该完全描写边界上各点在任一时刻（$t \geq 0$）的状况。一般来说，可以分为以下三类：

第一类边界条件：给出边界上各点的函数值；

第二类边界条件：给出边界上各点函数的法向微商值；

第三类边界条件：各处边界上各点函数值与法向微商值之间的线性关系。

7.2.2 基于博弈理论的蓄意致灾突发事件的动态资源配置分析

本小节将以基于博弈理论的蓄意致灾突发事件的动态资源配置的研究为例，说明公共安全科学中的理论分析研究方法[12]。蓄意致灾突发事件已经成为世界范围内的重大公共安全问题，针对其特征的应急决策方法也是近年来研究关注的热点。随着当前应急资源投入的不断加大，资源配置成为应急决策研究中的重要课题。在蓄意致灾突发事件中，蓄意致灾者主动选择攻击目标，与应急决策者的策略相互影响；双方决策时往往面临不确定因素，拥有的信息条件是不对称的并且不断变化；多个目标可能面临同时或连环被攻击的风险。因此需要进行蓄意致灾突发事件的动态资源配置的研究。

7.2.2.1 多阶段的策略优化模型

为了研究不对称信息的多次对抗下的策略优化问题，这里建立了基于随机博弈的多阶段策略优化模型。随机博弈（stochastic games）的基本形式一般包括：博弈参与人集合 N，状态集 S，联合行动集 A，其中每一个行动集对应一个博弈参与人，状态转移函数 T 和收益函数 U。在博弈的每一阶段，博弈参与人分别选择行动，博弈下一阶段的状态受到当前阶段的状态和博弈参与人在该阶段选择的行动组合的影响。博弈参与

人在博弈每一阶段获得的收益与博弈当前阶段的状态以及所有博弈参与人的行动有关。在这里建立的多阶段策略优化模型中，蓄意致灾者和应急决策者在不对称信息下的多次对抗过程由多个离散时间的博弈阶段组成。多承灾载体构成了博弈参与人决策的环境。蓄意致灾者决定在承灾载体上的攻击策略，应急决策者决定在承灾载体上的防御资源配置和相关信息策略。在每一博弈阶段双方行动并获得收益，该收益取决于双方的行动选择和当前博弈阶段的状态。双方行动后博弈过程根据状态转移函数转移到下一阶段，并在新的阶段重复双方的行动选择过程。博弈参与人以最大化己方收益为决策目标，双方的收益通过各阶段的平均值计算。蓄意致灾者的收益定义为蓄意致灾突发事件造成的损失，则应急决策者的决策目标是最小化该损失。博弈参与人拥有的信息具有不对称性。随着博弈不断进行，双方逐渐更新对对方未知信息的判断并相应调整策略。

每一阶段博弈的状态集 S 由所有可能的防御和攻击方案组成。蓄意致灾者和应急决策者的决策都涉及多个承灾载体。防御方案包括应急决策者在承灾载体上的防御资源配置方案和相应的信息策略，攻击方案反映蓄意致灾者如何在多个承灾载体间进行目标选择。状态集中的每一个状态用 $s \in S$ 表示，每个状态由三个部分组成，分别表示防御资源配置、信息策略和目标选择，则状态集可以表示为

$$S = S^f \times S^p \times S^a \tag{7.85}$$

式中，S^f、S^p 和 S^a 分别是表示承灾载体上防御资源配置、信息策略和目标选择的相关状态。假设环境中存在 M 个承灾载体。具体到每个承灾载体有。

$$s_i = \left[(s_i^f, s_i^p, s_i^a) \mid s_i^f \in S^f, s_i^p \in S^p, s_i^a \in S^a \right] \tag{7.86}$$

式中，s_i 表示承灾载体 i 的状态，并可以将博弈阶段中由所有承灾载体组成的状态记作 $s = X_{i \in N} s_i$。

在模型中的每个博弈阶段上，蓄意致灾者在承灾载体间选择目标与其基于不对称信息作出的判断有关。应急决策者通过信息策略影响蓄意致灾者的判断。假设环境中存在 N 个蓄意致灾者。用 A_j^o 表示蓄意致灾者 j 的行动集，其中右上标 o 代表蓄意致灾者的攻击（offensive）行为。行动集中的每一个行动 $a_j^o \in A_j^o$ 定义为

$$a_j^o = \left[(p_{ij}^o, \delta_j^o) \;\middle|\; 0 \leqslant p_{ij}^o \leqslant 1, \sum_{i=1}^{M} p_{ij}^o = 1 \right] \tag{7.87}$$

这里将蓄意致灾者攻击一个承灾载体的行动分解为两个部分，其中 p_{ij}^o 表示蓄意致灾者 j 选择到承灾载体 i 的概率，表示 δ_j^o 蓄意致灾者决定在该承灾载体上攻击或不攻击。为简化模型讨论，以下讨论中 p_{ij}^o 假设为均匀概率。

在模型中假设能够由一个应急决策者作出有关承灾载体上防御资源配置的决策，可理解为实际中制定应急决策的机构或个人。该应急决策者的行动集定义为 A^d，其中右上标 d 代表应急决策者的防御（defensive）行为。行动集中的每一个行动 $a^d \in A^d$ 定义为

$$a^d = \left[(\delta_f^d, \delta_p^d) \mid \delta_f^d \in I^f, \delta_p^d \in I^p \right] \tag{7.88}$$

式中，δ_f^d 和 δ_p^d 分别表示应急决策者在承灾载体上的资源配置和信息策略。由于应急决策者的防御预算和资源总是存在一定约束，因此定义可以用于资源配置和信息策略的总资源分别为 I^f 和 I^p。

形式地，将蓄意致灾者和应急决策者的联合行动集表示为 $A = A^d \times A^o$，其中 $A^o =$

$\times_{j \in N} A_j^o$。博弈参与人的策略定义为博弈参与人根据状态选择行动的规则，记作 π：$S \to A$。应急决策者的防御策略记作 π^d，类似地，蓄意致灾者的攻击策略记作 $\pi^o = X_{j \in N} \pi_j^o$，其中 π_j^o 是蓄意致灾者 j 的策略。

根据随机博弈的一般定义，状态转移取决于当前阶段的状态和博弈参与人的联合行动选择，将状态转移函数定义为 $T: S \times A \to \Delta S$，其中是 ΔS 状态集 S 上的概率分布。博弈参与人在每个博弈阶段获得的收益与该阶段的状态有关，因此收益函数定义为 $U: S \times A \to \mathscr{R}^N$。其中，$N$ 是博弈参与人数，U^d 表示应急决策者的收益，$U^o = X_{j \in N} U_j^o$ 表示蓄意致灾者的收益，其中 U_j^o 表示蓄意致灾者的收益，并记作 $U = U^d \times U^o$。该模型中蓄意致灾者和应急决策者的收益主要取决于由蓄意致灾突发事件造成的期望损失，因此蓄意致灾者和应急决策者在博弈中的决策目标分别是最大化该期望损失和最小化该期望损失。

为简化模型讨论，假设模型中承灾载体上资源配置存在两种状态，分别对应承灾载体具有强防御能力和弱防御能力。承灾载体上信息策略也存在两种状态，应急决策者通过声明承灾载体的防御能力向蓄意致灾者发出信号，信息策略的两种状态分别对应应急决策者声明的强防御能力和弱防御能力。有关承灾载体防御能力的声明并不能影响承灾载体受到攻击时的事件成功率函数，但是对于蓄意致灾者可能是欺骗性的信号导致其认为承灾载体具有强防御而不发动攻击。一般情况下应急决策者用于防御的总资源是有限的，并且发出信号需要支付一定的信息成本，因此应急决策者需要确定用于加强防御和发出信号的适当资源比例，尽可能减少蓄意致灾造成的损失。蓄意致灾者未知承灾载体的防御资源配置相关状态，但是能够观察到应急决策者发出的相关声明状态。

根据以上假设，定义 δ_f^d、δ_p^d 和 δ_j^o 为布尔型变量。$\delta_f^d = 1$ 表示承灾载体具有强防御能力，$\delta_f^d = 0$ 表示承灾载体具有弱防御能力。类似地，$\delta_p^d = 1$ 表示在承灾载体上声明强防御能力，$\delta_p^d = 0$ 表示在承灾载体上声明弱防御能力；$\delta_j^o = 1$ 表示承灾载体受到攻击，$\delta_j^o = 0$ 表示承灾载体没有受到攻击。应急决策者和蓄意致灾者 j 的收益分别用 u^d 和 u_j^o 表示，则

$$u^d = \sum_{j=1}^N \sum_{i=1}^M p_{ij}^o \left[-v_i^d V_i(\delta_f^d, \delta_j^o) + g(\delta_f^d, \delta_j^o) - c(\delta_f^d, \delta_p^d) \right] \tag{7.89}$$

$$u_j^o = \sum_{i=1}^M p_{ij}^o \left[v_i^o V_i(\delta_f^d, \delta_j^o) - w(\delta_j^o) \right] \tag{7.90}$$

式中，v_i^d 和 v_i^o 分别是承灾载体 i 对于应急决策者和蓄意致灾者的价值，该价值受到应急决策者和蓄意致灾者主观评估的影响，与承灾载体分别对应应急决策者和蓄意致灾者的吸引力有关。$V_i(\delta_f^d, \delta_j^o)$ 是承灾载体 i 的事件成功率函数，表示承灾载体 i 受到攻击后攻击成功的条件概率。$g(\delta_f^d, \delta_j^o)$ 表示应急决策者实现成功防御的收益函数，$c(\delta_f^d, \delta_p^d)$ 表示应急决策者发出信号的信息成本函数。$w(\delta_j^o)$ 表示蓄意致灾者 j 攻击承灾载体时由于投入资源和人员的攻击成本函数。

承灾载体 i 的事件成功率函数定义为

$$V_i(\delta_f^d, \delta_j^o) = \frac{\delta_j^o}{\delta_f^d + \delta_j^o} \tag{7.91}$$

信息成本函数定义为

$$c(\delta_f^d, \delta_p^d) = c|\delta_f^d - \delta_p^d| \tag{7.92}$$

式中，常数 c 表示欺骗性信号的成本，$|x|$ 表示绝对值函数。当应急决策者声明的承灾载体防御能力与其真实的防御能力不相符时，应急决策者需要投入一定的资源和付出相应努力来隐藏有关防御能力的真实信息，以达到避免攻击或诱骗蓄意致灾者的效果。

应急决策者实现成功防御的收益函数定义为

$$g(\delta_f^d, \delta_j^o) = g\delta_f^d\delta_j^o \tag{7.93}$$

蓄意致灾者 j 的攻击成本函数定义为

$$w(\delta_j^o) = w\delta_j^o \tag{7.94}$$

常数 g 和 w 分别表示应急决策者成功防御的收益和蓄意致灾者 j 的攻击成本。

蓄意致灾者和应急决策者都根据期望收益选择行动。蓄意致灾者的收益与承灾载体的资源配置状态有关，由于该状态对于蓄意致灾者是未知的，因此蓄意致灾者为预测期望收益需要对该状态进行判断，当蓄意致灾者观察到应急决策者发出的信号时，该信号有可能影响蓄意致灾者对该状态的判断。定义条件概率 $\mu_j^o(s_i^f|s_i^p)$ 为蓄意致灾者 j 观察到信号 s_i^p 后对承灾载体资源配置状态 s_i^f 的后验判断。在本章建立的多阶段策略优化模型中，蓄意致灾者的该后验判断不是固定的，而是根据上一阶段博弈后蓄意致灾者所获得的收益不断调整的。蓄意致灾者 j 的期望收益表示为

$$E(u_j^o|s_i^p) = \sum_{i=1}^{M} p_{ij}^o \sum_{s_i^f} \mu_j^o(s_i^f|s_i^p)[v_i^o V_i(\delta_f^d, \delta_j^o) - w(\delta_j^o)] \tag{7.95}$$

类似地，应急决策者的收益与蓄意致灾者的攻击行动有关。应急决策者在未知蓄意致灾者的攻击行动时需要对攻击行动进行判断。定义条件概率 $\mu^d(s_i^a|s_i^f, s_i^p)$ 为应急决策者已知 s_i^f 和 s_i^p 时对蓄意致灾者的攻击行动 s_i^a 的后验判断。应急决策者的期望收益表示为

$$E(u^d|s_i^f, s_i^p) = \sum_{j=1}^{N} \sum_{i=1}^{M} p_{ij}^o \sum_{s_i^a} \mu^d(s_i^a|s_i^f, s_i^p)[-v_i^d V_i(\delta_f^d, \delta_j^o) + g(\delta_f^d, \delta_j^o) - c(\delta_f^d, \delta_p^d)]$$

$$\tag{7.96}$$

在构建的动态策略优化模型中，每个博弈阶段可以看做是蓄意致灾者和应急决策者在离散时间点上的一次博弈。在不同的博弈阶段中，蓄意致灾者和应急决策者的决策变量是时间的函数。用 S_t 表示 t 时刻博弈阶段的状态，S_{t+1} 表示下一阶段的状态。相应地，A_t^d、π_t^d 和 U_t^d 分别表示 t 时刻应急决策者的行动集、策略和收益，A_t^o、π_t^o 和 U_t^o 分别表示 t 时刻蓄意致灾者的行动集、策略和收益。则所构建的多阶段策略优化模型框架如图7.22所示。

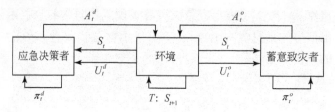

图7.22　多阶段策略优化模型

7.2.2.2 基于多阶段策略优化的动态资源配置

（1）场景描述

为研究动态资源配置问题，基于多阶段策略优化模型对动态攻击策略和动态防御策略进行模拟。在模拟场景中，环境中存在 n 个承灾载体，应急决策智能体（agent）配置一定数量的资源，对承灾载体进行防御和巡逻，并且由于警力、装备等资源的约束，不能实现所有承灾载体的防御和巡逻。防御能够加强承灾载体的防御能力，使承灾载体受到攻击时事件成功率降低。防御是隐蔽的，蓄意致灾 agent 并不能观察到承灾载体的防御情况，只能观察到承灾载体的巡逻情况。巡逻并不能改变承灾载体的防御能力。

在模拟中定义了四种类型的蓄意致灾 agent，分别表示采用不同攻击策略的蓄意致灾者：

1）采用"好战"策略的蓄意致灾者，不论是否观察到巡逻，都对承灾载体进行攻击。这类蓄意致灾者主要是通过攻击行动本身获得收益。例如，当蓄意致灾者的行动目的是扰乱社会秩序时，蓄意致灾者考虑的主要因素并不是攻击导致的实际损失，而是攻击行动本身的象征价值。

2）采用"谨慎"策略的蓄意致灾者，当没有观察到巡逻时对承灾载体进行攻击，当观察到巡逻时放弃攻击。这类蓄意致灾者更多地考虑攻击的成功可能性和攻击所造成的直接损失，因此在观察到巡逻时采取谨慎的攻击策略。

3）采用"怀疑"策略的蓄意致灾者。该类型的蓄意致灾者对应急决策者发出的信息总是持怀疑态度，认为能够观察到的巡逻是欺骗性的信号，因此当观察到巡逻时对承灾载体进行攻击，当没有观察到巡逻时放弃攻击。

4）采用动态策略的蓄意致灾者。动态策略的含义是蓄意致灾者能够根据之前观察到的信息和攻击后果，调整对环境以及应急决策者的判断，并选择在该判断下能够获得更多收益的行动。

类似地，在模拟中定义了两种类型的应急决策 agent，分别表示采用不同防御策略的应急决策者：

1）采用固定策略的应急决策者。该类型的应急决策者始终保持防御和巡逻的资源配置，在博弈过程中没有资源配置和信息策略的调整。

2）采用动态策略的应急决策者。该类型的应急决策者能够根据博弈历史，调整对蓄意致灾者攻击策略的判断，并选择在该判断下能获得更多收益的行动。

假设场景中存在的 n 个承灾载体的事件成功率函数相同，应急决策者由于资源约束只能对一半的承灾载体进行防御和巡逻，则有 $\mu(s_i^f = 1) = 0.5$，$\mu(s_i^p = 1) = 0.5$。定义应急决策者的两种信息策略：公开的信息策略和保密的信息策略。公开的信息策略表示应急决策者声明的防御能力与承灾载体真实的防御能力相一致，在防御能力强的承灾载体上进行巡逻，在防御能力弱的承灾载体上不巡逻；保密的信息策略表示应急决策者声明的防御能力与承灾载体真实的防御能力不一致，在防御能力强的承灾载体上不巡逻，在防御能力弱的承灾载体上进行巡逻。

（2）结果与讨论

模拟场景1：

为研究不同攻击策略的影响，首先模拟应急决策者采用固定策略时，对比不同类型的蓄意致灾者的行动和收益。在博弈阶段中应急决策 agent 和蓄意致灾 agent 的收益 (u^d, u^o_j) 如表7.11所示。

表7.11 博弈阶段中双方收益

项目	巡逻		不巡逻	
	强防御	弱防御	强防御	弱防御
攻击	(1，-1)	(-1.5，1)	(0.5，-1)	(-1，1)
不攻击	(0，0)	(-0.5，0)	(-0.5，0)	(0，0)

模拟参数为：$v^d_i = 1$，$v^o_i = 4$，$g = 1.5$，$c = 0.5$ 以及 $w = 3$。应急决策者所采用固定策略假设为巡逻弱防御能力的承灾载体，不巡逻强防御能力的承灾载体，即向蓄意致灾者发出所有承灾载体都具有强防御能力的欺骗性信息，则有 $\mu(s^f_i = 1 \mid s^p_i = 1) = 0$。假设的合理性在于现实中应急决策者的防御预算或防灾减灾计划都在一定时期内相对固定，而蓄意致灾者的攻击策略相对比较灵活。例如，政府每年制定防御预算，年度内不会发生较大改变，而蓄意致灾者则可以观察和推测应急决策者的防御战略，甚至在一年中多次制定和调整攻击策略和行动。在模拟中 agent 选择行动时主要根据效用决策理论最大化期望收益，但为了使 agent 能够探索到新的策略，避免局部最优解，允许 agent 以一定概率随机地选择行动[13]。本模拟中允许 agent 随机选择行动的策略探索可能性为 $\varepsilon = 0.01$。

图7.23表示了蓄意致灾者的不同攻击策略在博弈过程中的平均收益。采用动态策略的蓄意致灾者的初始策略与谨慎策略的蓄意致灾者是相同的，直观地认为巡逻暗示了承灾载体的强防御能力，因此在观察到巡逻时不攻击，在没有观察到巡逻时攻击。由于应急决策者采用的是欺骗性信息策略，随着博弈的不断重复，采用动态策略的蓄意致灾者逐步探索到当采用怀疑的攻击策略时，能够获得比采用谨慎策略更大的收益，因此逐步将攻击策略从初始的谨慎策略调整为怀疑策略。动态策略能够使蓄意致灾者逐步获得最优收益，是应对应急决策者的最优策略。但是从应急决策者的角度来说，采用动态策略的蓄意致灾者能够在博弈过程中逐步了解被隐藏的关键信息，识别应急决策者的欺骗性信号，导致攻击造成的损失逐渐增大，因此采用动态策略的蓄意致灾者对于应急决策是不利的。

蓄意致灾者动态攻击策略的优势主要在于应对不同信息策略时能够获得稳定的收益。图7.24表示了在不同的资源配置和信息策略组合下，不同策略的蓄意致灾者获得的平均收益。其中，强防御和弱防御表示承灾载体实际防御能力，对应承灾载体上的资源配置状态 $\mu(s^f_i)$。公开和保密表示应急决策者的信息策略，对应承灾载体上的信息状态 $\mu(s^f_i \mid s^p_i)$。根据模型中的参数定义，在模拟中相应的参数取值分别是：公开策略

下满足 $\mu(s_i^f = 1 \mid s_i^p = 1) = 1$ 和 $\mu(s_i^f = 1 \mid s_i^p = 0) = 0$；保密策略下满足 $\mu(s_i^f = 1 \mid s_i^p = 1) = 0$ 和 $\mu(s_i^f = 1 \mid s_i^p = 0) = 1$。对于强防御的情况有 $\mu(s_i^f = 1) = 0.75$，对于弱防御的情况有 $\mu(s_i^f = 1) = 0.25$。在四种资源配置和信息策略组合的情况下，模拟进行到博弈阶段 $t = 1000$，此时不同策略的蓄意致灾者的平均收益基本稳定。

　　模拟结果表明，蓄意致灾者的动态策略在四种资源配置和信息策略组合的情况下都能带来相对稳定的收益。而当蓄意致灾者采用好战的攻击策略时，在承灾载体弱防御状态下能够获得较好收益。采用谨慎策略的蓄意致灾者，当应急决策者采用公开的信息策略时能够获得较好收益；相应地，采用怀疑策略的蓄意致灾者，当应急决策者采用保密的信息策略时能够获得较好收益。这表明蓄意致灾者的动态攻击策略和其他三种固定攻击策略相比，能够更好地应对不同的环境状态和应急决策者的防御策略。针对特定的信息策略，某种固定的攻击策略可能获得高收益。但是当蓄意致灾者未知具体的信息策略时，直接获得最优策略具有一定困难，而采用动态攻击策略能够逐渐逼近针对该信息策略的最优攻击策略。对于应急决策者来说，蓄意致灾者的动态攻击策略增加了攻击可能造成的损失。

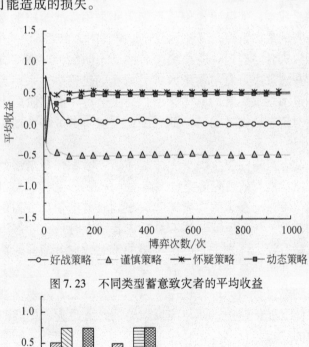

图 7.23　不同类型蓄意致灾者的平均收益

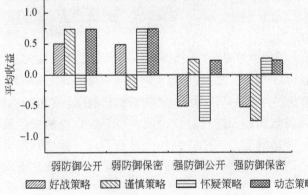

图 7.24　蓄意致灾者动态策略的相对稳定收益

模拟场景 2：

为研究应急决策者的动态防御策略，模拟和对比应急决策者采用固定策略和动态策略的情况。假设该模拟场景下应急决策者的防御资源约束固定，则在模拟中先验判断 $\mu(s_i^f)$ 和 $\mu(s_i^p)$ 保持不变。应急决策者通过信息策略确定公开信息和保密信息的比例，从而影响蓄意致灾者的后验判断 $\mu(s_i^f | s_i^p)$。根据贝叶斯法则存在关系式：

$$\mu(s_i^f | s_i^p = 0) = \frac{\mu(s_i^f) - \mu(s_i^f | s_i^p = 1)\mu(s_i^p = 1)}{1 - \mu(s_i^p = 1)} \tag{7.97}$$

则 $\mu(s_i^f | s_i^p = 1)$ 和 $\mu(s_i^f | s_i^p = 0)$ 在 $\mu(s_i^f)$ 和 $\mu(s_i^p)$ 固定的情况下直接相关。

图 7.25 表示了两种策略的应急决策者分别与不同策略的蓄意致灾者博弈时平均收益的情况。模拟参数的初始值分别是：$\mu(s_i^f = 1) = 0.5$，$\mu(s_i^p = 1) = 0.5$，$\varepsilon = 0.01$，以及 $\mu(s_i^f = 1 | s_i^p = 1) = 0.5$ 作为初始策略。用 $\tilde{\mu}$ 表示应急决策者动态策略调整的结果。当应急决策者与好战策略的蓄意致灾者博弈时，采用动态策略的应急决策者的策略调整的最优结果为 $\tilde{\mu}(s_i^f = 1 | s_i^p = 1) = 1$。由于采用保密策略时发出欺骗性的信号，需要支付额外的信息成本，但欺骗性信号不能阻止采用好战策略的蓄意致灾者进行攻击，因此应急决策者的最优策略是调整为公开策略。图 7.25（a）的模拟结果表明，当与好战策略的蓄意致灾者博弈时，应急决策者的动态防御策略能够有效地降低应急决策者的损失。此时在应急决策者与蓄意致灾者博弈的过程中，采用动态策略的应急决策者事实上并不知道蓄意致灾者的具体策略，而是通过在博弈阶段中不断地根据收益和博弈历史，更新对蓄意致灾者的策略的判断，实现防御策略的动态调整并获得最优策略。

类似地，采用动态策略的应急决策主体与谨慎策略和怀疑策略的蓄意致灾主体博弈时，动态防御策略也能有效地降低应急决策主体的损失。图 7.25（b）表示了两种策略应急决策者与谨慎策略的蓄意致灾者博弈时平均收益的情况。相比与好战策略的蓄意致灾者博弈时的情况，与谨慎策略的蓄意致灾者博弈时采用动态策略的应急决策者最终获得的优化策略有较大区别。与谨慎策略的蓄意致灾者博弈时，动态策略的应急决策者通过策略调整获得的最优策略为 $\tilde{\mu}(s_i^f = 1 | s_i^p = 1) = 0$。直观地，由于谨慎策略的蓄意致灾者观察到巡逻时不会进行攻击，因此应急决策者的最优策略是尽可能在弱防御能力的承灾载体上进行巡逻，即与谨慎策略的蓄意致灾者博弈时，应急决策者的欺骗性信息是有效的。

图 7.25（c）表示了两种策略应急决策者与怀疑策略的蓄意致灾者博弈时平均收益的情况。该情况下动态策略的应急决策者通过策略调整获得的最优策略为 $\tilde{\mu}(s_i^f = 1 | s_i^p = 1) = 1$。怀疑策略的蓄意致灾者总是认为应急决策者发出的信息是欺骗性的，在观察到巡逻时认为该承灾载体是弱防御的而进行攻击，因此应急决策者的最优策略是诱骗怀疑策略的蓄意致灾者，在强防御能力的承灾载体上进行巡逻。蓄意致灾者攻击强防御能力的承灾载体导致攻击失败，应急决策者通过动态策略实现了成功防御，有效地降低了蓄意致灾损失。

模拟结果表明，当应急决策者未知蓄意致灾者的攻击策略时，采用动态防御

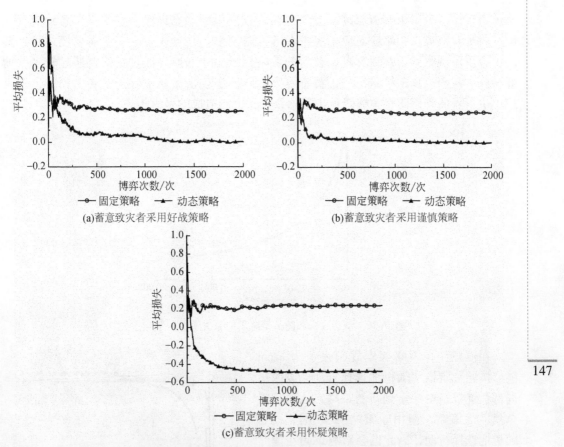

图 7.25　应急决策者应对不同攻击策略时的平均损失

策略的应急决策者通过与蓄意致灾者不断博弈，根据博弈历史结果和博弈阶段中获得的收益，更新对蓄意致灾者的策略的判断，动态调整防御策略，有效降低了期望损失，实现了防御策略的动态优化。

模拟场景 3：

在该模拟场景中研究采用动态攻击策略的蓄意致灾者与采用动态防御策略的应急决策者的博弈。假设蓄意致灾者与应急决策者都能够周期性地调整策略，并允许双方的调整是异步的（asynchronous）。考虑到防御预算以及政府安全机构的部署调整通常需要一段较长的时间，而蓄意致灾者的攻击行为能够更灵活地改变，因此假设应急决策者的策略调整周期大于蓄意致灾者的策略调整周期。蓄意致灾者可以每个博弈阶段调整策略，而应急决策者每 100 个博弈阶段后能够调整策略。其他模拟参数为 $\varepsilon = 0.01$，$\mu(s_i^f = 1) = 0.5$，$\mu(s_i^p = 1) = 0.5$，以及 $\mu(s_i^f = 1 | s_i^p = 1) = 0$ 作为初始策略。

图 7.26 表示了采用动态防御策略的应急决策者与采用动态攻击策略的蓄意致灾者博弈时，应急决策者的平均损失。采用动态攻击策略的蓄意致灾者能够调整策略造成最大损失，则应急决策者的最优反应是调整防御策略最小化由蓄意致灾者造成的最大损失。该模拟中应急决策者的策略调整结果趋近于 $\tilde{\mu}(s_i^f = 1 | s_i^p = 1) = 0.5$，在该策略下不同策略的蓄意致灾者的收益都等于零。模拟结果表明，动态防御策略能够有效地

降低由于动态攻击策略造成的损失。但在双方都采用动态策略时，由于蓄意致灾者能够及时地调整攻击策略应对应急决策者的策略调整，并且应急决策者需要经过足够多的博弈阶段观察到蓄意致灾者调整后的策略，因此降低损失的过程需要通过较多的博弈阶段。与固定攻击策略相比，蓄意致灾者的动态攻击策略能够造成更大损失，但是应急决策者的动态防御策略降低了蓄意致灾者可能造成的最大损失。

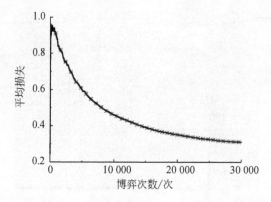

图 7.26　动态攻击和防御策略下应急决策者的平均损失

在模拟中，策略探索规则表示为 agent 能够按照一定概率随机地选择行动，以便从局部最优策略中探索到新的策略，从而获得全局最优策略。但由于策略探索允许 agent 随机地选择行动，因此也会影响agent在博弈中获得的最优收益。图 7.27 表示了蓄意致灾 agent 在不同策略探索可能性下的平均收益。该模拟中蓄意致灾agent采用动态攻击策略，应急决策 agent 采用固定防御策略，所有承灾载体为弱防御能力，但是通过巡逻发出欺骗性信号声明所有承灾载体为强防御能力。模拟参数为 $\mu(s_i^f = 1) = 0$，$\mu(s_i^p = 1) = 1$，以及 $\mu(s_i^f = 1 | s_i^p = 1) = 0$。策略探索可能性分别为 $\varepsilon = 0.01$、$\varepsilon = 0.1$ 和 $\varepsilon = 0.2$。初始攻击策略是谨慎策略。最优攻击策略是进行攻击，此时理论上的最优收益为 $u^o = 1$。模拟结果表明，当策略探索可能性较小时，如 $\varepsilon = 0.01$ 的情况下，蓄意致灾 agent 的策略调整开始最晚，但是最终收益最接近理论上的最优收益。当策略探索可能性较大时，如 $\varepsilon = 0.2$ 的情况下，蓄意致灾 agent 的策略调整开始最早，但是由于随机选择最优行动以外的概率较高，最终收益与理论上的最优收益差距增大。因此，策略探索可能性可以看做是 agent 学习效率和结果准确度的折中，在模拟中学习效率对应何时开始调整策略，结果准确度反映了实际获得收益与理论上最优收益之间的差距。

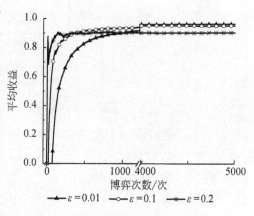

图 7.27　策略探索规则的影响

通过基于动态策略优化的模拟和讨论，反映了应急决策者采用动态防御策略的必要性：①应急决策者可能未知蓄意致灾者的攻击策略。动态防御策略的优势在于稳健性（robust），即在不同决策环境下都能逐渐逼近最优收益。固定防御策略虽然针对特定的攻击策略能获得较好的防御效果，但是当应急决策者未知攻击策略时，很难制定出有针对性的防御策略，可能导致损失增加。②蓄意致灾者可能采用动态攻击策略。当蓄意致灾者采用动态攻击策略时，蓄意致灾者能够将攻击策略调整为对应急决策者最不利的策略，从而增大了蓄意致灾风险，此时应急决策者采用固定防御策略很难实现有效防御。在实际蓄意致灾突发事件的决策过程中，蓄意致灾者和应急决策者往往只能部分了解对方的信息，并且在多次对抗中防御和攻击都存在一定的调整。动态防御配置方法能考虑动态攻击策略与动态防御策略的相互影响，更能体现实际中蓄意致灾者和应急决策者在不对称信息的多次对抗中总结经验的决策智能性。

7.2.2.3 算例与分析

模型算例以北京市 18 个区县为例。假设应急决策者需要确定在各区县配置防御资源的方案，但应急决策者未知承灾载体对于蓄意致灾者的吸引力。由于蓄意致灾者的攻击目标选择与承灾载体对其的吸引力有关，当应急决策者未知该吸引力时，就无法准确地推断蓄意致灾者的攻击目标选择。因此在初始配置防御资源时应急决策者需要估计承灾载体对于蓄意致灾者的吸引力，并在多次对抗中调整对吸引力的估计。由于通常的防御资源配置，如资金和警力的分配需要考虑到区域涉及的人口，因此初始配置防御资源时，应急决策者估计的区域吸引力是区域人口总量。但由于事件造成的损失往往与事件发生地的人口密度相关，假设区域对于蓄意致灾者的吸引力是区域人口密度。表 7.12 给出了各区域的人口密度和人口总量。

表 7.12 区域人口密度和人口总量

区域	常住人口密度/（人/km²）	常住人口总量/万人
东城区	21 823	55.3
西城区	21 284	67.3
崇文区	17 978	29.7
宣武区	29 614	56.0
朝阳区	6 775	308.3
丰台区	5 733	175.3
石景山区	6 997	59.0
海淀区	6 802	293.0
房山区	455	90.5
通州区	1 146	103.9
顺义区	711	72.5
昌平区	701	94.2
大兴区	1 059	109.7
门头沟区	190	27.5

区域	常住人口密度/(人/km²)	常住人口总量/万人
怀柔区	169	35.8
平谷区	448	42.6
密云县	205	45.7
延庆县	144	28.7

注：基于 2008 年数据。

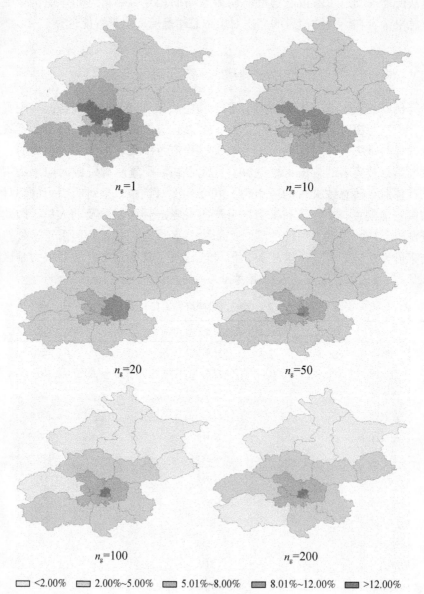

$n_g=1$ $\quad$ $n_g=10$

$n_g=20$ $\quad$ $n_g=50$

$n_g=100$ $\quad$ $n_g=200$

☐ <2.00%　☐ 2.00%~5.00%　☐ 5.01%~8.00%　■ 8.01%~12.00%　■ >12.00%

图 7.28　动态资源配置优化方案

注：基于 2008 年数据。

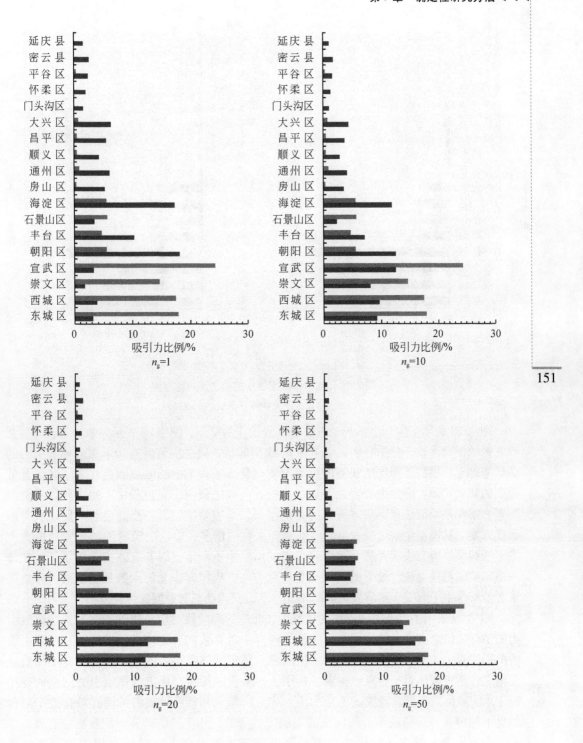

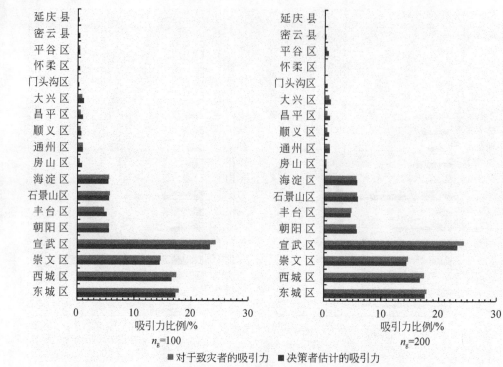

图 7.29　动态资源配置中的信息不对称程度

注：基于 2008 年数据。

　　图 7.28 表示了应急决策者动态资源配置优化的结果。图中 n_g 表示应急决策者与蓄意致灾者的博弈次数。分图分别表示了在 n_g 次博弈后，应急决策者在对承灾载体吸引力的估计基础上，根据博弈均衡获得的资源配置优化方案。图中的区域颜色代表了各区县分配到的防御资源占应急决策者总资源的百分比。动态资源配置过程中，每一阶段的资源配置方案都是当前信息下双方博弈的均衡结果，是应急决策者在当前信息下所能获得的最优方案。从模拟结果可以看出，随着博弈次数的增多，应急决策者的防御资源配置方案不断调整。应急决策者从与蓄意致灾者的博弈中不断增进对蓄意致灾者的了解，在每一博弈阶段都获得该阶段下的资源配置优化方案。当博弈重复的次数足够多时，应急决策者能够基本了解关于蓄意致灾者的未知信息，获得动态资源配置优化方案。

　　图 7.29 表示了动态资源配置的过程中，相应博弈阶段时应急决策者对承灾载体吸引力的估计。应急决策者的估计与上一阶段博弈中蓄意致灾者的攻击目标选择和应急决策者的损失有关。模拟结果表明，应急决策者对承灾载体吸引力的估计随着博弈不断重复逐渐逼近承灾载体对于蓄意致灾者的吸引力。应急决策者对承灾载体吸引力的估计越接近于承灾载体对于蓄意致灾者的吸引力，应急决策者与蓄意致灾者的博弈越接近于对称信息下的博弈，应急决策者所面临的不确定性降低，相应的防御资源配置更加有效。

　　动态资源配置方法的优势主要是降低应急决策者在多次对抗过程中的损失。图 7.30 表示了动态资源配置中应急决策者的损失随着博弈次数的变化情况。虽然在博弈中蓄意致灾者会尽可能造成最大的损失，但是应急决策者通过动态防御资源配置能够降低该损失可能的最大值。

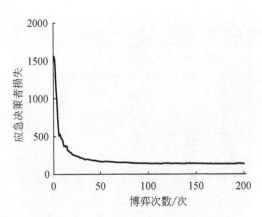

图 7.30　动态资源配置中应急决策者损失

　　上述研究提出了蓄意致灾突发事件的动态资源配置方法。针对应急决策者与蓄意致灾者在不对称信息下多次对抗的情景，提出了多阶段策略优化模型。该模型是在前两章静态资源配置建模与不对称信息分析的基础上，将双方多次对抗的过程描述为多个博弈阶段，双方根据博弈历史更新有关对方的判断，随着信息不对称程度的变化，实现策略的动态调整和优化。该研究所提出的动态资源配置方法，体现了多次对抗中双方随着信息条件的变化而动态调整策略的过程，实现了资源配置的动态优化。

153

7.3　数值模拟研究方法

　　正如在 7.2 节中所阐述的，在求解公共安全科学问题的动力学模型或方程时，由于太复杂，经常无法获取解析解，这时经常采用数值模拟研究方法，以获取数值解。类似于洪水演进、泥石流堆积、火灾蔓延等流体力学和燃烧学问题，经常采用计算流体力学方法（computational fluid dynamics，CFD），CFD 方法一般首先建立反映工程问题或物理问题本质的数学模型，并寻求高效率、高准确度的计算方法，其次编制程序并进行计算，最后显示计算结果。数学模型一般包括反映问题各物理量之间关系的微分方程及相应的定解条件，在计算方法中，比较广泛应用有限差分法、有限元法和有限体积法等。

　　相对于实验模拟研究方法，数值模拟研究方法有其独特的优点：数值模拟可以大幅度减少完成新设计所需的时间和成本；能研究难以进行或不可能进行受控实验的系统；能超出通常的行为极限，研究危险条件下的系统；比实验研究更自由、更灵活；可以无限量地提供研究结果的细节，便于优化涉及；具有很好的可重复性，条件容易控制。相对于理论分析研究方法，数值模拟研究方法对解决一些无法获得解析解的问题有优点，可以获得这些问题的近似规律。当然数值模拟研究方法也有很多局限性，如数值模型要有准确的数学模型；数值实验不能代替实验模拟或理论分析，因为数值模拟只有在网格尺度为 0 的极限情况下才能获得原方程的精确解，而这种极限是无法达到的；涉及计算方法的稳定性和收敛性问题；并受到计算机条件的控制。

7.3.1　数值模拟研究方法基础

数值模拟研究方法在公共安全科学研究中应用很广，这里以流体流动与传热为例，说明数值模拟研究方法基础。

7.3.1.1　控制方程的通用形式

流体流动与传热基本方程组中的各方程可采取共同的形式表达，这种形式称为流动与传热的通用微分方程[14]：

$$\frac{\partial(\rho\phi)}{\partial t} + \frac{\partial(\rho u_j \phi)}{\partial x_j} = \frac{\partial}{\partial x_j}\left(\Gamma_\phi \frac{\partial\phi}{\partial x_j}\right) + S_\phi \tag{7.98}$$

式中，第一项为瞬变项或时间项，第二项为对流项，第三项为扩散项，末项 S_ϕ 为函数 ϕ 的源项。ρ 为密度，ϕ 为通用变量，j 为空间坐标，Γ_ϕ 为对应于变量 ϕ 的扩散系数。各方程在通用方程中的对应关系，见表 7.13。其中运动方程也可称为 Navier-Stokes 方程，简称 N-S 方程。

表 7.13　通用方程的对应关系

方程名称	ϕ	Γ_ϕ	S_ϕ
连续性方程	1	0	0
运动方程（ x 方向）	u	μ	$\rho f_x - \dfrac{\partial p}{\partial x}$
运动方程（ y 方向）	v	μ	$\rho f_y - \dfrac{\partial p}{\partial y}$
运动方程（ z 方向）	w	μ	$\rho f_z - \dfrac{\partial p}{\partial z}$
能量方程	T	λ/c_V	$\rho(q + \Phi)/c_V$
组分质量守恒方程	c_s	ρD_s	S_s

表 7.13 中的 u、v、w 分别是 x、y、z 三个方向的速度，T 为温度，c_s 为组分 s 的体积浓度，μ 为流体的动力黏度，λ 为导热系数，c_V 为定压比热容，D_s 为组分 s 的扩散系数，p 为流体压强，f_x、f_y、f_z 分别是单位质量流体在 x、y、z 三个方向所受到的质量力，S_s 是系统内部单位时间内单位体积通过化学反应产生的该组分的质量，即生产率，q、Φ 分别是内热能和耗散系函数

$$\Phi = \frac{1}{\rho}\left[-p\frac{\partial u_i}{\partial x_i} + \mu\frac{\partial u_i}{\partial x_j}\left(\frac{\partial u_i}{\partial x_j} + \frac{\partial u_j}{\partial x_i}\right) - \frac{2}{3}\mu\frac{\partial u_i}{\partial x_i}\frac{\partial u_k}{\partial x_k}\right] \tag{7.99}$$

上述方程适用于多数公共安全科学问题所涉及的牛顿流体，如水、空气等。

7.3.1.2　湍流的基本方程

一般的流体都是湍流，即雷诺数大于某临界值，相邻的流体团呈无序混乱的流动

状态，速度、压强、温度等流动参数都在时间和空间上发生随机性的变化。在处理湍流流动时，一般将湍流的瞬时运动看做由时均运动和随机脉动两种运动叠加，即将物理量的瞬时值 ϕ 表示为

$$\phi = \bar{\phi} + \phi' \tag{7.100}$$

式中，上标"－"代表对时间的平均值；上标"′"代表脉动值。这样通用方程（7.98）改为

$$\frac{\partial(\rho\phi)}{\partial t} + \frac{\partial(\rho u_j\phi)}{\partial x_j} = \frac{\partial}{\partial \phi x_j}\left(\Gamma_\phi \frac{\partial \phi}{\partial x_j} - \rho \overline{u'_j\phi'}\right) + S_\phi \tag{7.101}$$

上述的运动方程与 N-S 方程相比，雷诺方程里多出了与脉动量有关的项，即雷诺应力

$$t_{ij} = -\rho \overline{u'_i u'_j} \tag{7.102}$$

从上述中可以看出，时均流动的方程里除多出了 6 个雷诺应力外，还多出 3 个与 $-\rho \overline{u'_j\phi'}$ 有关的量，即脉动迁移量，显然上述的连续性方程、运动方程和能量方程并不封闭。因此为了求解上述方程，需要对雷诺应力作出某些假定，即建立应力的表达式（或引入新的湍流方程），通过这些表达式把湍流的脉动值与时均值等联系起来。基于这些假设所得出的湍流控制方程，称为湍流模型。目前常用的湍流模型分为两大类，一类是湍流应力类模型；另一类是湍动黏度类模型，后者又分为零方程模型、一方程模型和两方程模型，其中两方程模型有常见的标准 κ-ε 模型（即分别引入关于湍动能 κ 和耗散率 ε 方程的模型）及其各种改进模型（如 RNG κ-ε 模型和 Realizable κ-ε 模型等）在实际计算过程中获得了最广泛的应用。

7.3.2　危险化学品泄漏数值模拟

本小节将以危险化学品泄漏的数值模拟为例，说明公共安全科学中的数值模拟研究方法。危险化学品是指国家标准公布的《危险货物品名表》（GB 12268—2012）、国家安全生产监督管理局公布的《危险化学品名录》和《剧毒化学品名录》以及由国家有关部门公布的其他危险化学品。危险化学品事故就是指由危险化学品造成的人员伤亡、财产损失或环境污染事故，典型的类型包括泄漏、火灾、爆炸、中毒、窒息和灼伤等。

7.3.2.1　快速数值模拟工具——ALOHA

对于危险化学品泄漏的研究主要采用数值模拟方法，其中由美国环保署（Environmental Protection Agency）和美国国家海洋和大气管理局（National Oceanic and Atmospheric Administration）开发的 ALOHA（Areal Locations of Hazardous Atmospheres）最为典型。ALOHA 软件包括三个模块，即 CAMEO 模块、MARPLOT 模块和 ALOHA 模块，其中 CAMEO 模块的核心的危险化学品数据库包含有超过 6000 种危险化学品的性质和其发生泄漏的应对措施，这些危险化学品发生爆炸、火灾或者造成影响人员健康的可能性以及影响程度，针对这些化学品的防火技术、洗消方法和防护服的相关知识等；

关于储存有危险化学品的设备以及工厂、罐区的信息；应急管理资源的分布；关于这些地区附近的学校、医院的信息。MARPLOT 模块可以获得关于道路、工厂、学校、应急响应机构以及其他对于应急响应有用的信息，在 MARPLOT 显示的地图上，还可以很清楚地预测由于危险化学品泄漏受到影响的区域。使用 ALOHA 模块可以预测由于化学品泄漏造成的主要影响，如毒性、可燃性、热辐射性以及由于爆炸形成的冲击波，这样就可以预测化学品泄漏造成的毒气泄漏、火灾以及爆炸[15]。

在 ALOHA 软件中，有两种不同的危化品扩散模型，即高斯模型和重气模型。ALOHA 采用高斯模型来预测气体在大气中扩散。根据高斯模型，风和大气湍流是泄漏气体通过空气传播的驱动力，"湍流混合"使泄漏气体向横风向和迎风向传播。根据高斯模型，气体密度在移动污染气体云的横向切面上的分布呈钟形，即中间高、两边低。随着污染气体云的进一步扩散，其密度分布逐渐变宽、变平。

危险化学品瞬时泄漏高斯模型

$$C(x,y,z) = \frac{Q}{(2\pi)^{3/2}\sigma_x\sigma_y\sigma_z} e^{-(x-ut)^2/2\sigma_x^2} e^{-y^2/2\sigma_y^2} \left(e^{-(z-H)^2/2\sigma_z^2} + e^{-(z+H)^2/2\sigma_z^2} \right)$$

(7.103)

危险化学品连续泄漏高斯模型

$$C(x,y,z) = \frac{Q}{2\pi u\sigma_y\sigma_z} e^{(-y^2/2\sigma_y^2)} \left(e^{-(z-H)^2/2\sigma_z^2} + e^{-(z+H)^2/2\sigma_z^2} \right) \qquad (7.104)$$

式中，$C(x,y,z)$ 是某一点的危化品浓度，Q 与 H 是泄漏源强度和高度，u 为风速，σ_x，σ_y，σ_z 是扩散系数，与天气情况、云量、风速、开阔地（城市）等相关。

比重大于空气的化学物质发生泄漏时，它的扩散方式与低密度气体的扩散非常不同。由于比周围空气密度大，重气首先会下沉，随着气体云向下风向传播，在重力的作用下气体云开始扩散，而这又会导致一部分气体云传播到泄漏点的上风向处。随着重气的进一步稀释，其密度逐渐接近于空气，传播方式也开始与轻气一致。这种情况在大气中重气含量下降到 1% 的条件下会发生。ALOHA 中的重气扩散计算是以 DEGADIS 模型为基础的，DEGADIS 模型是几个著名的重气扩散模型之一。

ALOHA5.4 后的版本还可以模拟火灾与爆炸场景，包括射火、池火、BLEVE（沸腾液体膨胀蒸气爆炸）、易燃区域和蒸气云爆炸。当然 ALOHA 软件也存在局限性，ALOHA 软件在以下几种情况时数值模拟结果变得不可靠：风速太小；非常稳定的大气条件；风向变化和地形影响较大；局部浓度不均匀。同时 ALOHA 软件也未能考虑以下因素：火灾的副产品、爆炸、化学反应、微型颗粒、化学的混合、地形、危险的碎片物等。即便如此，ALOHA 软件也广泛地应用于全世界的政府和企业部门，用户达成千上万。

图 7.31 ~ 图 7.32 是利用 ALOHA 模拟的一个真实案例的结果图。此案例模拟的是北京市顺义区中油燃气有限公司顺义气库罐区，占地面积 43 300m²，建筑面积 22 400m²，有 1000m³ 液化气罐 3 个，400m³ 液化气罐 3 个，50m³ 液化气罐 1 个，主要以经营液化石油气为主，负责全北京市的液化石油气供应。假设该库区发生液化气泄漏，利用 ALOHA 对该泄漏事故进行快速的模拟，主要是迅速地为应急救援提供决策

依据。

北京市顺义区中油燃气有限公司气库所在地海拔 30m，东经 116°38′，北纬40°6′，东八区。根据统计资料，气温设为 −2℃，风速 3m/s，风向正北风，相对湿度45%，云量3%（即云量很少）。假设一个 400m³ 的球形储罐发生泄漏，其直径9.2m，假定液化石油气存量为100t，加压液态储存，假定破损口为圆形，直径5cm，离地1.5m。罐区属于单一建筑无覆盖物类型，地面为混凝土。由于 ALOHA 的数据库中没有液化石油气，该模拟以液化石油气的主要成分正丁烷代替液化石油气。

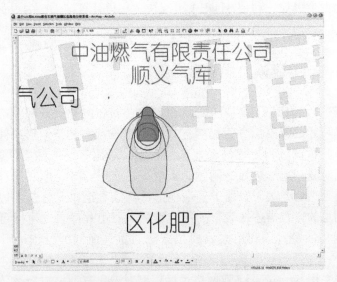

图 7.31 液化气泄漏易燃区和燃烧影响区图

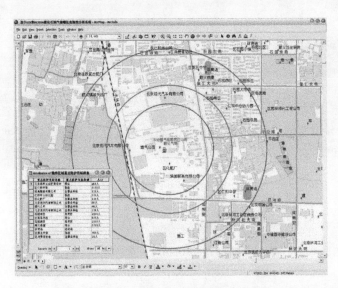

图 7.32 液化气爆炸影响区图

图 7.31 是液化气泄漏易燃区和燃烧影响区图，图 7.32 是液化气爆炸影响区图。从

模拟结果分析可以看出，液化石油气的泄漏和燃烧的影响范围小于 100m，基本上在 50m 左右，如果能及时处置，范围还会缩小。但爆炸的影响半径为 1 ~ 2km，所以一旦发生泄漏事故要及时处置，采取措施堵住泄漏空洞，在易燃区域内要杜绝一切明火和电器等可能产生火花的装备，否则爆炸的后果很严重。图 7.31 中，扇形区域为泄漏后 60min 时的易燃区域，黑色区域内气体浓度大于爆炸极限的 60%，灰色区域内大于 10%，浓度越高，爆炸的可能性越高。圆圈区域为气体燃烧 60min 以内的各点最大热辐射分布图。在罐区强辐射量大概是 60 ~ 100kW/m²，可以使储罐的温度在短时间内大幅度升高，极易发生爆炸。利用 ALOHA 可以快速获得计算结果，为人员疏散等决策提供参考。

7.3.2.2　三维流体力学模型

正如前文所述，ALOHA 无法考虑地形的影响，对于复杂地形和城市复杂建筑环境下，重气泄漏过程的数值模拟方面仍然存在许多困难。在复杂地形条件下，由于受重力的影响，其泄漏扩散过程更容易受地形的影响。采用三维流体力学模型进行模拟，不可避免地会面对复杂地形边界的问题。采取一种基于 GIS 地形和建筑数据的一种边界条件自动数值处理的方法，实现了复杂地形等高线数据以及建筑多边形数据通过转换、处理，采用块的方式描述地表下的不连续区域，由程序自动生成可描述复杂地面形状的结构化网格系统。并利用大涡模拟方法对重气泄漏的过程进行流体力学数值模拟。

大涡模拟中采用 Smagorinsky 亚网格尺度模型对着重气泄漏进行数值模拟，简化的基本方程如下：

$$\frac{\partial \rho}{\partial t} + \nabla \cdot \rho \vec{u} = 0 \tag{7.105}$$

$$\frac{\partial \rho Y_l}{\partial t} + \vec{u} \cdot \nabla \rho Y_l = -\rho Y_l \nabla \cdot \vec{u} + \nabla \cdot \rho D \nabla Y_l + \dot{m}''_l \tag{7.106}$$

$$\frac{\partial (\rho \vec{u})}{\partial t} + \nabla \cdot \rho \vec{u} \vec{u} + \nabla \cdot p = \rho \vec{f} + \nabla \cdot \tau_{ij} \tag{7.107}$$

式中，ρ 为密度，$\vec{u}$ 为速度矢量，Y_l 为组分 l 的质量分数，D 为扩散系数，$\dot{m}''_l$ 表示单位体积内组分 l 的生成速率。其中 τ_{ij} 为应力张量

$$\tau_{ij} = \mu \left(2S_{ij} - \frac{2}{3} \delta_{ij} (\nabla \cdot \vec{u}) \right) \tag{7.108}$$

$$\delta_{ij} = \begin{cases} 1 & i = j \\ 0 & i \neq j \end{cases} \quad i,j = 1,2,3 \tag{7.109}$$

$$S_{ij} = \frac{1}{2} \left(\frac{\partial u_i}{\partial x_j} + \frac{\partial u_j}{\partial x_i} \right), \quad i,j = 1,2,3 \tag{7.110}$$

$$\mu_{\text{LES}} = \rho (C_s \Delta^2) \left[\frac{1}{2} (\nabla \vec{u} + \nabla \vec{u}^T) \cdot (\nabla \vec{u} + \nabla \vec{u}^T) - \frac{2}{3} (\nabla \vec{u})^2 \right]^{\frac{1}{2}} \tag{7.111}$$

式中，C_s 为经验常数

$$\Delta = (\delta x \delta y \delta z)^{\frac{1}{3}} \tag{7.112}$$

状态方程如下：

$$p = \rho R T \sum_l \frac{Y_l}{M_l} \tag{7.113}$$

式中，R 为通用气体常数，M_l 为组分 l 的分子量，T 为温度。

图 7.33 所示为某山区地形的等高线图，通过对相关等高线数据进行处理，可以获得该区域内离散的高程点数据，如图 7.34 所示。在生成网格时，为了获取任意所需点的高程值，还需要对所获得高程数据进行进一步的空间插值计算。空间内插是通过使用现有数据点的变量值估计一个非样点位置的变量值的方法，插值的方法有很多种，其中最重要的有线性内插法、双线性插值、移动拟合法、趋势面插值、样条插值及克里金（Kriging）插值，这些方法有的是整体拟合，有的是局部拟合。本书采用双线形插值的方法对高程数据进行空间内插。用曲面方程

$$Z_p = a_0 + a_1 x + a_2 y + a_3 xy \tag{7.114}$$

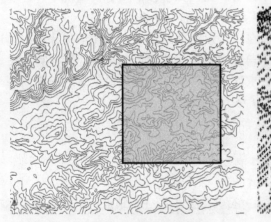
图 7.33　复杂地形等高线法

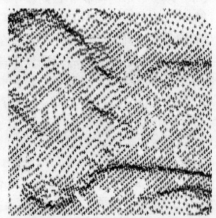
图 7.34　山区地形离散高程点数据

拟合待定点附近的地形面。可用待定点附近的 4 个数据点来计算双线性曲面函数的待定系数，再根据曲面函数计算待定点的高程值。通过上述方法对离散的高程数据进行处理，将地面高度以下部分标记为固体，最终生成如图 7.35 所示的网格。该网格采用结构化矩形网格，在地面以下的部分，被表示为不流通的固体。以阶梯状的地形近似实际地形。方程在所示网格内进行离散化，并进行数值求解。

对于城区建筑的网格生成，首先考虑城市建筑物作为边界的特点：大多数建筑均为规则多边形区域，在该多边形区域内部高度基本一致，外部则为地表高度。因此可以在 GIS 系统中将建筑所在图层导出为一系列多边形及其高度的数据，然后采用以下的算法，判断网格点是否处于建筑内部，然后根据建筑高度对建筑区域进行填充。

解决本问题的核心是给定一个多边形的顶点坐标，判断任意一个点是否在多边形内部。实际上判断的方法是很多的，本程序中我们采用了以下方法：对于一个 n 边形，给定一个点，如果在此 n 边形内部，那么该点与 n 边形 n 条边所组成的三角形面积之

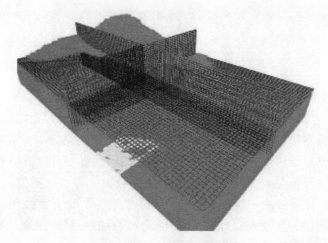

图 7.35　山区地形网格划分

和应该等于该多边形的面积，否则就不相等。在已知各顶点坐标的情况下，计算多边形和三角形的面积是很简单的，这就是采用本方法的主要原因。

我们编程实现判断任意一个点是否在多边形内部的功能。首先编写计算 n 边形的函数。由于本问题中要大量应用计算三角形面积，为此我们单独编写了计算三角形面积的程序。计算面积的方法是采用积分求面积的思想：具体来说就是对于任何一个多边形都可以表示成 $[(x,y)\mid a\leqslant x\leqslant b,f_1(x)\leqslant y\leqslant f_2(x)]$。

那么多边形面积可表示为

$$A = \int_a^b [f_2(x) - f_1(x)]\,\mathrm{d}x = \int_a^b f_2(x)\,\mathrm{d}x - \int_a^b f_2(x)\,\mathrm{d}x \tag{7.115}$$

而且多边形的 $f_2(x)$ 和 $f_1(x)$ 都是分段线性的，积分就变成了求梯形面积。从 GIS 输出数据得到的 n 边形矩阵有 $n+1$ 行，最后一行又重复了第一个顶点的坐标，这实际在一定程度上简化了程序。

根据 GIS 输出数据的特点，对于输入数据做一定的处理。读取输入数据时得到的是一个矩阵，把它分解成 m 个矩阵，代表 m 个要计算的多边形。对于每个多边形，我们无须计算整个区域，只要计算 $a\leqslant x\leqslant b,c\leqslant y\leqslant d$ 的区域即可。通过以上的处理，我们可以从复杂的 GIS 地图上利用程序自动生成所需网格。

对式（7.105）~式（7.113）采用有限差分的方法进行离散化和数值求解。其中空间差分采用二阶中心差分，时间推进采用显式预估 - 校正格式。通过数值求解离散化的方程组，从而获得重气在复杂地形内的扩散过程和各时刻重气浓度的时空分布。

假定某处发生了氯气泄漏事故，大量氯气从图中坐标（100，100）处泄漏。在远处边界存在一个来流风速，来流风速满足图 7.36 所示的分布，风向沿着图中箭头所示方向。地面采用无滑移边界条件，下风向和顶部采用自由边界。

图 7.37 所示分别为海拔 150m 水平截面上两个不同时刻重气云浓度的分布情况。从计算结果可以看到，由于受重力的影响，其泄漏扩散过程更容易受地形的影响，重气云团一方面随着山谷中风的方向向下游扩散，另一方面由于氯气的密度较大，在向

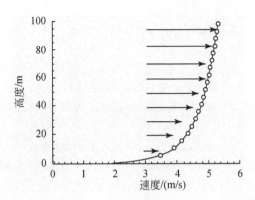

图 7.36 来流风速分布

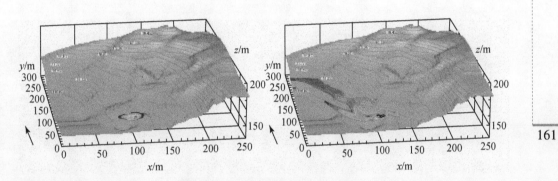

图 7.37 不同时刻危化品浓度分布

下风向扩散的同时，重气云团也随着山谷的形状朝低洼方向沉降。

参 考 文 献

［1］李晓红. 岩石力学实验模拟技术. 北京：科学出版社，2007.

［2］Weng W G, Fan W C, Qin J, et al. Study on salt water modeling of gravity currents prior to backdrafts using flow visualization and DPIV. Experiments in Fluids, 2002, 33: 398-404.

［3］翁文国. 腔室火灾中回燃现象的模拟研究. 中国科学技术大学博士学位论文，2002.

［4］Fleischmann C M, Backdraft Phenomena. NIST-GCR-94-646. National Institute of Standards and Technology, Gaithersburg, MD, 1994.

［5］Fleischmann C M, Pagni P J, Williamson R B. Salt water modeling of fire compartment gravity currents. Fire Safety Science-Processing of the Fourth International Symposium, 1994: 253-264.

［6］Benjamin T B. Gravity currents and related phenomenon. Journal of Fluid Mechanics, 1968, 31: 209-248.

［7］Britter R E, Simpson J E. Experiments on dynamics of a gravity current head. Journal of Fluid Mechanics, 1978, 88: 223-240.

［8］Weng W G, Fan W C, Liao G X, et al. Wavelet-based image denoising in (Digital) particle image velocimery. Signal Processing, 2001, 81: 1503-1512.

［9］Weng W G, Fan W C, Liao G X, et al. An improved cross-correlation method for (Digital) particle image velocimetry. Acta Mechanica Sinica, 2001, 17: 332-339.

［10］Kneller B C，Bennett S J，McCaffrey W D. Velocity structure，turbulence and fluid stresses in experimental gravity currents. Journal of Geophysical Research，1999，14：5381-5391.

［11］孙璇. 钢砼结构机械立体车库火灾蔓延研究. 清华大学博士学位论文，2010.

［12］张婧. 蓄意致灾突发事件资源配置与调度方法研究. 清华大学博士学位论文，2010.

［13］Wilson S W. Explore/exploit strategies in autonomy. Proceedings of Fourth International Conference on Simulation of Adaptive Behavior from Animals to Animats. North Falmouth：Massachusetts，1996：325-332.

［14］龙天渝，苏亚欣，向文英. 计算流体力学. 重庆：重庆大学出版社，2007.

［15］U. S. Environment Protection Agency，National Oceanic and Atmospheric Administration. ALOHA User's Manual. 2007.

第8章 随机性研究方法

公共安全科学具有双重性规律：确定性和随机性规律，随机性研究方法是公共安全科学研究方法的一类重要方法，主要是用统计方法来研究公共安全科学的随机性规律。随机性研究方法的理论基础是数学中的概率论，其研究手段则是数理统计方法。

随机性研究方法中最为基础的是随机变量和统计量及其分布，如泥石流流域面积与频率的关系函数[1]、森林火灾面积与发生次数的关系函数[2]、建筑火灾中火源周边可燃物所接收到的能流密度函数[3]、单室情况下人员疏散准备时间函数等[4]。因此本章首先阐述公共安全科学中的随机变量及其分布和统计量及其分布，同时考虑到统计数据均有时间和空间信息，并以举例方式说明时间序列分析方法和空间统计分析方法在公共安全科学中的应用。时间序列分析方法和空间统计分析方法这两类方法并不完全独立，也是互相补充的，经常称为时空耦合分析方法。

8.1 随机性研究方法基础

8.1.1 随机变量及其分布

在概率论中，随机变量就是随着试验结果（即样本点）的不同而变化的变量（从某种意义上说，它就是样本点的函数）。设 E 是随机试验，它的样本空间是 $\Omega = \{\varpi\}$，如果对于每一个样本点 $\varpi \in \Omega$，都有唯一确定的实数 $X(\varpi)$ 与之对应，则称 $X(\varpi)$ 是一个随机变量（可简记为 X）。随机变量分为离散型变量和连续型变量。

8.1.1.1 离散型随机变量及其分布律

如果一个随机变量的全部可能取值，只有有限多个或可列无穷多个，则称它是离散型随机变量。设离散型随机变量 X 的全部可能取值为 x_1，x_2，$\cdots$，x_i，$\cdots$，X 取各个可能值相应的概率为

$$p_i = P(X = x_i) \quad (i = 1,2,\cdots) \tag{8.1}$$

我们称为离散型随机变量 X 的概率分布律。分布律具有如下性质：

1）$p_i \geqslant 0$（$i = 1$，2，$\cdots$）；

2）$\sum\limits_i P(X = x_i) = \sum\limits_i p_i = 1$。

常见的离散型随机变量包括：

（1）两点分布

若随机变量 X 只能取值 0 或 1，它的分布律为

$$P(X = k) = p^k(1 - p)^{1-k} \quad (k = 0,1) \tag{8.2}$$

若 $(0 < p < 1)$，则称 X 服从参数为 p 的两点分布。

（2）二项分布

二项分布的分布律如下式：

$$P(X = k) = C_n^k p^k(1 - p)^{n-k} \quad (k = 0,1,2,\cdots,n) \tag{8.3}$$

显然当 $n = 1$ 时，二项分布就退化为两点分布。

（3）超几何分布

超几何分布的分布律如下式：

$$P(X = k) = \frac{C_M^k - C_{N-M}^{n-k}}{C_N^n} \quad (k = 0,1,2,\cdots,n) \tag{8.4}$$

（4）泊松分布

泊松分布的分布律如下式：

$$P(X = k) = \frac{\lambda^k}{k!}e^{-\lambda}, \lambda > 0 \quad (k = 0,1,2,\cdots,n) \tag{8.5}$$

同时在二项分布的概率计算中，当实验次数 n 很大，而在每次试验中某事件 A 发生的概率 p 很小时，可以证明：

$$C_n^k p^k(1 - p)^{n-k} \approx \frac{\lambda^k}{k!}e^{-\lambda} \quad (k = 0,1,2,\cdots,n) \tag{8.6}$$

式中，$\lambda = np$。因此在实际应用中，以 n，p 为参数的二项分布，当 n 较大，p 较小时（通常，要求 $n \geq 10$，$p \leq 0.1$，$np \leq 5$），就可近似看做以 $\lambda = np$ 为参数的泊松分布。

当 X 是任一随机变量，我们称定义在 $(-\infty, +\infty)$ 上的实值函数 $F(x) = P(X \leq x)$ 为随机变量 X 的分布函数。$F(x)$ 有如下性质：

1）$0 \leq F(x) \leq 1$；

2）$F(x)$ 是单调递减的，即当 $x_1 < x_2$ 时，$F(x_1) \leq F(x_2)$；

3）$F(-\infty) = \lim\limits_{x \to -\infty} F(x) = 0, F(+\infty) = \lim\limits_{x \to +\infty} F(x) = 1$；

4）$F(x)$ 是右连续函数，即 $\lim\limits_{x \to x_0^+} F(x) = F(x_0)$，对任意的 $x_0 \in R$ 均成立。

特别对于离散型随机变量而言，若已知 X 的分布律为 $P(X = x_i) = p_i(i = 1,2,\cdots)$，则 X 的分布函数为

$$F(x) = \sum_{x_i \leq x} P(X = x_1) = \sum_{x_i \leq x} p_i \tag{8.7}$$

8.1.1.2 连续型随机变量及其概率密度函数

对于随机变量 X，如果存在一个定义域 $(-\infty, +\infty)$ 的非负实值函数 $f(x)$，使得 X 的分布函数 $F(x)$ 可以表示为

$$F(x) = P(X \leqslant x) = \int_{-\infty}^{x} f(t)\,\mathrm{d}t \quad -\infty < x < +\infty \tag{8.8}$$

则称 X 为连续型随机变量，$f(x)$ 为 X 的概率分布密度函数，简称概率密度函数。

概率密度函数 $f(x)$ 有如下基本性质：

1）$f(x) \geqslant 0$，$-\infty < x < +\infty$；

2）$\int_{-\infty}^{+\infty} f(x)\,\mathrm{d}x = 1$；

3）对于任意的实数 $a, b(a < b)$，都有 $P(a < x \geqslant b) = \int_{a}^{b} f(x)\,\mathrm{d}x$；

4）对于实数轴上任意一个集合 S（S 可以是若干个区间的并），$P(x \in S) = \int_{S} f(x)\,\mathrm{d}x$，由此可见，概率密度函数可完全刻画出连续型变量的概率分布规律；

5）在 $f(x)$ 的连续点处，当 Δx 充分小时，$P(x < X \leqslant x + \Delta x) \approx f(x)\Delta x$，即 X 取之于 x 临近的概率与 $f(x)$ 的大小成正比。当 $f(x)$ 在某点 x_0 处的值较大时，随机变量 X 在 x_0 临近取值的可能性就较大，反之，则较小。

常见的连续型随机变量包括：

（1）均匀分布

均匀分布的概率密度函数如下式：

$$f(x) = \begin{cases} \dfrac{1}{b-a}, & a < x < b \\ 0, & \text{其他} \end{cases} \tag{8.9}$$

显然，均匀分布有如下性质：

1）$P(x \geqslant b) = P(x \leqslant a) = 0$；

2）对任意满足 $a < c < d < b$ 的 c，d，有 $P(c < x < d) = \int_{c}^{d} \dfrac{1}{b-a}\,\mathrm{d}x = \dfrac{d-c}{b-a}$；

3）X 的分布函数为 $F(x) = \begin{cases} 0, & x \leqslant a \\ \dfrac{x-a}{b-a}, & a < x < b \\ 1, & x \geqslant b \end{cases}$。

（2）指数分布

若随机变量 X 的概率密度函数：

$$f(x) = \begin{cases} \lambda e^{-\lambda x}, & x > 0 \\ 0, & x \leqslant 0 \end{cases} \tag{8.10}$$

式中，$\lambda > 0$ 为常数，则称 X 服从参数 λ 的指数分布，此时有

1）X 的分布函数为 $F(x) = \begin{cases} 0, & x \leqslant 0 \\ 1 - e^{-\lambda x}, & x > 0 \end{cases}$；

2）$P(X > t) = e^{-\lambda t}(t > 0)$；

3）$P(t_1 < X < t_2) = e^{-\lambda t_1} - e^{-\lambda t_2}(t_1 > 0, t_2 > 0)$；

4）对任意的 $t > 0, s > 0, P(X > s + t \mid X > s) = P(X > t)$。

165

（3）正态分布

若随机变量 X 的概率密度函数：

$$f(x) = \frac{1}{\sqrt{2\pi}\sigma}e^{-\frac{(x-\mu)^2}{2\sigma^2}} \qquad (-\infty < x < +\infty) \tag{8.11}$$

式中，μ、$\sigma(\sigma > 0)$ 是两个常数，则称 X 服从参数 μ、σ 的正态分布，记为 $X: N(\mu, \sigma^2)$。此时有：

1）正态分布曲线是关于直线 $x = \mu$ 对称；

2）当 $x = \mu$ 时，$f(x)$ 达到最大值 $\frac{1}{\sqrt{2\pi}\sigma}$；

3）曲线以 x 轴为渐进线；

4）当 $x = \mu \pm \sigma$ 时，曲线有拐点；

5）若固定 σ，改变 μ 的值，则曲线的位置沿 x 轴平移，曲线形状不发生变化；

6）若固定 μ，改变 σ 的值，σ 越小，曲线的峰顶越高，曲线越陡峭，σ 越大，曲线的峰顶越低，曲线越平坦。

正态分布的参数 σ 的大小表示正态变量取值的集中或分散程度，σ 越大，其取值越分散，而参数 μ 则反映了正态变量的平均取值及取值的集中位置。

当 $\mu = 0$ 且 $\sigma = 1$ 的正态分布 $N(0,1)$ 为标准正态分布，它的概率密度函数和分布函数记为

$$\varphi(x) = \frac{1}{\sqrt{2\pi}}e^{-\frac{x^2}{2}} \tag{8.12}$$

$$\Phi(x) = \int_{-\infty}^{x} \frac{1}{\sqrt{2\pi}}e^{-\frac{t^2}{2}}dt \tag{8.13}$$

显然：

1）$\varphi(-x) = \varphi(x)$，$\Phi(-x) = 1 - \Phi(x)$，$\Phi(0) = 1/2$；

2）$P(a < X \leqslant b) = \Phi(b) - \Phi(a)$；

3）$P(|X| \leqslant a) = \Phi(a) - \Phi(-a) = 2\Phi(a) - 1,(a > 0)$；

4）$P(|X| > a) = 1 - P(|X| \leqslant a) = 2[1 - \Phi(a)],(a > 0)$。

如果随机变量 $X \sim N(\mu, \sigma^2)$，则 $X^* = \dfrac{X - \mu}{\sigma} \sim N(0,1)$。通常将 $X^* = \dfrac{X - \mu}{\sigma}$ 称为 X 的标准化随机变量。若 $X \sim N(\mu, \sigma^2)$，则有

1）$P(X \leqslant x) = P\left(\dfrac{X - \mu}{\sigma} \leqslant \dfrac{x - \mu}{\sigma}\right) = \Phi\left(\dfrac{x - \mu}{\sigma}\right)$；

2）$P(a < x < b) = P\left(\dfrac{a - \mu}{\sigma} < \dfrac{X - \mu}{\sigma} < \dfrac{b - \mu}{\sigma}\right) = \Phi\left(\dfrac{b - \mu}{\sigma}\right) - \Phi\left(\dfrac{a - \mu}{\sigma}\right)$。

8.1.2 统计量及其分布

8.1.2.1 总体与随机样本

在数理统计中，我们把研究对象的全体称为总体，而把组成总体的每个基本单元

称为个体（或样品）。总体是一个带有确定概率分布的随机变量，为了对总体 X 的分布规律进行各种所需的研究，就必须对总体进行抽样观察，再根据抽样观察所得到的结果来推断总体的性质。这种从总体 X 中抽取若干个体来观察某种数量指标的取值过程，称为抽样（又称取样或采样），这种做法称为抽样法。

从一个总体 X 中，随机地抽取 n 个个体 x_1，x_2，$\cdots$，x_n，其中每个 x_i 是一次抽样观察结果，我们称 x_1，x_2，$\cdots$，x_n 为总体 X 的一组样本观察值。对于某一次具体的抽样结果来说，它是完全确定的一组数，但由于抽样的随机性，所以每个 x_i 的取值也带有随机性，这样每个 x_i 又可以看做某个随机变量 $X_i(i = 1,2,\cdots,n)$ 所取的观察值。我们将 $(X_1$，X_2，$\cdots$，$X_n)$ 称为容量为 n 的样本，又将各个 $X_i(i = 1,2,\cdots,n)$ 为样品，而 $(x_1$，x_2，$\cdots$，$x_n)$ 就是样本 $(X_1$，X_2，$\cdots$，$X_n)$ 的一组观察值，称为样本值。

这样总体就是一个随机变量 X，所谓一个容量有 n 的样本就是一个 n 维随机变量 $(X_1$，X_2，$\cdots$，$X_n)$，其中各个 $X_i(i = 1,2,\cdots,n)$ 相互独立且与总体 X 具有相同概率分布。显然，若总体 X 具有分布函数 $F(x)$，则 $(X_1,X_2,\cdots,X_n)$ 的联合分布函数为

$$F^*(x_1,x_2,\cdots,x_n) = \prod_{i=1}^{n} F(x_i) \tag{8.14}$$

若 X 具有概率密度 $f(x)$，则 $(X_1$，X_2，$\cdots$，$X_n)$ 的联合概率密度函数为

$$f^*(x_1,x_2,\cdots,x_n) = \prod_{i=1}^{n} f(x_i) \tag{8.15}$$

8.1.2.2 统计量与抽样分布

设 $(X_1,X_2,\cdots,X_n)$ 是来自总体 X 的一个样本，$g(X_1,X_2,\cdots,X_n)$ 是 $X_1,X_2,\cdots,X_n$ 的函数，若 g 是连续函数且 g 中不含任何未知参数，则称 $g(X_1,X_2,\cdots,X_n)$ 是一个统计量，若 x_1，$x_2,\cdots,x_n$ 是 $X_1,X_2,\cdots,X_n$ 的样本观察值，则称 $g(x_1,x_2,\cdots,x_n)$ 是 $g(X_1,X_2,\cdots,X_n)$ 的观察值（统计值）。由于样本 $(X_1,X_2,\cdots,X_n)$ 是随机变量，所以作为样本的函数的统计量 $g(X_1,X_2,\cdots,X_n)$ 也是随机变量。当已知总体 X 的分布时，统计量应有确定的概率分布，我们称统计量的分布为抽样分布。

下面介绍几种常用的统计量。

设 $(X_1$，X_2，$\cdots$，$X_n)$ 是来自总体 X 的一个样本，$(x_1$，x_2，$\cdots$，$x_n)$ 是该样本的观察值，则可以定义统计量：

样本平均值：$\bar{X} = \dfrac{1}{n} \sum_{i=1}^{n} X_i$；

样本方差：$S^2 = \dfrac{1}{n-1} \sum_{i=1}^{n} (X_i - \bar{X})^2 = \dfrac{1}{n-1} \left[\sum_{i=1}^{n} X_i^2 - n\bar{X}^2 \right]$；

样本标准差：$S = \sqrt{S^2} = \sqrt{\dfrac{1}{n-1} \sum_{i=1}^{n} (X_i - \bar{X})^2}$；

样本 k 阶（原点）矩：$A_k = \dfrac{1}{n} \sum_{i=1}^{n} X_i^k, k = 1,2,\cdots$；

样本 k 阶中心矩：$B_k = \frac{1}{n} \sum\limits_{i=1}^{n} (X_i - \bar{X})^k, k = 1, 2, \cdots$。

它们的观察值分别是

$$\bar{x} = \frac{1}{n} \sum_{i=1}^{n} x_i$$

$$s^2 = \frac{1}{n-1} \sum_{i=1}^{n} (x_i - \bar{x})^2 = \frac{1}{n-1} \left[\sum_{i=1}^{n} x_i^2 - n\bar{x}^2 \right]$$

$$s = \sqrt{s^2} = \sqrt{\frac{1}{n-1} \sum_{i=1}^{n} (x_i - \bar{x})^2}$$

$$a_k = \frac{1}{n} \sum_{i=1}^{n} x_i^k, k = 1, 2, \cdots$$

$$b_k = \frac{1}{n} \sum_{i=1}^{n} (x_i - \bar{x})^k, k = 1, 2, \cdots$$

这些观察值仍分别称为样本均值、样本方差、样本标准差、样本 k 阶矩、样本 k 阶中心矩。

下面介绍来自正态总体的几个常用统计量分布。

（1）χ^2 分布

设 X_1，X_2，$\cdots$，X_n 是来自 $N(0,1)$ 的一个样本，则称统计量 $\chi^2 = X_1^2 + X_2^2 + \cdots + X_n^2$ 服从自由度为 n 的 χ^2 分布，记为 $\chi^2 \sim \chi^2(n)$。χ^2 分布的概率密度函数为

$$f(x) = \begin{cases} \dfrac{1}{2^{\frac{n}{2}} \Gamma\left(\dfrac{n}{2}\right)} x^{\frac{n}{2}-1} \mathrm{e}^{-\frac{x}{2}}, & x > 0 \\ 0, & x \leqslant 0 \end{cases} \tag{8.16}$$

χ^2 分布有如下性质：

1）设 $\chi_1^2 \sim \chi^2(n_1)$，$\chi_2^2 \sim \chi^2(n_2)$，且 χ_1^2, χ_2^2 独立，则 $\chi_1^2 + \chi_2^2 \sim \chi^2(n_1 + n_2)$，即 χ^2 分布有可加性。

2）若 $\chi^2 \sim \chi^2(n)$，则期望 $E(\chi^2) = n$，方差 $D(\chi^2) = 2n$。

（2）t 分布

设 $X \sim N(0,1), Y \sim \chi^2(n)$，且 X, Y 相互独立，则称随机变量 $T = \dfrac{X}{\sqrt{Y/n}}$ 为服从自由度为 n 的 t 分布，记作 $T \sim t(n)$。t 分布的概率密度函数为

$$f(t) = \frac{\Gamma\left[(n+1)/2\right]}{\sqrt{\pi n} \Gamma(n/2)} \left(1 + \frac{t^2}{n}\right)^{-(n+1)/2}, \quad -\infty < t < +\infty \tag{8.17}$$

（3）F 分布

设 $U \sim \chi^2(n_1), V \sim \chi^2(n_2)$，且 U, V 相互独立，则称随机变量 $F = \dfrac{U/n_1}{V/n_2}$ 服从自由度为 (n_1, n_2) 的 F 分布，记为 $F \sim F(n_1, n_2)$。F 分布的概率密度函数为

$$f(y) = \begin{cases} \dfrac{\Gamma[(n_1+n_2)/2] \cdot (n_1/n_2)^{n_1/2} \cdot y^{(n_1/2)-1}}{\Gamma(n_1/2)\Gamma(n_2/2) \cdot [1+(n_1y/n_2)]^{(n_1+n_2)/2}}, & y>0 \\ 0, & \text{其他} \end{cases} \qquad (8.18)$$

（4）正态总体样本均值与样本方差的抽样分布

这里主要介绍几个抽样分布定理。

定理一：设 X_1，X_2，$\cdots$，X_n 是来自正态总体 $N(\mu, \sigma^2)$ 的样本，$\bar{X}$、S^2 分别是样本均值和样本方差，则有

1）$\bar{X} \sim N\left(\mu, \dfrac{\sigma^2}{n}\right)$；

2）$\dfrac{(n-1)}{\sigma^2}S^2 \sim \chi^2(n-1)$；

3）$\bar{X}$ 与 S^2 相互独立；

4）$T = \dfrac{(\bar{X}-\mu)\sqrt{n}}{S} \sim t(n-1)$。

定理二：设 X_1，X_2，$\cdots$，X_{n_1} 与 Y_1，Y_2，$\cdots$，Y_{n_2} 分别是从总体 $N(\mu_1, \sigma^2)$，$N(\mu_2, \sigma^2)$ 中抽取的样本，且这两样本相互独立，则有

$$T = \frac{(\bar{X}-\bar{Y})-(\mu_1-\mu_2)}{S_w\sqrt{\dfrac{1}{n_1}+\dfrac{1}{n_2}}} \sim t(n_1+n_2-2)$$

式中，$S_w^2 = \dfrac{(n_1-1)S_1^2+(n_2-1)S_2^2}{(n_1+n_2-2)}$，$\bar{X}$、$\bar{Y}$ 分别是两样本的均值，S_1^2、S_2^2 分别是两样本的方差。

定理三：设 X_1，X_2，$\cdots$，X_{n_1} 与 Y_1，Y_2，$\cdots$，Y_{n_2} 分别是从总体 $N(\mu_1, \sigma_1^2)$，$N(\mu_2, \sigma_2^2)$ 中抽取的样本，且这两样本相互独立，则有

$$F = \frac{S_1^2/\sigma_1^2}{S_2^2/\sigma_2^2} \sim F(n_1-1, n_2-1)$$

式中，S_1^2、S_2^2 分别是两样本的方差。

8.1.3　森林火灾的概率分布

中国是森林火灾多发的国家之一。森林火灾对植被和生态造成严重破坏，危及人类的生存，造成严重的经济损失。为了防治森林火灾，需要研究对火灾发生频率的预报方法，显然对森林火灾历史数据的概率分布进行研究具有重要意义。

森林火灾面积与发生次数也呈一定的概率分布关系。文献 [3] 和文献 [5] 详细统计了中国 1950～1989 年的森林火灾数据，发现森林火灾面积与概率呈幂率关系，如图 8.1 所示的中国森林火灾面积与发生次数之间的关系图，并用幂率概率分布进行拟合，其中 A_f 为森林火灾面积，A_g 为森林总面积，f_r 为森林火灾发生次数。从图 8.1 中可以发现，数据显示出较好的"频率 – 面积"幂律关系：

$$f_r \approx (A_f/A_g)^{-\alpha} \qquad (8.19)$$

面积越大的火灾，其发生的频率越小，面积越小的火灾，发生的频率越大，"频率－面积"曲线在对数坐标系下为一条直线，直线的斜率绝对值（即 α）为 1.25～1.30。图 8.1 中显示的中国 40 年来的火灾数据被分为两组，即 1950～1969 年数据和 1970～1989 年数据。两组数据表现出的"频率－面积"幂律关系基本吻合。这表明，同一片森林，在树种、气候和人为条件变化不大的情况下，森林火灾"频率－面积"幂律关系是稳定的。

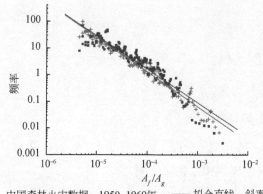

图 8.1　中国森林火灾面积与发生次数之间的关系图

如果我们关注森林火灾"频率－面积"幂律关系的地域性差别[5]，如图 8.2 和图 8.3 中所示的典型北方（黑龙江省和内蒙古自治区）和南方（广西壮族自治区和云南省）的森林火灾面积与发生次数之间的关系图。这两个图的数据也很好地符合"频率－面积"幂律关系，但其参数值 α 有点差异，黑龙江省、内蒙古自治区、广西壮族自治区和云南省的"频率－面积"幂律关系参数值分别是 1.09、1.17、1.35、1.76。显然南方的 α 值比北方的 α 值大，相信 α 值是受气候条件、森林物种和人为因素决定的。

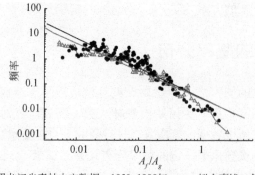

图 8.2　中国典型北方地区森林火灾面积与发生次数之间的关系图

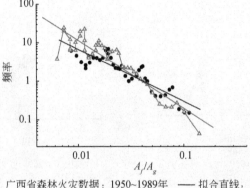

● 广西省森林火灾数据：1950~1989年　　—— 拟合直线，斜率：-1.35
△ 云南省森林火灾数据：1950~1989年　　—— 拟合直线，斜率：-1.76

图 8.3　中国典型南方地区森林火灾面积与发生次数之间的关系图

如果我们关注森林火灾"频率-面积"幂律关系的时间段的差别[6]，如图 8.4（a）~（d）我们比较了 1960 年、1970 年、1980 年和 1987 年前后中国全国范围内森林火灾统计数据的变化情况。由图 8.4（a）中看到 1950~1969 年的森林火灾分布都满足明显的幂律分布，同时两组数据的幂律分布在大体重合的基础上略有差别。与 20 世纪 50 年代相比，60 年代的小火灾频率较高，随着火灾规模的增加，两组数据对应的火灾频率越来越接近，在火灾面积为 150~600km² 时两组数据出现了交叉，对于规模更大的火灾，50 年代的发生频率超过了 60 年代。图 8.4（b）是 1960~1979 年的森林火灾记录，由图中可以发现与图 8.4（a）中类似的现象，唯一不同的是时间的先后顺序：70 年代的小火灾发生频率比 60 年代小，而 70 年代的大规模火灾发生频率却比 60 年代有所增加。图 8.4（c）中的情况与图 8.4（a）类似。综合图 8.4（a）~（c），可以看到真实的森林火灾记录符合幂率关系，小火灾频率出现变化的原因通常是森林火灾系统外界条件降水、人为因素等变化的结果，可能是某一个条件的变化，也可能是某几个条件变化的综合结果。由图中可以发现，当小火灾发生次数较少时，同一时期的大火灾就发生得比较频繁，这可以理解为较多的小火灾可以减小森林可燃物的密度，从而在一定程度上使得大火灾不易发生。图 8.4（d）中比较了中国全国范围内 1978~1997 年的森林火灾变化情况。1987 年 5 月 6 日至 6 月 2 日发生了一次重大森林火灾——大兴安岭火灾。这次火灾的受害森林面积达 8.7×10³km²，直接经济损失达 20 亿元。大兴安岭火灾之后，我国加大了森林管理力度，对单次森林火灾的扑救更加及时和有效。因此，1987 年以后中、小火灾的发生频率降低了大约一个数量级。同时我们可以看到，随着火灾面积的增加，两组数据逐渐接近，对于面积为 100~500km² 的火灾，两组数据对应的火灾发生频率已经重合在一起，如果不考虑 1987 年前后火灾防治手段的变化，按照自组织临界性规律和图 8.4（a）~（c）中所示的中国森林火灾历史数据，则 1987 年以后存在着森林可燃物密度增加的趋势，而森林可燃物密度的增加，会增加大火灾发生的概率。

对森林火灾统计数据中小尺度火灾记录进行统计具有重要意义，如果获得了一片森林在过去若干年的火灾记录，就可以确定它的幂律分布参数，进而利用这些参数来

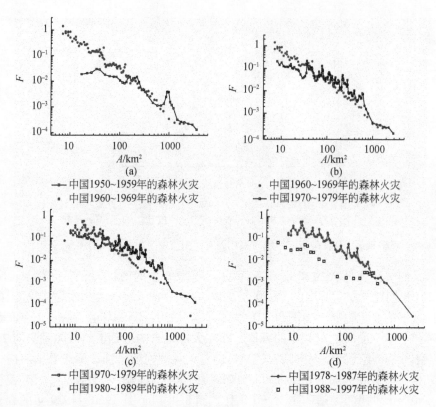

图 8.4　中国 1950~1997 年森林火灾的频率–面积分布

预测这片森林在未来若干年的火灾分布情况。并且，可以利用中小火灾的分布估计出大规模火灾的发生概率。因此，小火灾分布的准确度量对大规模火灾发生情况的估计至关重要，对小火灾分布度量的误差将呈指数增长传递到大火灾的估计结果之中。我们对日本小尺度森林火灾记录进行统计分析[7]，所用日本森林火灾数据由日本国立消防研究所提供。数据记录了小到 100m² 的所有森林火灾，小尺度火灾记录的缺失程度非常轻微，因而可望较好地体现小尺度火灾的分布规律。数据涵盖了 1989~1994 年日本全国范围内的森林火灾事件，平均每年详细记录的森林火灾数约为 2000 起左右。图8.5 是日本全国范围内 1989~1994 年的森林火灾数据及其拟合直线（"累积频率–面积"分布图），图中采用了双对数坐标系。其中，横轴是火灾面积；纵轴表示大于对应面积的火灾发生频率之和。有模型证明"累积频率–面积"分布在双对数坐标系中是一条直线，为此，对图 8.5 中的六组数据进行了线性拟合，发现六组数据都较好地分布于一条直线上。表 8.1 给出了线性拟合的特征值。从表 8.1 来看，直线斜率的误差都小于 1%，"累积频率–面积"分布较好地满足了幂律分布。从 1989 年到 1994 年，火灾的分布所遵循的幂律关系具有相近的参数，拟合直线的斜率平均值为 − 0.791 37，标准偏差为 0.032 453；拟合直线的截距平均值为 0.381 42，标准偏差为 0.060 892。不同年份火灾分布的性质（斜率和截距）基本不变。这说明，日本的森林火灾系统具有自组织临界性，并且具有稳定性，即不随时间而改变。从图 8.5 中还可以看到，虽然火灾的分布在相当大的面积范围内都满足幂律关系，但当火灾面积很大和火灾面积很小时，火灾的分布与幂律分布发生了明显的偏移：在火灾面积很小和很大的两个区域（即曲线的两端），火灾发生频率比幂律曲线小，火灾分布总体上呈现出"平头重尾"现象。对大火灾区域的偏离现象，由于目前已经有了较为合理的解释[5]，我们重点关注小火灾区域的偏离现象。观察图 8.5 中的六组"累积频率 – 面积"曲线，会发现它们在中、小火灾区域具有相同的性质：即以相同的趋势渐近地趋向一条直线。

表 8.1 日本森林火灾累积频率 – 面积分布（图 8.5）拟合直线的特征值

年份	直线斜率	斜率误差	直线截距	截距误差	相关系数
1989	– 0.793 57	0.003 5	0.426 48	0.008 18	– 0.998 21
1990	– 0.830 86	0.006 27	0.468 23	0.013 27	– 0.995 42
1991	– 0.764	0.003 71	0.312 48	0.008 3	– 0.998 04
1992	– 0.782 77	0.005 34	0.316 62	0.011 27	– 0.996 71
1993	– 0.750 67	0.003 48	0.379 25	0.008 16	– 0.997 77
1994	– 0.826 33	0.005 1	0.385 45	0.011 26	– 0.997 21
均值与（偏差）	– 0.791 37	（0.032 453）	0.381 42	（0.060 892）	

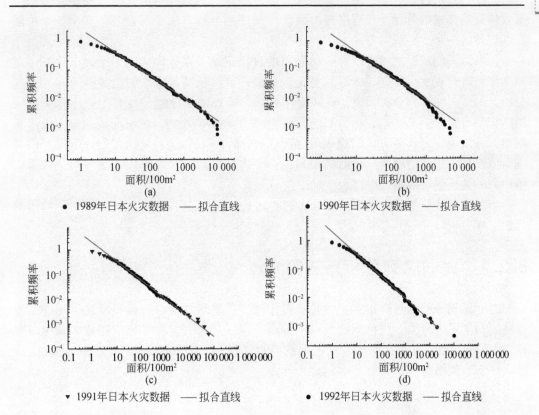

● 1989年日本火灾数据 ——拟合直线

● 1990年日本火灾数据 ——拟合直线

▼ 1991年日本火灾数据 ——拟合直线

● 1992年日本火灾数据 ——拟合直线

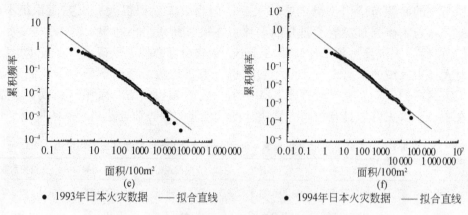

图 8.5　1989～1994 年日本火灾累积频率－面积分布

8.2　时间序列分析方法

公共安全科学的随机性规律中包含大量时间序列的统计分析，如通过长期的降雨量时间序列分析可预测下一年度暴雨灾害的可能性、传染病案例数的时间序列分析可探索传染病爆发的可能性和程度等。因此时间序列分析方法是探索公共安全科学中随机性规律的一类重要研究方法。

按照时间的顺序把随机事件变化发展的过程记录下来就构成了一个时间序列。对时间序列进行观察、研究，找寻其变化发展的规律，预测其将来的走势就是时间序列分析。对于时间序列分析来说，有两类序列，一类是随机序列，按时间顺序排列的一组随机变量 $(\cdots, X_1, X_2, \cdots, X_t, \cdots)$；一类是观察值序列，随机序列的 n 个有序观察值，称之为序列长度为 n 的观察值序列 $(x_1, x_2, \cdots, x_n)$。显然我们所能得到的是观察值序列，观察值序列只是随机序列的一个实现，时间序列分析方法即是通过观察值序列的性质进行推断，以揭示随机序列的性质。

本节在阐述典型时间序列分析方法的基础上，举例说明社会安全中"110"接警数据的时序分析。

8.2.1　时间序列分析方法简介

时间序列分析方法有很多，如趋势外推法、移动平均法、指数平滑法、ARMA 模型法、马尔可夫方法、灰色系统模型法等[8]。对于公共安全科学，应用较多的是 AR-MA 模型法、马尔可夫预测法、灰色系统模型法等。下面就简要介绍这三种方法的概念、原理、模型等。

8.2.1.1　ARMA 模型法

ARMA 模型法中涉及滑动平均模型（MA）、自回归模型（AR）和自回归滑动平均模型（ARMA）。

设 $y_t(t = 1,2,\cdots)$ 为一个随机时间序列，即对每个固定的 t，y_t 是一个随机变量。如果 y_t 满足如下条件：① $E(y_t) = \mu(t = 1,2,\cdots;\mu$ 为常数)；② $E(y_{t+k} - \mu)(y_t - \mu) = \gamma_k(k = 0, \pm1, \pm2, \cdots)$，则称 y_t 为平稳序列，γ_k 称为自协方差函数，$\rho_k = \gamma_k/\gamma_0$ 为自相关函数。

（1）滑动平均模型（MA）

若序列值 y_t 是现在和过去的误差的线性组合，即

$$y_t = U_t - \theta_1 U_{t-1} - \theta_2 U_{t-2} - \cdots - \theta_q U_{t-q} \tag{8.20}$$

则称上式为序列值 y_t 的 q 阶滑动平均模型。θ_1，θ_2，$\cdots$，θ_q 为滑动平均参数，简记此模型为 MA(q) 模型。U_t 是白噪声序列或误差序列，满足

1) $E(U_t) = 0$

2) $E(U_t U_s) = \begin{cases} \sigma_u^2, t = s \\ 0, t \neq s \end{cases}$

3) $E(U_t y_{t-i}) = 0$

条件 3）表明，t 时刻的误差 U_t 与 y_t 的过去值 y_{t-1} 无关。并且还假定 U_t 服从正态分布 $N(0,\sigma_u^2)$。

（2）自回归模型（AR）

若序列值 y_t 可以表示为它的先前值 y_{t-1} 和一个误差值 U_t 的线性函数，则称此模型为自回归模型，相应的 y_t 序列称为自回归序列，称

$$y_t = \alpha_1 y_{t-1} + \alpha_2 y_{t-2} + \cdots + \alpha_p y_{t-p} + U_t \tag{8.21}$$

为序列值 y_t 的 p 阶自回归模型，简称为 AR(P) 模型。α_1，α_2，$\cdots$，α_p 为自回归参数。它表明 $y_{t-i}(i = 1,2,\cdots,p)$ 每改变一个单位时间值时，对 y_t 所产生的影响，它是根据样本观察值来估计的参数。U_t 是白噪声序列或误差序列。

（3）自回归滑动平均模型（ARMA）

若序列值 y_t 是现在和过去的误差以及先前序列值的线性组合，即

$$y_t = \alpha_1 y_{t-1} + \alpha_2 y_{t-2} + \cdots + \alpha_p y_{t-p} + U_t - \theta_1 U_{t-1} - \theta_2 U_{t-2} - \cdots - \theta_q U_{t-q} \tag{8.22}$$

则称上式为自回归滑动平均模型，记为 ARMA(p, q)。其中 p，q 分别称为自回归与滑动平均的阶数。

（4）时间序列的自相关分析

自相关分析法是进行时间序列分析的有效方法，它简单易行、较为直观，根据绘制的自相关分析图和偏自相关分析图，我们可以初步地识别平稳序列的模型类型和模型阶数。利用自相关分析法可以测定时间序列的随机性和平稳性，以及时间序列的季节性。

自相关函数是滞后期为 k 的自协方差函数：$r_k = \text{cov}(y_{t-k},y_t)$，则 $\{y_t\}$ 的自相关函数为 $\rho_k = r_k/(\sigma_{y_{t-k}}\sigma_{y_t})$，其中 $\sigma_{y_t}^2 = E[y_t - E(y_t)]^2$。当序列平稳时，自相关函数可写

为 $\rho_k = r_k/r_0$。样本自相关函数为 $\hat{\rho}_k = \left.\sum_{t=1}^{n-k} (y_t - \bar{y})(y_{t+k} - \bar{y}) \middle/ \sum_{t=1}^{n} (y_t - \bar{y})^2\right.$，其中 $\bar{y} = \sum_{t=1}^{n} y_t/n$，它可以说明不同时期的数据之间的相关程度，其取值范围在 $-1 \sim 1$，值越接近于 1，说明时间序列的自相关程度越高。样本的偏自相关函数：

$$\hat{\varphi}_{kk} = \begin{cases} \hat{\rho}_1, & k = 1 \\ \left(\hat{\rho}_k - \sum_{j=1}^{k-1} \hat{\varphi}_{k-1,j}\hat{\rho}_j\right) \middle/ \left(1 - \sum_{j=1}^{k-1} \hat{\varphi}_{k-1,j}\hat{\rho}_j\right), & k = 2,3,\cdots,n \end{cases} \tag{8.23}$$

式中，$\hat{\varphi}_{k,j} = \hat{\varphi}_{k-1,j} - \hat{\varphi}_{kk}\varphi_{k-1,k-j}$。

时间序列的随机性，是指时间序列各项之间没有相关关系的特征。使用自相关分析图判断时间序列的随机性，一般给出如下准则：①若时间序列的自相关函数基本上都落入置信区间，则该时间序列具有随机性；②若较多自相关函数落在置信区间之外，则认为该时间序列不具有随机性。

判断时间序列是否平稳，可以运用自相关分析图，其准则是：①若时间序列的自相关函数 $\hat{\rho}_k$ 在 $k > 3$ 时都落入置信区间，且逐渐趋于零，则该时间序列具有平稳性；②若时间序列的自相关函数更多地落在置信区间外面，则该时间序列就不具有平稳性。

$AR(p)$ 模型的偏自相关函数 φ_{kk} 是以 p 步截尾的，自相关函数拖尾。$MA(q)$ 模型的自相关函数具有 q 步截尾性，偏自相关函数拖尾。这两个性质可以分别用来识别自回归模型和移动平均模型的阶数。$ARMA(p,q)$ 模型的自相关函数和偏相关函数都是拖尾的。

(5) ARMA 模型的建模

A. 模型阶数的确定

ARMA 模型阶数的确定方法有基于自相关函数和偏相关函数，基于 F - 检验确定阶数，利用信息准则法定阶（AIC 准则和 BIC 准则）等，这里介绍基于自相关函数和偏相关函数的定阶方法。对于 $ARMA(p,q)$ 模型，可以利用其样本的自相关函数 $\{\hat{\rho}_k\}$ 和样本偏自相关函数 $\{\hat{\varphi}_{kk}\}$ 的截尾性判定模型的阶数。具体方法如下：

1) 对于每一个 q，计算 $\hat{\rho}_{q+1}$，$\hat{\rho}_{q+2}$，$\cdots$，$\hat{\rho}_{q+M}$（M 取为 $\sqrt{n}$ 或者 $n/10$），考察其中满足 $\hat{\rho}_k \leqslant \frac{1}{\sqrt{n}}\sqrt{1 + 2\sum_{i=1}^{q} \hat{\rho}_i^2}$ 或者 $\hat{\rho}_k \leqslant \frac{2}{\sqrt{n}}\sqrt{1 + 2\sum_{i=1}^{q} \hat{\rho}_i^2}$ 的个数是否占 M 个的 68.3% 或者 95.5%。如果 $1 \leqslant k \leqslant q_0$，$\hat{\rho}_k$ 都明显地异于零，而 $\hat{\rho}_{q_0+1}$，$\hat{\rho}_{q_0+2}$，$\cdots$，$\hat{\rho}_{q_0+M}$ 均近似于零，并且满足上述不等式之一的 $\hat{\rho}_k$ 的个数达到其相应的比例，则可以近似地判定 $\{\hat{\rho}_k\}$ 是 q_0 步截尾，平稳时间序列 $\{y_t\}$ 为 $MA(q_0)$。

2) 类似地，我们可通过计算序列 $\{\hat{\varphi}_{kk}\}$，考察其中满足 $|\hat{\varphi}_{kk}| \leqslant \frac{1}{\sqrt{n}}$ 或者 $|\hat{\varphi}_{kk}| \leqslant \frac{2}{\sqrt{n}}$ 的个数是否占 M 个的 68.3% 或者 95.5%。即可以近似地判定 $\{\hat{\varphi}_{kk}\}$ 是 p_0 步截尾，平稳时间序列 $\{y_t\}$ 为 $AR(p_0)$。

3) 如果对于序列 $\{\hat{\varphi}_{kk}\}$ 和 $\{\hat{\rho}_k\}$ 来说，均不截尾，即不存在上述的 p_0 和 q_0，则

可以判定平稳时间序列 $\{y_t\}$ 为 ARMA 模型。

B. 模型参数的估计

在 ARMA (p,q) 模型中，总共有 α_1，α_2，$\cdots$，α_p，σ_u^2，α_1，α_2，$\cdots$，α_p 等 $p+q+1$ 个参数需要估计。如果该模型的误差序列 U_t 是服从正态分布的，就可以以最小二乘法和极大似然法来估计这些参数。对于极大似然法：

第一步，首先估计 α_k，其估计值 $\hat{\alpha}_k(k=1,2,\cdots,p)$ 是

$$\begin{bmatrix} \hat{\alpha}_1 \\ \hat{\alpha}_2 \\ \vdots \\ \hat{\alpha}_k \end{bmatrix} = \begin{bmatrix} \hat{\rho}_q & \hat{\rho}_{q-1} & \cdots & \hat{\rho}_{q-p+1} \\ \hat{\rho}_{q+1} & \hat{\rho}_q & \cdots & \hat{\rho}_{q-p} \\ \vdots & \vdots & & \vdots \\ \hat{\rho}_{q+p-1} & \hat{\rho}_{q+p-2} & \cdots & \hat{\rho}_q \end{bmatrix} \begin{bmatrix} \hat{\rho}_{q+1} \\ \hat{\rho}_{q+2} \\ \vdots \\ \hat{\rho}_{q+p} \end{bmatrix} \tag{8.24}$$

式中，$\hat{\rho}_k$ 是样本的自相关函数，它由观测值来计算。

第二步，令：

$$\tilde{y}_t = y_t - \hat{\alpha}_1 y_{t-1} + \hat{\alpha}_2 y_{t-2} + \cdots + \hat{\alpha}_p y_{t-p} \tag{8.25}$$

则 $\tilde{y}_t$ 的自相关函数可以由 y_t 的自相关函数 $\hat{\gamma}_k$ 表示。记

$$\hat{\gamma}_k = E(\tilde{y}_t \tilde{y}_{t-k}) = \sum_{i,j=0}^{p} \hat{\alpha}_i \hat{\alpha}_j E(\tilde{y}_{t-1} \tilde{y}_{t-k-j}) = \sum_{i,j=0}^{p} \hat{\alpha}_i \hat{\alpha}_j \gamma_{i-j+k} \tag{8.26}$$

第三步，将 ARMA (p,q) 模型改成

$$\tilde{y}_t = U_t - \theta_1 U_{t-1} - \theta_2 U_{t-2} - \cdots - \theta_q U_{t-q} \tag{8.27}$$

则上式构成一个 MA 模型。由估计 MA 模型的参数的基本方法，求出 σ_u^2，θ_1，θ_2，$\cdots$，θ_q 的估计值，即求解下式

$$\hat{\gamma}_k = \begin{cases} \hat{\sigma}_u^2 (1 + \hat{\theta}_1^2 + \hat{\theta}_2^2 + \cdots + \hat{\theta}_q^2), k = 0 \\ \hat{\sigma}_u^2 (-\hat{\theta}_k + \hat{\theta}_1 \hat{\theta}_{k+1} + \cdots + \hat{\theta}_{q-k} \hat{\theta}_q), 1 \leq k \leq q \end{cases} \tag{8.28}$$

上式是含有 $q+1$ 个参数的非线性方程组，求解方法一般采用线性迭代法和牛顿－拉普森法。

C. 模型的预测

ARMA 模型的预测公式

$$\hat{y}_t(l) = \hat{\alpha}_1 \hat{y}_t(l-1) + \hat{\alpha}_1 \hat{y}_t(l-2) + \cdots + \hat{\alpha}_p \hat{y}_{t-p+1} - \hat{\theta}_l U_t - \cdots - \hat{\theta}_q U_{t-q+l} \tag{8.29}$$

其预测误差是

$$E(\varepsilon_t^2(l)) = (1 + \varphi_1^2 + \cdots + \varphi_{l-1}^2) \sigma_u^2 \tag{8.30}$$

显然预测的步数越多，预测误差的方差越大。其中 φ 是

$$y_t = \sum_{j=0}^{\infty} \varphi_j U_{t-j} \tag{8.31}$$

（6）ARIMA 模型的建模

ARIMA 模型由三个模型组成，分别称为 AR（自回归）模型。MA（移动平均）模型以及 ARMA（自回归移动平均）模型。一般来说，ARIMA 模型的运算分成四个步骤，分别是平稳性检验、模型识别、参数估计和模型优化。

1）平稳性检验。对于任何一个离散平稳过程，它都可以分解为两个不相关的平稳

序列之和，其中一个是随机性的，另一个为确定性的。对于随机性序列，可以通过 ARIMA 模型将其中的有用信息提取出来，而对于确定性的因素，可以采用一些简单的方法进行处理。而对于一个长期趋势为渐进增长或渐进下降的序列来说，它的表现是不平稳的，其中的确定性因素大大超过了随机性因素，因此难以提取出充分多的信息。差分是一种简便而又有效的提取确定性信息的方法，经过差分后，基本上消除了趋势性，序列变为平稳，因此非常有利于 ARIMA 模型进行随机信息的提取。平稳性检验采用的方法很多，常用的有游程检验法等。

2）模型识别。模型的识别是 ARIMA 模型计算过程中的关键步骤，一般的模型识别工具是自相关函数和偏自相关函数。对于不同的模型，其自相关函数和偏自相关函数表现为不同的形式[9]：对于 AR (p) 模型，自相关函数表现为拖尾，而偏自相关函数表现为 p 阶截尾；对于 MA (q) 模型，自相关函数表现为 q 阶截尾，而偏自相关函数表现为拖尾；对 ARMA 模型，则表现为自相关函数和偏自相关函数均不截尾。因此，对给定的样本数据，只要获得自相关函数和偏自相关函数的表现形式就可以判断出模型的类别。

3）参数估计。用于参数估计的算法主要有矩估计法、极大似然估计法、最小二乘估计法等。其中矩估计法由于方法简单但精度较差而很少采用，一般多采用极大似然估计法或最小二乘估计法。

4）模型优化。主要是检验模型参数的显著性与拟合残差的随机性。检验参数的显著性即通过假设检验来证明参数是否显著为零，若参数显著为零，则表明该参数对模型没有贡献，因此须将该参数舍弃，重新进行参数估计直到所有参数均显著为止。若模型拟合后与原序列的残差具有较强的随机性，表明模型已充分提取了原序列中的信息，否则说明原序列中还有信息尚未被模型提取出来，模型不是最优的，这时需考虑重新建立模型。

8.2.1.2 马尔可夫预测法

马尔可夫预测法是应用随机过程中马尔可夫链的理论和方法分析时间序列并进行预测的一种研究方法。所谓马尔可夫链，就是一种随机时间序列，它在将来取什么值只与它现在的取值有关，而与它过去取什么值的历史情况无关，即无后效性。具备这种性质的离散性随机过程，称为马尔可夫链。

（1）马尔可夫链

设随机时间序列 $\{X_n, n \geq 0\}$ 满足如下条件：

1）每个随机变量 X_n 只取非负整数值；

2）对任意的非负整数 $t_1 < t_2 < \cdots < m < m+k$，及 E_1，E_2，$\cdots$，E_m；E_j，当

$$P(X_{t_1} = E_1, X_{t_2} = E_2, \cdots, X_m = E_m) > 0 \tag{8.32}$$

时，有

$$P(X_{m+k} = E_j \mid X_{t_1} = E_1, X_{t_2} = E_2, \cdots, X_m = E_m) = P(X_{m+k} = E_j \mid X_m = E_m)$$

$$\tag{8.33}$$

则称 $\{X_n,\ n\geqslant 0\}$ 为马尔可夫链。X_n 所可能取到的每一个值 E_1，E_2，$\cdots$，E_m；E_j 称为状态。

显然马尔可夫链的概率特性取决于条件概率 $P(X_{m+k} = E_j \mid X_m = E_i)$，在概率论中，条件概率 $P(A \mid B)$ 表达了由状态 B 向状态 A 转移的概率，简称为状态转移概率。称：

$$p_{ij}^{(k)}(m) = P(X_{m+k} = E_j \mid X_m = E_i) \tag{8.34}$$

为 k 步转移概率。特别地，当 $k = 1$ 时，$P(X_{m+1} = E_j \mid X_m = E_i)$ 称为一步转移概率，记为

$$p_{ij}^{(k)}(m) = P(X_{m+1} = E_j \mid X_m = E_i) \tag{8.35}$$

若对任意非负整数 n，马尔可夫链 $\{X_n,\ n\geqslant 0\}$ 的一部转移概率 $p_{ij}(m)$ 与 m 无关，则称 $\{X_n,\ n\geqslant 0\}$ 为齐次马尔可夫链。齐次马尔可夫链的一次转移概率记为 p_{ij}，称：

$$P = \begin{bmatrix} p_{11} & p_{12} & \cdots & p_{1N} \\ p_{21} & p_{22} & \cdots & p_{2N} \\ \vdots & \vdots & & \vdots \\ p_{N1} & p_{N2} & \cdots & p_{NN} \end{bmatrix} \tag{8.36}$$

为一步转移概率矩阵。有如下性质：

$$\begin{cases} 0 \leqslant p_{ij} \leqslant 1, i,j = 1,2,\cdots,N \\ \sum_{j=1}^{N} p_{ij} = 1, i = 12,\cdots,N \end{cases} \tag{8.37}$$

称

$$P^{(k)} = \begin{bmatrix} p_{11}^{(k)} & p_{12}^{(k)} & \cdots & p_{1N}^{(k)} \\ p_{21}^{(k)} & p_{22}^{(k)} & \cdots & p_{2N}^{(k)} \\ \vdots & \vdots & & \vdots \\ p_{N1}^{(k)} & p_{N2}^{(k)} & \cdots & p_{NN}^{(k)} \end{bmatrix} \tag{8.38}$$

为 k 步转移概率矩阵。也有如下性质：

$$\begin{cases} 0 \leqslant p_{ij}^{(k)} \leqslant 1, & i,j = 1,2,\cdots,N \\ \sum_{j=1}^{N} p_{ij}^{(k)} = 1, & i = 1,2,\cdots,N \end{cases} \tag{8.39}$$

显然 k 步转移概率矩阵等于一步状态概率矩阵的 k 次方，即

$$P^{(k)} = P^k \tag{8.40}$$

(2) 马尔可夫预测方法

马尔可夫预测方法的最简单类型是预测下一期最可能出现的状态。可按如下步骤完成：

1）划分预测对象（系统）所出现的状态。从预测目的出发，并考虑决策者需要适当划分系统所处的对象。

2）计算初始概率。在实际问题中，分析历史资料所得的状态概率称为初始概率。

设有 N 个状态 E_1，E_2，$\cdots$，E_N。观测了 M 个时期，其中状态 $E_i(i = 1,2,\cdots,N)$ 出现了 M_i 次，于是 $f_i = M_i/M$ 就是 E_i 出现的频率，近似为概率。即 $f_i = p_i(i = 1,2,\cdots,N)$。

3）计算状态转移概率。首先计算状态 $E_i \rightarrow E_j$（由 E_i 转移到 E_j）的频率 $f_{ij} = f(E_j \mid E_j)$，接着从 M_i 个 E_i 出发，计算下一步转移到 E_j 的个数 M_{ij}，于是得到 $f_{ij} = M_{ij}/M$，并令 $f_{ij} = p_{ij}$。

4）根据转移概率进行预测。由3）可得状态转移概率矩阵 P。如果目前预测对象处于状态 E_i，这时 p_{ij} 就描述了目前状态 E_i 在未来转向状态 E_j 的可能性。按最大概率原则，这里选择（p_{i1}，p_{i2}，…，p_{iN}）中最大者对应的状态为预测结果。即当：

$\max\{p_{i1}, p_{i2}, \cdots, p_{iN}\} = p_{ij}$ 时，可以预测下一步系统将转向状态 E_j。

8.2.1.3 灰色系统模型法

灰色系统模型法对应于时间序列分析，其实就是灰色预测（grey prediction），是利用灰色系统理论就灰色系统所作的预测。灰色系统理论认为，尽管系统表象复杂，数据散乱，信息不充分，但作为系统，它必然有整体功能和内在规律，必然是有序的。灰色系统理论把随机量看做在一定范围内变化的灰色量，对灰色量的处理不是寻求它的统计规律和概率分布，而是对原始数据加以处理，将杂乱无章的原始数据变为规律性较强的生成数据，通过对生成数据建立动态模型，来挖掘系统内部信息并充分利用信息进行分析预测。灰色系统理论把一切随机过程看做在一定范围内变化的、与时间有关的灰色过程，将离散的原始数据整理成具有规律性的生成数列，然后再进行研究。

目前，灰色系统理论用于预测主要通过 $GM(m,n)$ 模型。其中应用最为广泛和简单的是 $GM(1，1)$ 模型，它具有所需数据少、计算量小的优点。

（1）生成数

灰色模型是将随机数经生成后变为有序的生成数据，然后建立微分方程，寻找生成数据的规律，再将运算结果还原的一种方法，其基础是数据的生成。常用的生成方式有累加生成和累减生成。

1）累加生成：累加生成（accumulated generating operation，AGO）是将原始数据通过累加以生成新的数列，记原始数列为 $x^{(0)}$：

$$x^{(0)} = \{x^{(0)}(k) \mid k = 1,2,\cdots,n\} = \{x^{(0)}(1), x^{(0)}(2), \cdots, x^{(0)}(n)\} \quad (8.41)$$

记 $x^{(0)}$ 的生成数列 $AGOx^{(0)}$ 为 $x^{(1)}$：

$$x^{(1)} = \{x^{(1)}(k) \mid k = 1,2,\cdots,n\} = \{x^{(1)}(1), x^{(1)}(2), \cdots, x^{(1)}(n)\} \quad (8.42)$$

式中，$x^{(1)}(1) = x^{(0)}(1), x^{(1)}(k) = x^{(1)}(k-1) + x^{(0)}(k), k = 2,3,\cdots,n$。

这样称 $x^{(1)}$ 为 $x^{(0)}$ 的一次累加生成，记为 1-AGO。定义 $x^{(0)}$ 的 2-AGO 为 $x^{(2)}$：$x^{(2)} = AGOx^{(1)}$。一般定义 $x^{(0)}$ 的 r 次 AGO 为 $x^{(r)}$：$x^{(r)} = AGOx^{(r-1)}$。原始数据经累加生成后，其随机性明显减小，而规律性将增加。对于非负的数据序列，累加生成的是一个递增的序列。

2）累减生成：累减生成（inverse accumulated generating operation，IAGO）是累加生成的逆运算，它是通过将原始序列前后两个数据相减生成新的数据序列。累减生成可将累加生成还原为非生成数列，在建模中获得增量信息，即 $IAGOx^{(1)} = x^{(0)}$。

（2）GM（1，1）模型

A. GM(1，1) 模型的定义

GM(1，1) 的含义为 1 阶（order）、1 个变量（variable）的灰色模型（grey model），它是在数据生成的基础上建立如下灰微分方程：

$$x^{(0)}(k) + az^{(1)}(k) = b \tag{8.43}$$

式中，$x^{(0)}(k)$ 为原始序列，$x^{(1)} = \mathrm{AGO}x^{(0)}$，$z^{(1)}(k) = 0.5x^{(1)}(k) + 0.5x^{(1)}(k-1)$，$a$ 称为发展系数，它反映 $x^{(1)}$ 和 $x^{(0)}$ 的发展态势；b 称为灰作用量，它的大小反映数据变化的关系。

对序列 $z^{(1)} = [z^{(1)}(2), z^{(1)}(3), \cdots, z^{(1)}(n)]$，因为 $z^{(1)}(k)$ 为 $x^{(1)}(k)$ 与 $x^{(1)}(k-1)$ 的平均值，故记 $z^{(1)}$ 为 $\mathrm{MEAN}x^{(1)}$，即

$$z^{(1)} = \mathrm{MEAN}x^{(1)} \tag{8.44}$$

模型（8.46）的白化型为

$$\frac{\mathrm{d}x^{(1)}}{\mathrm{d}t} + ax^{(1)} = b \tag{8.45}$$

初始值用 $x^{(1)}(1) = x^{(0)}(1)$，则其解为

$$x^{(1)}(t) = \left[x^{(0)}(1) - \frac{b}{a} \right] \mathrm{e}^{-a(t-1)} + \frac{b}{a} \tag{8.46}$$

该式用于预测时称为时间响应函数，表示为

$$\hat{x}^{(1)}(k+1) = \left[x^{(0)}(1) - \frac{b}{a} \right] \mathrm{e}^{-ak} + \frac{b}{a} \tag{8.47}$$

累减还原

$$\hat{x}^{(0)}(k+1) = \hat{x}^{(1)}(k+1) - \hat{x}^{(1)}(k) \tag{8.48}$$

B. GM（1，1）模型参数辨识

根据公式（8.46）的 GM（1，1）模型的定义型，以 $k = 2, 3, \cdots, n$ 代入上式，有

$$\begin{cases} x^{(0)}(2) + az^{(1)}(2) = b \\ x^{(0)}(3) + az^{(1)}(2) = b \\ \quad\vdots \\ x^{(0)}(4) + az^{(1)}(2) = b \end{cases} \tag{8.49}$$

上面的方程可以转化为下述的矩阵方程：

$$y_N = BP \tag{8.50}$$

式中，B 为数据矩阵，y_N 为数据向量，P 为参数向量。

$$y_N = [x^{(0)}(2), x^{(0)}(3), \cdots, x^{(0)}(n)]^{\mathrm{T}} \tag{8.51}$$

$$B = \begin{bmatrix} -z^{(1)}(2) & 1 \\ -z^{(1)}(3) & 1 \\ \vdots & \vdots \\ -z^{(1)}(n) & 1 \end{bmatrix} \tag{8.52}$$

$$P = [a, b] \tag{8.53}$$

利用最小二乘法求解，得到

$$P = (a,b)^{\mathrm{T}} = (B^{\mathrm{T}}B)^{-1}B^{\mathrm{T}}y_N \qquad (8.54)$$

C. GM（1，1）预测模型

把求得的系数 $P = [a,b]$ 代入公式（8.46）然后求解微分方程，可得灰色 GM（1，1）内涵型的表达式为

$$\hat{x}^{(0)}(k) = u^{k-2} \cdot v \qquad (8.55)$$

式中，$u = \dfrac{1 - 0.5a}{1 + 0.5a}$，$v = \dfrac{b - a \cdot x^{(0)}(1)}{1 + 0.5a}$。

接着进行检验，令 $\varepsilon(k)$ 为残差：

$$\varepsilon(k) = \frac{x^{(0)}(k) - \hat{x}^{(0)}(k)}{x^{(0)}(k)} \times 100\% \qquad (8.56)$$

一般要求 $\varepsilon(k) \leqslant 20\%$，最好是 $\varepsilon(k) \leqslant 10\%$。令 p^0 为精度：

$$p^0 = [1 - \varepsilon(\mathrm{avg})] \times 100\% \qquad (8.57)$$

$$\varepsilon(\mathrm{avg}) = \frac{1}{n-1} \sum_{k=2}^{n} |\varepsilon(k)| \qquad (8.58)$$

一般要求 $p^0 \geqslant 80\%$，最好是 $p^0 \geqslant 90\%$。

D. GM(1, 1) 模型的适用条件

GM(1, 1) 模型的适用条件包括：

1）当 $-a \leqslant 0.3$ 时，GM（1，1）可用于长期预测；

2）当 $0.3 < -a \leqslant 0.5$ 时，GM（1，1）可用于短期预测，中长期预测慎用；

3）当 $0.5 < -a \leqslant 0.8$ 时，用 GM(1, 1) 作短期预测应十分谨慎；

4）当 $0.8 < -a \leqslant 1$ 时，应采用残差修正 GM(1, 1) 模型；

5）当 $-a > 1$ 时，不宜采用 GM(1, 1) 模型。

（3）GM(m, n) 模型

除 GM(1, 1) 模型外，还有比较典型的 GM（1，N）模型、GM（0，N）模型和 GM（2，1）模型等，这些都是 GM(m, n) 模型的特殊形式，但适用于不同条件和时间序列。

目前，灰色系统理论用于预测主要通过 GM(m, n) 模型，该模型是灰色系统理论的量化体现，可用于以下几个方面的预测：

1）数列预测：对某个事物发展变化的大小与时间进行预测。

2）区间预测：对于原始数据非常离乱，无法给出其确切的预测值，可以考虑给出其未来变化的范围，预测出它的取值区间。

3）灾变预测：预测灾变发生的时间或者说是异常值出现时区的分布。

4）波形预测：对于预先给定的多组数值建立 GM（1，1）模型群，根据预测结果构造出整个波形。

5）系统预测：对系统中众多变量间相互协调关系的发展变化所进行的预测。

8.2.2 110 和 119 接警数据的时序分析

每个国家几乎都有针对报案的接警平台，如中国各个城市的 110 匪警和 119 火警接警系统，美国各个城市的 999 接警系统等。以中国为例，截至 2005 年，全国所有地级以上城市公安机关和 95% 以上县（市）级公安机关都建立了报警服务台或开通了 110 报警电话。2004 年，全国公安机关 110 报警服务台接警总量超过 1.1 亿次，平均每秒钟接警 3.5 次。各级公安机关通过 110 接警抓获的违法犯罪嫌疑人达 104.7 万余人；2005 年上半年，全国 110 接警总量已超 6058 万起，抓获嫌犯 41 万余人。因此 110 接警数据可以反映出社会治安和刑事案件的趋势。而 119 火警数据则提供了城市火灾事故最原始的资料，由火警数据生成的时间序列，直观地反映了历史上每一周乃至每一天的火灾事故的发展趋势。

文献［9］针对某市 2004～2005 年的 110 接警数据进行时序分析，并利用自回归移动平均 ARMA 模型进行预测。经过初步分析，该接警数据中 90% 以上都是抢劫、偷窃和入室行窃，并呈现年度周期趋势，同时从图 8.6 所示的 110 接警数据的一步差分数据图上也表明该数据并不平滑（下面的时序分析将以一步差分数据进行处理），因此这里选用 ARMA 模型。ARMA 模型包括两个部分，即自回归 AR 模型和移动平均 MA 模型。

183

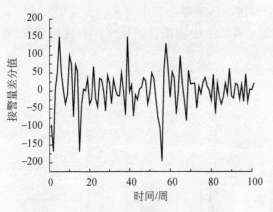

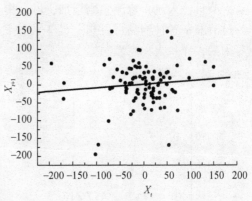

图 8.6　110 接警数据的一步差分数据图　　　　图 8.7　110 接警数据的分布曲线

根据 8.2.1 节所描述的 ARMA 模型的原理，我们确定历史序列怎样影响当前值。图 8.7 是 110 接警数据的分布曲线，从图中可以看出，总体上 X_{t+1} 与 X_t 是正相关的。根据 ARMA 计算方法，首先进行模型识别，以确定选取 AR 模型、MA 模型还是 ARMA 模型；而后确定模型的参数。

图 8.8 和图 8.9 分别是以周和天为时间变量的 110 接警数据预测图，从图中可以看出，ARMA 模型可以很好地预测以周为时间变量的 110 接警数据，但对于以天为时间变量的 110 接警数据，ARMA 模型预测得并不是很好。其原因可能是以天为单位的数据差别比较大，如周一至周五的接警数据与周六至周日的接警数据差别很大，因此预测起来显得困难得多，从图 8.9 也可以知道，预测数据总体趋势与实际数据相同。

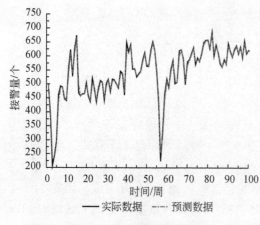

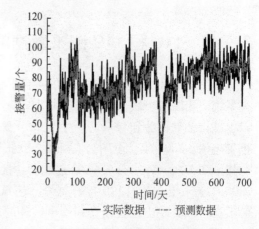

图 8.8　110 接警数据预测图　　　　　图 8.9　110 接警数据预测图

　　119 火警数据则是某市的 2005～2007 年的火灾统计数据[10]。对数据分别按天和周作时间序列如图 8.10 所示。从图中可见，该市的 119 火警序列整体趋势平稳，但个别时期出现了较大波动。通过比照日历，发现火警出现三个明显高峰时段，分别是 2007 年 2 月 17 日、2006 年 1 月 28 日、2005 年 2 月 9 日，因为这三天是除夕夜，全城都在燃放烟花爆竹，火灾明显增加，出现峰值。而出现较大波动的时期对应着每年的第一季度。由于每年的第一个季度正值风干物燥的冬春季节，又逢元旦、春节、元宵节等重大节日，人流、物流急剧增加，群众集会和庆祝活动举办集中，人们大量采购物资，为过节准备各种物品，思想上处于放松状态。再加上中国的传统风俗，燃放烟花爆竹等因素，导致火灾高发。

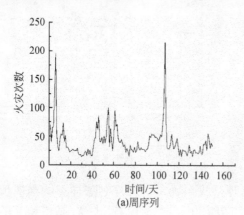

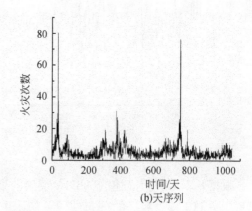

图 8.10　119 火警数据时间序列

　　对数据序列进行统计分析，其结果如表 8.2 所示。对于 ARIMA 模型，数据序列长度一般要求不能少于 50，而从该市的 119 火警数据来看，其序列长度显然是符合要求的。对于周序列和天序列，其最小值分别对应着 14 和 1，也就是说序列数据均非 0，这从一定程度上保证了 ARIMA 模型的可行性，因为一旦序列中出现较多的 0 数据，模型对序列的差分运算将难以使数据变为平稳序列。

表 8.2　119 火警数据初步统计分析

单位	序列长度	最大值	最小值	平均值	标准差
天	1053	80	1	6	5.017 931
周	150	215	14	40	27.220 76
月	36	444	72	162	85.85

　　首先，采用游程检验法分别检验周序列和天序列的平稳性。结果表明，周序列通过了平稳性检验而天序列未通过平稳性检验。因此，对天序列进行一次差分处理，随后再做游程检验。检验结果证明经过一次差分后的序列基本平稳。

　　分别计算周序列与一次差分后天序列的自相关系数（ACF）和偏自相关系数（Partial ACF），如图 8.11 所示。从图中可见，周序列的自相关系数以缓慢下降的趋势逐渐变小，直到延迟 7 阶时小于两倍标准差，因此可以证明其是拖尾的；偏自相关系数在延迟 1 阶后迅速下降到两倍标准差范围以内，表现出现了明显的截尾性质，因此，结合模型识别的原理可以判断出周序列符合的模型为 AR(1)，即 ARIMA(1, 0, 0) 模型。同理，从天序列的自相关系数变化来看，其明显表现为 2 阶截尾的性质，而偏自

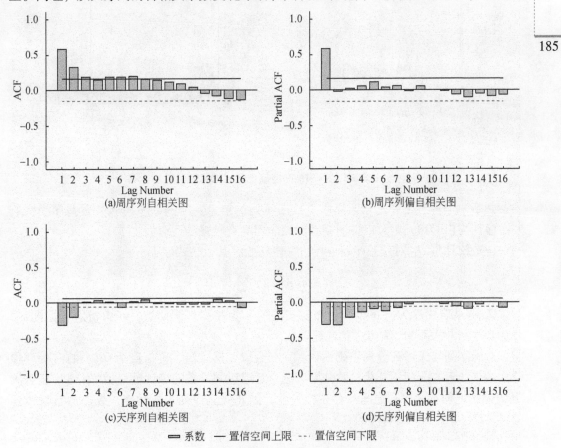

(a)周序列自相关图　　(b)周序列偏自相关图
(c)天序列自相关图　　(d)天序列偏自相关图

━ 系数　━ 置信空间上限　--- 置信空间下限

图 8.11　119 火警数据自相关图与偏自相关图

相关系数表现为拖尾的现象，因此，可判断出天序列符合 MA(2) 模型，考虑到天序列之前经过一次差分，因此最终模型为 ARIMA(0，1，2)。

确定模型后，利用条件最小二乘法分别估计周序列和天序列模型的参数。参数估计出来后需要进行 t 检验以确定参数是否显著，如果参数不显著则证明该项对模型本身的贡献是有限的，所以须将该参数舍弃后重新估计其他参数，直到剩余所有的参数都显著为止。对 ARIMA(1，0，0) 模型，所有参数的 t 检验 p 值均小于 0.0001，证明参数是显著的，因此模型的最终结果为：$x_t = 40.465\ 76 + 0.582\ 61x_{t-1} + \varepsilon_t$。对 ARIMA(0，1，2) 模型，得到模型的形式为：$x_t = \varepsilon_t - 0.535\ 75\varepsilon_{t-1} - 0.231\ 11\varepsilon_{t-2}$。

利用建立的模型重新拟合数据序列并与原序列对比作图，如图 8.12 所示。从图中两序列的对比情况来看，不论对周序列还是天序列，ARIMA 模型的拟合序列与原序列均符合较好，基本反映了原序列的发展趋势，一些变化较为剧烈的点在 ARIMA 模型中也得到了体现。

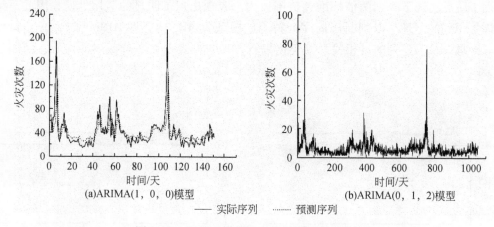

图 8.12　ARIMA 模型拟合序列与原序列比较

判断一个模型是否充分地提取了数据序列的信息，需进一步检验其残差序列，若残差序列为白噪声，则可以证明模型对该序列具有较强的适应性。

构造统计量 Q_{LB} 对残差序列进行白噪声检验，其表达式如下：

$$Q_{LB} = n(n+2) \sum_{k=1}^{m} \left(\frac{\bar{\rho}_k^2}{n-k} \right) \tag{8.59}$$

Q_{LB} 服从自由度为 m 的卡方分布。式中的 n 为序列观测期数，m 为指定延迟期数，$\bar{\rho}_k$ 为样本自相关系数，k 为序列延迟阶数。

对周序列与天序列分别作延迟阶数为 6、12、18、24，置信度为 0.05 的白噪声检验，结果如表 8.3 所示。从检验结果可见，延迟不同阶数的统计量 Q_{LB} 的 **p** 值均显著大于 0.05，证明相邻序列之间不存在相关性，因此残差序列为白噪声，故模型具有较强的可信度。

表 8.3　周序列与天序列的残差白噪声检验结果

延迟阶数	周序列		天序列	
	Q_{LB}	p	Q_{LB}	p
6	3.63	0.7271	1.85	0.9332
12	15.70	0.2056	4.39	0.9754
18	25.27	0.0937	6.08	0.9959
24	34.97	0.0688	10.29	0.9933

通过建立的模型，分别以 119 火警数据的周序列和天序列为历史数据，对序列的最后 10 个值进行预测，并与实际值对比。其结果如图 8.13 所示。从图中看到，在预测的数值上，ARIMA 模型的预测结果与实际情况存在一定的偏差，但在趋势的预测上，ARIMA 模型较好地反映了 119 火警数据的变化情况。对于周序列，ARIMA(1, 0, 0) 模型的预测值与实际值的平均相对误差为 23%，而对于天序列，ARIMA(0, 1, 2) 模型的预测值与实际值的平均相对误差为 50%，从中也可以看出对 119 数据采用周序列预测的效果要好于天序列。

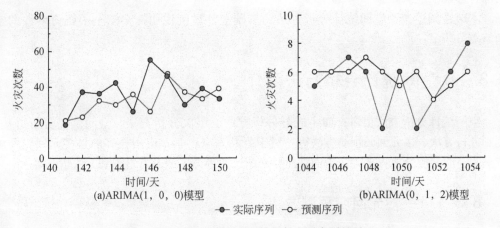

图 8.13　ARIMA 模型预测结果与实际序列的对比

上述的 119 火警数据的天序列服从 ARIMA(0, 1, 2) 模型，周序列服从 ARIMA (1, 0, 0) 模型。从模型对数据的拟合效果来看，ARIMA 模型较为准确地反映了数据序列的发展趋势。采用这两种模型对数据序列分别进行了短期的预测，其预测值与实际结果在趋势上基本一致，表明采用周序列预测的效果要好于天序列。通过对近几年来火灾统计数据信息的分析，客观地描述了近期火灾变化的趋势，使得消防部门及时掌握火灾规律，进行有重点的预防，由于此模型的周预测效果相对误差更小一些，而对于以周为单位进行的预测，为消防工作的微观管理提供了科学的依据。第一，根据火灾次数的时时预测，可以有效地指导节假日及重大活动时警力值班力量的部署，合理调配警力，做到有的放矢。第二，针对火灾多发时期的扑救特点，进行灭火战术研究和训练，提高部队的灭火救援战斗力。第三，在火灾多发期，提高后勤装备的配备力量，根据火灾扑救要求配备器材装备，打有准备的仗。第四，通过短期预测，分析阶段性火灾发生规律，向社会群众进行消防宣传，有重点的加以预防。

8.3　空间统计分析方法

一般来说，公共安全科学中的突发事件经常有空间分布，如地震的空间分布受地质构造影响，最明显的是成带性。全球的地震主要分布在：一是环太平洋地震带，这是世界上地震最活跃的地带，全球80%的地震和释放的75%的地震能量就集中在这条带上；二是欧亚地震带，全球15%左右的地震发生在这条带上。滑坡空间分布主要与地质因素和气候因素等有关：一是江、河、湖（水库）、海、沟的岸坡地带，地形高差大的峡谷地区，山区、铁路、公路、工程建筑物的边坡地段等；二是地质构造带之中，如断裂带、地震带等；三是松散覆盖层、黄土、泥岩、页岩、煤系地层、凝灰岩、片岩、板岩、千枚岩等岩、土的分布区；四是暴雨多发区或异常的降雨地区。

公共安全科学的空间统计分析方法即是研究突发事件的多发区域、承灾载体的脆弱范围和应急管理的薄弱环节等，以保障生命和财产免受突发事件的袭击，减少损失。公共安全科学所涉及的空间因素很多，因此空间统计分析方法主要探索各种空间因素的综合影响。

本节在阐述典型空间统计分析方法的基础上，举例说明社会安全中盗窃事件的空间聚类分析。

8.3.1　空间统计分析方法简介

空间统计分析方法很多，如主成分分析方法、层次分析方法、空间聚类分析方法、判别分析方法、多元回归预测方法等。对于公共安全科学，应用较多的是多元回归预测方法、空间聚类分析方法等。下面就简要介绍这两种方法的基本思想和方法步骤等。

8.3.1.1　多元回归预测方法

公共安全科学所涉及的空间因素有的是可以量化的，有的无法进行量化而采取定性的方式进行表达。因此，这里只介绍二态变量的多元统计方法建立预测模型[7]。

自变量与因变量为二态变量（0或1），根据最小二乘法原理建立多变量的回归预测方程

$$\hat{P}_i = a_1 x_{1i} + a_2 x_{2i} + \cdots + a_m x_{mi} \tag{8.60}$$

式中，$\hat{P}_i$ 是第 i 个因素产生灾变的回归预测值；a_j 是回归系数（$j=1, 2, \cdots, m$），x_{ji} 是第 i 个因素中变量的取值，0 或 1（$j=1, 2, \cdots, m, i=1, 2, \cdots, n$）。

假设共有 n 个因素，变量数为 m，则有矩阵

$$X = \begin{bmatrix} x_{11} & x_{12} & \cdots & x_{1m} \\ x_{21} & x_{22} & \cdots & x_{2m} \\ \vdots & \vdots & & \vdots \\ x_{n1} & x_{n2} & \cdots & x_{nm} \end{bmatrix}, P = \begin{bmatrix} P_1 \\ P_2 \\ \vdots \\ P_n \end{bmatrix} \tag{8.61}$$

$P_i(i=1, 2, \cdots, n)$ 取值为 0 或 1，即该因素为已知产生灾变的因素时取值为 1，否则取值为 0。

将公式（8.61）代入公式（8.60），运用最小二乘原理，有下列线性方程组求解回归系数 a_j。

$$
\begin{bmatrix}
\sum_{j=1}^{n} x_{j1}x_{j1} & \sum_{j=1}^{n} x_{j2}x_{j1} & \cdots & \sum_{j=1}^{n} x_{jm}x_{j1} \\
\sum_{j=1}^{n} x_{j1}x_{j2} & \sum_{j=1}^{n} x_{j2}x_{j2} & \cdots & \sum_{j=1}^{n} x_{jm}x_{j2} \\
\vdots & \vdots & & \vdots \\
\sum_{j=1}^{n} x_{j1}x_{jm} & \sum_{j=1}^{n} x_{j2}x_{jm} & \cdots & \sum_{j=1}^{n} x_{jm}x_{jm}
\end{bmatrix}
\begin{bmatrix}
a_1 \\
a_2 \\
\vdots \\
a_m
\end{bmatrix}
=
\begin{bmatrix}
\sum_{j=1}^{n} P_j x_{j1} \\
\sum_{j=1}^{n} P_j x_{j2} \\
\vdots \\
\sum_{j=1}^{n} P_j x_{jm}
\end{bmatrix}
\tag{8.62}
$$

将通过方程组（8.62）求解得到的回归系数代入方程（8.61），并对方程（8.61）进行显著性检验，在满足检验的情况下，利用回归方程进行灾变空间预测。

回归方程的显著性检验就是考察所建立的方程组进行灾变空间预测的好坏程度，或者说所建立的回归方程在多大程度上反映灾变与各变量之间的线性关系，一般可采用 F 统计量进行回归方程的显著性检验。

$$
F = \frac{SS_R/p}{SS_D/(n-p-1)}
\tag{8.63}
$$

式中，SS_R 为回归平均和，为回归估计值与因变量原始观测值平均数之差的平方和，代表由于自变量的变化而引起的趋势性变化；SS_D 为剩余平方和，代表除自变量以外的其他因素引起的随机变化；n 为样本数量；p 为自变量数量。

8.3.1.2 空间聚类分析方法

空间聚类是根据相似性对空间数据对象进行分组，发现空间数据的分布特征，使得每一个聚类中的数据有非常高的相似性，而不同聚类中的数据尽可能不同。空间聚类分析方法有很多，一般分为下列五类[11]：划分方法、层次的方法、基于密度的方法、基于网格的方法、基于模型的方法。

典型的划分方法包括 K-means 算法、K-medoids 算法和 CLARANS 算法等。K-means 算法以 k 为参数，把 n 个对象分为 k 个聚类，以使聚类内具有较高的相似度，而聚类间的相似度较低。相似度的计算根据一个聚类的平均值（被看做聚类的重心）来进行。K-medoids 算法选用聚类中位置最中心的对象，即中心点作为参照点，仍然是基于最小化所有对象与其参照点之间的相异度之和的原则来执行的。CLARANS 算法可以表示为查找一个图，图中的每个节点都是潜在的解决方案，在替换一个中心点后获得的聚类称为当前聚类的邻居。随意测试的邻居的数目由参数 maxneighbor 限制。如果找到一个更好的邻居，将中心点移至邻居节点，重新开始上述过程，否则在当前的聚类中生成一个局部最优。找到一个局部最优后，再任意选择一个新的节点，重新寻找新的局部最优。局部最优的数目被参数 numlocal 限制。

189

层次的方法对给定数据对象集合进行层次的分解，它分为凝聚层次聚类与分裂层次聚类。凝聚层次聚类是自底向上的策略，首先将每一个对象作为一个聚类，然后合并它们，直到满足某个条件；分裂层次聚类正好相反，首先把所有的对象看做一个聚类，然后逐渐细分成越来越小的聚类，直至达到某个终结条件为止。著名的层次方法有 BIRCH 算法和 CURE 算法等。

基于密度的方法的主要思想是：只要邻近区域的密度（对象的数目）超过某个阈值，就继续聚类。代表性算法有 DBSCAN 算法、OPTICS 算法、GDBSCAN 算法、DBRS 算法和 DENCLUE 算法等。

DENCLUE 算法是基于核密度估计原理得到研究区域的空间点局部概率密度分布函数，再以局部概率密度的峰值来确定聚类区域。该算法定义空间中任一数据点对周边点的影响程度用一个影响函数来表示，而空间上的概率密度函数为全部数据点的影响函数之和。

$$f = \frac{1}{Nh}\sum_{i=1}^{N} K\left(\frac{x - X_i}{h}\right) \tag{8.64}$$

式中，$K(u)$ 称为核函数，即影响函数，h 为带宽；核函数必须满足下列条件：

$$K(u) \geqslant 0, \quad \int_R K(u)\mathrm{d}u = 1 \tag{8.65}$$

式中，N 为计算区域内对象数目，h 是计算概率密度函数时所需的窗宽，X_i 是已知数据点的空间信息。

DENCLUE 算法主要包括两大步，预处理阶段和聚类阶段。在预处理阶段，将研究区域划分为等边长的若干矩形格网，然后统计每一个格网中数据点的数量，算法仅对点数量大于一定值的格网进行进一步分析，该阶段的目的是初步确定高密度格网区域，以加大运算速度；实际聚类阶段，仅对上一步产生的高密度格网及其临近格网中的点构造概率密度函数。最后，DENCLUE 算法根据得到的概率密度函数的局部极大值定义密度吸引子以确定最终的聚类结果。以二维高斯函数为例，得到该区域的密度函数估计为

$$K(u) = \frac{1}{\sqrt{2\pi}}\mathrm{e}^{\frac{-u^2}{2}} \tag{8.66}$$

得到该区域的密度估计函数为

$$f_{\text{gauss}}^{2} = \frac{1}{Nh_x h_y 2\pi}\sum_{i=1}^{N} \exp\left[-\frac{(x - x_i)^2}{2h_x^{2}}\right]\exp\left[-\frac{(y - y_i)^2}{2h_y^{2}}\right] \tag{8.67}$$

基于网格的方法是采用一个多分辨率的网格数据结构将空间分成有限数目的单元，聚类操作在单元内进行。这种方法处理的时间独立于对象的数目，处理速度快。著名的有 STING 算法、WaveCluster 算法和 CLIQUE 算法等。

基于模型的方法为每个聚类假设一个数学模型，试图为数据查找合适的数学模型。主要有两类方法：统计的方法与神经网络方法。统计的方法，如 AutoClass 等，神经网络方法，如竞争学习法等。

8.3.2　社会安全中盗窃事件的空间聚类分析

在社会安全事件中，刑事案件被称为社会安定的晴雨表。掌握刑事犯罪案件的时空分布规律，对有效打击犯罪、提高民众对社会安全信赖程度起着非常重要的作用。但犯罪案件并不是均匀分布在各个时间阶段或均匀散布在城市的每个角落，而是在时间及空间上呈现着聚集状态。具有高发案率且彼此分离的区域称为犯罪热点地区，简称犯罪热点。

文献 [12] 改进 DENCLUE 算法并提出 CDENCLUE（consolidated density-based clustering）聚类算法，分析犯罪热点问题。对于 CDENCLUE 算法，精度检验至关重要。

$$\mathrm{MISE}[\bar{f}_h(x)] = E\left\{\int [\bar{f}_h(x) - f(x)]^2 \mathrm{d}x\right\}$$

$$= \int \{E[\bar{f}_h(x)] - f(x)\}^2 \mathrm{d}x + \int \mathrm{Var}[\bar{f}_h(x)] \mathrm{d}x \qquad (8.68)$$

MISE 为积分均方误差。显然当核函数确定，若窗宽 h 选择较大，结果偏差较大，而方差相对降低，估计函数较平滑；反之，若窗宽 h 选择较小，结果偏差较小，而方差相对增加，此时可以得到较精细的密度分布特征。可见，最佳窗宽的选择，应综合权衡偏差和方差，使 MISE 达到最小。如图 8.14 所示的采用不同窗宽 h 得到的概率密度函数估计结果。

窗宽h=0.01　　　　　　　　窗宽h=0.2

图 8.14　采用不同窗宽 h 得到的概率密度函数估计结果图

CDENCLUE 算法主要针对 DENCLUE 算法对窗宽 h 选择过程的简化，将动态优化带宽选择过程集成到算法中，得到的概率密度函数更能准确地反映聚类中心位置及二维空间分布趋势。窗宽选择方法主要包括两种：交叉验证和 plug-in 方法。其中最小二乘交叉验证方法（least squares cross-validation，LSCV），是通过使估计函数的积分平方误差（integrated squared error，ISE）达到最小，来选择窗宽：

$$\mathrm{ISE}(h) = \int [\hat{f}_h(x) - f(x)]^2 \mathrm{d}x$$

$$= \int \hat{f}_h^2(x) \mathrm{d}x + \int \hat{f}^2(x) \mathrm{d}x - 2\int \hat{f}_h(x)\hat{f}(x) \mathrm{d}x \qquad (8.69)$$

算法通过扫描一组 h 值，选择其中一个使 ISE 最小的 h，作为最终窗宽。使用交叉验证方法的好处在于使选择的窗宽自动与估计函数光滑程度相适应。LSCV 以其方法的直观性及合理性得到了广泛的应用，但其也存在不足之处。该方法相对收敛速率达 $(h_{\mathrm{LSCV}} - h_{\mathrm{MISE}})/h_{\mathrm{MISE}} \sim n^{-1/10}$。

这里采用一种引入 ε 近似计算方法。该方法研究实际密度函数 $f(x)$ 与其估计值 $\hat{f}_h(x)$ 的渐近均方误差（AMISE）：

191

$$\text{AMISE}[f(x),\hat{f}_h(x)] = \frac{1}{Nh}\int k^2(s)\,ds + \frac{h_n^4}{4}\int x^2 k(s)\,ds\int f''(x)^2\,dx + o\left(\frac{1}{nh} + h^4\right)$$

$$(8.70)$$

令 $R(g) = \int_R g(x)^2\,dx, \mu_2(g) = \int x^2 g(x)\,dx$，并忽略余项，得到

$$\text{AMISE}[f(x),\hat{f}_h(x)] = \frac{1}{Nh}R(K) + \frac{h^4}{4}\mu_2(K)^2 R(f'')$$

$$(8.71)$$

对 h 求一阶导数，并设导数为零，得到优化 h

$$h_{\text{optimal}} = \left[\frac{R(K)}{\mu_2(K)^2 R(f'')N}\right]^{\frac{1}{5}}$$

$$(8.72)$$

可见式（8.72）中 $R(f'')$ 取决于未知密度函数的二阶导数。

根据核密度函数导数的估计方法

$$\hat{f}^{(r)}(x) = \frac{1}{Nh^{r+1}}\sum_{i=1}^{N} K^{(r)}\left(\frac{x - x_i}{h}\right)$$

$$(8.73)$$

对于高斯核函数具有如下形式：

$$\hat{f}^{(r)}(x) = \frac{(-1)^r}{\sqrt{2\pi}Nh^{r+1}}\sum_{i=1}^{N} H_r\left(\frac{x - x_i}{h}\right)e^{\frac{-(x-x_i)^2}{2h^2}}$$

$$(8.74)$$

式中，$H_r(u)$ 为 Hermite 多项式。求 r 阶密度函数导数所需的优化窗宽 h_{AMISE}^r 为

$$h_{\text{AMISE}}^r = \left[\frac{R(K^{(r)})(2r + 1)}{\mu_2(K)^2 R(f^{(r+2)})N}\right]^{\frac{1}{2r+5}}$$

$$(8.75)$$

窗宽选择采用 plug-in 方法。r 阶高斯密度函数导数公式（8.74），对于目标点 $\{y_j \in R\}_{j=1}^M$，有

$$G_r(y_j) = \sum_{i=1}^{N} q_i H_r\left(\frac{y_j - x_i}{h_1}\right)e^{-(y_j - x_i)^2}$$

$$2h_2^2, j = 1,\cdots,M$$

$$(8.76)$$

式中，q_i 定义为源重，h_1 为高斯函数的窗宽，h_2 为 Hermite 的窗宽，该式计算复杂度为 $O(rNM)$。快速核密度导数估计方法通过分别对高斯函数 Tayloer 级数展开只保留第一项，对 Hermite 多项式通过二项式定理因子化。对于给定精度 $\varepsilon > 0$，有

$$\left|\frac{\hat{G}_r(y_j) - G_r(y_j)}{Q}\right| \leq \varepsilon$$

$$(8.77)$$

式中，$Q = \sum_{i=1}^{N}|q_i|$，称 $\hat{G}_r(y_j)$ 为 $G_r(y_j)$ 的一个近似估计。

利用上述的 CDENCLUE 算法，分析某市 1998 年 6~7 月盗窃案件接警数据，空间分布状态如图 8.15 所示。其中图 8.15（a）为盗窃案件空间位置信息，通过直观分析可以找到一些案件高发的区域，如图 8.15（b）所示。但这种直观的分析方法受主观影响较大。图 8.15 是利用 DENCLUE 算法和 CDENCLUE 算法计算的热点分析结果。DEN-CLUE 算法在计算密度估计函数时，窗宽取值为格网边长的 1/2。引入了 CDENCLUE 优化算法后，可得到计算区域在 X 方向及 Y 方向的窗宽。设网格边长为 1500m，高密度

网格案件数量阈值为 6 件，邻近网格距离阈值为 3000m，邻近点距离阈值为 2000m，概率密度阈值为 0.05。原有算法窗宽取值为 750m，而采用 CDENCLUE 优化算法各区域窗宽取值见表 8.4。显然从图 8.16 中可以看出：虽然两图中的热点位置与通过直观分析得到的热点区域基本相符，图 8.16（a）中每一个热点区域概率变化趋势较为光滑，而图 8.16（b）则相对变化较大，更加符合实际情况。

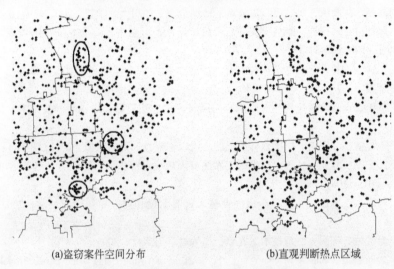

(a)盗窃案件空间分布　　　　　　　　(b)直观判断热点区域

图 8.15　盗窃案件分布及直观判断热点区域

表 8.4　CDENCLUE 各区域优化窗宽值

区域编号	X 方向窗宽取值/m	Y 方向窗宽取值/m
1	890	460
2	980	1050
3	650	350
4	500	680
5	130	750
6	710	1100
7	820	900

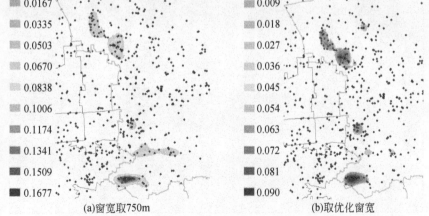

(a)窗宽取750m　　　　　　　　(b)取优化窗宽

图 8.16　利用 DENCLUE 和 CDENCLUE 的热点分析结果

从上述的研究来看，突发社会安全事件分布呈现着空间聚集状态，并且热点区域形状存在明显不规则性，受案发周边环境等因素所影响，这些研究结果都对社会安全事件的防范提供了重要参考。

参 考 文 献

［1］李泳，刘晶晶，陈晓清，等．泥石流流域的概率分布．四川大学学报，2007，39（6）：36-40．

［2］宋卫国，范维澄，林奇钏．森林火灾的自组织临界性及其在中国林火数据中的体现．自然灾害学报，2001，10（1）：37-40．

［3］范维澄，崔愕，陈莉，等．建筑火灾综合模拟评估在大空间建筑火灾中的初步应用．中国科学技术大学学报，1995，25（4）：479-485．

［4］褚冠全．基于火灾动力学与统计理论耦合的风险评估方法研究．中国科学技术大学博士学位论文，2007．

［5］宋卫国，范维澄，汪秉宏．中国森林火灾的自组织临界性．科学通报，2001，6（3）：521-525．

［6］宋卫国，汪秉宏，舒立福，等．自组织临界性与大规模森林火灾的防治．自然科学进展，2002，12（10）：1105-1108．

［7］宋卫国，刘广义，于彦飞，等．小尺度森林火灾的渐近幂律分布．火灾科学，2003，12（2）：66-74．

［8］刘思峰，党耀国．预测方法与技术．北京：高等教育出版社，2005．

［9］Chen P，Yuan H Y，Shu X M. Short-term Forecasting of Crime Using Time Series Model. Private reports，2009．

［10］仝艳时，陈鹏，疏学明，等，时间序列模型在火警短期预测中的应用．火灾科学，2008，17（4）：216-221．

［11］胡彩平，秦小麟．空间数据挖掘研究综述．计算机科学，2007，34（5）：14-19．

［12］颜峻，袁宏永，疏学明，等．用于犯罪空间聚集态研究的优化聚类算法．清华大学学报，2009，49（2）：176-178．

第9章 基于信息的研究方法

对研究公共安全科学来讲，基于信息的研究方法可分为两个部分：第一部分是当无法获取研究对象的规律时，利用信息以获取当前情景的描述；第二部分是确定性研究方法和随机性研究方法的补充。例如，对于确定性方法中的实验模拟中数据的获取，理论分析和数值模拟的一些参数、初始参数和边界参数的确定以及中间结果的修正等；对于随机性方法，也需要有足够的有效数据或信息来进行统计分析，同时信息也会对随机性方法的结果产生影响，这些都离不开基于信息的研究方法。

第一部分首先介绍信息处理方法基础，并以城市火灾案例库的辅助决策方法为例说明利用案例信息进行当前火灾情景的描述与辅助决策。第二部分中基于信息的研究方法分为应用于确定性研究的方法和应用于随机性研究的方法，即分别是确定性研究方法和随机性研究方法的补充。应用于确定性研究的方法例子是以酥油等温燃烧实验得到相关实验数据，进行数据拟合，以期获得酥油等温燃烧化学动力学描述。应用于随机性研究的方法例子是不确定信息下的应急资源配置。

9.1 信息处理方法

9.1.1 信息处理方法基础

9.1.1.1 确定性信息处理方法

反映事物本质特征的一切表现形式（如形象、声音、数据等）统称为信息。信息处理方法可分为确定性信息处理方法和不完备信息处理方法，其中确定性信息是指那些相对于随机、模糊、灰色信息（数据）而言，稳定、确定性的信息，人们可以依据确定性信息总结出确定性的因果关系，这种确定性的因果关系是一一对应的。确定性信息处理方法，如统计分析、相关分析、主成分分析、回归分析、数据平滑、数据变换等。统计分析主要涉及平均数、平均差、标准差等。数据平滑主要涉及移动窗口平均法和移动窗口拟和多项式平滑等。数据变换主要涉及傅里叶变换、拉普拉斯变换、Z变换和小波变换等。下面将重点描述相关分析、回归分析、主成分分析等确定性信息处理方法[1]。

（1）相关分析

相关分析是研究现象之间是否存在某种依存关系，并对具有依存关系的现象探讨其相关方向以及相关程度，研究随机变量之间的相关关系的一种统计方法。变量之间有无关系靠定性判断，当通过定性分析认定变量之间有关系时，就可以通过相关分析来考察变量之间关系的密切程度。反映关系密切程度的指标称为相关系数：

$$r = \frac{\sum (x - \bar{x})(y - \bar{y})}{\sqrt{\sum (x - \bar{x})^2} \sqrt{\sum (y - \bar{y})^2}} \tag{9.1}$$

式中，r 是相关系数，x、y 是两个有相关关系的变量，$\bar{x}$、$\bar{y}$ 是 x、y 的算术平均值。

相关系数 r 的性质总结如下：

1）当 $|r| = 1$ 时，x 与 y 变量为完全相关，x 与 y 之间存在着确定的函数关系。

2）当 $0 < |r| < 1$ 时，表示 x 与 y 存在着一定的线性关系。$|r|$ 的数值越大，越接近 1，表示 x 与 y 直线相关的程度越高；反之，$|r|$ 的数值越小，越接近于 0，表示 x 与 y 直线相关的程度越低。通常判断的标准是，$|r| < 0.3$ 称为弱相关，$0.3 < |r| < 0.5$ 称为低度相关，$0.5 < |r| < 0.8$ 称为显著相关，$0.8 < |r| < 1$ 称为高度相关。

3）当 $r > 0$ 时，表示 x 与 y 为正相关，当 $r < 0$ 时，表示 x 与 y 为负相关。

4）当 $|r| = 0$ 时，表示 y 的变化与 x 无关，完全没有直线相关。

（2）回归分析

就一般意义而言，相关分析包括回归和相关两个方面的内容。但就具体方法所解决的问题而言，回归分析和相关分析是有明显差别的。相关系数 r 能确定两个变量之间相关方向和相关的密切程度。但不能指出两个变量相互关系的具体形式，也无法从一个变量的变化来推测另一个变量的变化情况。但是，回归分析是在相关关系的基础上，具体描述因变量对自变量的线性依赖关系的形式，即寻找能够清楚表明变量间相关关系的函数表达式。回归分析，就是建立一个数学方程来反映变量之间具体的相互依存关系，并最终通过给定的自变量数值来估计或预测因变量可能的数值，该数学方程称为回归模型。

A. 一元线性回归分析

一元线性回归分析是在唯一的自变量 x 和因变量 y 之间建立一个直线函数，其表现形式为

$$\hat{y} = a + bx \tag{9.2}$$

需要指出的：x 是自变量，$\hat{y}$ 是因变量的 y 的估计值，又称理论值。实际观测值 y 和理论值 $\hat{y}$ 的关系是：$y = \hat{y} + \varepsilon$，式中 ε 称为离差，反映了因各种偶然因素、观察误差以及被忽略的其他影响因素带来的随机误差。

确定 $\hat{y} = a + bx$，主要是确定 a 和 b，那么如何选择最为满意的 a 和 b 呢？最小平方法给出了解决方案，其基本思想是让 $\sum (y - \hat{y})^2$ 为最小，又称最小二乘法。

$$\begin{cases} b = \dfrac{n \sum xy - \sum x \cdot \sum y}{n \sum x^2 - (\sum x)^2} \\ a = \bar{y} - b\bar{x} \end{cases} \tag{9.3}$$

B. 多元线性回归分析

多元线性回归分析的一般形式是

$$\hat{y} = a + b_1 x_1 + b_2 x_2 + b_3 x_3 + \cdots + b_n x_n \tag{9.4}$$

同样利用最小二乘法，求解下述方程组，可得回归系数 b_1，b_2，$\cdots$，b_k 及常数项 a

$$
\begin{cases}
\sum y = na + b_1 \sum x_1 + b_2 \sum x_2 + \cdots + b_n \sum x_n \\
\sum x_1 y = a \sum x_1 + b_1 \sum x_1^2 + b_2 \sum x_1 x_2 + \cdots + b_n \sum x_1 x_n \\
\sum x_2 y = a \sum x_2 + b_1 \sum x_1 x_2 + b_2 \sum x_2^2 + \cdots + b_n \sum x_2 x_n \\
\cdots\cdots \\
\sum x_n y = a \sum x_n + b_1 \sum x_1 x_n + b_2 \sum x_2 x_n + \cdots + b_n \sum x_n^2
\end{cases}
\tag{9.5}
$$

C. 非线性回归分析

非线性回归分析的基本思想是把非线性关系转化为线性关系，然后再运用线性回归的分析方法进行估计。非线性关系转换成线性关系的常用方法有：直接代换法和间接代换法。

a. 直接代换法

直接代换法适用于变量之间的关系虽然是非线性的，但因变量与参数之间的关系是线性的非线性模型，这时可以利用变量的直接代换的方法将模型线性化。

多项式模型

$$y = \beta_0 + \beta_1 x + \beta_2 x^2 + \cdots + \beta_p x^p \tag{9.6}$$

令 $Z_i = x^i$，即上述模型可化为线性模型

$$y = \beta_0 + \beta_1 Z_1 + \beta_2 Z_2 + \cdots + \beta_p Z_p \tag{9.7}$$

双曲线模型

$$\frac{1}{y} = \beta_0 + \frac{\beta_1}{x} \tag{9.8}$$

令 $U = \dfrac{1}{y}$，$V = \dfrac{1}{x}$ 即上述模型可化为线性模型

$$U = \beta_0 + \beta_1 V \tag{9.9}$$

对数模型

$$y = \beta_0 + \beta_1 \ln x \tag{9.10}$$

$$\ln y = \beta_0 + \beta_1 \ln x \tag{9.11}$$

对于上述两式，令 $U = \ln y$，$V = \ln x$ 即可化为线性模型

$$y = \beta_0 + \beta_1 V \tag{9.12}$$

$$U = \beta_0 + \beta_1 V \tag{9.13}$$

S 形曲线

$$y = \frac{1}{\alpha + \beta e^{-x}} \tag{9.14}$$

对于上式先求倒数：$\dfrac{1}{y} = \alpha + \beta e^{-x}$，然后令 $U = \dfrac{1}{y}$，$V = e^{-x}$，即可化为线性模型：

$$U = \alpha + \beta V \tag{9.15}$$

b. 间接代换法

间接代换法是先通过方程两边取对数后再进行变量代换，转化为线性形式。

指数函数

$$y = \alpha e^{\beta x} \tag{9.16}$$

对上式两边取自然对数，得 $\ln y = \ln \alpha + \beta x$，令 $y' = \ln y$，则得

$$y' = \ln \alpha + \beta x' \tag{9.17}$$

幂函数

$$y = \alpha x^{\beta} \tag{9.18}$$

对上式两边取对数，得 $\log y = \log \alpha + \beta \log x$，令 $y' = \log y$，$x' = \log x$，则得

$$y' = \log \alpha + \beta x' \tag{9.19}$$

（3）主成分分析

在许多公共安全实际问题中，可能涉及多个变量之间具有一定的相关关系，因此可以在各个变量之间相关关系研究的基础上，用数量较少的新变量替代原来数量较多的变量，并且使这些变量尽可能多地保留原有变量所携带的信息。主成分分析就是综合处理这种问题的一种有效方法。

A. 主成分分析的基本原理

主成分分析是把原来多个变量化为少数几个综合指标的一种统计分析方法，从数学角度来看，这是一种降维处理技术。假定有 n 个样本，每个样本共有 p 个变量描述，这样就构成了一个 $n \times p$ 阶的矩阵：

$$X = \begin{bmatrix} x_{11} & x_{12} & \cdots & x_{1p} \\ x_{21} & x_{22} & \cdots & x_{2p} \\ \vdots & \vdots & & \vdots \\ x_{n1} & x_{n2} & \cdots & x_{np} \end{bmatrix} \tag{9.20}$$

如果记原来的变量指标为 x_1，x_2，$\cdots$，x_p，它们的综合指标——新变量指标为 z_1，z_2，$\cdots$，z_m（$m \leqslant p$）。则：

$$\begin{cases} z_1 = l_{11}x_1 + l_{12}x_2 + \cdots + l_{1p}x_p \\ z_2 = l_{21}x_1 + l_{22}x_2 + \cdots + l_{2p}x_p \\ \cdots\cdots \\ z_m = l_{m1}x_1 + l_{m2}x_2 + \cdots + l_{mp}x_p \end{cases} \tag{9.21}$$

在式（9.21）中，系数 l_{ij} 由下列原则来决定：

1）z_i 与 z_j（$i \neq j$；$i,j = 1,2,\cdots,m$）相互无关；

2）z_1 是 x_1，x_2，$\cdots$，x_p 的一切线性组合中方差最大者；z_2 是与 z_1 不相关的 x_1，x_2，$\cdots$，x_p 的所有线性组合中方差最大者；$\cdots\cdots$；z_m 是与 z_1，z_2，$\cdots$，z_{m-1} 都不相关的 x_1，x_2，$\cdots$，x_p 的所有线性组合中方差最大者。

这样决定的新变量指标 z_1，z_2，$\cdots$，z_m 分别称为原变量指标 x_1，x_2，$\cdots$，x_p 的第一，第二，$\cdots$，第 m 主成分。其中，z_1 在总方差中占的比例最大，z_2，z_3，$\cdots$，z_m 的方差依次递减。在实际问题的分析中，常挑选前几个最大的主成分，这样既减少了变量

的数目，又抓住了主要矛盾，简化了变量之间的关系。

B. 主成分分析的解法

首先计算相关系数矩阵：

$$R = \begin{bmatrix} r_{11} & r_{12} & \cdots & r_{1p} \\ r_{21} & r_{22} & \cdots & r_{2p} \\ \vdots & \vdots & & \vdots \\ r_{n1} & r_{n2} & \cdots & r_{np} \end{bmatrix} \tag{9.22}$$

在式（9.22）中，$r_{ij}(i = 1,2,\cdots,n; j = 1,2,\cdots,p)$为原来变量$x_i$与$x_j$的相关系数，其计算公式为

$$r_{ij} = \frac{\sum_{k=1}^{n}(x_{ki} - \bar{x}_i)(x_{ki} - \bar{x}_j)}{\sqrt{\sum_{k=1}^{n}(x_{ki} - \bar{x}_i)^2 \sum_{k=1}^{n}(x_{ki} - \bar{x}_j)^2}} \tag{9.23}$$

然后计算特征值与特征向量，解特征方程$|\lambda I - R| = 0$求出特征值$\lambda_i(i = 1,2,\cdots, p)$，并使其按大小顺序排列，即$\lambda_1 \geqslant \lambda_2 \geqslant \cdots \geqslant \lambda_p \geqslant 0$；然后分别求出对应于特征值$\lambda_i$的特征向量$e_i(i = 1,2,\cdots,p)$。而后计算主成分贡献率$r_i / \sum_{k=1}^{p} r_k (i = 1, 2, \cdots, p)$及累计贡献率$\sum_{k=1}^{m} r_k / \sum_{k=1}^{p} r_k$。一般取累计贡献率达$85\% \sim 95\%$的特征值$\lambda_1, \lambda_2, \cdots, \lambda_m$所对应的第一，第二，$\cdots$，第$m$（$m \leqslant p$）个主成分。最后计算主成分载荷：

$$p(z_k, x_i) = \sqrt{r_k e_{ki}} \quad i, k = 1, 2, \cdots, p \tag{9.24}$$

由此可以进一步计算主成分得分：

$$z = \begin{bmatrix} z_{11} & z_{12} & \cdots & z_{1m} \\ z_{21} & z_{22} & \cdots & z_{2m} \\ \vdots & \vdots & & \vdots \\ z_{n1} & z_{n2} & \cdots & z_{nm} \end{bmatrix} \tag{9.25}$$

9.1.1.2　不完备信息处理方法

由于科学认识是主客体在相互作用中交互的结果，因此，在获得信息的途径和获得信息的过程中，有可能使信息具有不同程度、不同方面的失真，从而产生了信息的不完备性。不完备信息指不确定和不完全的信息。不完备的信息一般有以下几种：

1) 随机信息：指可以总结出统计规律的信息。依据随机信息可以总结出统计规律。随机信息的处理方法有概率论、数理统计和随机过程等。

2) 主观信息：指体现人们主观意志的信息。主观信息的处理方法有层次分析法、德尔菲法。

3) 模糊信息：指那些难以量化的信息，数据的取值有一定的范围。模糊信息给人

们提供一种模糊的依据，人们依据这些信息对其相应的必然型或统计型的规律进行模糊识别。模糊信息的处理方法有模糊数学、隶属数学、主成分分析法等。

4）灰色信息：指那些部分明了的信息。灰色信息是相对白色信息（完全明了的信息，即确定性信息）和黑色信息（完全不明了的信息）而言的。灰色信息的处理方法为灰色理论。

5）小样本信息：指那些信息量较小，不足以反映事物的全部属性的信息。小样本信息的处理方法有贝叶斯方法等。

下面主要介绍层次分析法和模糊综合评判法。

（1）层次分析法

层次分析法（analytical hierarchy process，AHP）的应用步骤是：首先，根据问题和要达成的目标，把复杂问题的各种因素划分成相互联系的有序层次，形成一个多层次的分析结构模型。其次，根据客观实际进行判断，给每一层次各元素两两间相对重要性以相应的定量表示，从而构造出判断矩阵。最后，用特定的数学方法如和法、根法、特征根法或者最小二乘法等求出各因素的相对权重，从而确定了全部要素相对重要性次序以及对上一层的影响。

层次分析法是一种有效地处理不易定量化变量下的多准则决策手段。一般按以下步骤应用：

1）建立递阶层次结构。应用 AHP 分析决策问题时，首先要把问题条理化、层次化，构造出一个有层次的结构模型。在这个模型下，复杂问题被分解为元素的组成部分，这些元素又按其属性及关系分成若干层次，上一层次的元素作为准则对下一层次的有关元素起支配作用。递阶层次结构的层次数与问题的复杂程度及需要分析的详尽程度有关，一般地，层次数不受限制。每一层次中各元素所支配的元素一般不超过 9 个，因为支配的元素过多会给两两比较带来困难。一个好的层次结构对于解决问题是极为重要的，如果在层次划分和确定层次元素间的支配关系上举棋不定，那么应该重新分析问题，弄清元素间的相互关系，以确保建立一个合理的层次结构。递阶层次结构是 AHP 中最简单也是最实用的层次结构形式。当一个复杂问题用递阶层次结构难以表示时，可以采用更复杂的扩展形式，如内部依存的递阶层次结构、反馈层次结构等。

2）构造两两比较判断矩阵。在建立递阶层次结构后，上下层次间的隶属关系就被确定了。假定上一层次的元素 C_k 作为准则，对下一层次元素 A_1，A_2，$\cdots$，A_n 有支配关系，我们的目的是在准则 C_k 下按它们的相对重要性赋予 A_1，A_2，$\cdots$，A_n 相应的权重。这里要反复回答：针对准则 C_k，两个元素 A_i，A_j 哪一个更重要，并被赋值，采用 $1 \sim 9$ 的比例标度。这样得到两两比较判断矩阵。

3）计算单一准则下元素的相对权重，一般通过排序权向量计算的特征根方法求得。当计算要求精度不高时也可以用和法或根法求得。对求得的权重要进行一致性检验。

4）计算各层次元素相对目标层的合成权重。为了得到递阶层次结构中每一层次中所有元素相对于总目标层的相对权，需要把第三步的计算结果进行适当的组合，并进行总的一致性检验，这一过程是由高层次到低层次逐层进行的。AHP 方法最终得到各层因素相对于总目标的权重，并给出这一组合权重所依据整个递阶层次结构所有判断的总一致性指标。

（2）模糊综合评判法

模糊数学常用的方法有很多，包括模糊模式识别、聚类分析、信息检索、相似选择、综合评判、模糊控制、概率分析等[2,3]。下面以应急管理中的风险评估方法为例，说明利用模糊综合评价法进行风险评估的步骤：第一，建立各指标的模糊隶属度函数。一般把指标隶属度函数表示为 $A = [x|\mu_A(x)]$，其中 A 是风险指标的等级集合。例如，风险发生概率可以用很大、大、中、低、很低五个等级来描述，每一个等级对应一个隶属度函数。x 是指标的取值，$\mu_A(x)$ 是 x 对应的模糊隶属度。第二，将风险评估人员和有关专家对风险的文字语言性估计结果与隶属度函数相对应，使之转化为数字描述。第三，按照模糊关系运算规则进行各风险因素的组合，获得总的风险度模糊逻辑数字描述。第四，将结果与隶属度函数进行比较，重新转换成文字语言性风险度描述。

具体的风险评估计算框架是：

1）确定风险等级的评判集：一般为四级。

2）确定区域风险等级的影响因素集。将评判因素集合按照某种属性分成几类，先对每一类进行综合评判，然后再对各类评判结果进行类之间的高层次综合评判。对评判因素集合 T，按某个属性 c，将其划分成 m 个子集，使它们满足

$$\begin{cases} \sum_{i=1}^{m} T_i = T \\ T_i \cap T_j = \varnothing (i \neq j) \end{cases} \tag{9.26}$$

这样，就得到了第二级评判因素集合：

$$T \mid c = \{T_1, T_2, \cdots, T_m\} \tag{9.27}$$

如果第二级评判因素仍然存在着不同的层次，即按照上面的方法继续划分：

$$T_i \mid c_1 = \{T_{i1}, T_{i2}, \cdots, T_{im}\} \tag{9.28}$$

以后照此类推。

根据风险评估的要求，我们将风险等级的所有因素集 T 按照突发事件因素、承灾载体因素和应急管理因素。

3）确定影响因素指标值。影响因素指标值的确定采用两种方式：对于容易量化的影响因素指标值通过数理统计、数值计算等方法直接给出量化值；对于不容易量化的影响因素指标值通过模糊语言、专家打分等方法来确定。

4）指标值模糊化处理。确定所有影响因素的指标值以后，按照多层次模糊综合评判的方法需要计算低层级影响因素集的每个因素获得高一层级中因素的指标值，并给出隶属度函数。建立一个从低层级影响因素集和 U 到$\wp(V)$ 的 Fuzzy 映射。

$$\gamma : U \to \wp(V)$$

$$u_i a \gamma(u_i) = \frac{r_{i1}}{v_1} + \frac{r_{i2}}{v_2} + \cdots + \frac{r_{im}}{v_m} \tag{9.29}$$

$$0 \leqslant r_{ij} \leqslant 1, \quad 0 \leqslant i \leqslant n, \quad 0 \leqslant j \leqslant m$$

由 γ 可以诱导出 Fuzzy 关系，得到 Fuzzy 矩阵

$$R = \begin{bmatrix} r_{11} & r_{12} & \cdots & r_{1m} \\ r_{21} & r_{22} & \cdots & r_{2m} \\ \vdots & \vdots & & \vdots \\ r_{n1} & r_{12} & \cdots & r_{nm} \end{bmatrix} \tag{9.30}$$

式中，r_{ij} 的确定在模糊数学中采用隶属度函数的方法。本项目中区域风险等级划分为四级，即风险等级（红、橙、黄、蓝）隶属度函数 μ_R，μ_O，μ_Y，μ_B 具有如下形式：

$$r_{ij} = \mu_X(u_i) = \begin{cases} 0, & u < a \\ \dfrac{u_i - a}{b - a}, & a \leqslant u < b \\ \dfrac{c - u_i}{c - b}, & b \leqslant u < c \\ 1, & c \leqslant u \end{cases} \tag{9.31}$$

式中，i 表示每一层次影响因素的个数；$j = 1$，2，3，4；$X = R$，O，Y，B；a，b，c 为各个影响因素的临界值。

5）确定指标的权重。确定指标的权重常用方法为 AHP 法、熵值法和灰色关联度法，其中 AHP 法根据重要性确定判断矩阵，较为主观，熵值法通过熵值计算指标的差异性因数，以对专家给出的原始权重进行调整，因此需要专家给出权重，而灰色关联度法则根据客观历史数据计算关联系数，从而确定指标权重，较为客观。

6）模糊综合评判。风险等级计算的最后一步是进行综合模糊评判。由上面获得的矩阵 R 诱导一个模糊变换：

$$\tilde{T}_R : F(U) \rightarrow F(V)$$
$$W \mapsto \tilde{T}_R(W) \overset{\triangle}{=} W \circ R \tag{9.32}$$

式中，W 是权重因子，R 是模糊评判矩阵，$\circ$ 为模糊关系的合成算子（可根据不同的需要采用不同的算法，如矩阵乘法等）。该模型输出一个风险分级综合决策 $B = W \circ R$，即：

$$(b_R, b_O, b_Y, b_B) = (w_1, w_2, \cdots, w_m) \circ \begin{bmatrix} r_{11} & r_{12} & \cdots & r_{1m} \\ r_{21} & r_{22} & \cdots & r_{2m} \\ \vdots & \vdots & & \vdots \\ r_{n1} & r_{12} & \cdots & r_{nm} \end{bmatrix} \tag{9.33}$$

式中，$b_j (j = R, O, Y, B)$。

9.1.2 城市火灾案例库的辅助决策方法

近几年，随着社会的发展，城市化进程的加速，人类居所、活动以及资产的规模增大和集中化，城市规模日益扩大，全国城市总数从 1978 年的 193 个增加到 661 个。同时城市建筑类型和功能的种类也日渐增多，城市人员聚集场所增多，如地铁、大型商场、超市、车站、体育馆等。大型公共场所人群密集、流动性大，一旦发生火灾或

化学毒剂泄漏等事件，其破坏性具有全局性和连续性，造成的影响具有连锁性，人员伤害具有群体性等特点。如果在短时间内无法完成火灾扑救、化学毒剂的高效洗消和人群的及时疏散，极易引起人群恐慌，造成人群挤压、踩踏等群死群伤事故，导致恶劣的社会影响，因此提高火灾事件应对救援能力成为我国的当务之急。然而由于城市建筑的特点日益多样化，灭火救援的方法对应着城市建筑特点也有着明显的区别，而以往城市火灾案例中的灭火救援方法和经验具有很高的学习和借鉴作用。案例（信息）库和基于实例推理（case-based reasoning，CBR）技术飞速发展也为实现从火灾案例信息中学习到灭火救援方法提供了有效的手段。现有的城市火灾案例信息多是以文本性的表述存储，同时由于城市火灾涉及的火灾类别和环境属性繁多，导致无法充分利用海量的数据资源，挖掘有效的信息。下文在对城市火灾事故案例进行全面调查、统计和分类分析的基础上，针对城市火灾案例库辅助决策知识提取问题，对城市火灾案例的特征属性进行层次化和结构化，同时基于粗糙 – 模糊集方法提炼火灾案例中蕴涵的灭火救援知识，提出了城市火灾案例库的灭火救援辅助决策过程模型[4]。

9.1.2.1 城市火灾案例特征属性的框架表示

案例表示实际上就是对知识的一种描述，即用一些约定的符号把知识编码成一组计算机可以接受的数据结构。所谓知识表示过程就是把知识编码成某种数据结构的过程，同一案例可以有不同的表示形式，而不同的表示形式产生的效果又可能不一样。合理的案例表示，可以使问题求解变得更加容易、高效；反之，则会导致问题求解的麻烦和低效。目前，较为常用的知识表示方法有十余种，如一阶谓词逻辑表示法、产生式表示法、语义网络表示法、框架表示法、过程表示法、面向对象表示法以及一些不确定知识的表示方法等。由于框架表示方法的建立思想与 CBR 的思想相一致，所以大多数智能案例库的案例表示方法使用的是框架表示[5]。

设计一种适合城市火灾案例库的案例表示结构，首先要了解城市火灾案例包含的特征属性和属性之间的关系，同时要求对特征属性的取值进行规范，以便于 CBR 推理技术的运用。这里通过大量火灾文本案例分析表明，案例记录一般先对火灾案例发生的基本情况和周围场景进行描述。其次描述灭火救援战斗中的作战指挥情况。最后描述的是本次火灾的经验总结。从上面这个流程得出城市火灾案例库的三个模块：基本情况、作战指挥情况、经验总结分析，如图 9.1 所示。

图 9.1 城市火灾案例库基本模块示意图

基本情况模块存储的是城市火灾案例的基础信息，包括火灾发生时间、地点、气象情况、火灾类别、火灾级别、火灾持续时间、事发地建筑结构特点、事发地消防设施情况、事发地附近的水源情况等。为了更详细地描述城市火灾基本情况和满足案例知识提取的需要，对气象情况和事发地建筑结构特点进行进一步的细化，分为若干子属性进行描述。基本情况模块框架结构图如图9.2所示。

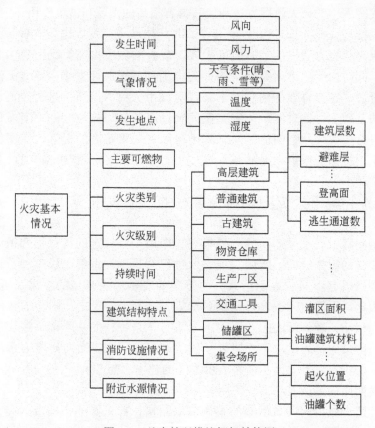

图9.2　基本情况模块框架结构图

作战指挥情况模块存储的是城市火灾案例中作战人员的作战指挥情况，包括接警时间、救援人员情况、救援装备使用情况、个人防护装备使用情况、第一支消防队到场情况、指挥决策过程、火灾扑救战术、火灾异变情况、疏散人员数、救出人员数。其中对第一支消防队到场情况、救援人员情况、救援装备使用情况和个人防护装备使用情况分为若干子属性进行描述。作战指挥情况模块框架结构图如图9.3所示。

经验总结分析模块存储的是城市火灾案例中相关经验教训分析和总结，包括火灾经济损失、人员伤亡情况、起火原因、发生火灾的相关责任处理、火灾扑救主要经验教训、火灾善后和赔偿情况、灾后改进措施。其中对火灾经济损失、人员伤亡情况分为若干子属性进行描述。经验总结分析模块框架结构图如图9.4所示。

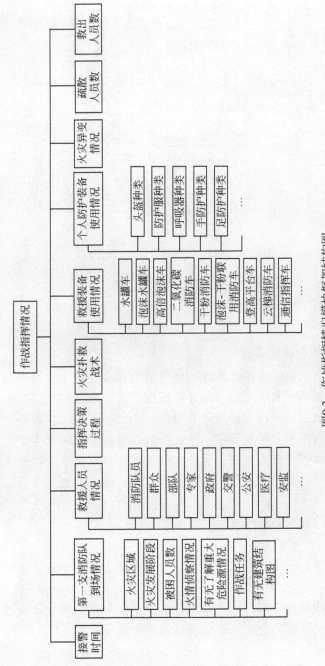

图9.3 作战指挥情况模块框架结构图

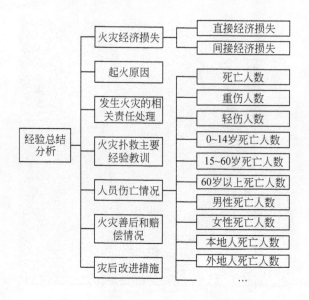

图9.4　经验总结分析模块框架结构图

9.1.2.2　城市火灾案例的知识提取方法

（1）特征属性相似度计算

由于城市火灾案例中许多特征属性的属性值涉及专业技术领域的概念定义，为了便于属性的比较，要尽可能减少语义差异给相似检索带来的问题，这里运用模糊逻辑等技术将属性的取值进行了相应的提炼和归纳，作出了相应的约束和规范，这样有利于实现城市火灾案例库中案例的检索、匹配和统计分析，同时也为实现城市火灾案例库中的知识提取提供了很好的基础。为此，将城市火灾案例中的特征属性根据所具有的属性值进行分类[6]：确定数属性、确定符号属性、模糊概念属性、模糊数或模糊区间属性。

对于确定数属性和确定符号属性的相似度计算采用

$$\mathrm{Sim}(x_i, y_i) = 1 - |x_i - y_i| / |\max_i - \min_i| \tag{9.34}$$

对于数值属性值，$\max_i$ 和 $\min_i$ 分别代表案例第 i 个属性的最大值和最小值，对于符号属性值，如果 $x_i = y_i$，$\mathrm{Sim}(x_i, y_i) = 1$；否则，$\mathrm{Sim}(x_i, y_i) = 0$。

由于模糊概念或模糊数可以用高斯函数表示，但是高斯函数计算过于复杂，这里采用一种基于梯形的模糊集合来模拟模糊属性的隶属函数的方法[7]，起到简化计算模糊属性相似度的作用。

其梯形左右两边倾斜部分的形状函数如下：

$$L(x) = R(x) = \max(0, 1 - x) \tag{9.35}$$

因而模型集 M 的隶属函数表示如下：

$$\mu_M(x) = \begin{cases} L\left(\dfrac{\underline{m}-x}{p}\right), & x \leqslant \underline{m} \\ 1, & \underline{m} \leqslant x \leqslant \overline{m} \\ R\left(\dfrac{x-\overline{m}}{q}\right), & x \geqslant \overline{m} \end{cases} \tag{9.36}$$

式中，$\underline{m}$，$\overline{m}$，p，q 是参数，对于三角形模糊集，$\underline{m} = \overline{m}$。$p$ 和 q 随属性的不同而不同，对于模糊概念属性，p 和 q 一般由领域专家确定；而对于模糊数或模糊间隔属性，p 和 q 的值一般分别为 $c\,\underline{m}$ 和 $c\,\overline{m}$，c 的默认值一般为 0.1。

这里用相对面积法来计算两个模糊属性间的相似度，该方法通过计算两个隶属函数对应面积的重叠率作为模糊集间的相似度，具有既准确又简单的优点。计算公式如下：

$$\mathrm{Sim}(x_i, y_i) = A(x_i \cap y_i) / [A(x_i) + A(y_i) - A(x_i \cap y_i)] \tag{9.37}$$

式中，A 代表相应隶属函数的面积；$A(x_i \cap y_i)$ 代表两个模糊集的交集面积。

（2）属性约简及特征属性权重计算

在案例推理系统中，常用的相似性度量是案例各特征属性之间的比较。相似性有表象相似与本质相似之分，如何表达案例间的本质相似，必须要找出案例库中的特征属性的权重，一般情况下，权值都是由领域专家设定的，这就不可避免地受其主观意识的影响[8]。为了使设置的权重值更合理更客观更准确，这里采用数据挖掘的方法从案例库中自动学习各特征属性的权值。然而由于在城市火灾案例库中涉及的特征属性相当得多，各特征属性所起的作用是不同的，有的起关键作用，有的作用很小，甚至不起作用，为了得到对灭火救援决策操作性强的关键特征属性集，删除对知识没有贡献或贡献较小的特征属性，因此首先要对城市火灾案例中的特征属性进行属性约简。其次通过对每一个特征属性赋予合理的权重，这样在计算整体相似度时使重要的属性对结果影响较大，而比较次要的属性对结果影响较小，这样度量结果会更加客观地反映出案例和待解问题的相似程度，提高检索的准确性[9,10]。

这里采用一种基于粗糙－模糊集的权重自动学习方法[11]，基于粗糙－模糊集的权重学习方法的基本步骤是：选择数据源，利用粗糙集理论进行属性约简，利用模糊集理论进行规则归纳，将得到的候选规则集及特征属性的权重值放入推理机解决规则冲突生成最终的决策规则集，用来进行决策推理。其系统流程如图 9.5 所示。

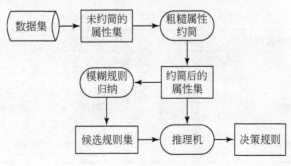

图 9.5　基于粗糙－模糊集理论的规则挖掘方法流程图

9.1.2.3　灭火救援辅助决策过程模型及应用实例

城市火灾灭火救援辅助决策信息主要有两部分构成：①与火灾事件的最相似火灾案例提供的决策信息和经验教训；②由事件信息和需要案例库辅助决策的目标集通过规则集推理得到的规则决策信息。灭火救援辅助决策过程模型流程如图9.6所示。

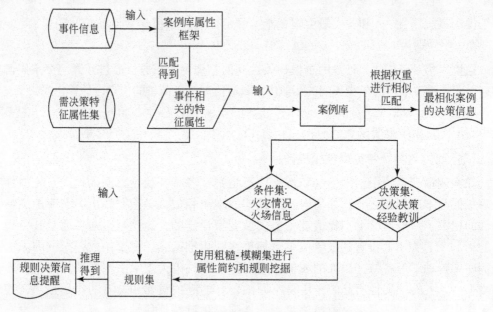

图9.6　灭火救援辅助决策过程模型流程图

本章收集和整理1989～2007年的典型城市火灾案例200余件，建立一个小型的城市火灾案例库，以"1998年4月4日山西省临汾市尧庙宫广运殿火灾"为测试样本案例。首先向案例库辅助决策系统输入测试案例火灾的初始基本情况信息（不包含救援信息），得出与案例库中最相似案例为"1995年8月5日河南省登封市少林寺大雄宝殿火灾"，再向规则集中输入部分决策目标集，如救援人员、个人防护、救援装备、主要战斗任务等，测试主要救援信息结果如表9.1所示。可以看出，相似案例的决策信息与规则推理结果信息和实际救援信息基本相近，对实际灭火救援决策有一定的参考价值。

表9.1　案例测试主要救援信息结果

项目	火势蔓延情况	救援人员	个人防护	救援装备	主要战斗任务
广运殿火灾（救援信息）	立体式	消防队员40人，有专家和政府人员参与	一般战斗服	水罐车3辆	积极抢救文物
大雄宝殿火灾（最相似案例）	立体式	消防队员32人，有专家和政府人员参与	一般战斗服	水罐车5辆	积极抢救文物
规则推理结果	立体式	消防队员30～50人，需专家和政府人员	一般战斗服	水罐车3～6辆	积极抢救文物

计算机技术、数据库应用技术的发展和广泛应用，特别是 CBR 技术的飞速发展，为城市火灾案例库辅助决策系统的建立提供了有效的手段。这里在对城市火灾事故案例进行全面调查、统计和分类分析的基础上，针对城市火灾案例库辅助决策知识提取问题，提出了一种城市火灾案例特征属性的表示框架，对城市火灾案例的特征属性分为三个基本模块进行存储，进行完全的层次化和结构化。在特征属性层次化和结构化的基础上利用混合相似度度量方法和粗糙－模糊集方法提炼火灾案例中蕴涵的灭火救援知识，提出了城市火灾案例库的灭火救援辅助决策过程模型，并成功地进行了实例验证。该模型的建立可为城市火灾案例智能决策系统的研究提供参考。

9.2 应用于确定性和随机性研究的方法

9.2.1 应用于确定性研究的方法

9.2.1.1 酥油等温燃烧化学动力学研究

基于信息的应用于确定性研究方法中一大类是利用实验获得相关数据（信息），进行数据拟合，获得动力学方程。酥油等温燃烧化学动力学即是利用这类方法进行研究[12]。采用化学动力学法研究物质的燃烧现象，建立相应的动力学方程在燃烧化学中占据着重要地位，它是通过研究燃烧反应的机理来确定燃烧反应的速度以及各种因素（浓度、温度等）对燃烧速度的影响，从而揭示燃烧现象的本质，使人们能够更有效地控制化学反应速度。这一点在煤的高温热解及燃烧模型的研究中得到了广泛应用[13]。酥油是类似黄油的一种乳制品，是从牛、羊奶中提炼出的脂肪，呈白、淡黄色。它既可以食用，也可以照明等，在西藏、甘肃等地用途很广，功能极多。西藏布达拉宫内许多长明不熄的酥油灯是这类古建筑的火灾隐患，1985 年的甘肃省著名佛教圣地拉卜楞寺（建于 1709 年）火灾原因经调查是酥油灯点燃了附近沾了许多酥油的木料，并进而扩大引起大火[14]。所以研究酥油燃烧反应的化学动力学机理，对减少古建筑火灾等具有十分重大的意义。

9.2.1.2 酥油等温燃烧实验

实验使用 Polymer Laboratories（thermal sciences division）产的锥形量热仪（ISO 5660）记录酥油在空气中燃烧时的样品质量随时间的变化曲线。锥形量热仪被广泛应用于测量燃烧物质的热释放速率，另外还可测量有效燃烧热、质量损失率、点燃时间、烟气以及有毒气体的含量等。这里利用锥形量热仪研究固体酥油在等温条件下的燃烧反应，采用化学动力学法拟合了酥油燃烧过程中质量损失率与时间的单方程速率模型。

锥形量热仪的实验间几何尺寸为 $(0.6 \times 0.6 \times 0.7)$ m^3，燃烧产物收集后经排气管到分析段测试分析，管路中安装抽气机并经实验间底部从环境中补充新鲜空气，空气的流量可以调节，这里选择24L/s的空气流量。将固体酥油放置于（100×100×10）mm³ 的样品盒中，样品盒置于电子称重装置上，样品四周和底部用锡纸包裹防止加热熔化后液滴下落。样品置于加热锥的中心位置之下25mm处。当加热锥达到预定辐射热流时把样品盒放置在正确位置，同时启动自动点火装置和数据采集系统。每次实验前，需对仪器进行校正。在实验中，不同的辐射热流所对应的温度值如表9.2所示。

表9.2　不同的辐射热流所对应的温度值

辐射热流/(kW/m²)	温度/K
30	947
50	1073
70	1165

9.2.1.3　酥油等温燃烧反应机理

（1）反应机理函数 $g(a)$ 的拟合

在等温条件下，样品在燃烧前本身有一个快速升温过程，在燃烧中，热效应的产生，反应温度也会有一定程度的波动，这些因素使得酥油的燃烧反应非常复杂，因此，需做简化处理。我们假定酥油的熔化和分解反应是一个较强的吸热过程，这样酥油总包燃烧反应的热效应并不十分显著。基于以上原因，我们忽略了酥油在等温燃烧过程中的温度波动，而把它视作一个固相反应，由此便可以借鉴等温化学动力学的处理方法。对等温固相反应，其反应速率可表示为

$$\frac{\mathrm{d}a}{\mathrm{d}t} = Ae^{-E/RT}f(a) \tag{9.38}$$

式中，质量损失率 $a = (w_0 - w)/(w_0 - w_\infty)$，$w$、$w_0$、$w_\infty$ 分别是样品在 t 时刻的质量、初始质量和实验完成后质量。$f(a)$ 为微分形式的反应机理函数。上式转换可得

$$\frac{\mathrm{d}a}{f(a)} = Ae^{-E/RT}\mathrm{d}t \tag{9.39}$$

两边积分

$$\int_0^a \frac{\mathrm{d}a}{f(a)} = \int_0^t Ae^{-E/RT}\mathrm{d}t \tag{9.40}$$

设 $\int_0^a \frac{\mathrm{d}a}{f(a)} = g(a)$，得

$$g(a) = Ae^{-E/RT}t \tag{9.41}$$

式中，$g(a)$ 是积分形式的反应机理函数。显然对式（9.41）而言，得到指前因子 A 和活化能 E 的值以及 $g(a)$ 的表达形式，就可以建立 $a \sim t$ 的关系式。

对一个等温的固相化学反应来说，$g(a)$ 的求解可以采用等温模型拟合法。它是先设计出一系列的标准曲线，然后根据微分热重数据来判别固体热分解所遵循的反应形

式。其方法如下：

对一个固定的 a 值，如 $a = 0.95$，式（9.41）可以写作

$$g(0.95) = Ae^{-E/RT}t_{0.95} \qquad (9.42)$$

这样由式（9.41）和式（9.42）可得

$$\frac{g(a)}{g(0.95)} = \frac{Ae^{-E/RT}t}{Ae^{-E/RT}t_{0.95}} \qquad (9.43)$$

对于等温固相反应来说，假定指前因子 A 和活化能 E 随反应的进行保持不变，上式可得

$$\frac{g(a)}{g(0.95)} = \frac{t}{t_{0.95}} \qquad (9.44)$$

根据式（9.44），取一系列的 a 值，作 $a \sim t/t_{0.95}$ 的标准曲线，这些曲线既与动力学参数无关，又与升温速率无关，只与反应函数 $g(a)$ 有关。作不同反应函数 $g(a)$ 的 $a \sim t/t_{0.95}$ 曲线，然后与实验曲线对比，最为吻合的即为该反应所遵循的反应函数。常采用的微分和积分形式的化学动力学函数 $f(a)$ 和 $g(a)$ 列于表 9.3，它们是根据几何因素和扩散因素或两者结合推导出来的。由于酥油的燃烧反应非常复杂，难以用一个清晰的物理和化学过程来描述它，这里仅是从宏观角度建立宏观的化学动力学模型。

表 9.3 固相分解反应机理函数[15]

No.	Function	Reaction model	$f(a)$	$g(a)$
1	Mampel power law		$4a^{3/4}$	$a^{1/4}$
2	Mampel power law		$3a^{2/3}$	$a^{1/3}$
3	Mampel power law		$2a^{1/2}$	$a^{1/2}$
4	Mampel power law		1	a
5	Parabola law	One-dimensional diffusion	$1/(2a)$	a^2
6	Valensi	Two-dimensional diffusion	$[-\ln(1-a)]^{-1}$	$a + (1-a)\ln(1-a)$
7	Ginstling-Broushtein	Three-dimensional diffusion	$3/2[(1-a)^{-1/3}-1]$	$(1-2a/3)-(1-a)^{2/3}$
8	Avrami-Erofeev	$n=2$	$2(1-a)[-\ln(1-a)]^{1/2}$	$[-\ln(1-a)]^{1/2}$
9	Avrami-Erofeev	$n=3$	$3(1-a)[-\ln(1-a)]^{2/3}$	$[-\ln(1-a)]^{1/3}$
10	Avrami-Erofeev	$n=4$	$4(1-a)[-\ln(1-a)]^{3/4}$	$[-\ln(1-a)]^{1/4}$
11	Phase boundary reaction	Contraction cylinder	$2(1-a)^{1/2}$	$1-(1-a)^{1/2}$
12	Phase boundary reaction	Contraction sphere	$3(1-a)^{2/3}$	$1-(1-a)^{2/3}$
13	Chemical reaction	$n=1$	$1-a$	$-\ln(1-a)$
14	Chemical reaction	$n=1.5$	$(1-a)^{3/2}$	$2[(1-a)^{-1/2}-1]$
15	Chemical reaction	$n=2$	$(1-a)^2$	$(1-a)^{-1}-1$

在锥形量热仪实验中，不同辐射热流（温度）下酥油燃烧时的质量损失率 a 与时间 t 的关系见图 9.7。从图中可以很清楚地看出，温度（辐射热流）越高，酥油越快被点燃，同时燃烧反应也越快。图 9.8 给出了酥油在不同温度下燃烧时的 $a \sim t/t_{0.95}$ 曲线，

从表9.3中15个机理函数计算得到的 $a \sim t/t_{0.95}$ 理论曲线也同列于图中。由图9.8中可见，当温度在 947～1165K 范围内，酥油燃烧时 $a \sim t/t_{0.95}$ 曲线与表9.3中的3号曲线最为吻合，表明对这个温度范围内酥油的燃烧反应来说，合适的 $g(a)$ 形式为 $a^{1/2}$。

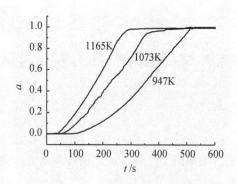

图9.7　酥油在不同温度下燃烧时 $a \sim t$ 曲线　　　图9.8　酥油在不同温度下燃烧时 $a \sim t/t_{0.95}$ 曲线

（2）化学动力学参数 E 和 A 的求解

由式（9.39）和式（9.43）可得

$$g(a) = k(T)t \tag{9.45}$$

将一系列不同的 a 和 t 值代入式（9.45）[其中 $g(a) = a^{1/2}$]，作 $g(a) \sim t$ 曲线图，通过最小二乘法求得其斜率 $k(T)$，然后根据式（9.41），两边取对数，得

$$\ln k(T) = \ln A - E/RT \tag{9.46}$$

假定指前因子 A 和活化能 E 不随温度发生变化，这样根据式（9.46）作不同温度下的 $\ln k(T) \sim 1/T$ 的曲线，通过斜率和截距可分别求得 A 和 E。

表9.4给出了酥油在不同温度下燃烧反应的速率常数 $k(T)$，由线性相关系数 r 可以看出，它们的线性关系都非常好。图9.9是酥油在不同温度下燃烧反应的 $\ln k(T) \sim 1/T$ 的曲线，由图中曲线经最小二乘法根据其截距和斜率分别算得其指前因子 $A = 0.0213\text{s}^{-1}$，平均表观活化能 $E = 17.69\text{kJ/mol}$，线性相关系数 $r = 0.9913$。由此可以得出，酥油燃烧时（947～1165K），其质量损失率 a 和时间 t 之间的化学动力学方程式为

$$a^{1/2} = 0.0213\text{e}^{-2127.41/T}t \tag{9.47}$$

表9.4　酥油在不同温度燃烧反应的速率常数 $k(T)$

T/K	$k(T)/\text{s}^{-1}$	r
947	0.002 28	0.997 0
1073	0.002 84	0.988 6
1165	0.003 50	0.991 2

从上述结果可以看出，所求得的活化能 E 值较低，与产物解吸附以及扩散过程活化值相当。这表明在此温度范围内，酥油燃烧时的质量损失速率主要受产物解吸附以及扩散过程所控制。另外，从图9.9可以看出，$\ln k(T) \sim 1/T$ 的曲线线性相关系数还是很好的，表明此时 E 与 T 基本无关。

为了直观地显示所得到的动力学方程是否合理，我们根据式（9.47）计算了酥油燃烧时 a 与 t 的关系曲线，并与燃烧反应的实验数据进行了比较，结果见图9.10。由图可见，温度为947K时的理论结果和实验数据有点差距，原因可能是酥油在燃烧过程中由于热效应的产生，反应温度会有一定程度的波动，这相对于低温（947K）而言不可忽略。但从图9.10中来看，理论结果与实验数据基本吻合，表明所用的化学动力学方程可以正确描述酥油在 947～1165K 温度范围内燃烧的 a 与 t 的关系。

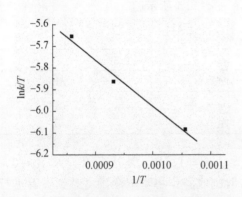

图9.9　酥油在不同温度下燃烧
反应的 $\ln k(T) \sim 1/T$ 曲线

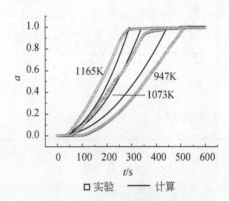

图9.10　计算结果与实验结果的比较

213

9.2.2　应用于随机性研究的方法

9.2.2.1　不对称信息下的应急资源配置研究

在蓄意致灾突发事件中，蓄意致灾者和应急决策者在决策时都可能受到不确定因素的影响，并且双方的信息条件往往是不对称的。蓄意致灾者的成分和意图复杂，应急决策者还可能未知蓄意致灾者的攻击能力、行动偏好等因素。类似地，应急决策者防御措施的半公开化也使得蓄意致灾者难以确定资源配置的具体方案以及攻击后事件成功的可能性。本章考虑资源配置中双方信息不对称的情况，首先构建了蓄意致灾者声明威胁的信号博弈模型，讨论了不对称信息对应急决策者策略的影响；进而着重研究了应急决策者通过发布关于资源配置的信息，如何影响蓄意致灾者策略的问题，建立了结合资源配置的信息策略模型，并对资源约束和信息成本等影响因素进行了详细分析，提出了应急决策者通过合理隐藏有关资源配置的信息，能够实现对蓄意致灾者行动选择的主动干预作用[16]。

9.2.2.2　不对称信息下资源配置的模型结构

首先建立双方同时决策的模型说明资源配置中的不对称信息如何影响双方的决策。假设蓄意致灾者有两种行动选择：攻击或不攻击。应急决策者也有两种行动选择：加强防御和不加强防御。如果蓄意致灾者攻击已加强防御的承灾载体，则蓄意致灾者的攻击失败，蓄意致灾者的损失用 C_A 表示，同时应急决策者加强防御的成本是 C_E，应急决策者由于防御成功获得收益 B_E。如果应急决策者不加强防御而蓄意致灾者进行了攻击，则蓄意致灾者由于攻击成功造成的承灾载体损失而获得收益 B_S，应急决策者遭受人员伤亡和财产损失 C_T。如果蓄意致灾者不攻击任何的承灾载体，则双方都没有损失或收益。用 u_a 表示蓄意致灾者的收益，u_d 表示应急决策者的收益，则在不同行动组合下应急决策者和蓄意致灾者的收益（u_a, u_d）如表9.5所示。

表9.5 不同行动组合下的双方收益（u_a, u_d）

项目		应急决策者	
		加强防御	不加强防御
蓄意致灾者	攻击	$-C_A$, $B_E - C_E$	$B_S - C_A$, $-C_T$
	不攻击	0, $-C_E$	0, 0

为简化讨论，假设 $B_i > 0$，$i = E$，S，$C_j > 0$，$j = A$，E，T。若 $(B_S - C_A) \leqslant 0$，因为成功攻击所获得的收益不大于不进行攻击时的收益，将不能激励蓄意致灾者进行攻击，因此这里假设：

$$B_S - C_A > 0 \tag{9.48}$$

该博弈模型存在混合策略的纳什均衡（Nash equilibrium）。将蓄意致灾者两种行动选择上的概率分布记作（α, $1-\alpha$），即蓄意致灾者选择攻击的概率为 α，选择不攻击的概率为（$1-\alpha$）；类似地，将应急决策者两种行动选择上的概率分布记作（β, $1-\beta$），应急决策者加强防御的概率为 β，不加强防御的概率为（$1-\beta$）。结合表9.5中应急决策者和蓄意致灾者在不同行动组合下的收益，均衡时有

$$\beta(-C_A) + (1-\beta)(B_S - C_A) = \beta \cdot 0 + (1-\beta) \cdot 0 \tag{9.49}$$

$$\alpha(B_E - C_E) + (1-\alpha)(-C_T) = \alpha(-C_T) + (1-\alpha) \cdot 0 \tag{9.50}$$

可得

$$\alpha = \frac{C_T}{B_E + C_T}, \beta = \frac{B_S - C_A}{B_S} \tag{9.51}$$

这表明即使在简单的模型中，不对称信息也会很大程度上影响应急决策者的决策。当 C_T 较大或 B_E 较小时，蓄意致灾者选择进行攻击的概率较大，因此如果能通过防灾减灾途径，如加强关键设施防御、实现及时的应急处置等，降低事件所导致的人员伤亡和财产损失 C_T，则有可能制止蓄意致灾突发事件。

实际中蓄意致灾突发事件的应急决策情景往往更加复杂，应急决策者可能很难直接观察到蓄意致灾者的行动。有时蓄意致灾者的行动目的可能是造成公众恐慌，会公开声明将攻击某承灾载体。假设蓄意致灾者可以对应急决策者隐藏该声明的真实性，则应急决策将会在很大程度上受到威胁不确定性的影响。应急决策者的决策困境在于，如果认为蓄意致灾者的声明只是虚张声势而没有加强防御，但事实上蓄意致灾者进行了攻击，则将造成承灾载体的重大损失。如果应急决策者加强了承灾载体的防御，蓄意致灾者却没有攻击该承灾载体，则应急决策者的过激反应可能会加重恐慌气氛的蔓

延，使蓄意致灾者达到对社会正常秩序扰乱的目的。同时，应急决策者用于防御的总资源往往是有限的，其他承灾载体的防御可能因此而削弱。因此当应急决策者在不对称信息下决策时，需要建立相应的不对称信息博弈模型讨论可能的均衡，以分析应急决策者在不对称信息下的最优策略。其中信号博弈模型是研究不对称信息决策的有效建模方法之一。

这里建立的蓄意致灾者声明威胁的信号博弈模型，基本建模思想如图 9.11 所示。假设蓄意致灾者首先选择是否发出威胁声明，应急决策者观察到蓄意致灾者的行动后采取相应的行动。在博弈中，引入虚拟的博弈参与者"自然"，自然首先决定蓄意致灾者的类型。假设存在两种类型的蓄意致灾者，一种类型的蓄意致灾者将在承灾载体上发动攻击，目的是造成人员伤亡和财产损失；另一种类型的蓄意致灾者的行动意图倾向于扰乱社会秩序和制造恐慌气氛，因此声明威胁后并不会发动实质上的攻击。

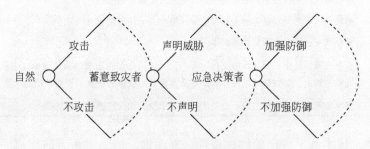

图 9.11　蓄意致灾者声明威胁模型示意图

在该信号博弈模型中，虚拟的博弈参与者"自然"首先行动，自然决定了蓄意致灾者的类型，是否会发动攻击。会发动攻击的蓄意致灾者用 A(attack) 表示，不会发动攻击的蓄意致灾者用 NA（not attack）表示。蓄意致灾者是信号发出者，应急决策者是信号接收者。两种类型的蓄意致灾者都有两类信号，即声明威胁和不声明。声明威胁的信号用 D(declare) 表示，不声明威胁的信号用 ND(not declare) 表示。应急决策者可以在观察到信号后选择加强承灾载体的防御或不加强防御。加强防御用 E(enhance) 表示，不加强防御即保持防御用 K(keep) 表示。蓄意致灾者知道自然的选择，即知道自己的类型并发出信号，应急决策者不知道蓄意致灾者的类型，但知道蓄意致灾者是每种类型的概率。蓄意致灾者是类型 A 的概率用 $P(A)$ 表示，假设为 p。相应地，蓄意致灾者是类型 NA 的概率用 $P(\mathrm{NA})$ 表示，则有

$$P(A) = p, P(\mathrm{NA}) = 1 - p \tag{9.52}$$

蓄意致灾者和应急决策者双方的收益分别是各项收益（B_E，B_S，B_F）和各项成本（C_A，C_D，C_E，C_T）的函数。为简化讨论假设各项收益和成本为正，表示收入和支出时用正负号表示。表 9.6 中表示了在蓄意致灾者和应急决策者的不同行动组合下的收益（u_a，u_d），其中 u_a 表示蓄意致灾者的收益，u_d 表示应急决策者的收益。双方各项收益和成本具体表示的含义如表 9.7 中所示。

表9.6 不同行动组合下的双方收益 (u_a, u_d)

项目	声明威胁		不声明	
	攻击	不攻击	攻击	不攻击
加强防御	$(B_F - C_D - C_A, B_E - C_E)$	$(B_F - C_D, -C_E)$	$(-C_A, B_E - C_E)$	$(0, -C_E)$
不加强防御	$(B_S + B_F - C_D - C_A, -C_T)$	$(B_F - C_D, 0)$	$(B_S - C_A, -C_T)$	$(0, 0)$

表9.7 双方各项收益和成本描述

变量	具体描述
B_E	当蓄意致灾者发动攻击时，应急决策者通过加强防御实现成功抵御攻击挫败蓄意致灾者所获得的收益
B_S	当应急决策者不加强防御时，蓄意致灾者通过成功攻击所获得的收益
B_F	蓄意致灾者通过发出声明威胁制造恐怖气氛所获得的收益
C_A	蓄意致灾者为发动攻击所支付的资源和潜在人员损失的成本
C_D	蓄意致灾者发出声明威胁的成本
C_E	应急决策者由于加强防御所支付的成本，不仅包括加强防御的直接支出，也包括由于防御总资源的约束，加强该承灾载体防御导致其他承灾载体的防御削弱而承担的风险
C_T	当蓄意致灾者发动攻击时，应急决策者由于没有加强防御而承担的损失

各项收益和成本满足一定的约束条件。直观地，应急决策者防御成功所获得的收益应大于防御失败的收益，否则应急决策者将没有激励加强防御，则

$$B_E - C_E > -C_T \tag{9.53}$$

类似地，蓄意致灾者攻击成功后的收益为正，否则蓄意致灾者将没有激励进行攻击，则

$$B_S + B_F - C_D - C_A > 0 \tag{9.54}$$

$$B_S - C_A > 0 \tag{9.55}$$

此外，在不同的情况下 ($B_F - C_D$) 可能大于、等于或小于零。($B_F - C_D$) 表示蓄意致灾者通过声明威胁制造恐怖气氛，减去蓄意致灾者为该声明所支付的成本后所获得的净收益。该项取决于蓄意致灾者的行动意图、特定情景下声明成本的高低、公众和社会舆论的反应以及其他可能的影响因素。如果公众反应没有应急决策者预期的稳定，蓄意致灾者关于攻击的威胁造成了恐慌，则蓄意致灾者通过较小的声明威胁成本获得了较大社会影响的收益，此时 ($B_F - C_D$) 为正。如果公众能合理对待蓄意致灾者的威胁，或应急决策者控制谣言及时有效，则蓄意致灾者获得相同收益 B_F 时将支付更高的成本 C_D，此时 ($B_F - C_D$) 可能为负。

9.2.2.3 结果与讨论

(1) 分离均衡（separating equilibrium）

在分离均衡中，不同类型的蓄意致灾者发出不同的信号，因此应急决策者可以根

据蓄意致灾者发出的信号判断蓄意致灾者的类型。假设该信号博弈中可能存在的两个纯策略分离均衡：

1）会发动攻击的蓄意致灾者发出声明威胁的信号，而不会发动攻击的蓄意致灾者不发出声明威胁的信号，则应急决策者有以下判断

$$P(A \mid D) = 1, P(\mathrm{NA} \mid D) = 0 \tag{9.56}$$

$$P(A \mid \mathrm{ND}) = 0, P(\mathrm{NA} \mid \mathrm{ND}) = 1 \tag{9.57}$$

2）不会发动攻击的蓄意致灾者发出声明威胁的信号，而发动攻击的蓄意致灾者不发出声明威胁的信号，则应急决策者有以下判断

$$P(A \mid D) = 0, P(\mathrm{NA} \mid D) = 1 \tag{9.58}$$

$$P(A \mid \mathrm{ND}) = 1, P(\mathrm{NA} \mid \mathrm{ND}) = 0 \tag{9.59}$$

下面讨论均衡存在的条件。若均衡 1 成立，蓄意致灾者声明威胁意味着蓄意致灾者将会发动攻击，因此应急决策者的最优策略是加强防御。给定应急决策者加强防御，则蓄意致灾者不偏离均衡的条件是声明威胁后获得的收益大于不声明威胁，否则蓄意致灾者没有激励声明威胁，则

$$B_F - C_D - C_A > B_S - C_A \tag{9.60}$$

得到 $B_F - C_D > B_S$。根据假设 $B_S > 0$，$B_F - C_D > 0$ 成立。同时，蓄意致灾者不声明表明不发动攻击，由于此时应急决策者选择不加强防御获得的收益是 0，而加强防御获得的收益是 $-C_E$，根据假设 $-C_E < 0$，因此应急决策者的最优策略是不加强防御。给定应急决策者不加强防御，蓄意致灾者不偏离均衡的条件是不攻击但声明威胁中获得的收益小于从不攻击也不声明威胁，即 $(B_F - C_D) < 0$，条件矛盾，因此均衡 1 不存在。

均衡 2 的讨论类似。蓄意致灾者不声明时，应急决策者的最优策略是加强防御，此时蓄意致灾者不偏离均衡的条件是

$$-C_A > B_S + B_F - C_D - C_A \tag{9.61}$$

根据条件（9.54）有 $-C_A > 0$，但根据前提假设 $-C_A < 0$，因此均衡 2 不存在。

因此该信号博弈模型不存在纯策略分离均衡，表明蓄意致灾者偏离均衡的行动选择能够获得更大的收益。应急决策者仅根据蓄意致灾者的信号固定选择加强防御或不加强防御的固定防御策略都不是最优策略。若应急决策者采取固定防御策略，则蓄意致灾者的最优策略是发出欺骗性的声明信号。

（2）准分离均衡（semi-separating equilibrium）

在准分离均衡中，部分类型的蓄意致灾者可能发出不同的信号，另一部分类型的蓄意致灾者总是发出同一种信号。则可能存在四个准分离均衡：

1）当蓄意致灾者会发动攻击时随机声明威胁，不会发动攻击时不声明威胁；
2）当蓄意致灾者会发动攻击时随机声明威胁，不会发动攻击时声明威胁；
3）当蓄意致灾者不会发动攻击时随机声明威胁，会发动攻击时不声明威胁；
4）当蓄意致灾者不会发动攻击时随机声明威胁，会发动攻击时声明威胁。

若均衡 1）存在，假设蓄意致灾者会发动攻击时声明威胁的概率为 $P(D \mid A) = \alpha$，根据贝叶斯法则有

$$P(A \mid D) = \frac{P(D \mid A)P(A)}{P(D \mid A)P(A) + P(D \mid NA)P(NA)} \tag{9.62}$$

因此应急决策者的后验判断满足

$$P(A \mid D) = 1, P(NA \mid D) = 0 \tag{9.63}$$

$$P(A \mid ND) < p, P(NA \mid ND) > 1 - p \tag{9.64}$$

式中，p 是应急决策者认为蓄意致灾者会发动攻击的先验概率。当应急决策者观察到威胁声明，则应急决策者判断蓄意致灾者将会发动攻击。如果应急决策者没有观察到威胁声明，应急决策者虽然不能确定蓄意致灾者的类型，但是能够推断蓄意致灾者发动攻击的可能性与先验判断相比降低，不发动攻击的可能性与先验判断相比增大。

若均衡成立，会发动攻击的蓄意致灾者随机发出两种信号，因此会发动攻击的蓄意致灾者发出两种信号时获得的收益相同。此时应急决策者的最优策略是加强防御，则

$$B_F - C_D - C_A = -C_A \tag{9.65}$$

即 $B_F - C_D = 0$。同时，该均衡要求不会发动攻击的蓄意致灾者不声明威胁，因此不会发动攻击的蓄意致灾者声明时获得的收益小于不声明时的收益，有 $B_F - C_D < 0$，条件矛盾，因此准分离均衡 1) 不存在。

准分离均衡 2) 至 4) 的成立条件讨论类似，可以得出该信号博弈不存在任何准分离均衡。这表明应急决策者的固定策略并不是应对的最优策略。例如，应急决策者采用较保守的固定策略，认为观察到声明威胁时将会出现攻击，应加强承灾载体的防御，则蓄意致灾者的最优策略是发出欺骗性的声明。

（3）混同均衡（pooling equilibrium）

在混同均衡中，所有类型的蓄意致灾者都发出相同的信号。一般认为混同均衡中的信号不能带给信号接收者任何信息。在该模型中可能存在两个纯策略混同均衡：

1) 两种类型的蓄意致灾者都发出声明威胁，则应急决策者的判断满足

$$P(A \mid D) = p, P(NA \mid D) = 1 - p \tag{9.66}$$

2) 两种类型的蓄意致灾者都不发出声明威胁，则应急决策者的判断满足

$$P(A \mid ND) = p, P(NA \mid ND) = 1 - p \tag{9.67}$$

讨论混同均衡 1)。由于信号不能为应急决策者提供信息，因此应急决策者保持对蓄意致灾者的判断，观察到信号后仍然认为蓄意致灾者以概率 p 发动攻击，以概率 $(1-p)$ 不发动攻击。应急决策者选择加强防御和不加强防御的期望收益相同时满足 $B_E \times p - C_E = -C_T \times p$，则

$$p = \frac{C_E}{B_E + C_T} \tag{9.68}$$

假设 $p \leqslant \dfrac{C_E}{B_E + C_T}$：应急决策者观察到声明时最优策略是不加强防御。此时，会发动攻击的蓄意致灾者不偏离均衡的条件是满足 $B_S + B_F - C_D - C_A > B_S - C_A$，即 $B_F - C_D > 0$。类似的，若 $B_F - C_D > 0$，不会发动攻击的蓄意致灾者不会偏离声明威胁的均衡。因此，当 $p \leqslant \dfrac{C_E}{B_E + C_T}$ 且 $B_F - C_D > 0$ 时，该信号博弈模型存在混同均衡，两种类型的蓄意

致灾者都声明威胁。这表明当应急决策者认为蓄意致灾者会发动攻击的概率较小时，不加强防御是应急决策者的最优策略。蓄意致灾者通过声明威胁能够获得较大的收益，因此总会选择声明威胁以制造恐慌气氛。

假设 $p > \dfrac{C_E}{B_E + C_T}$：此时应急决策者的最优策略是观察到声明后加强防御。此时，若满足 $(B_F - C_D) > B_S$，则蓄意致灾者没有偏离均衡的激励。因此当 $p > \dfrac{C_E}{B_E + C_T}$ 且 $(B_F - C_D) > B_S$ 时，该模型存在混同均衡，两种类型的蓄意致灾者都声明威胁。这表明当应急决策者认为蓄意致灾者会发动攻击的概率较大时，加强防御是应急决策者的最优策略。蓄意致灾者同样总会选择声明威胁以制造恐慌气氛获得较大收益。

混同均衡 2）的讨论过程类似，在此仅给出混同均衡 2）的结果：当 $p \le \dfrac{C_E}{B_E + C_T}$ 且 $(B_F - C_D) < 0$ 时，两种类型的蓄意致灾者都不声明威胁，应急决策者不加强防御。当 $p > \dfrac{C_E}{B_E + C_T}$ 且 $(B_F - C_D) < -B_S$ 时，两种类型的蓄意致灾者都不声明威胁，应急决策者加强防御。

图 9.12 表示了应急决策者和蓄意致灾者的最优策略。图 9.12（a）中应急决策者选择不加强防御的概率用 q 表示，图 9.12（b）中蓄意致灾者声明威胁的概率用 r 表示。在两个混同均衡中，对于两种类型的蓄意致灾者，当 $(B_F - C_D) > B_S$ 时，蓄意致灾者选择声明威胁；当 $(B_F - C_D) < -B_S$ 时，蓄意致灾者选择不声明。当 $p \le \dfrac{C_E}{B_E + C_T}$ 时，应急决策者选择不加强防御；当 $p > \dfrac{C_E}{B_E + C_T}$ 时，应急决策者选择加强防御。该结果表明蓄意致灾者发出信号的行动主要取决于蓄意致灾者从声明威胁中所获得的收益和声明威胁时面临的困难，而应急决策者的策略主要取决于对蓄意致灾者类型的判断。

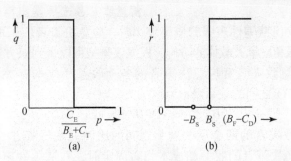

图 9.12　应急决策者（a）和蓄意致灾者（b）的最优策略

（4）混合策略均衡（mixed strategy equilibrium）

当 $-B_S \le (B_F - C_D) \le B_S$ 时，在该模型中的两个信息集上都可能存在混合策略均衡。定义信息集"声明"上应急决策者的策略 $P(E|D)$，表示应急决策者观察到声明威胁的信号时选择加强防御的概率。相应蓄意致灾者的策略定义为 $P(D|A)$，表示会发动

攻击的蓄意致灾者发出声明威胁的概率。类似地，定义信息集"不声明"上应急决策者的策略 $P(E\mid ND)$ 和蓄意致灾者的策略 $P(ND\mid A)$ ，并有 $P(ND\mid A)=1-P(D\mid A)$ 。在信息集"声明"上应急决策者认为蓄意致灾者不发动攻击的后验判断记为 $P(NA\mid D)$ ，发动攻击的后验判断记为 $P(A\mid D)$ ，根据贝叶斯法则有

$$P(A\mid D)=\frac{p\times P(D\mid A)}{p\times P(D\mid A)+(1-p)\times P(D\mid NA)} \tag{9.69}$$

根据之前的讨论，应急决策者在信息集"声明"上选择加强防御和不加强防御获得相同收益时有 $P(A\mid D)=\dfrac{C_E}{B_E+C_T}$ ，则

$$P(D\mid A)=\frac{(1-p)C_E}{p(B_E+C_T-C_E)}P(D\mid NA) \tag{9.70}$$

若发动攻击的蓄意致灾者声明威胁或不声明时获得相同收益，有

$$P(E\mid D)=\frac{B_F-C_D}{B_S}+P(E\mid ND) \tag{9.71}$$

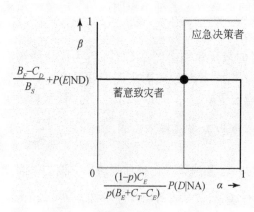

图 9.13 双方的最优反应函数

图 9.13 表示了蓄意致灾者和应急决策者的最优反应函数。图中用 α 表示发动攻击的蓄意致灾者发出声明威胁的概率 $P(D\mid A)$ ，用 β 表示应急决策者观察到声明后加强防御的概率 $P(E\mid D)$ 。蓄意致灾者和应急决策者的最优反应函数的交点表示混合策略均衡解。

该结果表明了蓄意致灾者和应急决策者都能采取随机策略时的相互最优反应。直观地，当应急决策者采用较为冒险的策略，观察到声明后加强防御的概率小于临界值，则蓄意致灾者选择发出声明威胁是较优的策略。当蓄意致灾者发出欺骗性声明的概率较小时，应急决策者应采取较为保守的策略，在观察到声明后加强相应承灾载体的防御。根据该模型可以得到双方判断的概率临界值，其取值与模型中蓄意致灾者和应急决策者的各项收益和成本有关。根据结果可以将 $P(D\mid A)$ 和 $P(D\mid NA)$ 之间的关系表示为

$$P(D\mid A)=\lambda P(D\mid NA),\lambda>0 \tag{9.72}$$

应急决策者对蓄意致灾者的两个后验判断之间的比例关系与双方的收益和成本有关。当蓄意致灾者和应急决策者的收益和成本相对固定时，在欺骗性声明频繁出现的情况下，发动攻击的蓄意致灾者也倾向于在攻击之前发出声明。这种现象可以直观地理解为在欺骗性威胁较多时，真正会发动攻击的蓄意致灾者会利用发出声明隐藏自己的行动，此时应急决策者更难准确判断是否应该加强防御。此外，蓄意致灾者的后验判断 $P(E\mid D)$ 和 $P(E\mid ND)$ 之间的差别主要取决于 (B_F-C_D) ，当 B_F 与 C_D 相比较大时，蓄意致灾者支付较小的信息成本就能获得较大的制造恐慌气氛的收益，从而达到蓄意致灾者扰乱社会稳定的目的。现实中是通过应急管理途径加强公众信任和控制谣言蔓

延，使得变量 B_F 与 C_D 之间的差距减小，是较简单应对更为有效的策略。

通过该模型的均衡分析，能够反映不对称信息对应急决策者防御决策的影响。应急决策者不能仅根据蓄意致灾者发出的信号决定是否加强相应承灾载体的防御。当应急决策者采用固定策略根据信号选择防御行动时，蓄意致灾者将利用应急决策者的固定策略发出欺骗性声明。与固定策略相比，应急决策者在行动选择上保持一定的随机性是较好的策略。

通过应急管理途径和公众安全教育等手段，增大蓄意致灾者制造恐慌气氛的难度也是有效的防御措施。在社会稳定程度低的情况下，蓄意致灾者的威胁更容易引发谣言和恐慌并扰乱社会秩序，这意味着蓄意致灾者发出有效威胁的成本小，而通过该威胁获得的收益大，因此威胁成为蓄意致灾者的最优策略。另外应急决策者的行动选择还与其对蓄意致灾者的判断有关。如果应急决策者认为蓄意致灾者发动攻击的可能性较大，保守的策略是较好的选择。应急决策者的该判断与特定情况下防御支出和攻击造成的损失有关。

上文针对蓄意致灾突发事件资源配置中的不对称信息问题进行了研究。首先构建了蓄意致灾者声明威胁的信号博弈模型，讨论了不对称信息对应急决策者资源配置策略的影响。在该模型中，蓄意致灾者通过威胁将会发动攻击，对应急决策者隐藏了真实的行动意图。均衡分析表明，应急决策者在行动选择上保持一定的随机性是应对欺骗性威胁的较好策略。并且由于威胁成本是影响蓄意致灾者行动的重要因素，可以通过应急管理以及公众安全教育等综合途径增大制造恐慌的难度，阻止蓄意致灾者发出威胁从而降低事件期望损失。这里的研究通过对比不对称信息对双方策略的影响，提出了不对称信息虽然对资源配置存在不利影响，但应急决策者也能利用不对称信息，制定合理的有关资源配置的信息策略，以实现对蓄意致灾者的主动干预作用。

参 考 文 献

[1] 杨建军. 科学研究方法概论. 北京：国防工业出版社，2006.

[2] 高隽. 智能信息处理方法导论. 北京：机械工业出版社，2004.

[3] 孙山泽. 缺失数据统计分析. 北京：中国统计出版社，2004.

[4] 秦俊. 翁文国. 酥油等温燃烧反应的化学动力学研究. 燃烧科学与技术，2006，12（2）：101-104.

[5] 汤文字，李玲娟. CBR 方法中的案例表示和案例库的构造. 西安邮电学院学报，2006，11（5）：75-78.

[6] Pal K, Campell J A. A hybrid system for decision-making about assets in English divorce case. Proc of First United Kingdom Workshop on CBR, Cambridge：Cambridge University Press, 1995：152-156.

[7] 张本生，于永利. CBR 系统案例搜索中的混合相似性度量方法. 系统工程理论与实践，2002，（3）：131-136.

[8] 任海涛. 基于案例的推理及其在农业专家系统中的应用. 山西大学博士学位论文，2004.

[9] 骆敏舟，周美立. 实例推理检索中相似度量方法的研究. 合肥工业大学学报（自然科学版），2001，24（6）：1091-1094.

[10] 任海涛，李茹. 案例特征权重自动学习方法研究. 电脑开发与应用，2004，17（3）：110-112.

221

［11］蔡虹，叶水生，张永．一种基于粗糙－模糊集理论的分类规则挖掘方法．计算机工程与应用．2006，(2)：186-214.

［12］邵荃，翁文国，郑雄，等．城市火灾案例库辅助决策方法的研究．中国安全科学学报，2009，19（1）：113-117.

［13］傅维镳，张永康，王清安，等．燃烧学．北京：高等教育出版社，1998.

［14］Fan W C. Proceedings of 5th Asia-oceania symposium of fire science and technology. Australia, 2001：97.

［15］史启祯，赵凤起，阎海科，等．热分析动力学与热动力学．西安：山西科学技术出版社，2001.

［16］张婧．蓄意致灾突发事件资源配置与调度方法研究．清华大学博士学位论文，2010.

第10章 系统科学的研究方法

系统的概念来源于古代人类长期的生产、生活和社会活动。古代中国和古希腊的唯物主义思想家把自然界当做一个统一体，这种朴素的哲学思想包含了系统思想的萌芽[1,2]。16~17世纪，由于生产力的发展，人们创立了力学、天文学、物理学、化学、生物学等近代科学，确立了机械自然观和科学方法论。18世纪，英国的技术革命和法国大革命促进了科学与技术的结合，进一步解放了生产力，推动了近代科学向前发展。19世纪上半叶，能量守恒、细胞学说和进化论的发现使得自然科学取得了许多成就。20世纪初，以量子论和相对论的创立为标志，开创了人类历史上最伟大的科学革命，20世纪40年代出现的系统论、控制论、信息论及运筹学是早期的系统科学理论。耗散结构论、协同学、突变论、混沌学及分形理论等几乎都诞生在20世纪70年代，它们都是非线性的，研究对象都是复杂性，共同研究目标是探索大自然的复杂性，它们从不同角度揭示了复杂现象的规律性，将这些学科统称为非线性科学。从20世纪80年代中期开始，在国际上兴起了复杂性的研究热潮。复杂性科学是研究复杂性与复杂系统中各组成部分之间相互作用所涌现出复杂行为、特性与规律的科学。复杂性科学有三个主要特点：①研究对象是复杂系统；②研究方法是定性判断与定量计算相结合，微观分析与宏观综合相结合，还原论与整体论相结合，科学推理与哲学思辨相结合；③研究深度不限于对客观事物的描述，而着重于揭示客观事物构成的原因、演化的历程及其复杂机理，并力图尽可能准确地预测其未来的发展。

对于公共安全科学来说，系统科学的研究方法主要涉及非线性科学的研究方法[3]，如耗散结构论、协同学、突变论、混沌学、分形等的研究方法，以及复杂性科学的研究方法，如基于Agent方法、元胞自动机和复杂网络动力学等的研究方法。本章将阐述非线性科学的研究方法和复杂性科学的研究方法。对于非线性科学的研究方法，主要简介突变和分岔等及其在公共安全科学中的应用，如建筑火灾系统中的轰燃突变和回燃分岔特征等。对于复杂性科学主要简介元胞自动机和复杂网络等及其在公共安全科学中的应用，如森林火灾和人员疏散的基于元胞自动机建模，以及生命线网络的灾害蔓延动力学等。

10.1 非线性科学的研究方法

10.1.1 非线性科学的研究方法简介

10.1.1.1 突变

长期以来，自然界许多事物的连续的、渐变的、平滑的运动变化过程，都可以用确定性研究方法中微积分的方法圆满解决。但是，在自然界和人类社会活动中，还存在着许多的突然变化和跃迁现象，特别是公共安全科学中的一些问题，如桥梁的坍塌、地震、经济危机、战争等。这种由渐变、量变发展为突变、质变的过程，用微积分是不能描述的。突变论是研究不连续现象的一个新兴数学分支，也是一般形态学的一种理论，能为自然界中形态的发生和演化提供数学模型[4~7]。突变论是20世纪60年代末法国数学家Thom为了解释胚胎学中的成胚过程而提出来的。1967年Thom发表《形态发生动力学》一文，阐述突变论的基本思想，1969年发表《生物学中的拓扑模型》，为突变论奠定了基础。1972年发表专著《结构稳定与形态发生》，系统地阐述了突变论。70年代以来，许多科学家进一步发展了突变论，并把它应用到物理学、生物学、生态学、医学、经济学和社会学等各个方面，产生了很大影响。

突变论的研究内容简单地说，就是研究非线性系统从一种稳定状态以突变的形式转化到另一种稳定状态的现象和规律。突变论的数学基础是奇点理论和分岔理论。在数学上，把一些不稳定的状态称为分岔点。在这些关键点上，极小的扰动都会引起系统发展过程中的质变。而系统稳定状态的丧失，就是突变的开始。突变论认为，系统所处的状态可用一组相关的参数来描述，当系统处于稳定状态时，该系统状态的某个函数值就取唯一值，当参数在某个范围内变化时，该函数值有不止一个极值时，系统处于不稳定状态[2]。

如果一个系统存在势函数，那么这种系统的突变就称为初等突变。Thom[6]证明，初等突变的基本类型主要由控制参量的个数 r 决定。当 $r \leqslant 4$ 时，有7类基本突变，如表10.1所示。当 $r \leqslant 5$ 时，共有11种基本初等突变。除表10.1的7种外，增加印第安人茅舍型突变、第二椭圆脐型突变、第二双曲脐型突变和符号脐型突变[3]。

表 10.1 初等突变的基本类型

突变类型	控制参量个数	势函数
折叠（fold）	1	$a_1x + x^3$
尖点（cusp）	2	$a_1x + a_2x^2 \pm x^4$
燕尾（swallow tail）	3	$a_1x + a_2x^2 + a_3x^3 + x^5$
蝴蝶（butterfly）	4	$a_1x + a_2x^2 + a_3x^3 + a_4x^4 \pm x^6$
椭圆脐（elliptic umbilic）	3	$a_1x + a_2y + a_3y^2 + x^2y - y^3$
双曲脐（hyperbolic umbilic）	3	$a_1x + a_2y + a_3y^2 + x^2y + y^3$
抛物脐（parabolic umbilic）	4	$a_1x + a_2y + a_3x^2 + a_4y^2 + x^2y + y^4$

一般来说，研究各种初等突变几何性质的步骤如下[8]：①给出表征系统全局性质的势函数；②找出由所有平衡点组成的曲面——平衡曲面，显然平衡曲面是势函数的微分；③找出奇点集，奇点集是由势函数的全部退化临界点组成的平衡曲面的一个子集，而退化临界点一般是平衡曲面的微分；④找出分岔点集（bifurcation set），即将奇点集投影到控制空间中，一般是通过由定义奇点集的方程消去全部状态变量即可，显然分岔点集是控制空间中所有使势函数的形式发生变化的点的全体；⑤决定在控制空间中每点上势函数的形式，只需对由控制空间所分成的各个区域中选取代表点进行讨论即可。

10.1.1.2　分岔

在系统演变过程中，分岔总是伴随着突变现象，即系统定性性质的突然改变[9]。分岔和突变是对同一动力学系统现象从不同角度的解释。定义一维动力系统 $dx/dt = f(x, \alpha)$，它的定常状态解（即平衡点）满足 $f(x, \alpha) = 0$。所谓分岔点，它是满足 $f(x, \alpha) = 0$ 的一个奇点，因为该点附近稳定性发生了变化，即分岔点满足

$$\begin{cases} \partial f / \partial x = 0 \\ \partial f / \partial \alpha = 0 \end{cases} \tag{10.1}$$

所谓极限点，它是满足 $f(x, \alpha) = 0$ 的一个奇点，但它必须满足

$$\begin{cases} \partial f / \partial x = 0 \\ \partial f / \partial \alpha \neq 0 \end{cases} \tag{10.2}$$

有时，某点既是极限点又是分岔点，此时就称为分岔 – 极限点。当系统中含有多个参数时，如两个参数 (α, β)，对每个固定的 β，能求出其分岔点和极限点，于是就可在参数平面 $\alpha - \beta$ 上画出分岔点曲线 $\alpha(\beta)$，这种分岔点与参数间的依赖关系，称为分岔图。类似地，也可以作出极限点曲线。显然，分岔点曲线反映的是解的稳定性变化，而极限点曲线却反映了解的个数的变化。

一维系统的典型分岔类型一般包括鞍结分岔、跨临界分岔和叉式分岔。

鞍结分岔的典型一阶方程是

$$dx/dt = \alpha + x^2 \tag{10.3}$$

式中，α 是控制参量，可以取正数、负数和零。$\alpha > 0$ 时不动点方程 $\alpha + x^2 = 0$ 没有实数解，表示系统没有定态；$\alpha < 0$ 时有两个实数解 $x = \pm \sqrt{-\alpha}$，系统有一个稳定态和一个不稳定态。在参量空间中，从 α 由大到小的变化方向看，系统出现定态的创生，从 α 由小到大的变化方向看，系统出现定态的消失。总之，系统在 $\alpha = 0$ 处分岔。由于分岔点 $\alpha = 0$ 是半稳定的，成为鞍结点，表示随着控制参量 α 变化系统通过出现鞍结点而引起定态的创生或消失，称为鞍结分岔。

跨临界分岔的典型方程是

$$dx/dt = \alpha x - x^2 \tag{10.4}$$

不动点是 $x_1 = 0$ 和 $x_2 = \alpha$。显然这个系统在整个 α 轴上都有解，分岔表现为定态稳定性的改变，在 $\alpha < 0$ 时，$x_1 = 0$ 是稳定的，$x_2 = \alpha$ 是不稳定的，在 $\alpha > 0$ 时，$x_1 = 0$ 是不稳定的，$x_2 = \alpha$ 是稳定的。稳定性的交换属于定性性质改变，所以 $\alpha = 0$ 是分岔点，这种分岔是跨临界分岔。

叉式分岔分为超临界叉式分岔和亚临界叉式分岔。超临界叉式分岔的典型方程是

$$dx/dt = \alpha x - x^3 \tag{10.5}$$

不动点方程是 $\alpha x - x^3 = 0$。当 $\alpha < 0$ 时，只有 1 个实数解 $x = 0$，代表系统的稳定平衡态。当 $\alpha > 0$ 时，有 3 个不动点 $x_1 = 0$，$x_2 = \sqrt{\alpha}$ 和 $x_3 = -\sqrt{\alpha}$，代表 3 个可能的平衡态，此时 $x_1 = 0$ 变为不稳定的，而 $x_2 = \sqrt{\alpha}$ 和 $x_3 = -\sqrt{\alpha}$ 是稳定态。$\alpha = 0$ 是分岔点，当 α 从负值增

加而跨越这一点时，系统既有新定态的创生和稳定态数目的增加，又有稳定性的交换，标志着系统定性性质发生显著改变。未跨越这一点，控制参量 α 的变化只能引起系统的量变。亚临界叉式分岔的典型方程是

$$dx/dt = \alpha x + x^3 \tag{10.6}$$

当 $\alpha > 0$ 时，唯一不动点 $x = 0$ 是不稳定的，当 $\alpha < 0$ 时出现两个不稳定不动点 $x = \pm \sqrt{\alpha}$，形成上下对称的两支，而 $x = 0$ 称为稳定的。因为分岔是在 α 小于临界值时发生的，故称为亚临界叉式分岔。

在二维以上的系统中，上述的分岔现象也都存在，但由于存在极限环、环面、奇怪吸引子等复杂定态，分岔现象变得丰富多样，如霍普夫分岔、单极限环分岔、环面分岔、有序吸引子分岔出奇怪吸引子等。当然一般情形下，在控制参量变化过程中，系统并非只出现一次分岔，而是一系列前后相继的分岔，系统的多样性不断增加。这里不再展开讨论。

10.1.2 建筑火灾系统的轰燃突变特征

10.1.2.1 轰燃现象的动力学方程

建筑火灾的一般发展过程可以分为图 10.1 的 5 个阶段，即起火—火势蔓延—轰燃—火势稳定—火势衰退。起火阶段，火开始在建筑中形成，建筑中如果存在可供蔓延的可燃物，建筑火灾即进入火势蔓延阶段，燃烧产物导致更多热量的产生。随着时间进程，高温气体层温度高达 500~600℃。高温气体层上升至天花板，然后向下流动，通过热辐射预热其他可燃物，包括那些离燃烧区域有一定距离的可燃物。加热后的环境中充满未燃空气的混合物，所有其他可燃物可能会突然点燃，快速燃烧，整个房间即刻会被火焰吞没，导致"轰燃"。而后建筑火灾进入火势稳定阶段，建筑内温度进一步升高，持续的热量释放取决于空气的供给和可燃物的数量，这种环境下产生的高压高温气体会从房间内涌出，从而导致火势进一步蔓延。而后由于可燃物全部燃烬，建筑火灾进入火势衰退阶段，直至熄灭。显然从这个发展过程来说，建筑火灾的轰燃现象的重要特征是火灾本身的燃烧速率和热烟气层温度的突然升高，这是一种典型的突变过程，因此我们可以利用突变动力学研究轰燃现象[10]。

考虑具有一个通风口（如窗户、门等）的建筑（图 10.2）中，当如下的假定条件成立时：

1）腔室可被分为两层区域：热烟气层和冷空气层，各自用一个平均温度来表征，并且这两层的界面平行于地面；

2）轰燃现象在燃料控制（fuel-controlled）的早期火灾阶段产生，以此阶段的冷空气层温度与密度被作为初值；

3）冷空气层和热间断面（thermal discontinuity）下的壁面温度假设为初值；

4）火源面积在火灾发展过程中假定无明显变化，并假设为常数；

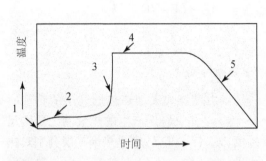

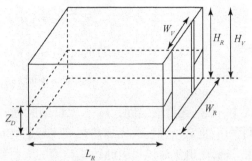

图 10.1　建筑火灾的一般发展过程的 5 个阶段　　　图 10.2　具有一个通风口的建筑示意图
1. 起火；2. 火热蔓延；3. 轰燃；4. 火势稳定；5. 火势衰退

5）轰燃产生前的腔室内压力假设为初值，即通风口面积足够大可以平衡腔室内外压力；

6）在火灾发展过程中热烟气层的发射率、比热容和对流换热系数假设为定值。

热烟气层的能量平衡方程为

$$mc_p \frac{\mathrm{d}T}{\mathrm{d}t} = G - L \tag{10.7}$$

式中，m 是热烟气层质量，c_p 是其定压比热容，T 是其温度，t 是时间，G 为热烟气层热获得率，L 为其热损失率。

$$G = \chi \Delta h_C \overline{m}_f \tag{10.8a}$$

$$\overline{m}_f = \frac{A_f}{\Delta h_{\mathrm{vap}}} \left[\overline{q}'' + \alpha_U(T) \sigma (T^4 - T_0^4) \right] \tag{10.8b}$$

式中，χ 是燃烧过程的效率（到达热烟气层理论热量的比例），Δh_C 是燃烧热，$\overline{m}_f$ 是质量燃烧率，A_f 是燃料床的表面积，Δh_{vap} 是蒸发热，$\overline{q}''$ 是从火焰输运到火源的热流率，$\alpha_U(T)$ 是温度为 T 时热烟气层辐射反馈系数，σ 为 Boltzmann 常数，T_0 为初始温度。

$$L = \overline{m}_{\mathrm{out}} c_p (T - T_0)(1 - D) + \left[A_U - (1 - D) A_V \right] h_c (T - T_W)$$
$$+ (1 - D) A_V h_V (T - T_0) + \alpha_g \sigma \left[A_U - (1 - D) A_V \right] (T^4 - T_W^4)$$
$$+ \alpha_g \sigma \left[A_L + (1 - D) A_V - A_f \right] (T^4 - T_0^4) + \alpha_g \sigma A_f (T^4 - T_f^4) \tag{10.9a}$$

$$\overline{m}_{\mathrm{out}} = \frac{2}{3} c_d \rho_0 A_V \sqrt{2g(1 - D) H_V \frac{T_0}{T} \left(1 - \frac{T_0}{T} \right)} \tag{10.9b}$$

式中，$\overline{m}_{\mathrm{out}}$ 是热烟气通过通风口流出的质量流率，c_d 是流动系数，ρ_0 是初始密度，A_V 是通风口面积，g 是重力加速度，H_V 是通风口高度，D 是热间断面的比例高度，A_U 是与热烟气层接触的壁面内表面积，h_c 是热烟气层与壁面的对流换热系数，T_W 是与热烟气层接触的壁面温度，h_V 是通风口的对流换热系数，α_g 是热烟气层辐射系数，A_L 是与冷空气层接触的腔体内表面积，T_f 是燃料床温度。

作无量纲变换：

$$\theta = \frac{T}{T_0}, \tau_1 = \frac{t}{t_*}, t_* = \frac{mc_p T_0}{\overline{Q}_0}, \overline{Q}_0 = \frac{\chi A_f \overline{q}'' \Delta h_C}{\Delta h_{\mathrm{vap}}}, \varepsilon_K = \left(\chi \frac{\Delta h_C}{\Delta h_{\mathrm{vap}}} \right) \alpha_U \sigma A_f T_0^4 / \overline{Q}_0$$

$$\varepsilon_{R,L} = \alpha_g \sigma \left[A_L + (1 - D) A_V - A_f \right] T_0^4 / \overline{Q}_0, \varepsilon_{\mathrm{out}} = \overline{m}'_{\mathrm{out}} (1 - D) A_V c_p T_0 / \overline{Q}_0$$

$$\bar{m}'_{out} = \frac{1}{3}c_d\rho_0\sqrt{2g(1-D)H_V}, \quad \varepsilon_{c,H} = [A_U - (1-D)A_V]h_cT_0/\bar{Q}_0$$

$$\varepsilon_{c,L} = (1-D)A_Vh_VT_0/\bar{Q}_0, \quad \varepsilon_{R,W} = \alpha_g\sigma[A_U - (1-D)A_V]T_0^4/\bar{Q}_0$$

$$\varepsilon_{R,f} = \alpha_g\sigma A_fT_0^4/\bar{Q}_0, \quad \theta_W = \frac{T_W}{T_0}, \quad \theta_f = \frac{T_f}{T_0}$$

式中，θ 是无量纲温度，τ_1 是无量纲时间，t_* 是自由燃烧火灾加热热烟气层的特征时间，$\bar{Q}_0$ 是自由燃烧火灾加热热烟气层的特征热流。ε_K 是燃料床产生的热量的无量纲尺度，ε_{out} 是由于通风口引起的流动熵的无量纲尺度，$\varepsilon_{R,j}(j=W,L,f)$ 是热烟气层分别对热壁面、冷空气层和燃料床的辐射热的无量纲尺度，$\varepsilon_{c,K}(K=H,L)$ 是热烟气层与热壁面和通风口表面的对流热的无量纲尺度。

方程（10.7）化为

$$\frac{d\theta}{d\tau_1} = 1 + (\varepsilon_K - \varepsilon_{R,L})(\theta^4 - 1) - \varepsilon_{c,H}(\theta - \theta_w) - \varepsilon_{out}(\theta - 1)$$
$$- \varepsilon_{c,L}(\theta - 1) - \varepsilon_{R,W}(\theta^4 - \theta_W^4) - \varepsilon_{R,f}(\theta^4 - \theta_f^4) \tag{10.10}$$

为简化方程，再引入参数：

$$d\tau = a_0d\tau_1, \quad \beta = (\theta_W - 1)/(\theta - 1), \quad a_0 = 1 - 2\beta^2(1-\beta)(3-\beta)\varepsilon_{R,W}$$

$$a_1 = [\varepsilon_K - \varepsilon_{R,L} - \varepsilon_{R,f} - (1-\beta^4)\varepsilon_{R,W}]/a_0$$

$$a_2 = [\varepsilon_{c,H}(1-\beta) + \varepsilon_{c,L} + \varepsilon_{out} - 4\beta(1-\beta)^3\varepsilon_{R,W}]/a_0$$

$$a_3 = 4\beta^3(1-\beta)\varepsilon_{R,W}/a_0, \quad a_4 = 6\beta^2(1-\beta)^2\varepsilon_{R,W}/a_0$$

根据文献[5]，假设：$\varepsilon_{R,f}(\theta^4 - \theta_f^4) \approx \varepsilon_{R,f}(\theta^4 - 1)$，方程（10.10）变换为

$$\frac{d\theta}{d\tau} = a_1\theta^4 + a_3\theta^3 + a_4\theta^2 - a_2\theta + (a_2 - a_1 + 1) \equiv \frac{\partial U}{\partial\theta} \tag{10.11}$$

$$U \sim \frac{a_1}{5}\left[\theta^5 + \frac{5a_3}{4a_1}\theta^4 + \frac{5a_4}{3a_1}\theta^3 - \frac{5a_2}{2a_1}\theta^2 + \frac{5(a_2 - a_1 + 1)}{a_1}\theta\right] \tag{10.12}$$

定义微分同胚：

$$\Theta: \begin{cases} \theta \to x - \dfrac{a_3}{4a_1} \\[2mm] u \to \dfrac{5}{a_1}\left(\dfrac{a_4}{3} - \dfrac{a_3^2}{8a_1}\right) \\[2mm] v \to \dfrac{5}{16a_1}\left(\dfrac{a_3^3}{a_1^2} - \dfrac{4a_3a_4}{a_1} - 8a_2\right) \\[2mm] w \to \dfrac{5}{16a_1}\left[\dfrac{a_3^2a_4}{a_1^2} + \dfrac{4a_2a_3}{a_1} + 16(a_2 - a_1 + 1) - \dfrac{3a_3^4}{16a_1^3}\right] \\[2mm] k \to \dfrac{1}{256a_1^2}\left[\dfrac{a_3^5}{a_1^3} - \dfrac{20a_3^3a_4}{3a_1^2} - \dfrac{40a_2a_3^2}{a_1} - 320(a_2 - a_1 + 1)a_3\right] \end{cases}$$

可得

$$U \sim \frac{a_1}{5}(x^5 + ux^3 + vx^2 + wx + k) \tag{10.13}$$

显然可见，方程（10.13）为燕尾型突变的势函数。

平衡曲面为

$$U' = 5x^4 + 3ux^2 + 2vx + w = 0 \quad (10.14)$$

奇点集为

$$U'' = 20x^3 + 6ux + 2v = 0 \quad (10.15)$$

由方程（10.14）和方程（10.15）可以直接消去 x 从而得到分岔集的方程，它是三维控制空间中的一个曲面，如图 10.3 所示。

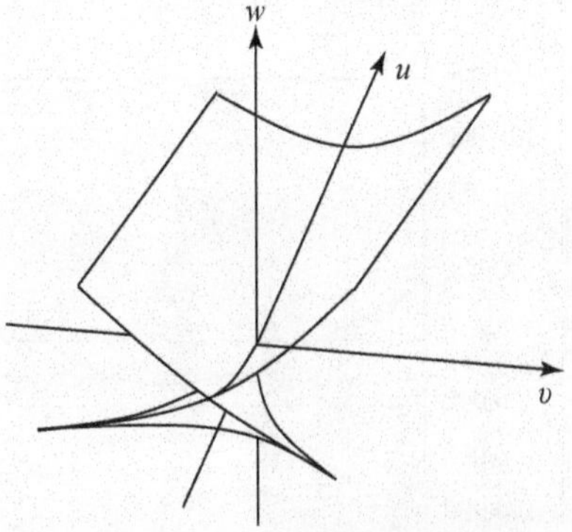

10.1.2.2　轰燃现象的突变特征

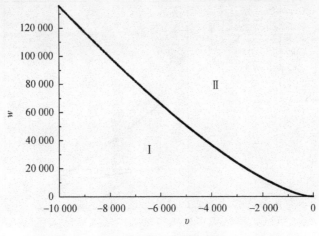

图 10.3　燕尾突变的分岔集示意图[6]

从图 10.3 中可以看出：燕尾型突变的分岔集呈 w 轴对称，并且 $u \geqslant 0$ 和 $u < 0$ 的形状是不一样的。所以为了直接讨论系统控制参数和工况状态之间的关系，可以保持控制参数 u 的不变讨论控制参数 v 和 w。

燕尾型突变的分岔集可以依据公式（10.16）定义：

$$\begin{cases} v = -10x^3 - 3ux \\ w = 15x^4 + 3ux^2 \end{cases} \quad (10.16)$$

根据 $\theta = x - a_3/4a_1$ 和 $\theta = T/T_0$，θ 必须大于 0，因此 x 仅在 $> a_3/4a_1$（$x \geqslant 0$，根据实际状态下的 $a_3 > 0$ 和 $a_1 > 0$）才有物理意义。如果 $u \geqslant 0$，那么 v 是 x 的奇函数，w 是 x 的偶函数。也就是说，v 的符号与 x 的相反，而 w 的符号与 x 的相同。所以如果 $u \geqslant 0$，v 必须小于 0，并且 w 必须大于 0。如果 $u < 0$，并且 $v < 0$，那么 $3u$ 大于 $-10x^2$，并且 w 大于 $5x^4$。所以如果 $u < 0$，并且 $v < 0$，那么 w 必须大于 0。

（1）$u \geqslant 0$

图 10.4 是控制参数 $u = 50$（代表 $u \geqslant 0$ 的情况）时燕尾型突变的分岔集。

图 10.5 和图 10.6 分别是图 10.4 中Ⅰ区和Ⅱ区势函数的微商曲线（上部）和定性

图 10.4　$u = 50$ 时燕尾突变分岔集的 v–w 空间

229

曲线（下部）图。

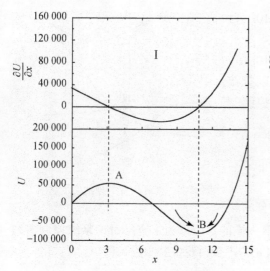

图 10.5　图 10.4 中 I 区势函数的定性
曲线（下）及其微商曲线（上）

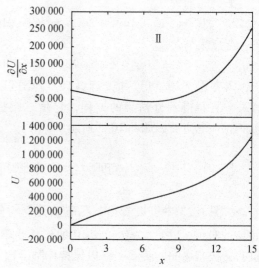

图 10.6　图 10.4 中 II 区势函数的定性
曲线（下）及其微商曲线（上）

从这些图中，可以得到下列结论：

1）I 区的势函数表明 U 有两个临界点——一个极大值点 A 和一个极小值点 B，并且 $x_A < x_B$。所以 I 区是轰燃区，A 点是不稳定点，也就是轰燃临界点，B 点是稳定点，也就是完全发展火灾点。

2）II 区的势函数 U 没有临界点，也就是说 x 没有实根，所以 II 区是非轰燃区。

根据以上的分析，x 必须大于 $a_3/4a_1$；I 区是轰燃区；而 II 区是非轰燃区。

（2）$u < 0$

图 10.7 是控制参数 $u = -50$（代表 $u < 0$ 的情况）时燕尾型突变的分岔集。

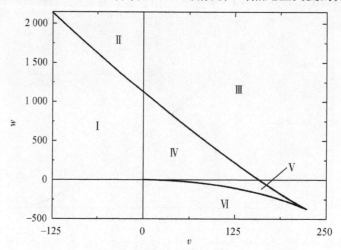

图 10.7　$u = -50$ 时燕尾突变分岔集的 $v-w$ 空间

图 10.8 ~ 图 10.13 分别是图 10.7 中 I 区、Ⅱ 区、Ⅲ 区、Ⅳ 区、V 区和Ⅵ区势函数的微商曲线（上部）和定性曲线（下部）图。

从这些图中，可以得到下列结论：

1）I 区和Ⅳ区的势函数表明 U 有两个临界点：一个极大值点 A 和一个极小值点 B，并且 $x_A < x_B$。所以 I 区和Ⅳ区是轰燃区，A 点是不稳定点，也就是轰燃临界点，B 点是稳定点，也就是完全发展火灾点。

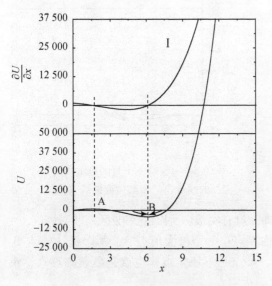

图 10.8　图 10.6 中 I 区势函数的
定性曲线（下）及其微商曲线（上）

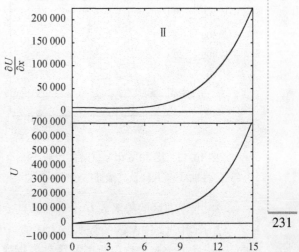

图 10.9　图 10.6 中Ⅱ区势函数的
定性曲线（下）及其微商曲线（上）

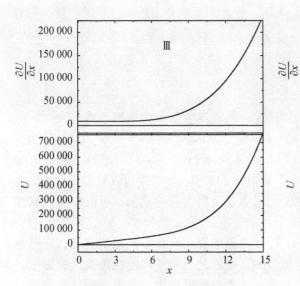

图 10.10　图 10.6 中Ⅲ区势函数的
定性曲线（下）及其微商曲线（上）

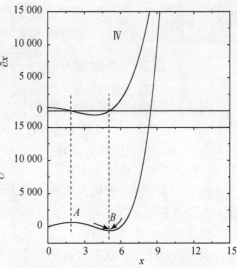

图 10.11　图 10.6 中Ⅳ区势函数的
定性曲线（下）及其微商曲线（上）

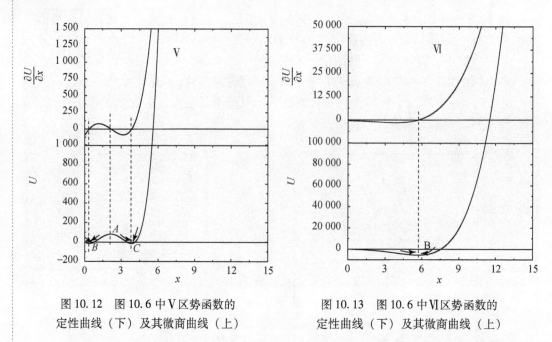

图 10.12　图 10.6 中 V 区势函数的
定性曲线（下）及其微商曲线（上）

图 10.13　图 10.6 中 VI 区势函数的
定性曲线（下）及其微商曲线（上）

2）Ⅱ区和Ⅲ区的势函数 U 没有临界点，即 x 没有实根。所以Ⅱ区和Ⅲ区是非轰燃区。

3）图 10.12 中 V 区的势函数 U 有 3 个临界点：一个极大值点 A、两个极小值点 B 和 C，并且 $x_B < x_A < x_C$，所以 V 区是轰燃区，A 点是不稳定点，也就是轰燃临界点，B 点和 C 点是稳定点，分别是点火点和完全发展火灾点。

4）VI 区的势函数 U 只有一个临界点，即极小值点 B。所以 VI 区是非轰燃区。事实上 B 点是点火点。

根据以上分析，x 必须大于 $a_3/4a_1$；Ⅰ区、Ⅳ区和 V 区是轰燃区；Ⅱ区、Ⅲ区和 VI 区是非轰燃区。

10.1.2.3　轰燃突变的一个实例

对于两个特殊情况，按文献［11］所确定，当建筑壁面热惯性极小或极大时，分别对应 $\beta = 1$ 和 $\beta = 0$，这样上述方程的 $a_3 = a_4 = 0$，$x = \theta$，$u = 0$，$v = -5a_2/(2a_1)$，$w = 5(a_2 - a_1 + 1)/a_1$，因此 $a_1 = 5/(w + 2v + 5)$，$a_2 = -2v/(w + 2v + 5)$。图 10.14 是 $u = 0$ 时 a_1 与 a_2 的燕尾突变分岔集，记号 "+" 是临界的 θ 值。从图中可以看出，曲线上方为轰燃区，因此为了确定在建筑火灾发展过程中是否出现轰燃现象，可以仅判断其工况点是否在轰燃区内。

从上述的分析可以看出，建筑火灾中回燃现象的突变模式是燕尾型突变，在燕尾型突变的分岔集中，仅有少数的几个区是轰燃区。因此，为了确定在建筑火灾发展过程中是否出现轰燃现象，可以仅判断其工况点是否在轰燃区内，而轰燃现象的临界温度点也可以利用燕尾型突变的分岔集确定。

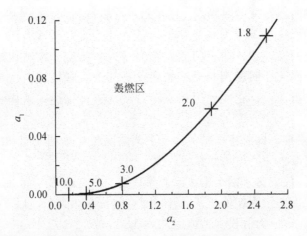

图 10.14　$u = 0$ 时 a_1 与 a_2 的燕尾突变分岔集

注：记号 " + " 是临界的 θ 值

10.1.3　建筑火灾系统的回燃分岔特征

10.1.3.1　回燃现象的动力学模型

一般动力学模型都是依赖于一个或多个控制参数，一个控制参数改变，动力学系统的行为可能产生决定性的变化。在绝大部分情况下，这种控制参数的小量变化只会引起动力学系统的行为的轻微变化。但在某些特定的临界值，动力学系统的吸引子数量可能改变，甚至吸引子的形式由点到周期或混沌的改变。这些控制参数的临界值被称为分岔点，动力学系统的改变被称为分岔。

（1）定性分析

正如图 10.15 产生回燃的通风受限的腔室火灾的发展示意图所表示的，回燃现象的产生可以分为六个阶段：起火阶段、自由燃烧阶段、缺氧闷烧阶段、回燃产生阶段、发展燃烧阶段和燃烬熄灭阶段；其中有四个明显的时间点来界限各个阶段，t_f 是自由燃

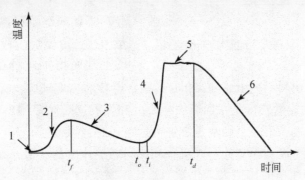

图 10.15　产生回燃的通风受限的腔室火灾的发展示意图

注：1. 点火阶段；2. 自由燃烧阶段；3. 缺氧闷烧阶段；4. 回燃产生阶段；5. 发展燃烧阶段；6. 燃烬熄灭阶段

233

烧阶段向缺氧闷烧阶段转变的时刻点，t_o 是腔盖开启时刻点，t_i 是再次点火点，t_d 是发展燃烧阶段转化为燃烬熄灭阶段的时刻点[12]。

为了集中研究回燃现象，建立回燃现象的动力学模型，本节仅对回燃产生阶段和发展燃烧阶段进行研究。回燃现象模型的建立是基于区域模拟，这是因为动力学理论适合对低维系统进行建模，它能利用相空间对系统进行描述。这样我们就可以引入下列的假设条件：

1）采用区域模拟，即腔室可被分为上下两层区域：热烟气层和冷空气层，在各自层中，温度以及密度等一些热物性参数一致。

2）腔室的墙体仅定义了两个温度。腔室的冷空气层和热间断面（thermal disconti-nuity）下的壁面温度假设为初值，开启开口时空气仅在热间断面以下流入。

3）整个过程腔室压力假设保持恒定。

4）腔室在 t_o 时刻火焰完全熄灭，t_i 时刻火焰再点燃。

5）$t_o \sim t_i$ 阶段腔室内的热烟气和流入的冷空气在热间断面下形成稳定的重力流混合区，即热烟气与空气的反应仅在混合区内。

根据 Thomas 等[13] 的理论，在腔室火灾中热烟气层的能量平衡方程为

$$\frac{dE}{dt} = G(T,t) - L(T,t) \tag{10.17}$$

式中，E 是热烟气层的总能量，$G(T,t)$ 和 $L(T,t)$ 分别是热烟气层的能量得失率，T 和 t 分别是温度和时间。显然 T 是由 G 和 L 所控制的，而 G 和 L 却是 T 和 t 的函数。

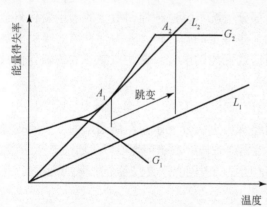

图 10.16　系统能量得失率随温度演化示意图

图 10.16 是系统（热烟气层）能量得失率随时间的演化图，其中 G_1、L_1 是通风受限时的能量得失率，G_2、L_2 是开启开口后的能量得失率。L_1 所表示的能量损失主要是通过墙体散热造成的；L_2 所表示的能量损失包括两个部分，一个部分是 L_1，另一个部分是热烟气通过开口对流引起的热损失。G_1 所表示的能量获得是在自由燃烧阶段和缺氧闷烧阶段燃料燃烧得到的能量，在自由燃烧阶段，G_1 将随着温度的上升而增加，而在缺氧闷烧阶段，由于腔室中缺氧，燃料不完全燃烧，此时形成富燃料的热烟气层，G_1 随温度的上升而下降；G_2 所表示的能量获得是在回燃产生阶段和发展燃烧阶段燃料燃烧得到的能量，它由两个因素所控制，第一个因素是燃烧由燃料还是通风控制，开启开口后的腔室火灾中燃烧速率依赖于流入腔室的空气流率和燃料燃烧速率的比值，如果流入腔室的空气流率和燃料燃烧速率的比值大于化学当量比，燃烧由燃料控制，否则由通风控制，这种燃料－通风控制燃烧的转化机制是回燃现象模型的第一个非线性特征；第二个因素是化学反应速度的反馈机制，随着燃烧的进行，热烟气层温度升高，化学反应速度

加快，燃烧加速进行，从而引起热烟气层温度的再次升高，这样形成了一种正反馈，即，$G_2 \propto \exp[-E_a/(RT)]$，这里 E_a 是燃料的活化能，R 是气体常数，这种化学反应速度与温度的指数正比关系是回燃现象模型的第二个非线性特征。

从图 10.16 可以看到，在燃料控制的燃烧阶段（回燃产生阶段），G_2 随 T 呈指数增加，这种阶段一直持续到通风控制的燃烧阶段（发展燃烧阶段），此时假设恒定的空气量流入燃烧区，G_2 几乎是不变的。而 L_2 几乎与 T 成线性增加关系。这样曲线 G_2 和 L_2 可能相切，此时，T 的任何小的正扰动将会使系统的不稳定点 A_1 突变到稳定点 A_2，同时 T 也会有一个突然的升高，这个过程就叫做分岔。

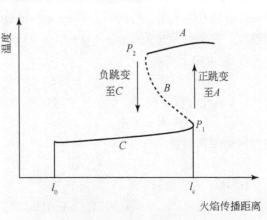

图 10.17　系统分岔示意图

图 10.17 是回燃现象的系统分岔示意图，其中火焰传播距离 l 是系统控制参数。从图中可以看出：开始时，火焰传播距离为 l_0，当火焰沿着曲线 C 传播到 l_c，与不稳定曲线 B 相交于 P_1 产生正跳变（positive jump）至 A；反之，当火焰沿着曲线 A 传播距离减少时，与曲线 B 相交于 P_2 产生负跳变（negative jump）至 C。明显的，这个系统有两个稳定态和一个不稳定态，运动曲线呈 "S" 形。所以回燃现象的系统演化也正符合热爆炸理论。

（2）定量建模

根据上述的回燃现象的动力学模型的定性分析，我们可以利用一组偏微分方程组对其进行定量建模。

根据假设条件以及式（10.18），热烟气层温度 T 可以由下式定义：

$$\frac{dT}{dt} = F_1(T, l) = \frac{G - L}{c_p m} \tag{10.18}$$

式中，c_p 是热烟气层定压比热，$m = \rho V$ 是热烟气层质量，ρ 是热烟气层密度，V 是热烟气层体积。

G、L 由一些独立的方程定义：

$$G = \chi \bar{m}_f H_c \qquad t_i < t \leqslant t_d \tag{10.19}$$

$$L = \bar{Q}_w + \bar{H}_o \qquad t_i < t \leqslant t_d \tag{10.20}$$

式中，t_i 是再次点火点，t_d 是发展燃烧阶段转化为燃烬熄灭阶段的时刻点。χ 是燃料-通风控制函数，$\bar{m}_f$ 是燃料燃烧率，H_c 是燃料燃烧热，$\bar{Q}_w$ 是通过壁面的热损失率，$\bar{H}_o$ 是热烟气层通过开口质量减少的焓损失率。为了计算方便，L 中的热烟气层在开口处的辐射和对流热损失可忽略不计，而且这并不影响计算的精度[14]。

χ 由下式得出：

$$\chi = \begin{cases} 1 & \bar{m}_a / \bar{m}_f \geqslant S_r \\ \bar{m}_a / \bar{m}_f \geqslant S_r & \bar{m}_a / \bar{m}_f < S_r \end{cases} \tag{10.21}$$

式中，S_r 是化学当量比，$\bar{m}_a$ 是经由开口流入的空气质量流率，由下式定义[15]：

$$\bar{m}_a = 2/3 C_d \rho_0 W_V H_V^{3/2} \sqrt{2g(1 - T_a/T)(N - D)} (N + D/2) \qquad (10.22)$$

式中，C_d 是开口流动系数，ρ_0 是外界新鲜空气的密度，W_V 是开口宽度，H_V 是开口高度，g 是重力加速度，T_a 是外界新鲜空气的温度，N、D 分别是无量纲中性层和热间断面高度，它们的简化关系：$N = D + (1 - D)^2/2$，$D = Z_D/H_V$。其中 Z_D 是热间断面高度。

$\bar{m}_f$ 假设由下式定义：

$$\bar{m}_f = k[mC/(MV)]^n l W_R H_0 Q_c / H_c \qquad (10.23)$$

式中，k 是化学反应速度，C 是反应区内燃料质量百分比，M 是反应区内混合气的平均摩尔质量，V 是腔体总体积，W_R 是腔体宽度，H_0 是反应区（重力流混合区）高度，Q_c 是燃料的摩尔燃烧热。

根据 Arrhenius 公式，$k = k_0 \exp[-E_a/RT]$，其中 k_0 是化学反应式指前因子。

$\bar{Q}_w$ 由下式定义：

$$\bar{Q}_w = A_w[\varepsilon\sigma(T^4 - T_w^4) + h_t(T - T_w)] \qquad (10.24)$$

式中，A_w 是与热烟气层接触的腔体内表面积，ε 是热烟气层发射率，σ 是 Stefan-Boltzman 常数，$T_w = U_c(T - T_a) + T_a$ 是壁面温度[10]，$U_c = e^{-\beta(k_w \rho_w c_w)^B}$ 是壁面温度因子[21]，h_t 是壁面传热系数。其中 $\beta = 0.539$，$B = 0.338$ 是常数，k_w、ρ_w 和 c_w 分别是壁面传热系数、密度和定压比热。

$\bar{H}_0$ 由下式定义：

$$\bar{H}_0 = \bar{m}_o c_p(T - T_a) \qquad (10.25)$$

式中，$\bar{m}_o$ 是热烟气经由开口流出的质量流率，根据质量守恒

$$\bar{m}_o = \bar{m}_a \qquad (10.26)$$

为了定量建立回燃现象的非线性动力学模型，根据回燃产生时腔体内火焰传播特征，我们引入火焰传播公式：

$$\frac{\mathrm{d}l}{\mathrm{d}t} = F_2(T,l) = (aV_d + bV_p)\left[1 - \exp\left(\frac{l - l_{\max}}{l_{\max}}\right)\right] \qquad (10.27)$$

式中，a 和 $b = 1 - a$ 分别是扩散火焰和预混火焰传播的比例因子[17]，V_d 和 V_p 分别是扩散火焰和预混火焰传播速度，$l_{\max}$ 是火焰最大传播距离；函数 $1 - \exp[(l - l_{\max})/l_{\max}]$ 使腔体内火焰传播距离限制在 $l_{\max}$ 内，并使 $F_2(T,l)$ 光滑；$V_d = K_d \bar{m}_a/(\rho_0 W_V H_0)$，$K_d$ 是扩散火焰燃烧系数；$V_p = K_p V_{\max} = (AR_e + B)V_{\max}$，$K_p$ 是预混火焰传播系数，$V_{\max}$ 是预混火焰最大传播速度，A、B 是常数；$R_e = uH_0/\nu$ 是反应区的雷诺数，ν 是动力黏性系数，$u = \bar{m}_a/(\rho_0 W_R H_0)$ 为反应区内的气体平均速度。

这样式（10.18）和式（10.27）就是描述回燃现象的动力学模型的偏微分方程组。

动力学系统稳定状态点附近的局部行为可以通过线性化状态点附近的偏微分方程，并观察邻近时间扰动造成的系统演化来确定[18]。系统本征值（eigenvalue）可以确定扰动是否收缩至 0，还是随着时间增长，这样也就可以确定点的稳定性。因此，为了测度建筑火灾系统演化的稳定性，我们可以使用偏微分方程温度的本征值进行确定：

$$\lambda_1 = \frac{F_1(T + \delta,l) - F_1(T,l)}{\delta} \qquad (10.28)$$

这里 δ 是温度的正向量。当 $\lambda_1 < 0$ 时，点是稳定的，否则是不稳定的。所以回燃现象的产生其必要条件是 $\lambda_1 \geqslant 0$，因而判断回燃现象是否产生可以仅判断本征值随时间的演化。

10.1.3.2　回燃现象的分岔特征

（1）定量模拟结果

根据回燃现象的动力学模型，利用 4 - 5 阶龙格库塔法进行数值求解模型偏微分方程组，其中，计算中用到的初始条件、初值条件以及物性参数如下：

腔体参数：$L_R = 1.2\text{m}$，$W_R = 0.6\text{m}$，$H_R = 0.6\text{m}$，$H_V = 0.6\text{m}$，$W_V = 0.2\text{m}$。

燃料参数：$H_c = 50\text{MJ/kg}$，$Q_c = 800\text{kJ/mol}$，$Sr = 17.25$，$l_{max} = L_R$，$K_p = 3$（假设），$A = 0.000\ 125$ [19]，$B = 1.3$ [19]，$V_{max} = 0.3731\text{m/s}$ [19]，$a = 0.9$（假设）。

流体参数：$c_p = 1003.2\text{J/(kgK)}$，$\rho = \rho_0 = 1.25\text{kg/m}^3$（假设），$H_0 = 0.25\text{m}$（假设），$C_d = 0.7$ [20]，$T_a = 300\text{K}$，再次点火时热烟气层温度 $T_i = 384\text{K}$，$\nu = 0.017(\text{m}^2/\text{s})$。

传热参数：$\varepsilon = 0.4$ [14]，$h_t = 7\text{W/(m}^2\text{K)}$ [14]，$k_w = 0.000\ 043\text{kW/(mK)}$，$\rho_w = 170.6\text{kg/m}^3$，$c_w = 0.873\text{kJ/(kgK)}$。

化学反应参数：$k_0 = 4.4 \times 10^{23}\text{s}^{-1}$ [20]，$E_a = 210\text{kJ/mol}$ [20]，$n = 1$（假设），$C = 0.10$。

时间参数：$t_i = 395.5\text{s}$，$t_d = 398.5\text{s}$。为了计算方便，模拟的时间范围为 0 ~ 3s。

回燃现象的非线性动力学模型的模拟结果如图 10.18 至图 10.20 所示。图 10.18 是热烟气层温度随时间演化图，其中 C 点是回燃产生的临界点；图 10.19 是系统本征值随时间演化图，其中 C 点的本征值为 0；图 10.20 是 C 点系统能量得失率随热烟气层温度演化图。从图 10.18 中可以看出，C 点之前，热烟气层温度随时间平缓上升，但 C 点之后的热烟气层温度随时间急剧上升，这说明 C 点是系统的临界点，系统的演化过程中，如果经过 C 点，则腔室火灾中就会产生回燃现象。C 点是系统的临界点也可以从图 10.19 中得到说明，C 点之前，系统的本征值是负的，系统稳定，C 点之后，系统的本征值是正的，系统不稳定，回燃现象产生，C 点是系统稳定向不稳定转化的临界点。图 10.20 中 C 点的能量获得率曲线与能量损失率曲线相切，温度的小的正扰动将会使系统的不稳定点（相切点）突变到稳定点（相交点），同时温度也会有一个突然的升高。图 10.20 的计算结果与图 10.16 定性分析的结果是一致的。

图 10.21 是 $C = 0.10$ 时模型计算结果与第七章小尺寸回燃实验结果的比较图。回燃实验的参数是：端部垂直中间开口，燃料流速为 $0.1595 \times 10^{-3}\text{kg/s}$，供气时间为 390s（$t_o = 390\text{s}$）。燃料质量百分比为 0.1006，氧气质量百分比为 0.126，回燃实验数据的间隔为 0.5s。这里需要指出的是：回燃实验中的燃料和氧气质量百分比的数据并不等于重力流中混合气的燃料质量百分比，它既跟开启腔盖时刻的质量百分比有关，也跟开口处热烟气和新鲜空气的流出流入速度和点火延迟有关。而模型中假设的重力流中的混合气的氧气质量百分比为 0。从图 10.21 中可以看出模型计算结果较好地符合实验结果，模型计算结果比实验结果平滑一点，而且最终的热烟气层温度的计算值比实

验值要高，其中的原因是模型中能量损失率项中忽略了热烟气层在开口处的辐射和对流热损失。所以本节所提出的回燃现象的动力学模型是可信的。

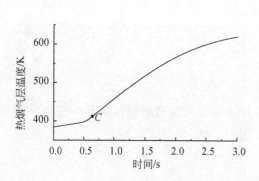 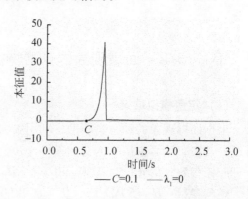

图 10.18　热烟气层温度随时间演化图　　　图 10.19　系统本征值随时间演化图

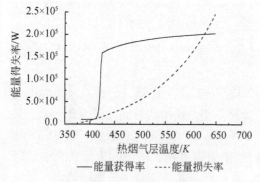 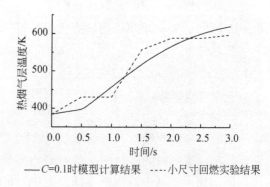

图 10.20　C 点系统能量得失率
随热烟气层温度演化图

图 10.21　模型计算结果与小尺寸
实验结果比较图

（2）系统控制面

为了分析回燃现象的分岔机理，利用火焰传播距离 l 和燃料质量百分比 C 作为热烟气层温度 T 演化的控制因子。因此热烟气层温度稳定状态值满足公式（10.29）以形成系统控制面，也就是每个 l 和 C 对应一个或多个的 T 值。

$$F_1(T, l, C) = 0 \qquad (10.29)$$

既然热烟气层温度值能很快地在系统控制面上演化，这样温度的绝大部分的状态点落在系统控制面上，仅在某些临界点产生突变，由控制面的一个部分跃迁到另一个部分，这些临界点就是分岔点。因此利用系统控制面可以有效地表征回燃现象的可能行为。

图 10.22 是不同燃料质量百分比的系统控制曲线图。在 $C = 0.02$ 时热烟气层温度随火焰传播距离单调增加；而在 $C = 0.04，0.06，0.08$ 和 0.10 时热烟气层温度曲线有个折叠，这样一个火焰传播距离对应着多个热烟气层温度值。这也说明 $C = 0.04，0.06，0.08$ 和 0.10 时分岔（突变）行为产生，回燃现象产生。从图中还可以看出回燃现象动力学系统具有两个稳定态和一个不稳定态，运动曲线呈"S"形。图 10.23 是

$C = 0.10$ 时系统模拟演化和控制曲线比较图。开始时系统模拟演化和控制曲线符合得较好，但从 A 点（分岔点）两者开始分离，系统演化曲线陡峭上升，而系统控制曲线折叠至 B 点，然后随着火焰传播距离平缓上升。

图 10.24 是系统控制面图，由上、下折叠线和控制面包络线组成。从图中可以看出，回燃现象的产生仅在大的燃料质量百分比产生，转换突变线对应的火焰传播距离值比下折叠线对应的火焰传播距离值稍微大一些，这说明系统从一个稳态到另一个稳态的跃迁并不同步，具有滞后的特点。

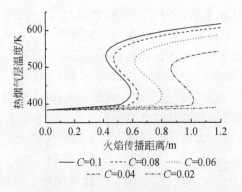

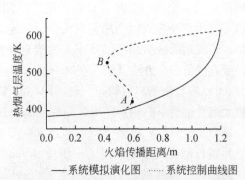

图 10.22　不同燃料质量百分比的
系统控制曲线图

图 10.23　$C = 0.10$ 时系统模拟演化和
控制曲线比较图

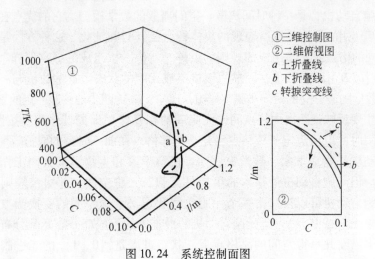

图 10.24　系统控制面图

10.2　复杂性科学的研究方法

复杂性科学的研究方法一般根据所研究对象的个体（局部）的随机性规律出发，从低层次到高层次，从局部到整体，从微观到宏观，强调个体之间的相互作用，进而"涌现"出系统的总体性规律。复杂性科学的研究方法有很多，如元胞自动机、多agent建模方法等，近年来复杂网络的兴起给复杂性科学注入了新的内容。下文主要简述元胞自动机和复杂网络等。

10.2.1 复杂性科学的研究方法简介

10.2.1.1 元胞自动机

元胞自动机（cellular automata，CA）是一种时空离散的局部动力学模型，是复杂系统研究的一个典型方法，特别适用于空间复杂系统的时空动态模拟研究[22]。元胞自动机不是由严格定义的物理方程或函数确定，而是由一系列模型构造的规则构成。凡是满足这些规则的模型都可以算作是元胞自动机模型。因此，元胞自动机是一类模型的总称，或者说是一个方法框架。在这一模型中，散布在规则格网（lattice grid）中的每一元胞（cell）取有限的离散状态，遵循同样的作用规则，依据确定的局部规则作同步更新。大量元胞通过简单的相互作用而构成动态系统的演化。其特点是时间、空间、状态都离散，每个变量只取有限多个状态，且其状态改变的规则在时间和空间上都是局部的。

元胞自动机最早是由冯·诺伊曼（Von Neumann）和乌拉姆（Ulam）于20世纪60年代提出的。当时的名字叫元胞空间（cellular spaces），用于模拟生物学中的自复制。后来被用于研究许多其他现象，随之又出现了各种各样的名称，如元胞结构（cellular structures）、镶嵌自动机（tessellation automata）以及元胞自动机（cellular automata）等。所谓元胞自动机，是一种时间离散、空间离散的数学模型。它的优点在于能够描写具有居于相互作用的多体系统所表现的集体行为及其时间演化。这种方法是首先将空间分割成由相同的格点或元胞组成的规则的点阵，就像围棋组成的蜂窝那样。其中每一个格点或元胞对应着有限组数值，以描写该格点或元胞的状态。这些数值与一定的时刻相对应。这些数值随着分立的时间步骤（$t=0$，1，2，…）同步地按照一定的规则演化，所谓"规则"主要反映近距离内格点间或元胞间的相互作用即局域作用。按照这种规则，某格点在某瞬时的取值决定于该格点和几个相邻格点在前一时刻的取值。

元胞自动机是物理学家、数学家、计算机科学家和生物学家共同工作的结晶，应用非常广泛。但元胞自动机最基本的组成是元胞、元胞空间、邻居及规则四部分。简单地讲，元胞自动机可以视为由一个元胞空间和定义于该空间的变换函数所组成。元胞又可称为单元（或基元），是元胞自动机的最基本的组成部分。元胞分布在离散的一维、二维或多维欧几里得空间的晶格点上。状态可以是 $\{0,1\}$ 的二进制形式，或是 $\{s_0, s_1, \cdots, s_i, \cdots, s_k\}$ 整数形式的离散集，严格意义上说，元胞自动机的元胞只能有一个状态变量。但在实际应用中，往往将其进行了扩展，如每个元胞可以拥有多个状态变量。元胞所分布的空间网点集合就是元胞空间。理论上，元胞自动机可以按任意维数的欧几里得空间规则划分。目前研究多集中在一维和二维元胞自动机上。对于一维元胞自动机，元胞空间的划分只有一种。而高维的元胞自动机，元胞空间的划分可能有多种形式。对于最为常见的二维元胞自动机，二维元胞空间通常可按三角形、四边形或六边形三种网格排列。理论上，元胞空间通常是在各维向上无限延展的，这有利于理论上的推理和研究。但在实际应用过程中，无法在计算机上实现这一理想条件，因此，需要定义不同的边界条件。归纳起来，边界条件主要有三种类型：周期型、反射型和定值型。在元胞自动机中，演化规则是定义在空间局部范围内的，即一个元胞下一时刻的状态决定于本身状态和它的邻居元胞的状态。因而，在指定规则之前，必须定义一定的邻居规则，明确哪些元胞属于该元胞的邻居。在一维元胞自动机中，通常以半径来确定邻居，距离一个元胞内的所有元胞均被认为是该元胞的邻居。二维元胞自动机的邻居定义较为复杂，但通常有两种形式：冯·诺伊曼型和摩尔（Moore）型，冯·诺伊曼型是一个元胞的上、下、左、右相邻四个元胞为该元胞的邻居。摩尔型是一个元胞的上、下、左、右、左上、右上、右下、左下相邻八个元胞为该元胞的邻居。规则（rule）是根据元胞当前状态及其邻居状况确定下一时刻该元胞状态的动力学函数，简单地讲，就是一个状态转移函数。我们将一个元胞的所有可能状态连同负责该元胞的状态变换的规则一起称为一个变换函数。这个函数构造了一种简单的、离散的空间（时间）的局部物理成分。元胞自动机是一个动态系统，它在时间维上的变化是离散的，即时间 t 是一个整数值，而且连续等间距。假设时间间距 $dt = 1$，若 $t = 0$ 为初始时刻，那么 $t = 1$ 为其下一时刻。在上述转换函数中，一个元胞在 $t + 1$ 的时刻只（直接）决定于 t 时刻的该元胞及其邻居元胞的状态，虽然，在 $t - 1$ 时刻的元胞及其邻居元胞的状态间接（时间上的滞后）影响了元胞在 $t + 1$ 时刻的状态。

由以上对元胞自动机的组成分析，元胞自动机用数学符号来表示，标准的元胞自动机是一个四元组：

$$A = (L_d, S, N, f) \tag{10.30}$$

式中，A 代表一个元胞自动机系统；L 表示元胞空间，d 是一个正整数，表示元胞自动机内元胞空间的维数，S 是元胞的有限的、离散的状态集合，N 表示一个所有领域内元胞的组合（包括中心元胞），即包含 n 个不同元胞状态的一个空间矢量，记为，$N = (s_1, s_2, \cdots, s_n)$，$n$ 是元胞的邻居个数，$s_i \in Z$（整数集合）$i \in (1, \cdots, n)$，f 表示将 S_n 映射到 S 上的一个局部转换函数。所有的元胞位于 d 维空间上，其位置可用一个 d 元的整数矩阵 Z_d 来确定。

10. 2. 1. 2　复杂网络

一些节点按某种特定的方式连接在一起而构成一个系统，这就形成了网络。要把具体的网络抽象成图表示出来，就是用抽象的点表示网络中的节点、用点间连线表示节点间的连接关系。由最初对网络表示方法的探索到今天的复杂网络理论，相关研究已经走过近三百年的历史。18 世纪瑞士数学家欧拉对著名的"Konigsberg 七桥问题"开创了图论的研究。20 世纪 60 年代，匈牙利数学家 Erdös 和 Rényi 建立随机图理论，研究随机图模型（ER 模型），开创了复杂网络理论的系统性研究。复杂网络研究新纪元开始的标志是两篇分别揭示复杂网络小世界特性和无标度性质的文章。Watts 和 Strogatz 在 Nature 杂志上提出的小世界网络模型说明了少量的随机连接会对网络拓扑结构产生重大影响[23]。Barabási 和 Albert 在 Science 杂志上提出的无标度网络揭示了增长和择优机制在复杂网络系统自组演化过程中的普遍性[24]。自此，新一轮研究复杂网络的热

241

潮开始了，并由最初的数学领域广泛地发展到物理学、生物学等众多学科，被称为"网络的新科学"[25,26]。

目前最常用的表示网络的方法是集合的方法。利用集合的知识，一个具体网络可抽象为一个由点集 V 和边集 E 组成的图 $G = (V,E)$，其中节点数记为 $N = |V|$，边数记为 $M = |E|$。由于边是节点间的连接，因此边集 E 中任意一条边在点集 V 中都有两个节点与之相对应。网络最为常见的表征参数时度、度分布、累积度分布、聚类系统、平均路径长度等。

度（degree）是复杂网络中一个基本而又重要的概念。对给定的网络，节点 i 的度 k_i 定义为与它相连接的其他节点的总数。当节点间的边不重复（即连接两个节点的边的数目只能为 0 或 1）时，节点的度也可定义为该节点与其他节点相连接的边的数目。显然，一个节点的度越大，与之相连的其他节点的数目越多，这个节点的地位就越"重要"。而对于整个网络来说，其中所有节点的度的平均值即为此网络的（节点）平均度，记作 (k)。每个节点的度都可能不同。把对应不同的度的节点数进行统计可以得到度的分布（degree distribution）。度的分布情况可以用分布函数 $P(k)$ 来描述，其中 $P(k)$ 表示随机给定一个节点的度恰好为 k 的概率。在数据较少、不确定性较大的情况下，度分布数据点分布可能比较分散，不易观察其分布规律。这时使用累积度分布的方法可以在一定程度上帮助减小误差。累积度分布函数形式为

$$P_k = \sum_{k'=k}^{\infty} P(k) \tag{10.31}$$

它表示度不小于 k 的节点的概率分布。网络的聚类特性体现了网络中节点间连接的密切程度或相互作用的强度。聚类系数（clustering coefficient）的提出使衡量网络的聚类特性成为可能，它是刻画复杂网络结构统计特性所使用的重要基本概念之一。聚类系数的定义是

$$C_i = \frac{E_i}{\frac{1}{2}k_i(k_i - 1)} \tag{10.32}$$

式中，E_i 是节点 i 的 k_i 个邻居节点之间实际存在的边数，而这些节点间可能存在的总边数的最大值为 $k_i(k_i - 1)/2$。对给定网络中两个节点 i 和 j，它们之间的距离 d_{ij} 定义为连接这两个节点的最短路径上的边的数目。由此定义网络的平路路径长度 L。

$$L = \frac{\sum_{i \geq j} d_{ij}}{\frac{1}{2}N(N + 1)} \tag{10.33}$$

式中，N 是该网络的节点数。可以看出，L 是任意两点之间的距离的平均值。网络的平均路径长度也称为网络的特征路径长度。

比较常见的复杂网络模型包括规则网络、随机网络、小世界网络和无标度网络。将节点按确定的规则连线，所得到的网络就称为规则网络（regular network）。例如，对在同一个圆上的节点进行连接，规定每个节点只与它周围的 4 个邻居节点相连，这样就得到一个一维有限规则网络。与规则网络相反，如果节点不是按确定的规则进行连

线，而是随机连接，得到的网络称为随机网络。随机网络的一个著名模型是 Erdös 和 Rényi 的 ER 随机图模型。对该模型的一种描述方式是：给定网络节点数 N，网络中任意两个节点以概率 p 连线，生成的网络全体记为 $G(N,p)$，构成一个概率空间。Watts 和 Strogatz 引入的世界模型（称为 WS 小世界模型），其主要拓扑性质与许多实际网络能较好地符合，小世界网络的基本特征是较大的聚类系数和较小的平均路径长度。WS 小世界模型的构造算法如下：①考虑一个含有 N 个点的最近邻耦合网络，它们围成一个环，其中每个节点都与它左右相邻的各 $K/2$ 个节点相连（K 是偶数）；②以概率 p 随机地重新连接网络中的每条边，规定任意两个不同的节点之间最多只能有一条边，且每个节点都不能有边与自身相连。WS 小世界模型构造算法中包含的重连步骤很可能破坏网络的连通性。随后，Newman 和 Watts 提出了新的构造方法，用"随机化加边"代替"随机化重连"，构造出的网络称为 NW 小世界网络。Barabási 和 Albert 提出的无标度网络模型，其度分布是明显的幂律形式。该模型的构造算法是：①给定一个具有 m_0 个节点的网络，每次引入一个新的节点，并将其连接到 m 个已存在的节点上（$m \leqslant m_0$）；②新节点连接到已存在的节点 i 上的概率满足

$$\Pi_i = \frac{k_i}{\sum_j k_j} \tag{10.34}$$

式中，k_i 和 k_j 分别是节点 i 和节点 j 的度。

10.2.2 森林火灾的元胞自动机建模

经典的森林火灾模型是一种结合蒙特卡洛模拟的元胞自动机模型，理论上它可以在任意维空间定义。与实际森林火灾相关联的为二维模型。用二维网格来表示森林，其中每一个节点可以是一棵树、一棵着火的树或者是空地。在每一时间步长，经典二维森林火灾模型根据以下演化规则进行同步更新：①一棵着火的树变为空地；②如果一棵树的最近邻上、下、左、右的树中任一个正在燃烧，那么它被点燃；③以概率 p 随机选取一个节点，如果它为空地，则长出一棵树；④没有最近邻为着火状态的树以概率 f 被点燃。第①条模拟树木的燃烧；第②条模拟火灾的蔓延；第③条模拟树木的生长；第④条模拟森林火灾的发生（如雷电及火种对森林的引燃等）。由于火灾蔓延的时间相对于树木生长和两次火灾的间隔来说足够小，因此火灾蔓延过程在一个时间步中结束。后来又对经典模型的规则②进行了修正：如果一棵树的最近邻上、下、左、右的树中任一个正在燃烧，那么它以概率 $(1-g)$ 被点燃。这一修正的意义在于它考虑了树种对森林火灾蔓延时的阻力。考虑到树种、气象条件和人为因素这些森林火灾的外部条件对火灾的影响是类似的，并且同时影响火灾的发生和蔓延，这里我们对此模型的规则④进一步进行修正：在闭修正模型的基础上，进一步修正，使火灾的发生也是以概率方式进行的：没有最近邻为着火状态的树以概率 $(1-g)f$ 被点燃。从而形成一个新的修正模型，以下称"修正模型"[27]。

在修正模型中，使用了广义的"树木抗火性"g，它的含义为外部条件包括树种、气象条件和人为因素对火灾发生和蔓延的阻力。火灾的发生和蔓延都以一定的概率 $(1-g)$

进行。这个概率越大，说明火灾受到的阻力越小。特别地，当 $g=0$ 时，模型就变为经典森林火灾模型。由于在森林火灾全过程中考虑了树种、气候和人为因素的影响，修正模型可望更加真实地反映森林火灾受外界影响的情况，改善计算结果与实际数据的一致性。

对经典森林火灾模型和修正模型进行了计算机演化计算，未采用循环边界条件，因为真实的森林是有边界的。计算时所用的参数：演化步长 $N_s=2\times10^9$ 次，森林网格尺寸 $A_g=512\times512$，点火概率 $f=1/500$，修正模型中 g 取多个不同的值。确定参数后，根据模型的演化规则进行计算机模拟。记录每一火灾面积值 A_f 对应的次数 N_f，每个时间步的火灾发生次数 N_f/N_s 和该类火灾的面积建立了关系。经典森林火灾模型显示：对于大型火灾，会受到网格边界的影响；对于小型和中型火灾，火灾面积和频率（即每一步长的火灾次数）呈现幂律关系。

$$N_f/N_s=A_f^{-\alpha}(\alpha\approx1.0) \tag{10.35}$$

上式可以表明：不同大小的火灾烧掉的总面积是大体相当的。

图 10.25 为经典的森林火灾模型演化计算得到的火灾面积和发生频率之间的关系。火灾的燃烧面积和该面积的火灾发生的频率符合式（10.35）所示的幂律关系，其中 $\alpha\approx1.0$。显然这与第 8 章的中国森林火灾的概率分布的实际数据大体上是符合的。但同时两者存在着差距，主要在于真实火灾数据拟合出的直线斜率绝对值大于模型计算结果；在火灾规模很小或很大时，真实火灾数据的火灾频率偏低，使"频率-面积"曲线两端向下弯曲，这是因为真实的森林火灾要受到外界因素，包括树种、气候条件（如降水）及人为因素（如灭火）等的影响。这些外界因素使火灾的发生、蔓延并不像经典森林火灾模型中那样顺利进行。上文提出的修正模型考虑了火灾发生和蔓延所受的外界因素的影响，并将它们表述为修正模型中的广义的"树木的抗火性"。在修正模型中，火灾的发生、蔓延都以概率方式进行。图 10.26 是修正模型的演化计算结果，3 条曲线对应的"树木抗火性"分别为 0、0.4 和 0.5，图中显示的是火灾面积较大的部分，所取的面积范围与真实的火灾数据相当。可以看到随着 g 的增加，"频率-面积"曲线在火灾面积

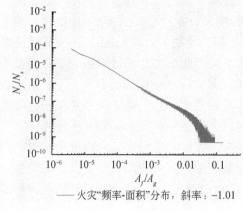

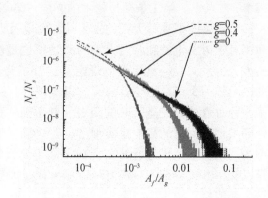

图 10.25　经典森林火灾模型计算的结果　　图 10.26　修正森林火灾模型计算的结果

比较大的区域逐渐向下弯曲，最大火灾面积逐渐减小；同时在中型火灾区域，火灾频率逐渐增加。这是森林火灾受外界影响的结果：发生大火灾的概率减少，在经典模型中应当是面积比较大的火灾，在修正模型中面积变小，这样使得中型火灾的发生次数增加。

　　文献［28］研究还发现，经典森林火灾模型在森林尺度与相关长度相近甚至小于相关长度的情况下，会出现"有限尺度效应"。以经典森林火灾模型为基础，对有限尺度效应的研究方法如下：①将森林等分为 $N \times N$ 个子块，子块之间是不连通的，其中的 N 为大于等于 1 的整数。当 N 从 1 逐渐增大时，每个子块的尺度从远大于森林的相关长度，逐渐减小直至小于相关长度。这样，对整个森林来说，点火概率 f、种树概率 p 及森林总的尺度 L 都是不变的，子块间的边界相当于一条火灾无法跨越的"隔离带"。以此来研究有限尺度效应。②定义"隔离性能"为火灾通过子块边界的难易程度，用概率（$1 - p_c$）来表示。p_c 越大，火灾通过边界越容易，相应的隔离性能越差。p_c 越小，火灾通过子块边界越困难，隔离性能越好。当 p_c 为 0 时，火灾无法跨越子块间的边界，就变成了①中的情况。通过分析不同的隔离性能下森林参数和森林火灾分布的变化，来研究隔离性能对有限尺度效应起到的抑制作用。

　　图 10.27 为森林火灾的"频率 - 面积"分布随森林子块尺度（有限尺度效应）的变化。当森林子块的尺度比较大时，森林火灾的"频率 - 面积"分布满足幂律关系，在双对数坐标上这种分布表示为一条直线，如图 10.27 中子块尺度大于等于 128 的情形。当森林子块的尺度达到 64 时，已经出现了明显的有限尺度效应，表现为在大火灾区域出现一个火灾发生频率的峰值，同时最大火灾面积急剧减小。随着森林子块的继续减小，有限尺度效应越来越明显。当子块尺度变为 16 时，大面积火灾区域的频率峰变为单侧峰，表明在大面积火灾区域，面积最大的火灾发生得最频繁，而最大火灾面积已经达到子块的面积，因此出现单峰现象。而在中、小面积火灾区域，有限尺度效应表现为另一种形式：随着子块尺度的减小，中、小面积的火灾发生频率逐渐降低，表明森林中树木的密度逐渐增加。图 10.28 是子块间边界（以下称"隔离带"）的隔离

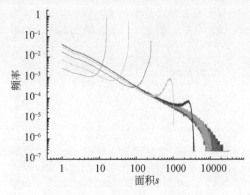

图 10.27　有限尺度效应对森林火灾
面积分布的影响

注：森林子块尺度从左向右分别为：

4、8、16、32、64、128、256 和 512

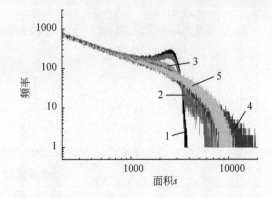

图 10.28　隔离性能对有限尺度效应的抑制作用

1 ~ 5 分别是 $s_{sub} = 64 \times 64$，$p_c = 0$；$s_{sub} = 64 \times 64$，

$p_c = 0.01$；$s_{sub} = 64 \times 64$，$p_c = 0.05$；$s_{sub} = 64 \times 64$，

$p_c = 0.1$；$s_{sub} = 128 \times 128$，$p_c = 0$

性能对有限尺度效应的影响，图中显示的是子块尺度为 64 的情况，以及尺度为 128 在隔离性能为 1（$p_c = 0$）的情况下的对照曲线，并且只显示了火灾面积较大的区域。当隔离性能 $p_c = 0$ 时，火灾无法跨越隔离带，此时为普通的有限尺度效应。随着 p_c 的增加，火灾跨越子块边界的概率越来越大，从而使得最大火灾面积越来越大，同时有限尺度效应形成的大火灾区域的频率峰逐渐平缓。当 $p_c = 0.1$ 时，子块尺度为 64 时的最大火灾面积已经超过了子块尺度为 128 且 $p_c = 0$ 情况下的对应值。这表明，火灾面积分布敏感地依赖于隔离带的隔离性能。

10.2.3 基于元胞自动机的人员疏散动力学建模

在基于二维元胞自动机的人员疏散动力学模型中，把平面划分为均匀的网格，每个网格 50cm×50cm。每个网格或被障碍物占据，或被人员占据，否则为空。每个人员只能在某个时间步移动一格，其移动的方向有东西南北四个供选择，首先根据智能移动机器人的运动模式来确定每个方向上的移动权重，然后比较四个方向上权重的大小，最终确定移动的方向。

这里将疏散的人员视为智能移动机器人，在真实的环境中，人员可能的运动模式包括目标制导行为（移动到疏散出口）、避障行为（躲避障碍物）和绕行行为（绕过障碍物）[29]，目标制导行为体现为目标（出口）对人员的吸引力，计算规则如下：

$$|\vec{S}_{mo}| = \begin{cases} 1 & d \geqslant C \\ \dfrac{d-D}{C-D} & D \leqslant d < C \\ \infty & d < D \end{cases} \tag{10.36}$$

$$\frac{\vec{S}_{mo}}{|\vec{S}_{mo}|} = \begin{array}{l} \text{沿人员到目标物中心的连线，} \\ \text{朝目标物方向} \end{array} \tag{10.37}$$

式中，C 和 D 分别是控制区和死区的半径。

当人员遇到障碍物或其他人员时会躲避并试图绕过去。躲避行为体现为障碍物对人员的斥力，计算规则如下：

$$|\vec{S}_{av}| = |\vec{S}_{sw}| = \begin{cases} 0 & d \geqslant S \\ \dfrac{S-d}{S-M} & M \leqslant d < S \\ \infty & d < M \end{cases} \tag{10.38}$$

$$\frac{\vec{S}_{av}}{|\vec{S}_{av}|} = \begin{array}{l} \text{沿障碍物中心到人员的连线，} \\ \text{远离障碍物的方向} \end{array} \tag{10.39}$$

式中，S 是影响半径，超出此半径的障碍物不会对其产生影响，M 是安全边界，d 是人员与障碍物之间的距离。绕行行为的幅值与避障行为的相同，即 $|\vec{S}_{sw}| = |\vec{S}_{av}|$，方向是垂直于沿障碍物中心到人员的连线，显然它有两个方向，本章的模型随机选择一个。

上述的运动模式都是相互独立的，能够并行处理。具体每种运动模式的重要性用相应的权重值表示，如当一个房间内发生火灾时，目标（出口）制导比其他的运动模式都重要。权重值一般由人为设定，也可通过自动方式确定。自动确定方法有在线学习、基于案例或者进化算法等，为了简化元胞自动机的更新规则，这里人为设定各个运动模式的权重值。运动模式的矢量与其权重值相乘，这些乘积在每个方向投影的加和即是该方向的移动权重，如图 10.29 所示。邻域设置采用图 10.30 所示的二维元胞中人员的邻域设置。

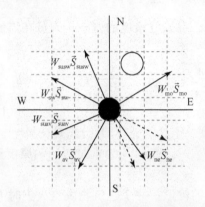

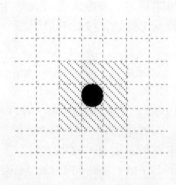

图 10.29　运动模式的移动权重图　　　　图 10.30　模型的邻域设置

在每个更新时间步，所有人员被随机编号为 1 到 N，其中 N 是系统中的总人数，然后从 1 到 N 按以下规则顺序进行更新：

1）每个人员在四个方向的移动权重由上文描述的运动模式确定。

2）如果某个方向的最近邻域的网格被障碍物或者别的人员占据，这个方向的移动权重设为 0。

3）人员在某个更新时间步只能向移动权重最大的方向移动一格。

4）如果四个方向的移动权重均为 0，人员将静止不动。

这里考虑火灾环境对人员疏散行为的生理影响是将火灾烟气浓度和温度视为虚拟障碍物，如人员一般不会往高温或充满烟气的地方疏散。相对于墙壁、桌椅等真实障碍物，人员可以通过虚拟障碍物。对应于上述的三个基本行为，考虑火灾环境将增加两个基本行为，如图 10.29 所示，即躲避虚拟障碍物行为和绕过虚拟障碍物行为，计算规则如下：

$$|\vec{S}_{suav}| = |\vec{S}_{susw}| = \begin{cases} 0 & d \geq S \\ \dfrac{S-d}{S-M}\left(a_1\dfrac{T-T_0}{T_{cr}-T_0} + a_2\dfrac{Soot}{Soot_{cr}}\right) & M \leq d < S \quad (10.40) \\ \infty & d < M \end{cases}$$

$$\frac{\vec{S}_{suav}}{|\vec{S}_{suav}|} = \begin{array}{l}\text{沿虚拟障碍物中心到人员的连线,} \\ \text{远离虚拟障碍物的方向}\end{array} \qquad (10.41)$$

T 和 Soot 分别是在高度为 $Z = 1.7\text{m}$（人的平均高度）处温度和烟气浓度。下标 0 和 cr 分别是初始值和人员死亡的临界值。a_1、a_2 是常量。绕过虚拟障碍物行为的幅值与躲避虚拟障碍物行为的相同，方向是垂直于沿虚拟障碍物中心到人员的连线，显然它也有两个方向，这里随机选择一个。

在火灾环境下，人会变得紧张，如不能对自己所处的环境作出正确的判断，从而造成人员疏散方向的错位，体现了火灾对人员心理的影响。这种情况视为紧张行为，运算规则如下：

$$|\vec{S}_{ne}| = 1 \tag{10.42}$$

$$\frac{\vec{S}_{ne}}{|\vec{S}_{ne}|} = 在 0 和 2\pi 之间的伪随机方向 \tag{10.43}$$

同时本章为了考虑火灾对人员生理的影响，引入健康度的概念，人员在疏散过程中健康度为 1 开始，按以下规则减少：

$$\text{Health}_{step+1} - \text{Health}_{step} = b_1 \frac{T - T_0}{T_{cr} - T_0} + b_2 \frac{\text{Soot}}{\text{Soot}_{cr}} + b_3 \frac{0.21 - O_2}{0.21 - O_{2cr}} + b_4 \frac{CO}{CO_{cr}} + b_5 \frac{CO_2}{CO_{2cr}} \tag{10.44}$$

式中，Health_{step} 是人员在时间步 step 中的健康度。O_2、CO 和 CO_2 分别是在 $Z = 1.7\text{m}$ 处的氧气、一氧化碳和二氧化碳浓度。b_1，b_2，b_3，b_4 和 b_5 均为常量。当健康度达到 0 时，本书视为人员死亡停止不动。

基于上述模型的描述，我们考察一个典型的情形：一个建筑物发生火灾时人员疏散模拟。图 10.31 给出了火源与人员的初始分布平面图。建筑物中共有三种房间：A 类、B 类和 C 类房间的大小分别是 $4\text{m} \times 6\text{m}$、$12\text{m} \times 6\text{m}$ 和 $8\text{m} \times 6\text{m}$，高均为 3m。中间走廊的宽度为 2m，仅有一个东面出口，宽度也是 2m。A 类房间的门（1m 宽）紧挨着东墙，B 类房间有两个门（均为 2m 宽）分别离东、西墙 1m，C 类房间的门（1m 宽）置于正中间。在模拟过程中，所有的门均是开放的。墙体、地板、天花板均由混凝土制造，其厚度均为 0.5m。假设火灾房间中的燃料为木材（$1\text{m} \times 2\text{m} \times 1\text{m}$），其燃烧热释放速率为 500kW/m^2。A 类、B 类和 C 类房间分别初始随机均匀分布具有不同移动速度的 9、27 和 18 个人，其中期望移动速度为 2.0m/s、1.5m/s 和 1.0m/s 的人分别用黄色、绿色和蓝色表示。模拟中每个时间步设为现实中的 1/12s，在模型中以分别间隔 3、4 和 6 个更新时间步移动一格来体现人员不同的移动速度。

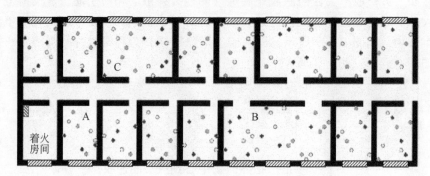

图 10.31　火源与人员的初始分布图

火灾环境的 FDS 模拟将整个建筑物划分为 $89 \times 16 \times 30$ 个网格。图 10.32 是 $Z = 1.7\text{m}$，$t = 360\text{s}$ 时的温度分布剖面图。从图中可以看出，此时，走廊上温度分布落差较大，出口处温度较高，这给我们一个启示：人员疏散过程中可能在出口处由于火灾环境的恶劣发生死亡。相似的,利用 FDS 可以得到烟气,O_2、CO 和 CO_2 的分布图。模拟过程中火灾的演化过程假设不受疏散人员的影响。

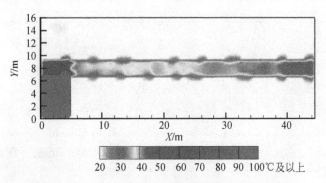

图 10.32 $Z = 1.7\text{m}$、$t = 360\text{s}$ 时的温度分布剖面图

避障、绕行、躲避虚拟障碍物和绕过虚拟障碍物的参数设为:$S = 2$,$M = 1$。为简单起见,$|\hat{S}_{\text{mo}}| = 1$,即目标制导行为不依赖于人员和出口的位置。对于有两个门的房间(B 类房间),本章设定人员从最近的门疏散。具体的一些参数如下:$a_1 = a_2 = 0.5$,$b_1 = b_2 = b_3 = b_4 = b_5 = 0.005$。文献中的火灾临界参数是:$T_0 = 20℃$,$T_{\text{cr}} = 180℃$,$\text{Soot}_{\text{cr}} = 3000\text{mg/m}^3$,$O_{2c} = 0.06\text{mol/mol}$,$CO_c = 13\,000\text{ppm}$,$CO_{2\text{cr}} = 0.2\text{mol/mol}$ [22]。运动模式的权重值设为常数,$W_{\text{mo}} = 1$,$W_{\text{av}} = W_{\text{sw}} = 0.1$,$W_{\text{suav}} = W_{\text{susw}} = 0.2$,$W_{\text{ne}} = 1 - \text{Health}$。$W_{\text{mo}}$ 可以认为是人员对于出口处熟悉程度的测度,W_{mo} 为最大值意味着人员在疏散过程中知道离出口处的最短路径,但由于与其他人员的相互作用(W_{av} 和 W_{sw})以及火灾环境的影响(W_{suav}、W_{susw} 和 W_{ne})无法沿着最短路径疏散。随着时间的推进,人员的健康度会逐渐减少,在模型中设定其人员疏散速度与健康度成正比,这体现火灾环境对人员的生理影响,导致疏散速度的下降。由于健康度是连续值,但在元胞自动机模型中人员疏散速度只能是离散的值,所以采用把健康度分段的方法,具体分段方法见表 10.2。对应于模型中的人员速度设定,本章采用更新时间步的形式进行设置,如表 10.3 所示。

表 10.2 人员健康度与疏散速度的关系

健康度	黄/(2m/s)	绿/(1.5m/s)	蓝/(1m/s)
(0.75, 1]	2.0	1.500	1.00
(0.5, 0.75]	1.5	1.125	0.75
(0.25, 0.5]	1.0	0.750	0.50
(0, 0.25]	0.5	0.375	0.25
(−∞, 0]	0.0	0.000	0.00

249

表10.3 人员疏散速度与更新时间步的关系

速度/(m/s)	0.000	0.250	0.375	0.500	0.750	1.000	1.125*	1.500	2.000
更新时间步	∞	24	18	12	8	6	5	4	3

*1.125无对应整数更新时间步值,取1.125≈1.2

图10.33是延迟时间为480s的人员疏散过程的中间阶段和结束阶段,延迟时间是指火灾发生后多久人员才开始疏散。在中间阶段,出口处出现了一个半圆形的人员堵塞形状,表现出疏散动力学的一个典型特征是疏散过程中人员靠着他们之间的空隙往出口处移动。还有一个现象是发生堵塞的地方不在出口处,而在走廊中间,原因是走廊较长,疏散人数较多,但宽度不够大,这就造成了人员的堵塞。在疏散过程中,人员的健康度在降低,从图10.33(b)的中可以看出:出口处的一些人员(浅灰色表示)会发生死亡。这种情况的出现是因为出口处温度较高,烟气浓度较高,同时人员疏散到此处所花的时间相对于别的位置长,这就造成了人员的疏散阻滞,大大加速了健康度的降低。同时,出口处死亡的人员变成了障碍物,又阻碍了其他人员的疏散,也造成了更多的人员死亡。

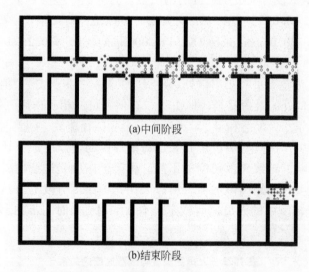

(a)中间阶段

(b)结束阶段

图10.33 延迟时间为480s的人员疏散过程

首先我们先不考虑疏散过程中火灾环境对人员健康度的影响,在疏散期间,人员的健康度永远为1,亦即所有人员都可以成功逃出。表10.4是在具有不同延迟时间的20次模拟中平均疏散时间(所有的人员从建筑物中成功疏散)。显而易见,如果不考虑火灾环境对人员疏散行为的影响,将会低估疏散时间。同时随着火灾的发展,延迟时间越长对人员的疏散越不利。

表10.4 不考虑火灾环境和不同延迟时间下的疏散时间

延迟时间/s	不考虑火灾环境	0	120	240	360	480
疏散时间/s	53.45	58.79	59.08	59.11	60.19	60.64

图 10.34 是延迟时间为 480s 时，具有不同移动速度的人员（对 20 次模拟取平均）疏散成功的数量。它显示在一定的时间里，具有较高移动速度的人员成功通过出口的较多。这表明了具有较高移动速度的人员在疏散中具有较大优势。这种优势也能从表 10.5 中得出。表 10.5 是不同延迟时间，具有不同移动速度的人员死亡的人数，同一延迟时间，速度快的死亡人数比速度慢的要少。如果火灾刚发生，人员就立刻开始疏散，本章的火灾环境就没有人死亡，随着延迟时间的增加，死亡的人数也越来越多。这种现象与实际观察的结果是一致的。

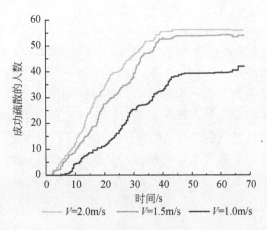

图 10.34　延迟时间为 480s 时成功疏散的人数随时间分布图

表 10.5　不同延迟时间的死亡人数

延迟时间/s	0	120	240	360	480
死亡人数	0	19.20	21.16	21.28	21.44
黄/($V=2.0$m/s)	0	0.55	0.92	0.44	0.61
绿/($V=1.5$m/s)	0	1.45	3.08	2.28	3.67
蓝/($V=1.0$m/s)	0	17.20	17.16	18.56	18.17

10.2.4　生命线网络的灾害蔓延动力学

虽然灾害事件经常是突发性的，但绝大部分的灾害事件具有一些典型性的共性特征：一个微小扰动的触发造成整个系统（网络）的连锁反应，从而导致系统中的大部分产生崩溃的灾难性后果，复杂电网就是一个典型的例子。电网、供水网、供气网、交通网、通信网等关键生命线系统都可认为是复杂网络，其中节点代表生命线系统的站点，边则模拟站点之间的相互关系。生命线系统等灾害网络经常是有向网络，同时节点之间的相互关系通常是非线性且有反馈性。在灾害网络中，当一个节点发生崩溃，这个节点能否在自身修复功能作用下恢复从而保证整个网络的正常化；或者这个节点由于蔓延机制从而导致灾害的蔓延造成网络中大部分节点也产生崩溃；另外网络中的随机噪声（扰动）是否会造成整个网络的崩溃，这个随机噪声的临界值是多少等，这些问题都是复杂网络上灾害蔓延动力学关注的问题。针对生命线网络的灾害蔓延动力学, 显然我们需要利用确定性研究方法建立灾害蔓延动力学模型, 其中还应利用随机性研究方法考虑噪声的分布, 并利用复杂系统的方法即复杂网络来研究生命线网络的灾害蔓延特征。

当今社会中的电网、供水网、供气网、交通网、通信网等关键生命线系统都是十分复杂和庞大的系统工程, 我们利用复杂网络进行这项系统工程的建模, 需要研究这些生命线系统的一些共性特征, 亦即建立一个普适性的灾害蔓延动力学模型[30]。

考虑一个有向网络 $G = (N,S)$, 其中包含节点 $i \in N = \{1,2,\cdots,n\}$ 和边 $(i,j) \in N \times N$, 分别代表生命线系统的站点和各站点之间的相互关系。对于每个节点的属性值用 x_i 表示, 当 $x_i = 0$ 时表示这个节点是稳态的; 反之, 当 x_i 偏离零时说明这个节点产生崩溃。考虑这些关键生命线系统（灾害网络）的普适性特征是每个节点都有自修复功能和灾害蔓延机制。自修复是指当节点产生崩溃时, 随着时间演化, 节点都具有自身修复的功能, 灾害蔓延机制是指某个节点产生崩溃时, 灾害在网络上进行蔓延从而造成大部分节点也产生崩溃。以属性值表现就是假设开始时刻 x_i 有个小扰动, 但随着时间进程, 节点发挥自修复功能或由于灾害蔓延机制, x_i 会趋向于零或网络中大部分节点的属性值会趋向于 ∞。因此对于节点的时间演化动力学可以用下式表示:

$$\frac{\mathrm{d}x_i}{\mathrm{d}t} = -\frac{x_i}{\tau(t)} + \Theta(x_i)\Big[\sum_{j \neq i} \frac{M_{ij}(t)x_j(t-t_{ij}(t))}{f(O_i)}\mathrm{e}^{-\beta t_{ij}(t)/\tau(t)}\Big] + \xi_i(t) \qquad (10.45)$$

式中, 等号右端第一项表示节点的自修复功能, 第二项表示节点的灾害蔓延机制, 第三项表示节点的固有特征, 即节点存在内部随机噪声。这里定义 τ 为自修复因子, 对于灾害蔓延机制我们参考神经网络模型, 其中 $\Theta(x_i)$ 为 S 形函数

$$\Theta(x_i) = \frac{1 - \exp(-\alpha x_i)}{1 + \exp(-\alpha(x_i - \theta_i(t)))} \qquad (10.46)$$

式中, α 是一定值, θ_i 是 i 节点的函数阈值, 这里应该注意的是如果 i 节点属性值 $x_i = 0$, 不管 α 和 θ_i 的取值总有 $\Theta = 0$, 即节点之间不存在相互影响机制。式（10.45）中的权重值 M_{ij} 表示 i 节点连接到 j 节点的相互关系强度值, t_{ij} 是 i 节点与 j 节点之间的延迟时间因子。$f(O_i)$ 为 i 节点的出度函数, 出度值 O_i 用于表征 i 节点的直接影响其他节点的程度。

$$f(O_i) = \frac{aO_i}{1 + bO_i} \qquad (10.47)$$

式中, a, b 为定值。

式（10.45）表征了在节点自修复功能和灾害蔓延机制以及内部随机噪声的综合影响下复杂网络系统的时间演化动力学, 应用于生命线系统也就是一个普适性的灾害蔓延动力学模型。

为了研究灾害蔓延动力学特征, 我们依据上述建立的模型进行模拟计算。同时电网、供水网、供气网、交通网、通信网等关键生命线系统的拓扑结构千差万别, 我们这里仅考虑三种理想的应用较广的网络拓扑结构: 随机网络、无标度网络和小世界网络。这三种网络均为有向网络, 节点数都为 10 000, 平均度均为 3.5。其中随机网络和

无标度网络均由 Pajek 软件产生，其中无标度网络采用偏好依附（preferential attachment）方法产生：在每个产生步，一个节点和 k 条有向边依据下式的依附概率 P 连接到已有节点上。

$$P(i) = \alpha_1 \frac{I_i}{|S|} + \beta_1 \frac{O_i}{|S|} + (1 - \alpha_1 - \beta_1) \frac{1}{|N|} \tag{10.48}$$

式中，I_i 是 i 节点的入度，$|S|$、$|N|$ 分别是网络总的边数和节点数，设参数 α_1 和 β_1 分别为 0.3 和 0.23。小世界网络由下列步骤产生：首先产生一个无向环规则网络，其次将无向边设置成有向边，其方向包括顺时针、逆时针和双向，比例分别占 45%、45% 和 10%，最后类似产生无向小世界网络那样以概率为 0.3 随机重连该网络。

当网络中的 i 节点受到外界冲击时，x_i 为一个大于零的小量，随着时间演化，网络可能出现两种情况；一种情况是节点 i 由于自修复功能趋于定，即 x_i 趋向于零；另一种情况是节点 i 的灾害蔓延机制从而造成灾害的蔓延，网络中越来越多的其他节点无法趋于稳定，其属性值趋向于∞，最终造成整个网络中大部分节点的崩溃。

我们考察网络中节点三个重要特征参数对灾害蔓延动力学的影响，依据式（10.45）所建立的模型，我们重点考虑自修复因子 τ、延迟时间因子 t_{ij} 和噪声强度 Δu，这里假设网络内部随机噪声 ξ 为 $[0, \Delta u]$ 的均匀分布。假设网络中其他参数为定值：$\alpha = 10$，$\beta = 0.01$，$a = 1$，$b = 10$。首先我们考虑自修复因子 τ 的影响，这时延迟时间因子 t_{ij} 为 χ^2 分布，其均值和方差均为 2，内部随机噪声 $\xi = 0$。我们随机选取一个节点，将其属性值人为设定一个大于零的小量，其他节点的属性值设定为零，每个 τ 值都模拟 20 次，以确定修复率和崩溃节点数的平均值。图 10.35 和图 10.36 分别是三种网络（随机网络、无标度网络和小世界网络）自修复因子 τ 对网络节点修复率和崩溃节点数的影响，图 10.35（a）中 $\theta_i = 0.5$，$M_{ij} = 0.5$，可以将此网络视为同质网络；图 11.36（b）中 θ_i 和 M_{ij} 均为 $[0.2, 0.8]$ 的均匀分布，显然此网络为异质网络，图中的曲线是相应的拟合曲线。从图 10.35 和图 10.36 中可以看出，很显然随着自修复因子 τ 的增加修复率下降，相应的崩溃节点数上升，这是由于 τ 值小时，系统（网络）只需要很

253

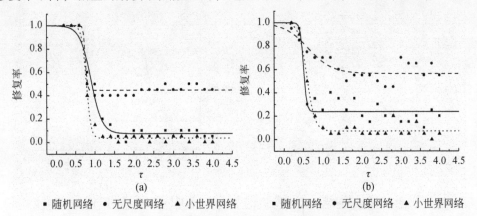

图 10.35　自修复因子 τ 对网络节点修复率的影响

注：延迟时间因子 t_{ij} 为 χ^2 分布，其均值和方差均为 2。（a）$\theta_i = 0.5$，$M_{ij} = 0.5$；
（b）θ_i 和 M_{ij} 均为 $[0.2, 0.8]$ 的均匀分布

短的时间即可修复，随着 τ 值的增加，所需时间越来越多。修复率和崩溃节点数曲线都存在相变过程，当 τ 值很小时，网络节点通过自修复功能都可以修复，即修复率为 100%，同时崩溃节点数为零。当 τ 值达到某个临界值时，修复率发生相变，下降到某个较低的值，甚至为零，相应的崩溃节点数上升到某个较高的值，甚至所有的节点都产生崩溃。但三种网络的 τ 的临界值不一样。同时从图中也可以得到：异质网络比同质网络的网络节点修复率要高，相应的崩溃节点数要少。而且在异质网络中拟合曲线的误差比同质网络要大，这很显然是由于异质网络的 θ_i 和 M_{ij} 为均匀分布，而不是同质网络的定值造成的。

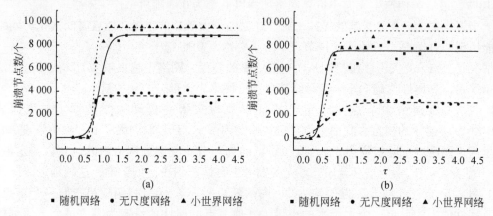

■ 随机网络　● 无尺度网络　▲ 小世界网络

图 10.36　自修复因子 τ 对网络崩溃节点数的影响

注：延迟时间因子 t_{ij} 为 χ^2 分布，其均值和方差均为 2。（a）$\theta_i = 0.5$，$M_{ij} = 0.5$；

（b）θ_i 和 M_{ij} 均为 $[0.2, 0.8]$ 的均匀分布

我们接着考虑延迟时间因子 t_{ij} 的影响，这时自修复因子 τ 为 χ^2 分布，其均值和方差均为 2，内部随机噪声 $\xi = 0$，模拟过程与前面的一致。图 10.37 和图 10.38 分别是三种网络（随机网络、无标度网络和小世界网络）延迟时间因子 t_{ij} 对网络节点修复率和

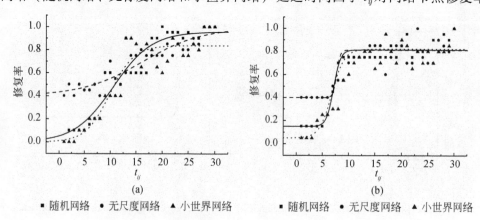

■ 随机网络　● 无尺度网络　▲ 小世界网络

图 10.37　延迟时间因子 t_{ij} 对网络节点修复率的影响

注：自修复因子 τ 为 χ^2 分布，其均值和方差均为 2。（a）$\theta_i = 0.5$，$M_{ij} = 0.5$；

（b）θ_i 和 M_{ij} 均为 $[0.2, 0.8]$ 的均匀分布

崩溃节点数的影响，图 10.37（a）中 $\theta_i = 0.5$、$M_{ij} = 0.5$，（b）中 θ_i 和 M_{ij} 均为 $[0.2, 0.8]$ 的均匀分布，图中的曲线也是相应的拟合曲线。从图 10.37 和图 10.38 也可以看出，随着延迟时间因子 t_{ij} 值的增加，修复率上升，相应的崩溃节点数下降，这是因为随着 t_{ij} 值的增加，灾害在网络上的蔓延影响程度越来越弱。与自修复因子 τ 的影响一样，延迟时间因子 t_{ij} 对网络节点修复率和崩溃节点数的影响曲线也存在相变的过程，其相变临界值也不一样。相同的延迟时间因子 t_{ij}，异质网络比同质网络的网络节点修复率要低，同时崩溃节点数也少。

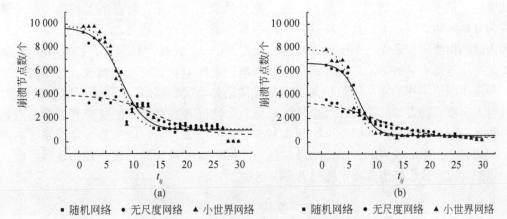

図 10.38　延迟时间因子 t_{ij} 对网络崩溃节点数的影响

注：自修复因子 τ 为 χ^2 分布，其均值和方差均为 2。（a）$\theta_i = 0.5$，$M_{ij} = 0.5$；

（b）θ_i 和 M_{ij} 均为 $[0.2, 0.8]$ 的均匀分布

最后我们考虑内部噪声 ξ 对网络动力学的影响，这时自修复因子 τ 和时间延迟因子 t_{ij} 都是 χ^2 分布，其均值和方差均为 2。我们设定网络中所有节点的初始属性值都是零，在每个时间步叠加 $[0, \Delta u]$ 的均匀分布随机噪声，以确定修复率和崩溃节点数的平均值。图 10.39 是三种网络（随机网络、无标度网络和小世界网络）噪声强度 Δu

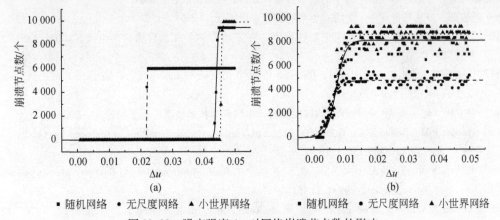

図 10.39　噪声强度 Δu 对网络崩溃节点数的影响

注：这里内部随机噪声 ξ 是 $[0, \Delta u]$ 的均匀分布，自修复因子 τ 和时间延迟因子 t_{ij} 都是 χ^2 分布，

其均值和方差均为 2。（a）$\theta_i = 0.5$，$M_{ij} = 0.5$；（b）θ_i 和 M_{ij} 均为 $[0.2, 0.8]$ 的均匀分布

对网络崩溃节点数的影响，图 10.39（a）中 $\theta_i = 0.5$、$M_{ij} = 0.5$，图 10.39（b）中 θ_i 和 M_{ij} 均为 $[0.2, 0.8]$ 的均匀分布，图中的曲线也是相应的拟合曲线。很显然噪声强度 Δu 的增加，网络的崩溃节点数上升，这与实际的生命线网络的特征一致。图 10.39 中崩溃节点数曲线也存在相变过程，只是每种网络的 Δu 的相变临界值不同。从图 10.39 中还可以看出：异质网络比同质网络的崩溃节点数要少，同时在异质网络中拟合曲线的误差比同质网络要大。

上述建立的一个普适性的复杂网络灾害蔓延动力学模型以模拟关键生命线系统，如电网、供水网、供气网、交通网、通信网等的演化动力学。将这些关键生命线系统视为复杂网络，并考虑其共性特征：网络中每个节点都有自修复功能、灾害蔓延机制和内部随机噪声。研究三个重要特征参数修复因子 τ、延迟时间因子 t_{ij} 和噪声强度 Δu 对灾害蔓延动力学的影响，即考虑节点修复率和崩溃节点数的变化情况。这里还针对三种理想网络拓扑结构（随机网络、无标度网络和小世界网络），利用所建立的模型，进行灾害蔓延动力学的模拟。模拟结果表明三个特征参数对节点修复率和崩溃节点数曲线都有一个相变过程，即三个特征参数都存在一个临界值，以区分生命线系统的两个不同状态：稳定或崩溃。模拟结果与这些实际生命线系统的特征一致，表明所建立的模型可以有效模拟生命线系统的灾害演化动力学。

256

参 考 文 献

[1] 李士勇，田新华．非线性科学与复杂性科学．哈尔滨：哈尔滨工业大学出版社，2006.

[2] 吴今含，李学伟．系统科学发展概论．北京：清华大学出版社，2010.

[3] 许国志．系统科学．上海：上海科技教育出版社，2000.

[4] Saunders P T. An Introduction to Catastrophe Theory. London：Cambridge University Press，1980.

[5] Arnold V I. Catastrophe Theory. Berlin：Springer-Verlag，1984.

[6] Thom R. Structural Stability and Morphogenesis. W. A. Benjamin，1975.

[7] Poston T，Stewart I. Catastrophe Theory and its Application. London：Pitman Publishing，1979.

[8] 谢应齐，曹杰．非线性动力学的数学方法．北京：气象出版社，2001.

[9] 陆启韶．分岔与奇异性．上海：上海科技教育出版社，1995.

[10] 翁文国，范维澄．建筑火灾中轰燃现象的突变动力学研究．自然科学进展，2003，13（7）：725-729.

[11] Graham T L, Makhviladze G M, Robert J P. On the theory of flashover development. Fire Safety Journal, 1995, 25：229-259.

[12] 翁文国．腔室火灾中回燃现象的模拟研究．中国科学技术大学博士学位论文，2002.

[13] Thomas P H, Bullen M L, Quintiere J G, et al. Flashover and instabilities in fire behavior. Combustion and Flame, 1980, 30：159-171.

[14] Bishop S R, Holborn P G, Beard A N, et al. Nonlinear dynamics of flashover in compartment fires. Fire Safety Journal, 1993, 21 (1)：11-45.

[15] Rockett J A. Fire induced gas flow in an enclosure. Combustion Science and Technology, 1976, 12：165-175.

[16] Beard A N, Drysdale D D, Bishop S R. A Non-linear model of major fire spread in a tunnel. Fire Safety Journal, 1995, 14：333-357.

［17］Fleischmann C M. Backdraft Phenomena. NIST-GCR-94-646. National Institute of Standards and Technology, Gaithersburg, M. D., 1994.

［18］Thompson J M T, Stewart H B. Nonlinear Dynamics and Chaos. Wiley, Chichester, 1986.

［19］傅维镳，张永廉，王清安．燃烧学．北京：机械科学出版社，1988.

［20］Bishop S R, Holborn P G, Drysdale D D, et al. Dynamic modelling of building fires. Applied Mathematical Modelling, 1993, 17：170-183.

［21］Bedat B, Egolfopoulos F N, Poinsot T. Direct numerical simulation of heat realease and NOx formation in turbulent nonpremixed flames. Combustion and Flame, 1999, 119：69-83.

［22］梨夏，叶嘉安，刘小平．地理模拟系统：元胞自动机与多智能体．北京：科学出版社，2007.

［23］Watts D J, Strogatz S H. Collective synamics of "small-world" networks. Nature, 1998, 393 (6684)：440-442.

［24］Barabási A L, Albert R. Emergence of scaling in random networks. Science, 1999, 286 (5439)：509-512.

［25］Barabási A L. Linked：The New Science of Networks. Massachusetts：Persus Publishing, 2002.

［26］汪小帆，李翔，陈关荣．复杂网络理论及其应用．北京：清华大学出版社，2006.

［27］宋卫国，范维澄，汪秉宏．中国森林火灾的自组织临界性，科学通报，2001, 46 (6)：521-525.

［28］宋卫国，范维澄，汪秉宏．有限尺度效应对森林火灾模型自组织临界性的影响．科学通报，2001, 46 (21)：1841-1845.

［29］吕春杉，翁文国，杨锐．考虑火灾环境的基于运动模式和元胞自动机的人员疏散模型．清华大学学报，2007, 47 (12)：2058-2062.

［30］翁文国，倪顺江，申世飞，等．复杂网络上灾害蔓延动力学研究．物理学报，2007, 56 (4)：94-99.

257

第11章 复合研究方法

前面四章分别介绍了公共安全科学的四个研究方法，即确定性研究方法、随机性研究方法、基于信息的研究方法和系统科学的研究方法。但由于公共安全科学的复杂性，即使研究某一个公共安全科学的问题时，也可能会用到这四种研究方法中几个相互嵌入形成的综合性方法，这里称为复合研究方法。

本章节将以城市燃气管网风险评估为例说明确定性与随机性结合的研究方法，以城区有毒气体泄漏的泄漏源信息反演为例说明确定性、随机性和基于信息结合的研究方法，以传染病（以 SARS 为例）传播动力学为例说明确定性、随机性和系统科学结合的研究方法。

11.1 确定性与随机性结合的研究方法

风险评估方法是典型的确定性与随机性结合的研究方法。风险评估是估算、衡量风险，通过运用科学的方法，对所掌握的统计资料、风险信息及风险的性质进行系统分析和研究，进而确定各项风险的频度（发生的可能性）和强度（后果严重程度），为选择适当的风险处理方法提供依据。风险评估一般包括以下两个方面：①评估风险的概率：通过资料积累和观察，发现造成突发事件的规律性。由于突发事件的发生往往是随机的，因此评估风险的概率经常采用的是随机性研究方法。②评估风险的强度：假设风险发生，评估其可能导致的直接损失和间接损失。突发事件造成承灾载体的破坏程度，以及应急管理对于降低其破坏强度都有确定性规律和随机性规律，因此评估风险的强度有的是利用确定性研究方法，有的是利用随机性研究方法。

城市燃气管网的大量使用在为城市居民提供方便的同时，也是城市风险的重要组成部分。对城市燃气管网进行风险评估，研究可能发生的风险事故、事故发生的可能性以及事故发生后果的严重程度，可以为风险管理部门提供相关数据支持和决策依据，为辨析风险管理的目的、制定风险管理措施、比较不同措施的优劣提供支持和依据。从实际情况出发，制定切实可行的改进措施，提高承灾载体自身的灾害应急管理能力。下文就结合确定性和随机性的研究方法来建立城市燃气管网的定量风险评估方法[1]。

11.1.1 城市燃气管网综合风险评估框架

综合的城市燃气管网定量风险评估方法应当分为可能性分析、后果分析和风险评估三个环节。其中，后果分析包含管网外和管网内两个部分。城市燃气管网综合风险评估框架如图 11.1 所示。

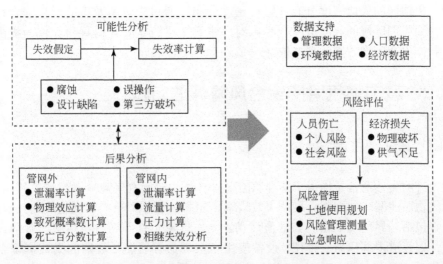

图 11.1　城市燃气管网综合风险评估框架

可能性分析的焦点是事故发生的可能性。燃气管网失效破裂的主要原因和影响因素包括：

1）非管道职工的第三方人员或自然外力对燃气管网系统造成意外的损坏；

2）管网设备老化，导致管网内部严重腐蚀；

3）原有设计不符合相关规程或施工质量不达标，存在设计和技术缺陷；

4）管道职工在维护维修过程中，因缺乏专业训练和技能而导致的误操作。

这些因素相互耦合，导致燃气管网存在一定的失效概率。通过事故树分析、故障树分析、经验修正公式或历史数据，可以计算出燃气管网失效的概率。

后果分析主要包括管网内和管网外两个部分。管网外的后果分析主要研究燃气管网事故后果的物理效应，管网失效破裂将导致燃气通过破裂口泄漏，泄漏流量的大小取决于燃气管网自身属性数据（管径、压力、流速、气体特性等）和管网周边环境状况（大气压力、温度等）。由于燃气属于有毒、易燃、易爆气体，燃气泄漏将在燃气管网附近产生毒气泄漏扩散、喷射火焰燃烧、火球燃烧、闪火、气云爆炸等事故后果。这些事故后果所产生的毒性浓度、热辐射、冲击波等物理效应将进一步对管网周围的人员、财产造成风险影响，可以通过相应的物理模型加以定量计算，并与燃气管网的泄漏率密切相关。基于物理伤害与生物效应的相应的剂量 – 效应关系，就可以定量计算出相应的伤害值，从而计算出致死概率单位数和伤亡百分数；管网内的后果分析主要研究燃气管网相继失效的机制。一般来说，燃气管网内一点的泄漏会导致整个燃气管网的压力下降和流量损失，因此需要计算压力的重新分配情况。通过比较新的计算值和燃气管网设计的限值，即可分析出燃气管网供气不足的严重程度。

通过综合事故发生的可能性和后果，即可进行风险评估。风险评估主要针对人员伤亡和财产损失进行评估。人员伤亡的评估主要通过个人风险和社会风险进行定量描述，而经济损失的评估主要关注于因燃气泄漏导致燃气管网供气不足而引发的经济损失。个人风险由物理效应的剂量分布所决定，区域内的社会风险和财产风险则需要考虑管网周边地区的人口密度分布和财产密度分布。通过失效率及事故后果综合计算得出燃气管网周围区域的风险分布，可以对燃气管网进行定量风险评价，作为提出改进措施、制订安全管理方案的参考依据。

11.1.2　城市燃气管网综合风险评估方法

11.1.2.1　可能性分析

燃气管网失效通常是指由于某种原因（外界影响或固有风险）导致燃气管网破裂，引发燃气物质泄漏[2]。燃气管网的失效概率 φ 定义为每年每单位长度管线的失效次数，影响因素包括外界环境因素，如地质活动、气候气象条件等，也包括燃气管网自身属性因素，如管道内部压力、管径、设备使用年限寿命等。燃气管网的失效概率多采用事故树分析（event tree analysis）方法或故障树分析（fault tree analysis）方法分析燃气管网的失效率，目前各种确定燃气管网失效率的方法所得到的结果仍有较大的不同，其结果较为不准确[3]，原因是失效率中即包含与时间无关的（地质活动、外界扰动）也包含依赖于时间的（腐蚀、老化）因素，失效率随设计因素、建筑条件、维护技术、环境因素而变化。此外，第三方破坏对管网失效率的影响有较大的不确定性，可以根据相应的经验公式进行近似模拟[4]。根据 EGIG（European Gas Pipeline Incident Data Group）针对 $1.47 \times 10^6 \mathrm{km \cdot a}$ 陆地燃气管网事故历史数据的研究显示，燃气管网失效率介于 $2.1 \times 10^{-4} (\mathrm{km \cdot a})^{-1}$（对应于小直径的管道）与 $7.7 \times 10^{-4} (\mathrm{km \cdot a})^{-1}$（对应于大直径的管道）。在进行风险评估的过程中，可根据燃气管道线路本身的特点及其所处的周围环境，将燃气输运网络划分为不同的区段，逐一计算各区段的失效率。对于一般性的小型城市燃气管网，可以忽略修正参数的差异性，燃气管网失效率取为 $5.75 \times 10^{-4} (\mathrm{km \cdot a})^{-1}$[4]。

燃气管网失效率与燃气管道的环境参数、运行参数等物理条件有关，因此也可以通过经验修正公式对不同燃气管网的失效率进行修正[4]：

$$\varphi = \sum_i \varphi_i K_i(a_1, a_2, a_3, \cdots) \tag{11.1}$$

式中，φ 是每单位长度的失效率，$1/(\mathrm{km \cdot a})$；φ_i 是不同事故每单位长度的失效率，$1/(\mathrm{km \cdot a})$；K_i 是不同事故的修正函数；a_k 与修正函数有关；i 为特定的失效假定。

根据燃气管网事故特点，综合不同类型的事故，燃气管网失效率满足如下关系[4]：

$$\varphi = \varphi_d K_{\mathrm{DC}} K_{\mathrm{WT}} K_{\mathrm{PD}} K_{\mathrm{PM}} \tag{11.2}$$

式中，φ 是每单位长度的失效率，$1/(\mathrm{km \cdot a})$；φ_d 为不同管径类型的单位长度失效率，$1/(\mathrm{km \cdot a})$；K_{DC}、K_{WT}、K_{PD}、K_{PM} 为分别对应于管道所处的最小埋深、管壁厚度、人口密度和防护措施的修正参数。

φ_d 满足如下关系：

$$\varphi_{\mathrm{small}} = 0.001 \mathrm{e}^{-4.05d - 2.18526}$$
$$\varphi_{\mathrm{medium}} = 0.001 \mathrm{e}^{-4.18d - 2.02841} \tag{11.3}$$
$$\varphi_{\mathrm{great}} = 0.001 \mathrm{e}^{-4.12d - 2.13441}$$

修正参数 K_{DC}、K_{WT}、K_{PD}、K_{PM} 的选择如表11.1 和表11.2 所示。

表 11.1 燃气管网失效率计算修正参数的选取

影响因素	参数取值	取值条件
最小埋深	2.54	DC < 0.91m
	0.78	0.91m < DC < 1.22m
	0.54	DC > 1.22m
管壁厚度	1	$t = t_{min}$ 或 $d > 0.9$m
	0.4	6.4mm < t ≤ 7.9mm 并且 0.15m < d ≤ 0.45m
	0.2	$t > t_{min}$
人口密度类型	18.77	城镇
	3.16	城郊
	0.81	农村
防护措施	1.03	建立标志物
	0.91	采取多种防护措施

表 11.2 燃气管网失效率计算管壁厚度修正参数的选取

d/mm	< 150	150 ~ 450	450 ~ 600	600 ~ 900	900 ~ 1050	> 1050
t_{min}/mm	4.8	6.4	7.9	9.5	11.9	12.7

261

11.1.2.2 后果分析：管网外

管网外后果分析主要包括失效事故假定、泄漏率计算、物理效应计算、致死率与伤亡百分数计算等环节[5]。城市燃气管网后果（管网外）分析框架如图11.2 所示。

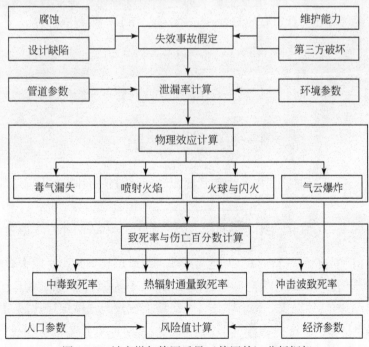

图 11.2 城市燃气管网后果（管网外）分析框架

（1）泄漏率计算

天然气管道泄漏时的射流过程，实质上是从孔口喷出的天然气与周围空气进行动量、质量和热量交换的过程。通常，泄漏气体在孔口形成湍流自由射流，整个射流的动量沿射流轴线保持不变。天然气泄漏膨胀过程是一个绝热膨胀过程。由于泄漏孔径较小，可以看做平壁圆孔口。因此，输气管道天然气泄漏的膨胀过程是一个在平壁圆孔口上的绝热膨胀过程，其膨胀形状可模拟为半圆球状，其绝热膨胀过程可视为一个定熵过程。

泄漏又可分为大孔泄漏（wide aperture release，WAR）和有限孔泄漏（limited aperture release，LAR）两种。关于气体泄漏率的计算模型，常用模型有适用于小孔泄漏的小孔模型和管线全截面断裂的管道模型。而对于孔径大于小孔且小于管径的泄漏，则没有相应的计算模型，需要运用数值模拟的算法进行计算。燃气管道泄漏一般为孔口或裂缝泄漏，可以运用小孔模型进行计算。对裂缝或其他形状孔口泄漏量的计算，如果是三角形、正方形等规则图形，可根据泄漏系数进行修正。对于其他形状的裂口，可将其等效为面积相同圆孔，计算出裂缝或其他形状的孔口的当量直径，代入圆孔口公式计算。

天然气可视为理想气体，假定气体在管道内做一维稳态绝热流动（忽略气体与管道间的热交换）、管道内天然气服从理想气体运动规律，小孔排出气体是绝热过程。利用伯努利方程和绝热方程可得到泄漏速度估算公式。下面针对不同孔径泄漏情况，介绍小孔模型、管道模型以及适用于其他管径大小范围的管孔模型的泄漏流量计算方法。

A. 小孔模型

由于燃气管网破裂没有扩压管段，因此不能出现超音速气流，可以用临界和亚临界状态分别予以描述。燃气管道发生破裂时气体是以音速还是亚音速从破裂处泄漏，可根据破裂点的临界压力比（critical pressure ratio，CPR）来判断。

$$\mathrm{CPR} = \frac{P_0}{P} = \left(\frac{2}{\gamma + 1}\right)^{\frac{\gamma}{\gamma-1}} \tag{11.4}$$

当 $\dfrac{P_0}{P} \leqslant \left(\dfrac{2}{\gamma + 1}\right)^{\frac{\gamma}{\gamma-1}}$ 时，气体属于音速流动，此时管道泄漏气体流量为

$$Q = C_d AP \sqrt{\frac{M\gamma}{RT}\left(\frac{2}{\gamma + 1}\right)^{\frac{\gamma+1}{\gamma-1}}} \tag{11.5}$$

当 $\dfrac{P_0}{P} \geqslant \left(\dfrac{2}{\gamma + 1}\right)^{\frac{\gamma}{\gamma-1}}$ 时，气体属于亚音速流动，此时管道泄漏气体流量为

$$Q = C_d AP \sqrt{\frac{M\gamma}{RT}\left(\frac{2}{\gamma - 1}\right)\left(\frac{P_0}{P}\right)^{\frac{2}{\gamma}}\left[1 - \left(\frac{P_0}{P}\right)^{\frac{\gamma-1}{\gamma}}\right]} \tag{11.6}$$

式中，Q 为气体泄漏流量，kg/s；C_d 为泄漏系数，裂口形状为圆形时取 1.00，三角形时取 0.95，长方形时取 0.90；A 为泄漏口的面积，m^2；P 为燃气管道内部压力，Pa；P_0 为环境压力，Pa；T 为气体温度，K；Γ 为气体绝热指数，即气体定压比热与定容比热之比，对天然气可取为 1.28；M 为燃气的分子量，kg/mol，通常可取为 17.4；R 为气体常数，取为 8.314 510J/(mol·K)；ρ_0 为环境气体（大气）密度，$\mathrm{kg/m}^3$。

B. 管道断裂模型

此时管道泄漏口处不存在等熵膨胀过程，泄漏流量满足

$$Q = \sqrt{\frac{2M}{R}\frac{\gamma}{\gamma - 1}\frac{T_2 - T_1}{\left(\frac{T_1}{P_1}\right)^2 - \left(\frac{T_2}{P_2}\right)^2}} \quad (11.7)$$

式中，T_1 为管道起始处的温度，K；P_1 为管道起始处的压力，Pa；T_2 为管道断裂处的燃气的温度，K；P_2 为管道断裂处的燃气的压力，Pa；Z 为气体压缩系数。

C. 管孔模型

不同泄漏孔径泄漏量的计算方法各有其适用条件。当管道破坏的尺寸大于小孔而小于管径时，小孔模型和管道模型均不适用，燃气泄漏率及所采用的分析方法与管孔的直径有关，可采取一定的近似计算方法。在非等温条件下，管道泄漏流量计算方法也有所不同。

此外，还可通过马赫数计算燃气管道、高压管道的泄漏流量。考虑管道进口限流装置和紧急切断装置等特殊工况时，可以借助微分方程求解燃气管网动态泄漏流量。为燃气管网风险评估计算所需，一般可采用低压恒温稳态一维绝热条件下的小孔模型。根据小孔模型，燃气管网泄漏率与管道直径、压力的关系如图 11.3 和图 11.4 所示。

（2）泄漏气体的物理效应

管输介质意外泄漏可能造成的损失后果由管输介质的危害性和泄漏点周围的环境决定。对于天然气管网来说，其主要危害形式包括：①喷射火焰（jet fire）：燃气从破裂的开口或管路喷射出而被引燃的火焰，即成为喷射火焰；②火球（fire ball）：燃气泄漏后如果尚未与空气充分混合即被点燃，属于扩散性的燃烧，即形成球形或半球形的火体，称为火球；③闪火（flash fire）：大量燃气迅速泄漏到空气中形成气云，若点燃时气云质量不足，或火源能量不高，则产生闪火（由于计算公式与火球相同，因此在分析中可以归为一类）；④可燃气云爆炸（UVCE）：大量燃气迅速泄漏到空气中形成可燃气云，若点燃时可燃气云质量充足，或火源能量足够高，则易产生爆炸，形成冲击波。

263

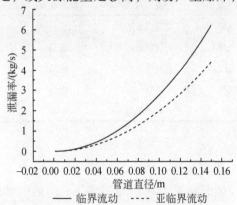

图 11.3 燃气管网泄漏率与管道泄漏孔直径的关系

注：非临界状态取 $P = 1.500 \times 10^5 \text{Pa}$，临界状态取 $P = 2.000 \times 10^5 \text{Pa}$，管道泄漏孔直径取 $0 \sim 150 \text{mm}$，
泄漏孔形状为圆形

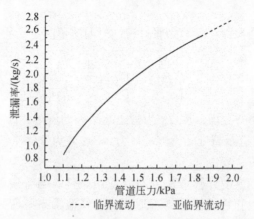

图 11.4　燃气管网泄漏率与管道运行压力的关系

注：泄漏孔直径 $d = 100mm$，管道运行压力为 $1.100 \times 10^5 \sim 2.000 \times 10^5 Pa$，

泄漏孔形状为圆形

根据美国石油协会（API 581）数据，燃气持续性泄漏后发生火球、喷射火焰、闪火、可燃气云爆炸的概率分别为 0.8、0.1、0.06、0.04 [6]。

A. 有毒物质扩散与浓度计算

燃气管道破裂导致毒性影响，决定于区域内的气体浓度分布，由相应扩散模型计算得出。扩散模型包括自由扩散模型和射流模型[7]。采用何种模型，决定于泄漏源的属性和特点。一般对于连续源或泄放时间大于或等于扩散时间的泄漏扩散，采用高斯烟羽扩散模型（plume model）；瞬时泄漏和部分连续源泄漏或微风（$u < 1m/s$）条件下，采用高斯烟团扩散模式（puff model）。此外，对于小尺度下的瞬时、小孔、高压快速泄漏则可以采用自由射流模型。

气体扩散浓度计算的典型模型如表 11.3 所示。

表 11.3　气体扩散模型

模型	适用对象	适用范围	难易程度	计算量	精度
高斯烟羽模型	中性气体	大规模长时间	较易	少	较差
高斯烟团模型	中性气体	大规模短时间	较易	少	较差
BM 模型	中性或重气体	大规模长时间	较易	少	一般
SUTTO 模型	中性气体	大规模长时间	较易	少	较差
FEM3 模型	重气体	不受限制	较难	大	较好

a. 高斯烟羽扩散模型

高斯烟羽扩散模型的假设包括：定常态，即所有的变量不随时间变化；扩散物质密度与空气相差不多，近似忽略重力或浮力的作用；扩散气体的性质与空气相同；扩散过程中扩散物质与空气及环境物质不发生化学反应；扩散物质达到地面时，完全反射，不会被吸收或进行其他化学反应；在下风向的湍流扩散相对于移流相可忽略不计，平均风速不小于 $1m/s$；坐标系的 x 轴为流动方向，横向速度分量 V、垂直速度分量 W

均为 0；地面水平，地表没有复杂、密集的地形变化。

根据高斯烟羽扩散模型，气体浓度 C 为

$$C(x,y,z) = \frac{Q}{2\pi\sigma_y\sigma_z u}e^{\left[-\frac{1}{2}\left(\frac{y^2}{\sigma_y^2}\right)\right]} \times \left\{e^{\left[-\frac{(z-H)^2}{2\sigma_z^2}\right]} + e^{\left[-\frac{(z+H)^2}{2\sigma_z^2}\right]}\right\} \tag{11.8}$$

若假设燃气管道在地面上，有效源高度为零，则浓度分布满足

$$C(x,y,z) = \frac{Q}{\pi\sigma_y\sigma_z u}e^{\left[-\frac{1}{2}\left(\frac{y^2}{\sigma_y^2}+\frac{z^2}{\sigma_z^2}\right)\right]} \tag{11.9}$$

若分析地面附近的浓度分布，则有

$$C(x,y,z) = \frac{Q}{\pi\sigma_y\sigma_z u}e^{\left[-\frac{1}{2}\left(\frac{y^2}{\sigma_y^2}\right)\right]} \tag{11.10}$$

式中，x,y,z 为与泄漏源的距离，m；Q 为泄漏源强度（连续排放的物料流量），kg/s；u 为风速，m/s；H 为有效源的高度，m；σ_x、σ_y、σ_z 为顺风、侧风、垂直风向扩散系数，m；C 为气体浓度，kg/m³。

三个方向扩散系数可根据大气稳定性等级计算得出[1]；大气稳定性等级的评判依据主要是当地的气象条件。大气稳定性等级及扩散参数的确定方法如表 11.4 和表 11.5 所示。燃气管网泄漏扩散浓度分布如图 11.5 所示。

表 11.4　大气稳定性等级的确定方法

地面风速（距地面10m处）	白天太阳辐射			阴天的白天或夜晚	有云的夜晚	
					薄云遮天或低云	云量小于1/2
小于 2	A	A – B	B	D		
2 ~ 3	A – B	B	C	D	E	F
3 ~ 5	B	B – C	C	D	D	E
5 ~ 6	C	C – D	D	D	D	D
大于 6	C	D	D	D	D	D

表 11.5　扩散参数的确定方法

稳定度	σ_{y0} /m	σ_{z0} /m
A	$0.22x(1 + 0.0001x)^{-1/2}$	$0.20x$
B	$0.16x(1 + 0.0001x)^{-1/2}$	$0.12x$
C	$0.11x(1 + 0.0001x)^{-1/2}$	$0.08x(1 + 0.0002x)^{1/2}$
D	$0.08x(1 + 0.0001x)^{-1/2}$	$0.06x(1 + 0.0015x)^{1/2}$
E	$0.06x(1 + 0.0001x)^{-1/2}$	$0.03x(1 + 0.0003x)^{-1}$
F	$0.04x(1 + 0.0001x)^{-1/2}$	$0.016x(1 + 0.0003x)^{-1}$

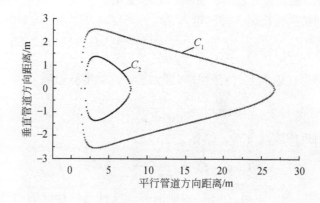

图 11.5　燃气管网泄漏扩散浓度分布

注：泄漏率 $Q = 2.6\text{kg/s}$，大气稳定性等级为 A，$u = 1\text{m/s}$，$C_1 = 0.26\text{g/m}^3$，$C_2 = 2.6\text{g/m}^3$

b. 高斯烟团扩散模型

高斯烟团扩散模型的气体浓度 C 为

$$C(x,y,z,T) = \frac{Q}{2\sqrt{2\pi^3}\,\sigma_X\sigma_y\sigma_z}\,\mathrm{e}^{\left[-\frac{(x-uT)^2}{2\sigma_x}\right]}\mathrm{e}^{\left[-\frac{1}{2}\left(\frac{y^2}{\sigma_y^2}\right)\right]} \times \left\{\mathrm{e}^{\left[-\frac{(z-H)^2}{2\sigma_z^2}\right]} + \mathrm{e}^{\left[-\frac{(z+H)^2}{2\sigma_z^2}\right]}\right\}$$

(11.11)

式中，x,y,z 是到泄漏源的距离，m；Q 是泄漏源强度（连续排放的物料流量），kg/s；u 为风速，m/s；H 是有效源的高度，m；σ_x、σ_y、σ_z 是顺风、侧风、垂直风向扩散系数，m；C 是气体浓度，kg/m³；T 是烟团从源到计算点 (x,y,z) 的运行时间，s。

c. 特殊气象条件（微风）下的大气扩散模型

$$C(x,0,0) = \frac{2Q}{(2\pi)^{\frac{3}{2}}xV^*\sigma_z} \tag{11.12}$$

式中，V^* 是微风条件下的水平散布速率，一般取为 0.7m/s；Q 是泄漏源强度（连续排放的物料流量），kg/s；C 是气体浓度，kg/m³。

高斯模型提出的时间比较早，实验数据多，因而较为成熟。高斯模型具有模型简单、易于理解、运算量小、计算结果与实验值能较好吻合等特点，因而得到了广泛的应用，并可用于模拟连续性泄漏和瞬时泄漏两种泄漏方式。但高斯模型没有考虑空气重力的影响，只适用于密度与空气相近的气体，模拟精度较差。同时，由于高斯模型的扩散参数是从大规模气体扩散试验数据用统计方法求得的，没有考虑可燃及毒性气体扩散所特有的泄放初速和气体密度差的影响，误差较大，对可燃及毒性气体的中小规模扩散均不适用。此外，考虑燃气管网阀门自动关断装置作用时，扩散分布会有所不同，此时还可以采用数值模拟的方法进行计算，但较为复杂。

值得注意的是，对于天然气的毒性分析，根据中国天然气开采、加工的实际情况，一般可取工业用天然气中硫化氢含量为 1%，根据毒性判断致死率。根据硫化氢的剂量－生物效应关系，当硫化氢浓度为 0.1% 时，会引起人死亡；硫化氢浓度为 0.01% 时，会产生中毒效果。对此可作线形分布计算。

ppm 与 mg/m³ 的换算关系如下：

$$1mg/m^3 = (M/22.4) \cdot ppm \cdot [273/(273+T)] \cdot (Pa/101325) \quad (11.13)$$

式中，M 是气体分子量，kg/mol；ppm 是测定的体积浓度值；T 是温度，K；Pa 是压力。

对天然气，取 $M = 17.4$，温度为室温，得到 $1ppm = 2.6mg/m^3$。

因此，对于工业用天然气，伤亡百分数 100% 和 1% 对应的浓度为 $2.6g/m^3$ 和 $0.26mg/m^3$。

根据国家天然气工业标准，城市民用天然气二氧化硫含量不高于 $20mg/m^{3[8]}$。据此，城市家用的燃气管网可以认为是无毒的。城市工业用燃气管道泄漏扩散浓度分布一般可根据高斯烟羽扩散模型计算。

B. 射流燃烧（喷射火焰）

当可燃气体在泄漏源处被点燃时，形成扩散的火焰，称为射流燃烧或喷射火焰燃烧。喷射火焰将对燃烧瞬间滞留于泄漏源附近的人造成热辐射伤害，称为射流火灾。射流燃烧所造成的危害决定于其火焰的形状。在风险评估中，一般将喷射火焰看成由沿喷射中心线上的若干个点热源组成。为简化计算，假设喷射火焰沿喷射中心线的全部点火源集中在泄漏源处，并计算热辐射通量作为量化计算结果，判断可能造成的损失。

火焰结构的计算式为

$$L = 0.003\,26[m(-\Delta H_c)]^{0.478} \quad (11.14)$$

$$R_s = 0.29s[\log(L/s)]^{0.0.5} \quad (11.15)$$

式中，L 是火焰的长度，m；m 是质量流量，kg/s；ΔH_c 是燃烧热，5.002×10^7J/kg；R_s 是沿射流中心线距离点源距离为 s 处的火焰半径，m。

一定距离的防护目标接受火焰热辐射强度为

$$I = \frac{\eta \Delta H_c m \tau}{4\pi r^2} \quad (11.16)$$

式中，I 是目标接受的热辐射通量，kW/m²；ΔH_c 是燃烧热，5.002×10^7J/kg；m 是质量流量，kg/s；τ 是大气透射系数，$\tau = 2.02(P_w H_0 r)^{0.09[64]}$，一般取为 1；$P_w$ 是饱和蒸汽压，Pa；H_0 是相对湿度；r 是所研究位置距离泄漏点的距离，m；η 是辐射率系数（辐射效率因子），一般取 0.35。

C. 可燃气云燃烧

可燃气云燃烧包括火球燃烧和气云燃烧两种。如果燃气泄漏后尚未与空气充分混合即被点燃，属于扩散性的燃烧，形成球形或半球形的火体，称为火球燃烧；如果大量燃气迅速泄漏到空气中形成气云，且点燃时气云质量不高，或火源能量不高，则产生闪火。气云燃烧物理效应的计算方法如下。

气云爆燃火球的直径为

$$R_f = 2.665M_0^{0.327} \quad (11.17)$$

式中，R_f 是火球最大半径，m；M_0 是可燃物质释放的质量，kg。

火球持续的时间为

$$t_f = 1.089M^{0.327} \quad (11.18)$$

设火球持续时间内，能量的释放均匀，则距离火球中心 r 处的热辐射通量为

$$I = \frac{F_r(-\Delta H_c)M\tau_0}{4\pi x^2 t_f} \qquad (11.19)$$

式中，$\tau_0 = 1 - 0.0565\ln x$；I 是目标接受的热辐射通量，kW/m^2；F_r 是辐射所占的分数，一般取为 0.2；ΔH_c 是燃烧热，$5.002 \times 10^7 J/kg$；x 是目标距火焰中心的距离，m；M_0 是可燃气云质量，kg；t_f 是目标接受热流的时间，s。

D. 爆炸

可燃气体爆炸的危害传播是以爆炸波、火焰传播和爆炸气体流动为主体的综合流动结果。根据爆炸冲击波的传播特点，可燃气体爆炸的传播过程存在强烈的卷吸作用，即冲击波在传播过程中将推动传播路径上的气体共同移动，形成带有压力的高温可燃气流，使可燃气体爆炸后的燃烧区域大于原始气体分布区域，从而进一步增加爆炸和燃烧的影响范围。因此，可燃气体爆炸的过程实质上是带有压力波传播过程的燃烧过程，其特点是火焰和爆炸压力波之间存在具有正反馈性质的耦合作用，这种正反馈性质的耦合作用驱动了爆炸的进一步发展和演化。此外，气体爆炸过程的能量来自于可燃气体的燃烧，而燃烧反应不可避免地将受到流场结构的影响并通过各种形式和流场结构发生相互作用。

开敞空间气云爆炸的关键是火焰与障碍物之间的相互作用。对于风险评估的实际需求，可以假定为无障碍物开敞空间内的爆炸，可以采用的冲击波超压计算方法包括 TNT 当量法、自相似法、多能模型（multi-energy model）法和数值模拟法等。目前，已有几种解法应用于气云爆炸的计算，但仍难以应用于爆燃情况。因此，爆炸冲击波的计算应采用 TNT 当量法，爆炸燃烧热的计算方法同上述气云燃烧的热辐射计算方法。

根据 TNT 当量法，爆炸冲击波的物理效应计算方法主要有四种：参数等效法、质量等效法、能量等效法和闪蒸等效法。一般来说，燃气纯度、点火能量、环境温度等环境因素对爆炸极限浓度都有影响。爆炸在管道内传播时也会造成一定的事故后果。对于爆燃转变为爆轰的情况，也有相应的物理规律和分析模型。但是，TNT 当量法在研究可燃气体爆炸时存在局限性。考虑到 TNT 当量法的局限性，在风险评估计算过程中，应采用闪蒸等效法计算燃气爆炸事故的超压。

闪蒸等效法的计算步骤是：首先，在热力学基础上，确定气体的闪蒸部分

$$F = 1 - e^{\left(-\frac{C_p\Delta T}{L_0}\right)} \qquad (11.20)$$

式中，F 是气体的闪蒸系数；C_p 是气体的平均比热，$kJ/(kg \cdot K)$；ΔT 是环境压力下容器内温度与沸点的温差，K；L_0 是气化潜热，kJ/kg。

其次，计算可燃云团的质量 w_f

$$w_f = 2 \times Q \times F \qquad (11.21)$$

式中，w_f 是可燃云团的质量，kg；Q 是泄漏的气体质量，kg。

再次，计算 TNT 当量质量

$$m_{TNT} = \alpha_{TNT} w_f \Delta H_c / H_{TNT} \qquad (11.22)$$

式中，m_{TNT} 是 TNT 当量，kg；ΔH_c 是气体的燃烧热，MJ/kg；H_{TNT} 是 TNT 的爆热，MJ/kg；

α_{TNT} 是 TNT 当量系数，取 $\alpha_0 = 0.03$。

最后，确定冲击波超压：

对于质量为 m_{TNT} 的 TNT 标准爆源，在地面发生爆炸时，爆炸场冲击波超压满足

$$\Delta P = 0.71 \times 10^6 \left[\frac{R_L}{\sqrt[3]{w_{\text{TNT}}}} \right]^{-2.09} \tag{11.23}$$

式中，R_L 是爆炸场某点至爆源的距离，m；ΔP 是爆炸波的入射超压，Pa。

（3）致死概率计算与伤亡百分数计算

在一定时间内，泄漏燃气对人的影响可用致死概率表示[4]。其中致死概率 P_T 是受伤人员暴露百分数的度量，与伤害因子（物理效应）有关 I_f，其表达式为

$$P_T = a + b\ln I_f \tag{11.24}$$

式中，P_T 是易感人员（或环境）受害的比例的度量（概率）；I_f 是引起伤害的因素；a、b 是常数。

致死概率通常处于 $1 \sim 10$，与伤亡百分数存在一一对应关系，可以通过查表得出伤亡百分数，如表 11.6 所示。

表 11.6　致死概率单位数与伤亡百分数对应关系

Pr	0	1	2	3	4	5	6	7	8	9
0	—	2.67	2.96	3.12	3.25	3.36	3.45	3.52	3.59	3.66
10	3.72	3.77	3.82	3.90	3.92	3.96	4.01	4.06	4.08	4.12
20	4.16	4.19	4.23	4.26	4.29	4.33	4.36	4.37	4.42	4.45
30	4.48	4.50	4.53	4.56	4.59	4.61	4.64	4.67	4.69	4.72
40	4.75	4.77	4.80	4.82	4.85	4.87	4.90	4.92	4.95	4.97
50	5.00	5.03	5.05	5.08	5.10	5.13	5.15	5.18	5.20	5.23
60	5.25	5.28	5.31	5.33	5.36	5.39	5.41	5.44	5.47	5.50
70	5.52	5.55	5.58	5.61	5.64	5.67	5.71	5.74	5.77	5.81
80	5.84	5.88	5.92	5.95	5.99	6.04	6.08	6.13	6.18	6.23
90	6.28	6.34	6.41	6.48	6.55	6.64	6.75	6.88	7.05	7.33
99	7.33	7.37	7.41	7.46	7.51	7.58	7.65	7.75	7.88	8.06

典型事故后果的伤害因子如下：

A. 燃烧热辐射通量

考虑到热辐射导致三度烧伤致死的物理剂量与生物效应的关系，燃烧热辐射通量致死概率单位数满足如下关系：

$$P_T = -14.9 + 2.56\ln\left(I^{\frac{3}{4}} \times 10^{-4} \times t_f\right) \tag{11.25}$$

式中，I 是热辐射剂量，W/m^2；t_f 是辐射场中的暴露时间，s。

每个人的暴露时间可以按如下公式计算：

$$t = t_r + \frac{3}{5}\frac{x_0}{\nu}\left[1 - \left(1 + \frac{\nu}{x_0}t_\nu\right)^{-\frac{5}{3}}\right] \tag{11.26}$$

式中，t_r 是个人反应时间，一般可取为 5s；x_0 是个人距火焰中心的距离，m；v 是个人的逃生速度，一般取为 4m/s；t_v 是个人逃生所需的时间，$t_v = \dfrac{x_s - x_0}{v}$，s；$x_s$ 是火焰中心距离热辐射通量为 1kW/m² 处的距离，m。

一般可以选择 30s 作为城市内的暴露时间的推荐值[118]，据此得到的指定区域致死概率为（取 $H_c = 5.002 \times 10^7 \mathrm{J/kg}$，$\tau_a = 1$）

$$P_T = 16.61 + 3.4\ln(Q/r^2) \tag{11.27}$$

B. 爆炸超压

考虑到爆炸超压导致肺出血致死的物理剂量与生物效应的关系，爆炸超压致死概率单位数满足如下关系：

$$P_T = -77.1 + 6.91\ln P_{\max} \tag{11.28}$$

式中，$P_{\max}$ 是最大超压值，Pa。

此外，对于爆炸超压的计算，还可以根据爆炸特征曲线的方法确定致死概率单位数计算公式的参数值。

城市燃气管网事故后果分析模型如图 11.6 所示。

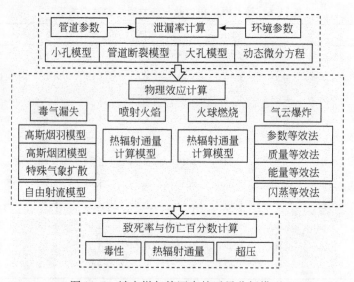

图 11.6　城市燃气管网事故后果分析模型

11.1.2.3　后果分析：管网内

城市燃气管网内的风险评估主要研究由于供气不足所造成的经济损失，并可通过相继失效模式进行定量计算，评估可能造成的经济风险。在实际的城市燃气管网中，微小的失效将导致整个网络内的流量损失和压力下降，从而导致供气节点的供气不足，造成经济损失。

针对燃气管网内部的事故后果分析，需针对燃气管网在计算流量的工况下（由管段及节点计算流量子模型计算得到），结合流体泄漏子模型和燃气管网压力分布计算子模型，计算管网在某一节点或管段发生破裂泄漏的情况下，整个管网内压力分布情况，并根据燃气管网内各节点用户的供气压力需求，判断泄漏和破裂对整个燃气管网各个节点的影响。

在建立模型之前，需要首先确定燃气网络的节点和管段。选择节点的依据是：

1）根据图论理论，对整个燃气管网的连通性影响重大的元部件；

2）燃气管网上本身所具有的重要设施。

因此，可以选取燃气管网的接收站、储配站、燃气调压室、小区燃气入口处、集中负荷入口为待研究的燃气管网节点，选取连接两节点的管道为研究的管段。

燃气管网内的风险传播可以通过计算燃气管网内的压力重新分布情况进行分析。燃气管网内的压力重新分布计算模型包括泄漏率计算、压力重新分布计算和流量重新分布计算，并需根据相应迭代算法逐步提高计算精度[9]，如图 11.7 所示。

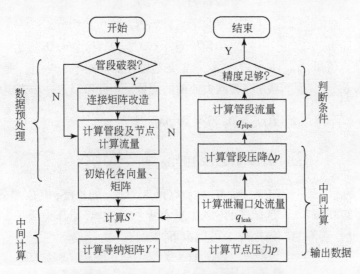

图 11.7　管网压力分布模拟计算流程图

在计算过程中，首先需要将燃气管网的拓扑结构进行量化表示，用连接矩阵 A 表示。方法如下：

$$A(i,j) = \begin{cases} 0, & \text{节点 } i \text{ 不在管段 } j \text{ 上；} \\ 1, & \text{节点 } i \text{ 在管段 } j \text{ 末端；} \\ -1, & \text{节点 } i \text{ 在管段 } j \text{ 首端。} \end{cases} \tag{11.29}$$

式中，$A(i,j)$ 是连接矩阵的元素 A，i 是节点编号，j 是管段编号。对于一个包含 N 个节点和 M 条边的燃气管道网络，连接矩阵可以表示为 $A_{N \times M}$。对于失效事故为节点失效破裂的情况，$A_{N \times M}$ 可以直接用于计算。但对于燃气管段失效破裂的情况，管段失效破裂可以认为是在燃气管网中增加一个节点，如图 11.8 所示。因此，连接矩阵需进行适当改造，方法为 $A[T,k] = 0$，$A[O,k] = 1$，$A[O,n] = -1$，$A[T,n] = 1$。因此，对于一个包含 N 个节点和 M 条边的燃气管道网络，当管网某一管段破裂时，其连接矩阵可以表示为 $A_{(N+1) \times (M+1)}$。

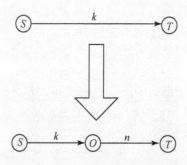

图 11.8   连接矩阵改造过程

连接矩阵确定后，管道参数向量（流量、压力）即可确定，如下所示：

$$节点失效破裂：\begin{cases} q_{node} = (q_1, q_2, \cdots, q_N), q_{i(broken)} = q'_{i(broken)} + q_{leak} \\ q_{pipe} = (Q_1, Q_2, \cdots, Q_M) \end{cases}$$

$$管段失效破裂：\begin{cases} q_{node} = (q_1, q_2, \cdots, q_{N+1}), q_{N+1} = q_{leak} \\ q_{pipe} = (Q_1, Q_2, \cdots, Q_{M+1}), Q_{M+1} = Q_{j(broken)} \end{cases} \tag{11.30}$$

式中，q_{node} 是节点流量，q_{pipe} 是管段流量，q_{leak} 是泄漏点的泄漏率，$q'_{i(broken)}$ 是节点 i 在管网失效前的流量，$Q_{j(broken)}$ 是管段 j 在管网失效前的流量。由此可以进一步确定对角矩阵 S'。

$$S'(j,j) = 6.26 \times 10^7 \rho \lambda_0 \frac{q_{pipe}(j) \text{TL}(j)}{[d(j)]^5 T_0} \tag{11.31}$$

$$S'(j,j) = 1.27 \times 10^{10} \rho \lambda_0 \frac{q_{pipe}(j) \text{TZL}(j)}{[d(j)]^5 T_0} \tag{11.32}$$

式中，j 是管段的标号，且有 $1 \leqslant j \leqslant M+1$，$L(j)$ 是管段 j 的长度，$d(j)$ 是管段 j 的直径，T_0 是温度参数 273.16 K，ρ 是燃气的密度，λ_0 是摩擦系数，Z 是压缩因子，T 是管段内的运行温度。由此，管网的导纳矩阵 Y 可以由下式确定

$$Y = A(S')^{-1} A^{\text{T}} \tag{11.33}$$

式中，A 燃气管网的连接矩阵。因此节点的压力可以由下式确定

$$\text{Y} P_{node} = q_{node} \tag{11.34}$$

式中，P_{node} 是节点的压力。

当燃气管网泄漏时，管网内节点和管段的压力也随之下降，这也将导致燃气管网泄漏点的泄漏率下降。因此，为提高计算精度，应采用迭代算法进行计算。管网内管段的压力重新分布情况可由下式计算：

$$\Delta P_{pipe} = A^{\text{T}} P_{node} \tag{11.35}$$

式中，ΔP_{pipe} 管段的压降，$p_{pipe,new} = p_{pipe} - \Delta p_{pipe}$。因此管段内的流量可由下式确定

$$q_{pipe} = (S')^{-1} \Delta P_{pipe} \tag{11.36}$$

式中，q_{pipe} 是管段的流量。

当管段流量的计算精度达到所需要求时，节点的计算流量应带回到节点压力的计算当中。当精度达到要求时，其计算结果可以用于和燃气管网设计供气压力进行比较，进行经济风险的分析。

11.1.2.4　风险评估

通过上述分析，综合燃气管网事故发生的可能性和后果严重程度，可以定量计算出城市燃气管网的风险，包括人员伤亡和财产损失。其中，人员伤亡的风险主要通过个人风险和社会风险进行定量度量；经济风险主要通过燃气管网内的压力重新分布情况进行折算。根据风险评估的结果，可以将计算结果与安全标准的规定限值或经验值相比较，判断燃气管网的风险情况，对于超出限值的区域，提出改进和完善措施。值得注意的是，当燃气管网周围存在其他风险装置（如危险化学品装置）或弱点中心（如学校、医院等大型公共设施）时，应采用更好的防护标准。

（1）个人风险

对于燃气管网而言，其影响范围内任意一点将受到管网上一定范围内所有可能发生的事故后果的影响，因此每一点的个人风险包含了周围一段管网的风险。因此，城市燃气管网失效的个人风险可按下式计算[4]。

$$IR = \sum_i \int_{l_-}^{l_+} \varphi_i P_i dl \qquad (11.37)$$

式中，IR 是个人风险；i 是第 i 种失效假定；φ_i 是第 i 种失效事故假定的单位长度下的失效率；P_i 是第 i 种失效事故假定的致死率；L 是燃气管网长度，m；l_+、l_- 是该位置能受到影响的燃气管网范围，m。

由此，可以进一步得出风险等值线与燃气管网距离的计算公式，求得相应的防护区域。根据各国应用情况，应采用 $IR = 10^{-6}$ 作为评判一个区域内的风险是否可以被接受的标准[10]。燃气管网泄漏的个人风险限值位置与泄漏率的关系如图 11.9 和图 11.10 所示。

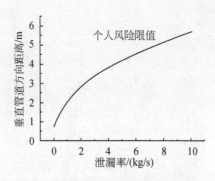

图 11.9　燃气管网个人风险限值位置与泄漏率的关系（节点失效泄漏）

图 11.9 显示了节点失效泄漏所导致的个人风险 10^{-6} 的影响范围与泄漏率的关系；图 11.10 显示了管段失效泄漏所导致的个人风险 10^{-6} 的影响范围与泄漏率的关系。从图中可以看出，两种情况下的风险范围差距较大，其中管段失效泄漏的风险值明显大于节点失效泄漏的风险值，这是由于管段周围任意位置的风险将受到管段上各个位置失效假定事故的影响，其泄漏的风险需要针对管段上各个位置的失效假定的后果进行

273

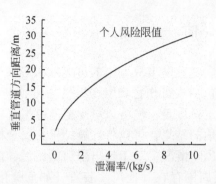

图 11.10　燃气管网个人风险限值位置与泄漏率的关系（管段失效泄漏）

积分；而节点失效泄漏的事故后果决定于所研究的位置与失效节点间的距离。同时也可以看出，随着泄漏率的增大，风险值也随之增大。因此在实际应用中，高压管段对人员生命的风险要远大于同等直径的低压管段，管道周边地区的风险要远大于具有相同流量的节点的风险。

（2）社会风险

社会风险可以简化表示为"∑个人风险×该个人风险所占面积×单位面积的人口密度"，即[10]

$$N_I = \int_{A_i} \rho_p P_i \mathrm{d}A_i \tag{11.38}$$

式中，A_i 是第 i 种失效事故假定下受影响面积，m^2，$\mathrm{d}A_i$ 与致死率 P_i 相关；ρ_p 是该区域人口密度，m^{-2}。

由此可以进一步得到社会风险 FN 曲线

$$1 - F_N(x) = P(N > x) = \int_x^{+\infty} f_N(x) \mathrm{d}x \tag{11.39}$$

针对城市燃气管网各节点、管段周围个人风险随距离分布情况，可以得到相应的社会风险计算方法，计算燃气管网各节点、管段周围社会风险分布情况。假设燃气管网各节点周边地区人口密度为 α_n，各管段周边地区人口密度为 β_m，则对各节点、管段，社会风险值满足下式关系：

$$F_n = \int_A \alpha_n \mathrm{IR}_n(r) \mathrm{d}A = \pi \int_r \alpha_n \mathrm{IR}_n(r) r^2 \mathrm{d}r$$
$$F_m = \int_A \beta_m \mathrm{IR}_m(h) \mathrm{d}A = L \int_h \beta_m \mathrm{IR}_m(h) \mathrm{d}h \tag{11.40}$$

式中，n 是节点编号，$n = 1,2,\cdots,14$；m 是管段编号，$m = 1,2,\cdots,20$；$\mathrm{IR}_n(r)$、$\mathrm{IR}_m(h)$ 分别是管道节点、管段的个人风险，与管网节点、管段的距离 r、h 有关；L 是管段的长度。

（3）经济风险

经济风险可以通过综合管网供气不足的可能性以及后果严重程度进行评估。当燃气管网内节点的压力低于设计的极限值时，该节点的工作活动将受到影响，所造成的经济损失可以根据工业产出的减少量进行定量测算。对于没有经济运行数据的地区，为便于计算，可以假设经济产出与燃气供气压力成正比。如下式所示[11]：

$$E(P) = \kappa P_{node} \tag{11.41}$$

式中，$E(P)$ 为经济产出的期望值，美元；P_{node} 为该节点的供气压力；κ 为供气压力和经济产出期望值间的比例因子。因此，经济损失的期望值可以通过下式进行估算。

$$E(D) = \kappa \cdot (P_{node} - P_{node,new}) \tag{11.42}$$

式中，$E(D)$ 是燃气管网失效后的经济损失期望值，美元；$P_{node,new}$ 是燃气管网失效后该节点的供气压力。通过综合事故发生的可能性和后果，可以用式（11.43）评估燃气管网内风险传播所造成的经济风险。

$$E(R) = \varphi \cdot E(D) \tag{11.43}$$

式中，$E(R)$ 是燃气管网的经济风险，美元/a；φ 是燃气管网的失效率。

11.1.3　算例及分析

为验证方法的可行性，选取一个实际燃气管网进行验证研究。

（1）算例管网参数与事故假定

算例管网的拓扑结构如图 11.11 所示，其运行参数如表 11.7 和表 11.8 所示。如图所示，该管网共有 14 个节点和 20 条管段，节点 13 为压力气源，节点 14 为基准气源节点，节点 12 为给定流量的气源，其余各节点为供应节点。

在风险评估过程中，采取如下事故假定：

1）为研究燃气管网外的风险，假设管网内某个节点发生泄漏，且泄漏孔径为 100mm；

2）为研究燃气管网外的风险，假设管网内某个管段发生泄漏，且泄漏孔径为管段直径的 1/3；

3）为研究燃气管网内部风险传播，假设管网内某个节点发生泄漏，且泄漏孔径为 10mm；

4）为研究燃管网内部的风险传播，假设管网内某个管段发生泄漏，且泄漏孔径为该管段直径的 1/30；

为便于分析，并考虑到燃气管网的基础数据特征，采取如下实验条件：

1）假定所有的管段和节点的运行情况和所处的外界环境情况相同，因此可以假定燃气管网内所有节点和管段的失效率满足 EGIG 的平均数据，为 5.75×10^{-4} km/a；

2）假设燃气管网各节点周围地区的人口密度为 α_i，各管段周围地区的人口密度为 β_j，$i = 1,2,\cdots,14$，$j = 1,2,\cdots,20$；

3）假设火球燃烧、爆炸的暴露时间为 30s；

4）由于该管网为城市低压管网，因此假定燃气的毒性可以忽略。

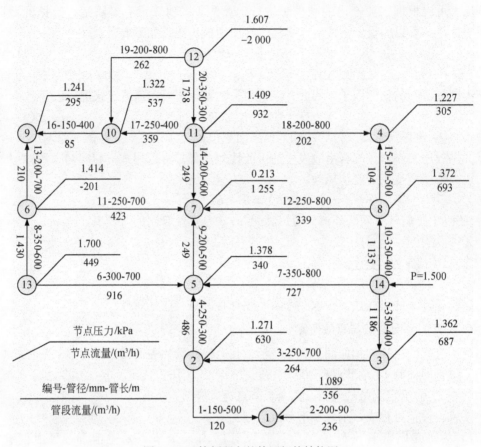

图 11.11　算例研究的管网拓扑结构图

表 11.7　管网各管段基础数据

编号	长度/m	直径/mm	流量/(m³/h)	泄漏孔直径/mm	起始点压强/kPa	终止点压强/kPa
1	500	150	120	50	1.271	1.089
2	90	200	236	66.7	1.362	1.089
3	700	250	264	83.3	1.362	1.271
4	300	250	486	83.3	1.378	1.271
5	400	350	1186	116.7	1.5	1.362
6	700	300	916	100	1.700	1.378
7	800	350	272	116.7	1.500	1.378
8	600	350	210	116.7	1.700	1.414
9	500	200	249	66.7	1.378	0.213
10	400	350	1135	116.7	1.5	1.372
11	700	250	423	83.3	1.414	0.213
12	800	250	339	83.3	1.372	0.213
13	700	200	210	66.7	1.414	1.241

编号	长度/m	直径/mm	流量/(m³/h)	泄漏孔直径/mm	起始点压强/kPa	终止点压强/kPa
14	600	200	249	66.7	1.409	0.213
15	500	150	104	50	1.372	1.227
16	400	150	85	50	1.332	1.241
17	400	250	359	83.3	1.409	1.332
18	800	200	202	66.7	1.409	1.227
19	800	200	262	66.7	1.607	1.332
20	300	350	1738	116.7	1.607	1.409

表 11.8　管网各节点基础数据

编号	流量/(m³/h)	压力/kPa	编号	流量/(m³/h)	压力/kPa
1	356	1.089	8	693	1.372
2	630	1.271	9	295	1.241
3	687	1.362	10	537	1.332
4	305	1.277	11	932	1.409
5	340	1.378	12	2000	1.607
6	201	1.414	13	449	1.700
7	1255	0.213	14	2593	1.500

（2）个人风险分析

通过分析燃气管网外部的事故后果，可以得出人员伤亡的风险分析结果。

个人风险分析结果如图 11.12～图 11.17 和表 11.9～表 11.10 所示。

图 11.12 为节点 10 失效泄漏的个人风险分布情况随距离的变化关系。如图可以看出，随着与节点距离的增加，风险值逐渐减小。根据该燃气管网的运行情况可以计算出，距离节点 10 距离超过 7.4190m 的范围为风险可接受的范围。

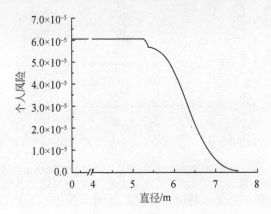

图 11.12　节点 10 失效泄漏的个人风险分布

图 11.13 为节点 10 失效泄漏后个人风险等值线（10^{-6}）的分布情况。如图可以看出，对于燃气管网的节点，其个人风险等值线（10^{-6}）分布为圆形。距离泄漏节点距离相同的位置，其个人风险的大小也相同。

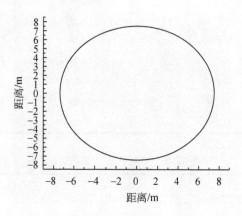

图 11.13　节点 10 失效泄漏的个人风险等值线（10^{-6}）分布

图 11.14 为节点 10 失效泄漏后不同事故后果在总的个人风险中所占的比例随距离变化的关系。图中分别显示了爆炸（含爆炸燃烧热）、喷射火焰燃烧、气云燃烧和爆炸超压等事故后果，在燃气事故总的后果中所占比例随距离的变化关系。从图中可以看出，对于燃气泄漏事故，不同事故后果的传播距离不同，爆炸的影响范围最小，喷射火焰的影响范围最大。随着距离泄漏源距离的增加，不同事故后果的物理效应均逐渐减小，但喷射火焰燃烧的物理效应减小速度要低于其他事故后果。因此，在距离燃气管网节点较近的位置处，爆炸的风险相对较大。在距离燃气管网节点较远处，喷射火焰燃烧的风险相对较大。

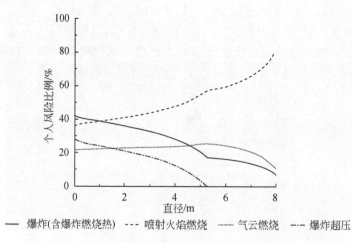

图 11.14　节点 10 失效泄漏不同事故后果物理影响所占比例

表 11.9 显示了各节点失效泄漏后，不同事故后果的影响范围以及个人风险 10^{-6} 的影响范围（直径距离）。其中，喷射火焰燃烧和气云燃烧的事故后果影响范围显示了燃

气管网失效泄漏导致人员三度烧伤致死的最大影响范围，而爆炸的事故后果影响范围则显示了燃气管网失效泄漏导致人员肺出血致死的最大影响范围。从表中可以看出，喷射火焰燃烧、气云燃烧和爆炸的影响范围各不相同。总的来看，喷射火焰燃烧的影响范围大于气云燃烧和爆炸，其相互关系与燃气管网失效泄漏假设的泄漏率大小有关。同时从表中可以看出，个人风险可接受限值 10^{-6} 处的位置介于爆炸和气云燃烧的影响范围。即个人风险可接受限值 10^{-6} 处的主要风险为喷射火焰燃烧和气云燃烧。与之相应的，爆炸的事故后果不会影响该安全距离以外的人员。一般的，在该燃气管网的节点运行情况下，距离燃气管网节点 8m 以上的人员均可认为是安全的。在安全管理过程中，可以将安全防护的距离设置为 8m。

表 11.9　节点失效泄漏不同事故后果物理影响的范围和风险范围

节点编号	压力/kPa	泄漏率 /(kg/s)	事故后果影响范围			个人风险 10^{-6} 影响范围/m
			喷射火焰 燃烧/m	气云燃烧/m	爆炸/m	
1	1.089	0.6926	9.4786	7.9655	5.0942	7.0610
2	1.271	0.7482	9.8517	8.2691	5.2271	7.3340
3	1.362	0.7744	10.0227	8.4081	5.2874	7.4590
4	1.277	0.7499	9.8629	8.2782	5.2310	7.3420
5	1.378	0.7789	10.0518	8.4318	5.2976	7.4810
6	1.414	0.7890	10.1168	8.4845	5.3204	7.5280
7	0.213	0.3065	6.3055	5.3655	3.8821	4.7265
8	1.372	0.7773	10.0415	8.4234	5.2940	7.4730
9	1.241	0.7393	9.7930	8.2213	5.2063	7.2910
10	1.332	0.7659	9.9676	8.3633	5.2680	7.4190
11	1.409	0.7876	10.1078	8.4772	5.3173	7.5220
12	1.607	0.8410	10.4448	8.7510	5.4348	7.7690
13	1.700	0.8649	10.5922	8.8706	5.4858	7.8670
14	1.500	0.8126	10.2670	8.6065	5.3729	7.6380

图 11.15 为管段 18 失效泄漏的个人风险。其中，喷射火焰燃烧和气云燃烧的事故后果影响范围显示了燃气管网失效泄漏导致人员三度烧伤致死的最大影响范围，而爆炸的事故后果影响范围则显示了燃气管网失效泄漏导致人员肺出血致死的最大影响范围。从图中可以看出，管段失效的风险等值线分布规律与节点失效类似，风险随距离的增大而减小。与此同时，由于燃气管网管段外任一位置的风险包含整个管段影响范围内对该位置造成的风险，因此管段外的风险等值线沿管段近似为直线分布。此外，

由于燃气管段上存在气体压降，燃气管段上不同位置泄漏的泄漏率并不相同，将导致不同位置的风险值不同。因此，管段外的风险等值线并不平行于该管段，而是与该管段上的气体压力有关。根据该燃气管网的运行情况可以计算出，距离管段18超过3.8218m的范围为风险可接受的范围。

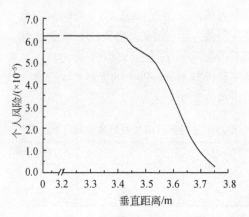

图 11.15　管段 18 失效泄漏的个人风险分布图

图 11.16 为节点 10 失效泄漏后个人风险等值线的分布情况。如图可以看出，对于燃气管网的管段，其个人风险等值线分布为直线。沿管道方向燃气压力不断下降，泄漏率也随之下降，因此个人风险值也呈下降趋势，个人风险等值线（10⁻⁶）距离管道的距离也不断缩小。

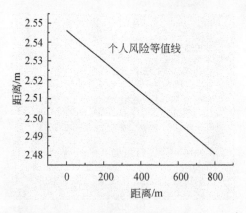

图 11.16　管段 18 失效泄漏的个人风险等值线（ 10^{-6} ）分布

图 11.17 为管段 18 失效泄漏后不同事故后果在总的个人风险中所占的比例随距离变化的关系。图中分别显示了爆炸（含爆炸燃烧热）、喷射火焰燃烧、气云燃烧和爆炸超压等事故后果，在燃气事故总的后果中所占比例随距离的变化关系。与节点泄漏不同的是，由于燃气管网管段外任一位置的风险包含整个管段影响范围内对该位置造成的风险，因此影响范围大的事故，其在总事故后果中所占的比重因积分关系而变得更大。从图中可以看出，喷射火焰燃烧的风险所占的比例最大。

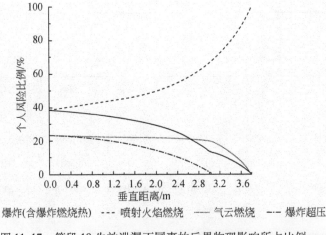

图 11.17　管段 18 失效泄漏不同事故后果物理影响所占比例

　　表 11.10 显示了各管段中点失效泄漏后，不同事故后果的影响范围，以及个人风险 10^{-6} 的影响范围（垂直管段距离）。与节点泄漏相类似，管段失效泄漏后的影响范围分布满足：喷射火焰燃烧的影响范围大于气云燃烧与爆炸。同时从表中可以看出，个人风险可接受限值 10^{-6} 处的位置大部分介于气云燃烧和喷射火焰燃烧的影响范围，并与泄漏率有关。也就是说，个人风险可接受限值 10^{-6} 处的主要风险为喷射火焰燃烧，爆炸和气云燃烧的事故后果基本不会影响该安全距离以外的人员。这种不同主要是由于燃气管网管段外任意位置的风险来源于整个管段影响范围内对该位置造成的风险，即需要对整个管段进行风险积分，因此影响范围大的事故后果会进一步增大，所占比例也较大。与之相应，在相同泄漏率情况下，管段泄漏的风险会远大于节点泄漏的风险。对于管段运行压力较小的管段，其泄漏率相对较小，各事故后果影响范围也相对较小，个人风险可接受限值 10^{-6} 处的位置可能处于爆炸和气云燃烧的影响范围之间。一般的，在该燃气管网运行情况下，距离燃气管网管段 4m 以上的人员均可认为是安全的。而管段内燃气压力的增加将增大泄漏事故发生后的燃气泄漏率，从而显著地增加燃气管网的风险。在安全管理过程中，可以将安全防护的距离设置为 4m。

表 11.10　管段失效泄漏不同事故后果物理影响的范围和风险范围（管段中点）

管段编号	长度/m	压力/kPa	泄漏率/(kg/s)	事故后果影响范围			个人风险 10^{-6} 影响范围/m
				喷射火焰燃烧/m	气云燃烧/m	爆炸/m	
1	500	1.18	0.0801	3.2234	2.7981	2.4820	2.7115
2	90	1.2255	0.1453	4.3415	3.7358	3.0270	3.7470
3	700	1.3165	0.2348	5.5189	4.7150	3.5521	4.8746
4	300	1.3245	0.2355	5.5271	4.7219	3.5556	4.8821
5	400	1.431	0.4804	7.8941	6.6715	4.5094	7.1674

管段编号	长度/m	压力/kPa	泄漏率/(kg/s)	事故后果影响范围			个人风险10⁻⁶影响范围/m
				喷射火焰燃烧/m	气云燃烧/m	爆炸/m	
6	700	1.539	0.3658	6.8885	5.8459	4.1178	6.1943
7	800	1.439	0.4818	7.9056	6.6809	4.5138	7.1788
8	600	1.557	0.5011	8.0624	6.8093	4.5733	7.3308
9	500	0.7955	0.1171	3.8975	3.3644	2.8169	3.3305
10	400	1.436	0.4813	7.9015	6.6775	4.5122	7.1747
11	700	0.8135	0.1847	4.8948	4.1969	3.2790	4.2760
12	800	0.7925	0.1823	4.8629	4.1704	3.2647	4.2452
13	700	1.3275	0.1512	4.4287	3.8086	3.0674	3.8304
14	600	0.811	0.1182	3.9157	3.3797	2.8257	3.3470
15	500	1.2995	0.0841	3.3029	2.8651	2.5226	2.7840
16	400	1.2865	0.0836	3.2931	2.8568	2.5176	2.7750
17	400	1.3705	0.2396	5.5750	4.7616	3.5761	4.9281
18	800	1.318	0.1506	4.4199	3.8013	3.0633	3.8218
19	800	1.4695	0.1590	4.5415	3.9027	3.1193	3.9378
20	300	1.508	0.4932	7.9986	6.7570	4.5491	7.2686

（3）社会风险分析

根据燃气管网各节点、管段的个人风险分布，并对燃气管网各节点、各管段周围地区进行人口密度假设，可以近似计算出燃气管网各节点、管段的社会风险分布。燃气管网节点 10、管段 18 失效泄漏社会风险 FN 曲线如图 11.18 和图 11.19 所示，各节点、各管段失效泄漏社会风险计算结果如表 11.11 和表 11.12 所示。

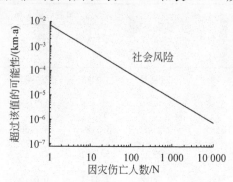

图 11.18　节点 10 失效泄漏社会风险 FN 曲线（×α₁₀）

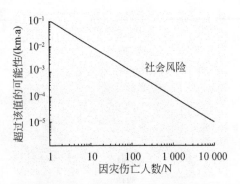

图 11.19　管段 18 失效泄漏社会风险 FN 曲线（$\times \beta_{18}$）

表 11.11　燃气管网节点的社会风险

节点编号	个人风险 10^{-6} 影响范围/m	社会风险/（$\times \alpha_i$）
1	7.0610	0.006 654
2	7.3340	0.007 178
3	7.4590	0.007 427
4	7.3420	0.007 195
5	7.4810	0.007 469
6	7.5280	0.007 564
7	4.7265	0.003 000
8	7.4730	0.007 454
9	7.2910	0.007 095
10	7.4190	0.007 346
11	7.5220	0.007 551
12	7.7690	0.008 055
13	7.8670	0.008 280
14	7.6380	0.007 787

表 11.12　燃气管网管段的社会风险

管段编号	个人风险 10^{-6} 影响范围/m	社会风险/（$\times \beta_j$）
1	2.7115	0.072 467
2	3.7470	0.018 311
3	4.8746	0.185 430
4	4.8821	0.079 419
5	7.1674	0.156 849
6	6.1943	0.236 370
7	7.1788	0.314 799
8	7.3308	0.240 601
9	3.3305	0.089 679
10	7.1747	0.156 891

管段编号	个人风险 10^{-6} 影响范围/m	社会风险/（$\times \beta_j$）
11	4.2760	0.162 378
12	4.2452	0.183 672
13	3.8304	0.145 189
14	3.3470	0.108 948
15	2.7840	0.074 49
16	2.7750	0.059 882
17	4.9281	0.107 220
18	3.8218	0.165 128
19	3.9378	0.169 972
20	7.2686	0.119 424

从图 11.18 和图 11.19 及表 11.11 和表 11.12 中可以看出，燃气管网社会风险的大小与燃气管网个人风险分布及燃气管网周围人口密度分布等多种因素有关。

（4）经济风险分析

通过计算燃气管网内供气节点压力重新分布情况，分析燃气管网内的风险传播机制，可以得到经济风险的分析结果。

燃气管网失效泄漏压力重新分布情况如图 11.20 及表 11.13 和表 11.14 所示。这些图表均显示了燃气管网内某一点失效对整个燃气管网的影响情况。

图 11.20 显示了节点 10 失效泄漏和管段 18 失效泄漏所引起的燃气管网内部的压力重新分布情况。从图中可以看出，与最初的压力值相比，失效泄漏后各供气节点压力将明显减小。其中，对于节点失效，失效点及其邻近节点的压力下降最大。燃气管网失效时，只有基准气源节点 14 的压力没有发生变化。对每一种事故假定都可以计算所导致的各节点供气压力变化，进而分析经济风险。值得注意的是，由于该燃气管网流量较低，整体压力较小，因此在进行事故假定时所采取的泄漏率假设较小，以免计算出的泄漏率超过该节点或管段的最大流量。

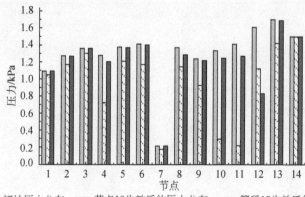

图 11.20　燃气管网失效泄漏压力重新分布情况（节点 10、管段 18 失效泄漏）

综合各节点的经济数据，包括经济产值与供气量的关系，就可以得出由于供气不足所导致的各个节点的经济损失，以及系统总的经济损失。

表 11.13 显示了燃气管网内各节点失效泄漏时，所导致的总压损失（所造成的系统内总的压力的损失）和总的经济风险情况。从表中可以看出，节点 4、9、10、11 泄漏时所造成的系统总压损失较大。假定经济产出与供气压力成正比，则节点 4、9、10、11 泄漏时所造成的经济风险也最大，应当进行重点防护。此外，也可根据实际的经济数据分析泄漏事故所造成的经济风险，即根据实际的经济产出估算供气不足导致工业活动或社会生活中断所造成的经济损失。

表 11.13　节点失效所导致的管网总压损失与经济风险

项目	失效节点 1	失效节点 2	失效节点 3	失效节点 4	失效节点 5	失效节点 6	失效节点 7
总压损失/%	16.4	13.5	4.5	29.7	13.0	20.7	20.3
经济损失 [E(D)]/κ	3220	2650	880	5840	2550	4070	3990
经济风险 [E(R)]/[κ·(美元·a)]	1.85	1.52	0.51	3.36	1.47	2.34	2.29
项目	失效节点 8	失效节点 9	失效节点 10	失效节点 11	失效节点 12	失效节点 13	失效节点 14
总压损失/%	10.7	30.3	39.1	34.8	24.5	20.4	0
经济损失 [E(D)]/κ	2100	5950	7680	6840	4810	4010	0
经济风险 [E(R)]/[κ·(美元·a)]	1.21	3.42	4.42	3.93	2.77	2.31	0

表 11.14 显示了燃气管网内各管段失效泄漏时，所导致的供气压力重新分布情况（所造成的系统内总的压力的损失）和总的经济风险情况。从表中可以看出，管段 7、19、20 泄漏时所造成的系统总压损失较大。假定经济产出与供气压力成正比，则管段 7、19、20 泄漏时所造成的经济风险也最大，应当进行重点防护。

表 11.14　各管段分别失效所导致的管网总压损失与经济风险

项目	失效管段 1	失效管段 2	失效管段 3	失效管段 4	失效管段 5	失效管段 6	失效管段 7	失效管段 8	失效管段 9	失效管段 10
总压损失/%	9.4	11.4	9.6	7.4	12.9	10.4	21.2	8.4	8.5	24.8
经济损失 [E(D)]/κ	1850	2240	1890	1460	2540	2050	4170	1650	1670	4880
经济风险 [E(R)]/[κ·(美元·a)]	1.06	1.29	1.09	0.84	1.46	1.18	2.40	0.95	0.96	2.81
项目	失效管段 11	失效管段 12	失效管段 13	失效管段 14	失效管段 15	失效管段 16	失效管段 17	失效管段 18	失效管段 19	失效管段 20
总压损失/%	8.4	14.7	12.3	1.7	10.4	7.9	7.6	6.8	34.5	45.2
经济损失 [E(D)]/κ	1650	2890	2420	330	2050	1550	1490	1340	6780	8890
经济风险 [E(R)]/[κ·(美元·a)]	0.95	1.66	1.39	0.19	1.18	0.89	0.86	0.77	3.90	5.11

　　以上分析显示了城市燃气管网风险评估方法的分析思路、分析过程与结果。值得注意的是，由于燃气管网事故的后果及其物理效应的大小主要取决于燃气的泄漏率，因此城市燃气管网失效泄漏所导致的人员伤亡的风险（特别是个人风险）与管网失效泄漏率密切相关。

　　上文对城市燃气管网的定量风险评估方法进行了系统的分析和研讨，考虑到城市燃气管网事故的特点和失效模式，提出了一套完整的城市燃气管网定量风险评估方法。该方法包括可能性分析、后果分析和风险评估三个环节。可能性分析主要涉及随机性的研究方法，是根据城市燃气管网失效特点和燃气特性，通过整理燃气管网的基础数据，计算管道的失效率。后果分析主要涉及确定性的研究方法，包括管网外和管网内两个部分，管网外后果分析主要分为失效事故假定、泄漏率计算、物理效应计算、致死率与伤亡百分数计算等步骤，所研究的事故后果包括喷射火焰燃烧、气云燃烧、爆炸等；管网内风险评估主要包括泄漏率计算、压力重新分布计算和流量重新分布计算等模型，所研究的事故后果主要为供气不足导致的损失。综合事故发生的可能性和后果，即可定量计算城市燃气管网风险的影响范围，包括个人风险、社会风险和经济风险，用以衡量燃气管网对人员和财产所造成的风险。

11.2　确定性、随机性和基于信息结合的研究方法

　　公共安全科学中的确定性研究方法和随机性研究方法经常也与基于信息的研究方法结合，探索相应的公共安全规律。城区有毒气体泄漏的泄漏源信息反演即是一个典型的例子[12]。

　　在突发性有毒气体泄漏发生时，迅速地掌握泄漏源信息对于科学地预测事态发展，制定有效的应急策略具有十分重要的意义。然而在实际的应急处置过程中，由于有毒气体扩散事件通常具有隐蔽性和突发性的特点，往往无法预先获知泄漏源的空间位置、释放速率等信息，因此必须对有毒气体扩散进行反演，得到泄漏源的关键信息。对于有毒气体泄漏的泄漏源反演可通过分布在城区的几个危化品浓度传感器信息，以及确定性研究方法（基于 k-ε 湍流模型的数值模拟方法）和随机性研究方法（贝叶斯推断理论与蒙特卡洛抽样方法）结合进行研究。

11.2.1　城区有毒气体泄漏的泄漏源信息反演模型

11.2.1.1　贝叶斯推断与后验概率计算

　　对于城区有毒气体泄漏源参数反演问题，将采用贝叶斯理论进行建模。根据贝叶斯公式

$$p(X \mid Y) = \frac{p(Y \mid X) \cdot p(X)}{p(Y)} \propto p(Y \mid X) \cdot p(X) \tag{11.44}$$

首先将所要研究的泄漏源反演问题与上述贝叶斯公式的相关参数对应起来。设：

$X = \{X_1, X_2, \cdots, X_i, \cdots, X_n\}$，为泄漏源的源参数包括位置、强度等，是本问题需要进行反演的变量；$Y = \{Y_1, Y_2, \cdots, Y_i, \cdots, Y_k\}$，为试验监测点（传感器）的测量信息；$P(X)$ 为源项参数 X 的先验分布，可以根据事先对源项的已知信息和判断给定，通常在未获取相关信息之前，近似为某种已知分布；$P(Y \mid X)$ 为给定源项参数 X 下，数据 Y 的条件概率，即似然概率，它的确定通常需要综合考虑传感器的相关特性和数值正向模拟的误差；$P(X \mid Y)$ 为在获取有关信息（$Y = \{Y_1, Y_2, \cdots, Y_i, \cdots, Y_k\}$）后，泄漏源参数 X 的概率分布。根据式（11.44），要得到后验概率 $P(X \mid Y)$，就需要首先计算测量数据的似然概率 $P(Y \mid X)$。对于本章研究的泄漏源扩散问题，其似然概率并不能通过解析公式获得，而是需要求解流体力学方程和对流扩散方程，通过正向数值模型来提供。因此下面将考虑数值模型参与下的参数估计。

设引入的数值模型可以根据参数 X，计算 k 个不同的物理量，记做：$F = \{F_1, F_2, \cdots, F_i, \cdots, F_k\}$；同时观测值分别对应这 k 个物理量：$Y = \{Y_1, Y_2, \cdots, Y_i, \cdots, Y_k\}$；而由流体力学和组分扩散的控制方程决定的理论值为 $T = \{T_1, T_2, \cdots, T_i, \cdots, T_k\}$。

考虑：①传感器测量值与理论值的误差，$Y_i = T_i + \varepsilon_i$；②数值模型预测值与理论值的误差，$F_i = T_i + e_i$。通常认为这两种误差均近似服从高斯分布[13]：$\varepsilon_i : \mathrm{Gau}(0, \sigma_{y,i}^2)$ 和 $e_i : \mathrm{Gau}(0, \sigma_{f,i}^2)$，即

$$p(Y_i \mid T_i, X) \propto \exp\left\{ -\frac{[Y_i - T_i(X)]^2}{2\sigma_{y,i}^2} \right\} \tag{11.45}$$

$$p(T_i \mid X) \propto \exp\left\{ -\frac{[T_i(X) - F_i(X)]^2}{2\sigma_{f,i}^2} \right\} \tag{11.46}$$

假设两种误差相互独立并且每个测量点互相独立，则似然概率

$$p(Y \mid X) = \prod_{i=1}^{k} p(Y_i \mid X) \propto \exp\left\{ -\sum_{i=1}^{k} \frac{[F_i(X) - Y_i]^2}{2(\sigma_{f,i}^2 + \sigma_{y,i}^2)} \right\} \tag{11.47}$$

得到似然概率后，可以进行两种估计

（1）极大似然估计

$$X = \arg\max_X [p(Y \mid X)]$$

（2）后验分布估计

将式（11.47）代入式（11.44），得到泄漏源参数的后验概率

$$p(X \mid Y) = p(X)\exp\left\{ -\sum_{i=1}^{k} \frac{[F_i(X) - Y_i]^2}{2(\sigma_{f,i}^2 + \sigma_{y,i}^2)} \right\} \Big/ p(Y) \tag{11.48}$$

式中，

$$p(Y) = \int p(Y \mid X)p(X)\mathrm{d}X \propto \int \exp\left\{ -\sum_{i=1}^{k} \frac{[F_i(X) - Y_i]^2}{2(\sigma_{f,i}^2 + \sigma_{y,i}^2)} \right\} p(X)\mathrm{d}X \tag{11.49}$$

由于极大似然估计本质上是一种优化的策略，即计算反演参数，似然概率取最大值。这样得到的反演结果一般情况下是一个单一的最优解，无法反映由于各种测量误差和模型误差存在下的源参数概率分布特性，因此若采用极大似然概率估计，就无法充分体现概率方法的优势，会与传统的优化方法雷同，存在优化方法固有的缺点。而

采用后验分布估计，不仅可以给出后验概率分布最大的点，而且还可以得到源参数概率分布的其他统计特性，如方差、置信区间等，因此本章选择后验概率分布来估计源参数。即当得到泄漏源参数 X 的后验分布后，就可以对该参数进行估计，从而实现对释放源空间位置的定位和强度反演。

11.2.1.2 抽样算法（Markov Chain Monte Carlo，MCMC）

直接利用式（11.48）计算后验分布，需要计算分母的积分项，即式（11.49）。由于一次正向模拟 $F(X)$ 的计算量较大，同时源参数 X 是多维向量，计算后验分布时需要在整个参数空间进行多维积分，有很大的困难。

这里采用 MCMC 抽样方法，直接产生一组目标分布为后验概率的随机抽样点，这些抽样点构成一条马尔可夫链，通过合理的构造转移概率，其收敛后的静态分布即为所需的后验分布。下面给出我们的抽样算法，自适应 Metropolis-Hastings 算法。

1）构造可能转移概率：本章取以当前值为均值的高斯分布即 $X^{t+1}:\text{Gau}(X^t,\sigma^2)$，标准差 σ 采用自适应算法，每隔 N 个抽样点，根据当前接受率 a，调整一次 σ，算法如下：

$$\sigma^{t+N} = \begin{cases} 0.1\sigma^t, & a < 0.001 \\ 0.5\sigma^t, & 0.001 \leqslant a < 0.05 \\ 0.9\sigma^t, & 0.05 \leqslant a < 0.2 \\ \sigma^t, & 0.2 \leqslant a < 0.5 \\ 1.1\sigma^t, & 0.5 \leqslant a < 0.75 \\ 2.0\sigma^t, & 0.75 \leqslant a < 0.95 \\ 5.0\sigma^t, & a \geqslant 0.95 \end{cases}$$

2）计算接受概率

$$\alpha = \min\{1, \pi_j/\pi_i\}，\text{其中 } \pi = p(X)\prod_{i=1}^{k} p(Y_i \mid X)$$

3）产生随机数 $u \sim U[0,1]$，以下述接受概率更新抽样点 X^{t+1}

$$X^{t+1} = \begin{cases} X_0^{t+1} & u < \alpha \\ X^t & u > \alpha \end{cases}$$

4）重复 1）~3），直至形成的抽样点序列 $X = \{X^0, X^1, \cdots, X^t, \cdots, X^n\}$ 收敛至后验概率。

下面来证明这样形成的马尔可夫链，其静态分布即为源参数的后验概率分布 π_j：

当 $i \neq j$ 时，马尔可夫链的转移概率为

$$p_{ij} = p(x^{t+1} = j, \text{TA} \mid x^t = i) = p(x^{t+1} = j \mid x^t = i) \cdot p(\text{TA}) = Q_{ij} \cdot \min\left\{1, \frac{\pi_j}{\pi_i}\right\}$$

当 $i = j$ 时：

$$p_{ii} = p(x^{t+1} = i, \text{TA} \mid x^t = i) + p(x^{t+1} \neq i, \overline{\text{TA}} \mid x^t = i)$$

$$= Q_{ii} \cdot \min\left\{1, \frac{\pi_i}{\pi_i}\right\} + \sum_{i \neq j} Q_{ij} \cdot \left(1 - \min\left\{1, \frac{\pi_j}{\pi_i}\right\}\right)$$

$$= Q_{ii} + \sum_{i \neq j} Q_{ij} \cdot \left(1 - \min\left\{1, \frac{\pi_j}{\pi_i}\right\}\right)$$

因此：当 $i \neq j$ 时，若 $\pi_j > \pi_i$，则

$$\pi_i p_{ij} = \pi_i \cdot Q_{ij} \cdot \min\left\{1, \frac{\pi_j}{\pi_i}\right\} = \pi_i \cdot Q_{ij} \cdot 1 = Q_{ji} \cdot \frac{\pi_i}{\pi_j} \cdot \pi_j = Q_{ji} \cdot \min\left\{1, \frac{\pi_i}{\pi_j}\right\} \cdot \pi_j = \pi_j p_{ji}$$

满足 DBE 收敛条件。

若 $\pi_j < \pi_i$，则

$$\pi_i p_{ij} = \pi_i \cdot Q_{ij} \cdot \min\left\{1, \frac{\pi_j}{\pi_i}\right\} = \pi_i \cdot Q_{ij} \cdot \frac{\pi_j}{\pi_i} = Q_{ij} \cdot \pi_j = Q_{ji} \cdot 1 \cdot \pi_j = Q_{ji} \cdot \min\left\{1, \frac{\pi_i}{\pi_j}\right\} \cdot \pi_j$$

$$= \pi_j p_{ji}$$

也满足收敛条件 DBE。

当 $i = j$ 时，DBE 自然满足：$\pi(i)p_{ij} = \pi(j)p_{ji}$。

由上可知，上述抽样算法产生的马尔可夫链满足 DBE 条件，其静态分布即是源参数后验概率分布 π_j。

11.2.1.3　源参数的统计量计算

下面着重阐述如何利用已经获得的抽样点进行相关统计量的计算，设 d 维抽样点，$X^t(t = 1, \cdots, n)$，$X^t \in R^d$，其分量记为：$x_i^t, t = 1, \cdots, n$，

参数 X 的后验联合分布可以根据蒙特卡洛积分获得

$$\pi(X) = \frac{1}{n} \sum_{t=1}^{n} \delta(X^t - X) \tag{11.50}$$

随机变量函数 $f(x)$ 的期望：$E_\pi f(x)$，根据 $E_\pi f(x) = \int f(x) \mathrm{d}\pi$，以及蒙特卡洛积分

$$\bar{f} = \frac{1}{n} \sum_{t=1}^{n} f(X^t) \tag{11.51}$$

分量函数的期望

$$E(X \mid Y) = \int_\chi X p(\mathrm{d}X \mid Y) = \int_\chi X \mathrm{d}\pi = \frac{1}{n} \sum_{t=1}^{n} X^t \tag{11.52}$$

写成分量形式

$$f(x) = x_i, \bar{x}_i = \frac{1}{n} \sum_{t=1}^{n} x_i^t = \hat{E}_\pi(x_i) \tag{11.53}$$

方差

$$\mathrm{var}(X \mid Y) = \int_\chi \left[X - E(X \mid Y) \right]^2 \mathrm{d}\pi = \frac{1}{n} \sum_{t=1}^{n} (X^t - \bar{X})^2 \tag{11.54}$$

写成分量形式

$$\frac{1}{n}\sum_{t=1}^{n}(x_i^t)^2 - \bar{x}_i^2 = \frac{1}{n}\sum_{t=1}^{n}(x_i^t - \bar{x}_i)^2 = \hat{\sigma}_{x_i}^2 \qquad (11.55)$$

最大后验概率密度下的置信区间估计：

根据某一分量的边缘概率 $\pi(x_i)$，$[q_{\alpha/2}, q_{1-\alpha/2}]$ 定义了 $1-\alpha$ 置信区间，使得 $P(q_{\alpha/2} < x_i \leqslant q_{1-\alpha/2}) = 1-\alpha$。

确定方法：对马氏链进行从小到大排序，则 $x_i^{[(\alpha/2)n]}$，$x_i^{[(1-\alpha/2)n]}$ 所确定的区间即为 $1-\alpha$ 置信区间的估计。同理排序后的马氏链中 $X_i^{[\alpha n]}$，$X_i^{[(1-\alpha)n]}$ 分别为置信度为 $1-\alpha$ 的单侧置信下限与上限，使得 $P(X_i > X_i^{[\alpha n]}) = 1-\alpha$，$P(X_i < X_i^{[(1-\alpha)n]}) = 1-\alpha$。

边缘概率密度 $\pi(x_i)$ 的估计有三种方法：

1）直接根据 x_i^t 形成的柱状图估计；

2）根据 x_i^t 形成的柱状图光滑后估计；

3）根据条件分布估计（过渡核）。根据

$$\pi(x_i) = \int \pi(x)\mathrm{d}x_{-i} = \int \pi(x_i \mid x_{-i})\pi(x_{-i})\mathrm{d}x_{-i}$$

对上述积分进行蒙特卡洛估计 $\hat{\pi}(x_i) = \frac{1}{n}\sum_{t=1}^{n}\pi(x_i \mid x_{-i}^t)$，其中 $x_{-i}^t, t = 1, \cdots, n$ 服从边缘分布 $\pi(x_{-i})$。

三种方法的区别在于抽样点选择不同：方法（1）和方法（2）所用的点是 x_i^t，而方法（3）用的点是 x_{-i}^t，且需要根据全条件概率分布函数 $\pi(x_i \mid x_{-i})$ 来计算 $\pi(x_i)$。

自相关系数：

该系数用来衡量形成的一条马氏链抽样点的相关性，可以用如下方法计算：

$$\rho_k = \frac{\mathrm{Cov}(X_t, X_{t+k})}{\sqrt{\mathrm{var}(X_t)\mathrm{var}(X_{t+k})}} = \frac{E[(X_t - \theta)(X_{t+k} - \theta)]}{\sqrt{E[(X_t - \theta)^2]E[(X_{t+k} - \theta)^2]}}$$

$$= \frac{\sum_{i=0}^{N-k-1}(X_{i+k} - \bar{X})(X_i - \bar{X})/(N-k)}{\sum_{i=0}^{N-1}(X_i - \bar{X})^2/N} \qquad (11.56)$$

11.2.1.4 伴随方程

在反演过程中，计算后验概率时需要对全参数空间或该空间的抽样点计算似然概率，因此传统的方法需要对所有可能的源参数进行正向数值模拟，求解稳态 N-S 方程和组分扩散方程（11.57）得到测量点处的浓度值 $F(X')$。

$$\begin{cases} \vec{V}g\nabla C - \nabla g(D\nabla C) = S & X \in \Omega \\ \text{b. c. } \nabla Cg\vec{n} = 0 & X \in \partial\Omega \end{cases} \qquad (11.57)$$

可以看出这样的计算量是非常巨大的。考虑到传感器的数量通常较少，而每一次的正向模拟也只是为了得到传感器位置上的浓度值，因此利用伴随算子的性质[14]，这里求解与原浓度场对应的伴随浓度场。

首先引入微分算子：$L = \vec{V}g\nabla(g) - \nabla gD\nabla(g)$

原浓度方程可以记作

$$\begin{cases} L[C(X)] = S & X \in \Omega \\ \text{b. c. } \nabla Cg\vec{n} = 0 & X \in \partial\Omega \end{cases}$$

可以再引入微分算子：$L' = -\vec{V}g\nabla(g) - \nabla gD\nabla(g)$，称之为伴随算子，及伴随方程

$$\begin{cases} L'[G(X,X')] = \delta(X - X') & X \in \Omega \\ \text{b. c. } G\vec{V}g\vec{n} + D\nabla Gg\vec{n} = 0 & X \in \partial\Omega \end{cases}$$

即

$$-\vec{V}g\nabla G - \nabla g(D\nabla G) = \delta(X - X') \qquad X \in \Omega$$

$$\text{b. c. } G\vec{V}g\vec{n} + D\nabla Gg\vec{n} = 0 \qquad X \in \partial\Omega \tag{11.58}$$

可以证明原浓度场与伴随浓度场之间存在下面的关系

$$C(X) = \int_\Omega G(X,X')S(X')\mathrm{d}X' \tag{11.59}$$

根据

$$C(X') = \int_\Omega C(X)\delta(X - X')\mathrm{d}X \tag{11.60}$$

将式（11.58）代入式（11.60），并根据场论：

$$C\nabla g(D\nabla G) = G\nabla g(D\nabla C) + \nabla g(CD\nabla G) - \nabla g(DG\nabla C)$$

$$C\vec{V}g\nabla G = \nabla g(CG\vec{V}) - G\nabla g(C\vec{V}) = \nabla g(CG\vec{V}) - \vec{V}G\nabla C - GC\nabla g\vec{V}$$

和不可压缩条件：$\nabla g\vec{V} = 0$，可以得到

$$C(X') = \int_\Omega C[-\vec{V}g\nabla G - \nabla g(D\nabla G)]\mathrm{d}X$$

$$= -\int_\Omega [-G\vec{V}\nabla C + G\nabla g(D\nabla C) + \nabla g(CG\vec{V}) + \nabla g(CD\nabla G) - \nabla g(DG\nabla C)]\mathrm{d}X$$

代入方程（11.57），有

$$C(X') = \int_\Omega [GS - \nabla g(CG\vec{V}) - \nabla g(CD\nabla G) + \nabla g(DG\nabla C)]\mathrm{d}X$$

根据高斯定理，有

$$C(X') = \int_\Omega GS\mathrm{d}X - \int_{\partial\Omega} CG\vec{V}g\vec{n}\mathrm{d}\Gamma - \int_{\partial\Omega} CD\nabla Gg\vec{n}\mathrm{d}\Gamma + \int_{\partial\Omega} DG\nabla Cg\vec{n}\mathrm{d}\Gamma$$

代入边界条件 $\nabla Cg\vec{n} = 0, G\vec{V}g\vec{n} + D\nabla Gg\vec{n} = 0(X \in \partial\Omega)$，可得到

$$C(X') = \int_\Omega G(X,X')S(X)\mathrm{d}X$$

现在要得到泄漏源位于点 X_s 处时，空间某点 X'（假设该点为传感器位置）的浓度，就可以通过上述积分关系得到。

特别的，当泄漏源是点源连续泄漏时：$S = Qg\delta(X - X_s)$

可以进一步得到

$$C(X') = \int_\Omega QgG(X,X')\delta(X - X_s)\mathrm{d}X = QgG(X_s,X') \tag{11.61}$$

当需要求解在 n 个不同位置 $(X_{s1}, X_{s2}, \cdots, X_{sk}, \cdots, X_{sn})$，不同强度 $(S_{s1}, S_{s2}, \cdots, S_{sk}, \cdots, S_{sn})$ 的扩散源，扩散到某个传感器位置 X' 处的浓度值时，传统的计算方法，需要进行 n 次正向数值模拟，得到同一个点处的浓度值 $[C_{s1}(X'), C_{s2}(X'), \cdots, C_{sk}(X'), \cdots, C_{sn}(X')]$。现在利用上述关系，只需要将泄漏源放置在该空间点 X' 处，强度取一个单位，求解一次伴随方程，方程（11.58）是点源连续泄漏问题，得到伴随浓度场 $G(X,X')$，进而利用式（11.61），即可得到同一空间点处在不同源条件下的浓度值。

因此利用求解一次伴随方程获得的浓度场，即可以获得 n 个不同源参数下在同一传感器位置处的浓度值。

$$[Q_{s1}G(X_{s1},X'), Q_{s2}G(X_{s2},X'), \cdots, Q_{sk}G(X_{sk},X'), \cdots, Q_{sn}G(X_{sn},X')]$$

11.2.1.5 正向数值格式

在求解流场方程和伴随浓度方程时，将描述流动的控制方程（不可压缩 Navier-Stokes 方程）写成通用形式[15]：

$$\frac{\partial \rho u\varphi}{\partial x} + \frac{\partial \rho v\varphi}{\partial y} = \frac{\partial}{\partial x}\left(\Gamma_\varphi \frac{\partial \varphi}{\partial x}\right) + \frac{\partial}{\partial y}\left(\Gamma_\varphi \frac{\partial \varphi}{\partial y}\right) + S_\varphi$$

1）连续方程 $\varphi = 1$，$\Gamma_\varphi = 0$，$S_\varphi = 0$

2）动量方程

x 方向 $\varphi = u$，$\Gamma_\varphi = \mu_e$，$S_\varphi = -\dfrac{\partial p}{\partial x} + \dfrac{\partial}{\partial x}\left(\mu_e \dfrac{\partial u}{\partial x}\right) + \dfrac{\partial}{\partial y}\left(\mu_e \dfrac{\partial v}{\partial x}\right)$

y 方向：$\varphi = v$，$\Gamma_\varphi = \mu_e$，$S_\varphi = -\dfrac{\partial p}{\partial y} + \dfrac{\partial}{\partial y}\left(\mu_e \dfrac{\partial v}{\partial y}\right) + \dfrac{\partial}{\partial x}\left(\mu_e \dfrac{\partial u}{\partial y}\right)$

$\mu_e = \mu_t + \mu = C_\mu \rho k^2/\varepsilon + \mu$

3）k 方程

$\varphi = k$，$\Gamma_\varphi = \mu_e/\mathrm{Pr}_k$，$S_\varphi = G_k - \rho\varepsilon$

4）ε 方程

$\varphi = \varepsilon$，$\Gamma_\varphi = \mu_e/\mathrm{Pr}_\varepsilon$，$S_\varphi = (c_1 G_k - c_2 \rho\varepsilon)\varepsilon/k$

$G_k = \mu_t\left[2\left(\dfrac{\partial u}{\partial x}\right)^2 + 2\left(\dfrac{\partial v}{\partial y}\right)^2 + \left(\dfrac{\partial u}{\partial y} + \dfrac{\partial v}{\partial x}\right)^2\right]$

采用基于有限体积的交错网格将方程离散化：

$$\mathrm{AP}(I,J)\varphi(I,J) = \mathrm{AW}(I,J)\varphi(I-1,J) + \mathrm{AE}(I,J)\varphi(I+A,J)$$
$$+ \mathrm{AS}(I,J)\varphi(I,J-1) + \mathrm{AN}(I,J)\varphi(I,J+1) + \mathrm{SU}(I,J)$$

式中，

$$\mathrm{AP}(I,J) = \mathrm{AW}(I,J) + \mathrm{AE}(I,J) + \mathrm{AS}(I,J) + \mathrm{AN}(I,J) + \mathrm{SP}(I,J)$$
$$+ F\left(I+\frac{1}{2},J\right) - F\left(I-\frac{1}{2},J\right) + F\left(I,J+\frac{1}{2}\right) - F\left(I,J-\frac{1}{2}\right)$$

$$\mathrm{AW}(I,J) = D\left(I-\frac{1}{2},J\right)A\left(\left|\mathrm{PN}\left(I-\frac{1}{2},J\right)\right|\right) + \left\| \pm F\left(I-\frac{1}{2},J\right),0 \right\|$$

$$D\left(I-\frac{1}{2},J\right)=\frac{\Gamma\left(I-\frac{1}{2},J\right)\mathrm{AREA}\left(I-\frac{1}{2},J\right)}{\mathrm{DXWP}}$$

$$F\left(I-\frac{1}{2},J\right)=\rho\left(I-\frac{1}{2},J\right)U\left(I-\frac{1}{2},J\right)\mathrm{AREA}\left(I-\frac{1}{2},J\right)$$

$$\mathrm{AE}(I,J)=D\left(I+\frac{1}{2},J\right)A\left(\left|\mathrm{PN}\left(I+\frac{1}{2},J\right)\right|\right)+\left\|\pm F\left(I+\frac{1}{2},J\right),0\right\|$$

$$D\left(I+\frac{1}{2},J\right)=\frac{\Gamma\left(I+\frac{1}{2},J\right)\mathrm{AREA}\left(I+\frac{1}{2},J\right)}{\mathrm{DXPE}}$$

$$F\left(I+\frac{1}{2},J\right)=\rho\left(I+\frac{1}{2},J\right)U\left(I+\frac{1}{2},J\right)\mathrm{AREA}\left(I+\frac{1}{2},J\right)$$

$$\mathrm{AS}(I,J)=D\left(I,J-\frac{1}{2}\right)A\left(\left|\mathrm{PN}\left(I,J-\frac{1}{2}\right)\right|\right)+\left\|\pm F\left(I,J-\frac{1}{2}\right),0\right\|$$

$$D\left(I,J-\frac{1}{2}\right)=\frac{\Gamma\left(I,J-\frac{1}{2}\right)\mathrm{AREA}\left(I,J-\frac{1}{2}\right)}{\mathrm{DYSP}}$$

$$F\left(I,J-\frac{1}{2}\right)=\rho\left(I,J-\frac{1}{2}\right)V\left(I,J-\frac{1}{2}\right)\mathrm{AREA}\left(I,J-\frac{1}{2}\right)$$

$$\mathrm{AN}(I,J)=D\left(I,J+\frac{1}{2}\right)A\left(\left|\mathrm{PN}\left(I,J+\frac{1}{2}\right)\right|\right)+\left\|\pm F\left(I,J+\frac{1}{2}\right),0\right\|$$

$$D\left(I,J+\frac{1}{2}\right)=\frac{\Gamma\left(I,J+\frac{1}{2}\right)\mathrm{AREA}\left(I,J+\frac{1}{2}\right)}{\mathrm{DYPN}}$$

$$F\left(I,J+\frac{1}{2}\right)=\rho\left(I,J+\frac{1}{2}\right)V\left(I,J+\frac{1}{2}\right)\mathrm{AREA}\left(I,J+\frac{1}{2}\right)$$

数值求解采用处理不可压流动比较常用的 SIMPLE 算法[16]，其主要步骤和计算公式如下：

1）假定速度初场 u^0，v^0，w^0 及压力场 p^0，由此计算动量方程的系数和源项。

2）求解动量方程，获得新的速度场 u^*，v^*，w^*。

3）以该新的速度场 u^*，v^*，w^* 不满足连续方程的程度作为源项求解压力修正方程，得到压力场的修正量 p'。

4）用求出的压力修正量去改进上述新的速度场，改进后的速度场满足连续方程。

$$u'_e=\frac{A_e}{a_e-\sum a_{eb}}(p'_P-p'_E)，v'_n=\frac{A_n}{a_n-\sum a_{nb}}(p'_P-p'_N)，w'_t=\frac{A_t}{a_t-\sum a_{tb}}(p'_P-p'_T)；$$

$$u_e=u_e^*+u'_e，v_n=v_n^*+v'_n，w_t=w_t^*+w'_b。$$

5）用压力修正量去改进压力场 $p=p^*+p'$。

6）用改进过的速度场 u，v，w 和压力场 p 更新动量方程的系数和源项以及压力修正方程的系数，然后转至第 2 步，并重复其以后的操作，直到获得收敛解。

这里假设组分源对环境流场的影响较小，认为泄漏源的扩散是一个被动标量输运过程，因此假定处于相同位置而不同的泄漏源强度，其速度场保持不变。进而计算中可将连续方程、动量方程与浓度扩散方程分离求解，即先求解速度场，在其收敛后再求解浓度场。此时伴随方程（11.58）实际上为线性方程。

由于正向模型计算量大，为提高效率，首先将泄漏源位置参数 X 的全空间值和单位源强作为正向模型的输入。预先进行计算并将结果存储在数据文件中，在反演模型中调用，避免重复计算。针对不同的泄漏源强度，由于组分方程的上述线性特点，只需对处于相同位置的单位源强度下浓度场进行比例放大或缩小，即可得到其稳态浓度场。

11.2.1.6 扩散源稳态反演模型的流程

上述完成了在对源位置和强度有关参数完全未知的情况下，仅根据环境信息和有限测量值，实现泄漏物质源参数的识别以及浓度场的重建。下面给出扩散源稳态反演的一般流程，如图 11.21 所示。

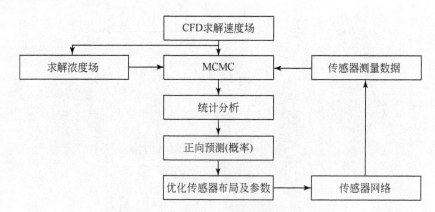

图 11.21　扩散源稳态反演模型的流程图

11.2.2　模拟结果与分析

（1）算例描述

考虑如图 11.22 所示的区域，该区域内有 3 个主要建筑物，泄漏源位于建筑物的上风向，风速为 7 m/s，泄漏源强度为 0.8 kg/($m^3 \cdot s$)，位置坐标（227 m，25 m）。在该区域内，分布着 14 个气体浓度传感器，位置如图所示。根据这些传感器特性和正向模型，来对泄漏源的位置和强度进行反演，得出其概率分布情况。

这里为简化起见，只研究传感器测量误差的影响，设其服从高斯分布 $\varepsilon_i : \mathrm{Gau}(0, \sigma_{y,i}^2)$，取 $\sigma_{y,i} = 0.06$，而忽略模型误差，即 $\sigma_f = 0$。

为方便起见，在抽样过程中，对接受率 α 取自然对数，即

$$\ln\pi = \ln P(X) - \sum_{i=1}^{k} \frac{\left[F_i(X) - Y_i\right]^2}{2\sigma_{y,i}^2} \tag{11.62}$$

在正向数值模拟中，将区域划分为 1974 个网格（47×42），得到稳态的浓度分布

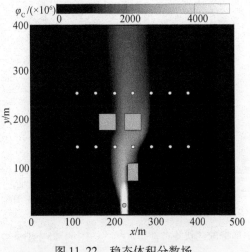

图 11.22　稳态体积分数场

如图 11.22 所示。其中流场计算采用标准大气条件，扩散物质的密度为 1g/L，与大气的相对密度比为 0.967，较为接近。由于计算区域面积较大，因此在处于下风向的边界（即如图 11.22 的上边界）和左右边界，对于湍动能 k、耗散率 ε 和浓度标量 C 均采用充分发展条件，而速度则采用出口流量守恒条件加以校正。

上述的模拟需要在泄漏源位置参数 X 的全空间上进行，即将泄漏源取在每一个网格点，作一次模拟，得到传感器位置上的浓度值，将其依次存储在数据文件中。

（2）泄漏源参数反演结果

在 MCMC 反演计算中，反演参数选择如下：抽样转移概率选择为高斯型分布，均值为 0，标准差为 0.06，抽样统计的置信度为 0.95，采样间隔点为 2，抽样过程采用自适应 Metropolis-Hastings 算法。

整个抽样的马尔可夫链长取为 40 000，为了保证统计结果的有效性，只在后20 000个抽样点中采样进行分析。即这里只产生 1 条链，收敛后，再继续抽样得到20 000 个点。图 11.23 是马尔可夫链的搜索过程。经过初始的过渡后，抽样点很快到达泄漏源的位置附近。

根据式（11.53），可以计算源的各个参数边缘分布，用图 11.24 至图 11.26 画出，可以定量地反映反演的效果。在本章

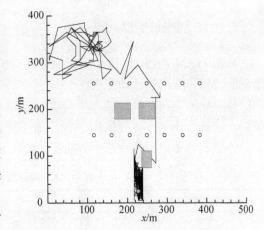

图 11.23　马尔可夫链的搜索过程

中由于已知泄漏源的真实信息，可以方便地与反演结果进行比较。从图中可以看出，3个参数的反演基本上都在其真实值附近。参数 x 的分布曲线最为陡峭，而参数 y 的概率分布则最为平缓，且峰值与真实值有所偏差。

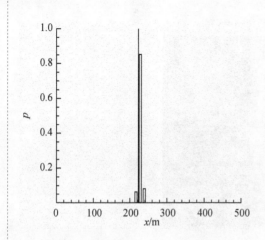

图 11.24　泄漏源位置 x 坐标的柱状分布

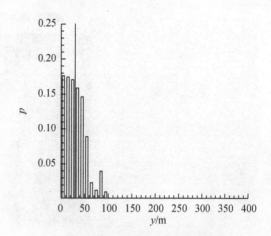

图 11.25　泄漏源位置 y 坐标的柱状分布

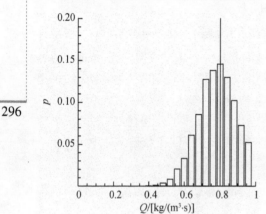

图 11.26　泄漏源强度的柱状分布

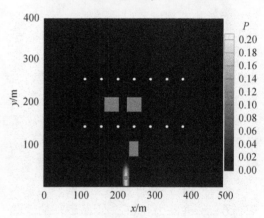

图 11.27　泄漏源位置的联合概率分布

从图 11.24 和图 11.25 中对反演参数的统计分析看，在置信概率为 0.95 的情况下，泄漏源位置 x 方向的波动范围在 15m 左右，而 y 方向则在 50m 左右。说明泄漏源 y 方向的位置比 x 方向有较高的不确定度，反映在其概率分布或柱状图上，即表现为较为平缓。这是由于 y 方向与风向平行，源在该方向上的位置扰动，引起的浓度场改变不大，传感器对于泄漏源在这个方向上的变化并不敏感。

表 11.15　泄漏源反演参数统计量

源参数	真实值	平均值	标准差
x/m	227	227.9	4.35
y/m	25	31.4	22.1
$Q/[\mathrm{kg}/(\mathrm{m}^3 \cdot \mathrm{s})]$	0.8	0.778	0.11

图 11.27 反映了泄漏源位置的二维联合概率分布图，可以更直观地表达泄漏源位置的分布概率，其中灰色圆点表示实际位置。

（3）重构空间各点的浓度场

前面通过有限的测量信息 Y，获得了源参数 X 的统计信息，即后验概率分布，统计平均值、方差以及一定置信度下的置信区间。但在实际的应用中，不仅关心源参数的信息，更关注源参数周围所受到的扩散影响以及相关物理量的分布情况和趋势。因此需要根据源参数的后验概率分布 $X \sim P(X \mid Y)$，利用随机变量函数的分布计算方法，进一步求出全场物理量 Φ 的概率分布。

由于在本模型中，源参数 X 与观测变量 Φ（如浓度、温度等）之间不存在简单的解析关系，Φ 的确定需要数值求解相应的物理场控制方程的初边值问题。记：$\Phi = F(X)$，则浓度场的统计量可以计算如下：

A. 期望

$$E_\pi f(x) = \int f(x) \, \mathrm{d}\pi$$

B. 置信区间

根据源参数 X 的置信区间 $\left[x_i^{(\alpha/2)n}, \ x_i^{(1-\alpha/2)n} \right]$，可以计算出 $\Phi = F(X)$ 的置信区间。即在一定置信概率下，整个区域浓度分布的上限和下限，形成概率性的复合浓度场。

下面首先确定空间各点浓度的概率分布：根据泄漏源参数的所有抽样点，其服从后验概率分布 $X : \pi$，进行正向模拟，计算浓度场的抽样数据，进而利用蒙特卡洛方法，在每个空间位置 (x_0, y_0) 上得到浓度场 $C(X, x_0, y_0)$ 的概率分布。

$$\pi_c(C, x_0, y_0) = \frac{1}{n} \sum_{i=1}^{n} \delta \left[C_i(X_i, x_0, y_0) - C(X, x_0, y_0) \right] \tag{11.63}$$

根据该分布，可以作相关的统计分析，例如每一空间位置的浓度期望和方差等。

这里考虑下面的统计量：给定置信度（取为 0.95）下全空间各点浓度的置信上限、置信下限，并将它们以场分布的形式绘制在两张图上。

图 11.28 是在概率意义下的一种复合浓度场，结合两幅图可以给出各点的浓度置信区间，与单一峰值概率确定的浓度场相比，能够提供更有意义的信息。

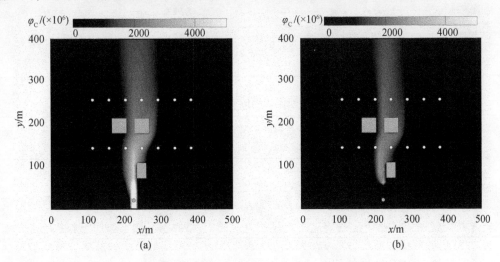

图 11.28 置信概率 0.95 浓度上限分布（a）与浓度下限分布（b）

当这一步完成之后，实际上就实现了在源位置和强度完全未知的情况下，仅根据空间结构、环境条件和有限测量信息，对扩散泄漏物质的浓度场或温度场的重建。应该说明的是考虑到各种信息源（传感器测量、数值模型模拟）都会带有一定的偏差，因此这种物理场的重构，是在一定置信概率情况下的重建。

(4) 传感器性能影响分析

在前面模型的基础上，下面进一步研究测量信息的不确定度对反演结果的影响。

A. 高斯型测量误差分布的标准差影响

从前述计算过程来看，反演效果很大程度上取决于似然概率的确定，而似然概率又与传感器的测量误差分布直接相关。这里假定测量误差服从高斯分布 ε_i：$Gau(0, \sigma_{y,i}^2)$。下面考虑三种不同的标准差对结果的影响，三个算例的标准差分别为 0.05，0.15 和 0.3。

表 11.16 至表 11.18 分别列出了三种情况下，泄漏源参数 (x, y, Q) 反演后的统计量（平均值、标准差、置信度为 0.95 下的置信区间）对比。从表中可以看出，随着传感器误差 σ_y 的增大，泄漏源位置 y 坐标和强度的平均值偏离真实值越来越远。同时，随着 σ_y 的增大，反演结果的不确定度逐渐增大。

表 11.16　泄漏源 x 坐标的统计量对比

源参数	真实值/m	平均值/m	标准差/m	置信区间（$P=0.95$）/m
算例 1	227.0	228.2	2.151	[220.3，236.4]
算例 2	227.0	232.9	28.75	[20.56，238.9]
算例 3	227.0	244.3	145.1	[5.55，472.2]

表 11.17　泄漏源 y 坐标的统计量对比

源参数	真实值/m	平均值/m	标准差/m	置信区间（$P=0.95$）/m
算例 1	25.0	26.64	15.98	[5.0，55.0]
算例 2	25.0	47.13	43.19	[5.0，105.0]
算例 3	25.0	199.9	118.7	[5.0，375.0]

表 11.18　泄漏源强度 Q 的统计量对比

源参数	真实值 /[kg/(m³·s)]	平均值 /[kg/(m³·s)]	标准差 /[kg/(m³·s)]	置信区间($P=0.95$) /[kg/(m³·s)]
算例 1	0.8	0.793	0.089	[0.641，0.988]
算例 2	0.8	0.522	0.274	[0.007，0.999]
算例 3	0.8	0.483	0.286	[0.005，0.949]

可以计算 MCMC 抽样的相对误差：

$$R = \frac{1}{T}\frac{\sigma}{\sqrt{n}} \times 100\% \qquad (11.64)$$

式中, σ 是源项参数的标准差, T 是真实值, n 是抽样点数。从图 11.29 可以看出相对误差随 σ_y 的增大而增加。

图 11.30 至图 11.32 为三种情况下泄漏源位置的概率分布, 可以看到当 $\sigma_y = 0.05$ 时, 概率较大的区域很小, 且真实位置就在其中; 当 $\sigma_y = 0.15$ 时, 除了真实位置附近的概率最大区域外, 还存在一个局部概率最大点位于真实源的西北方向, 而随着 σ_y 继续增大到 0.3 时, 反演结果已经无法提供有意义的信息。

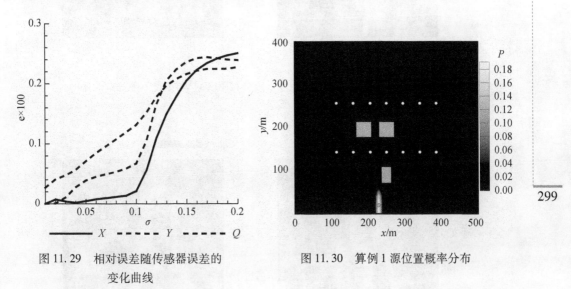

图 11.29 相对误差随传感器误差的　　　　图 11.30 算例 1 源位置概率分布
　　　　变化曲线

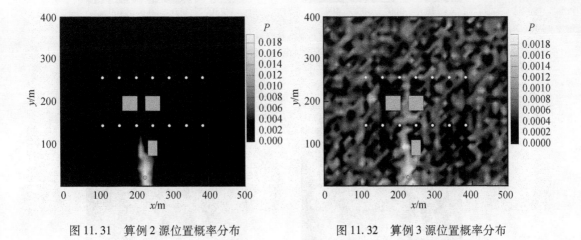

图 11.31 算例 2 源位置概率分布　　　　图 11.32 算例 3 源位置概率分布

图 11.33 至图 11.35 给出了置信概率为 0.95 时的浓度分布上下限。

算例1:

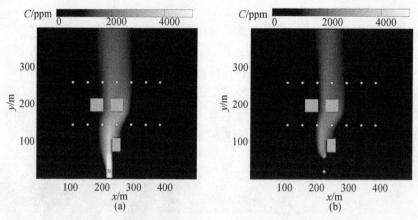

图 11.33　算例 1 置信概率 0.95 浓度上限分布图（a）与浓度下限分布图（b）

算例2:

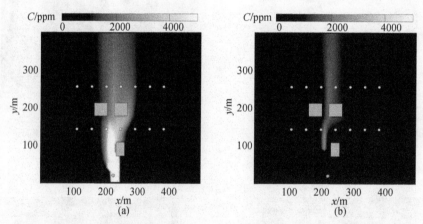

图 11.34　算例 2 置信概率 0.95 浓度上限分布图（a）与浓度下限分布图（b）

算例3:

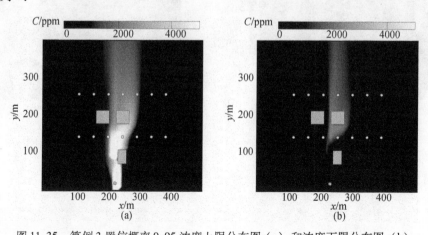

图 11.35　算例 3 置信概率 0.95 浓度上限分布图（a）和浓度下限分布图（b）

从上面 3 个算例分别重构的浓度场比较来看，对于传感器测量误差标准差最小的算例 1，重构出来的浓度场置信范围不宽，即浓度置信上限较低，浓度置信下限较高，说明重构出的浓度场不确定度较低。

从以上分析看出，在反演算法中，传感器测量误差分布对结果的影响十分明显。当泄漏源的信息未知时，传感器数据的信息量及可信度直接反映在反演结果的统计分布上。较宽的误差概率分布，会显著提高泄漏源反演信息的不确定度，甚至使其失去意义。因此在选择传感器，设计传感器网络时，必须严格控制其误差分布，才能有望得到合理的结果。

B. 传感器测量范围的影响

下面考查传感器具有不同的测量范围时，对反演结果的影响。本节研究 4 个算例，根据传感器误差分布情况分为两组，列于表 11.9 中。

表 11.19　算例的测量范围及误差标准差

项目	传感器测量范围/ppm	误差分布的标准差
算例 4	0.01 ~ 10 000	0.05
算例 5	0.1 ~ 1 000	0.05
算例 6	0.01 ~ 10 000	0.1
算例 7	0.1 ~ 1 000	0.1

第一组的标准差同为 0.05，算例 4 最小测量极限为 0.01，算例 5 的最小测量极限为 0.1；第 2 组的标准差同为 0.1，算例 6 最小测量极限为 0.01，算例 7 的最小测量极限为 0.1。

下面首先计算 4 个算例的源位置二维联合概率分布，如图 11.36（a ~ d）所示。首先对于同一组内的两个算例比较，可以很明显地看出测量范围较宽的算例，如第 1 组的算例 4，第 2 组的算例 6，反演结果要明显优于同一组的测量范围较窄的算例，如第 1 组的算例 5，第 2 组的算例 7。特别是第 2 组的差异尤为明显，由于误差标准差本身已经比较大，算例 7 的测量范围较小时（最小测量极限较大，最大测量极限较小），真实源附近的概率已经很低，在其他区域出现了许多局部的概率极值点，源位置的识别度很低。另外从组间的比较来看，第 1 组的算例 5 和第 2 组的算例 6 源位置反演的效果相当，即虽然算例 5 传感器的测量范围较窄，但由于其误差较小，对于位置的反演基本上可以与传感器测量范围较宽的低精度传感器相当，这说明传感器误差分布的标准差在一定程度上可以弥补测量范围较窄的缺陷，因此如果反演重点在源的位置，则在选择传感器网络性能时，可以在传感器测量范围与精度上寻求理想的搭配。

前面分析了传感器测量范围对源位置反演结果的影响，下面再来研究对源强度反演结果的影响。图 11.37 是 4 个算例的源强度概率分布柱状图，其中黑色实线代表真实强度。仍然先比较同一组别的两个算例，可以很明显地看出同样的传感器误差，测量范围宽的算例 4 比测量范围窄的算例 5，强度反演的结果要精确得多，算例 5 甚至出现

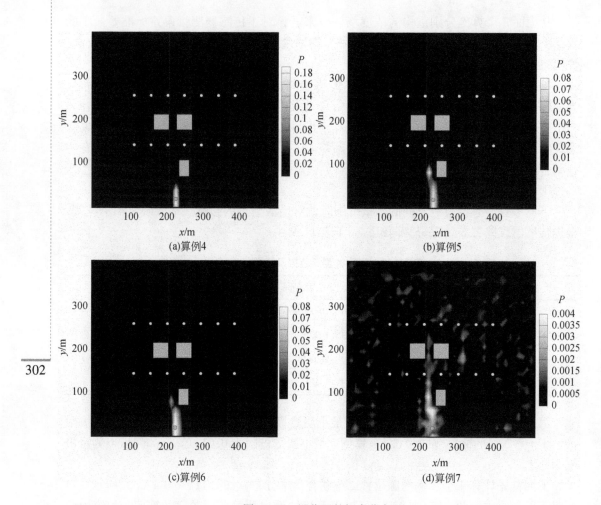

图 11.36　源位置的概率分布

较大的偏差。同样对于第 2 组的算例 6 和算例 7 也有类似的结论。但与前面源位置反演不同，算例 5 与算例 6 的强度反演结果差别也很大，这说明在源强度反演时，高精度的传感器并不能弥补测量范围较窄的缺陷，要想获得较精确的强度反演结果，传感器的测量范围不能太窄。也就是说，源的强度反演对传感器的性能较为敏感。原因是在反演源位置时，各个传感器测量值的相对大小会显得比较重要，特别是在本章所讨论的稳态扩散时，然而在反演源强度时，不仅要求各个传感器测量值的相对大小关系要精确，还必须有足够准确的测量绝对值。

C. 非高斯型测量误差的影响

前面的讨论中，均假设传感器的测量误差分布形式为高斯分布，下面采用其他的误差分布形式进行反演，并比较各个分布对反演结果的影响。首先将讨论的误差概率分布形式列于表 11.20 中。

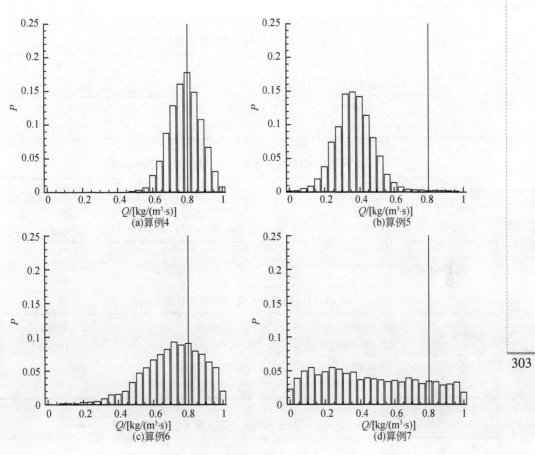

图 11.37　源强度的概率分布

表 11.20　误差分布形式参数表

随机变量	概率密度函数	期望	方差
指数分布	$\lambda e^{-\lambda x}$	$\dfrac{1}{\lambda}$	$\dfrac{1}{\lambda^2}$
柯西分布	$\dfrac{\dfrac{\alpha}{\pi}}{(x+\mu)^2+\alpha^2}$	—	∞
三角分布	$f(x)=\begin{cases}\dfrac{2(x-a)}{(b-a)(m-a)}, & a<x\leqslant m\\[2mm]\dfrac{2(b-x)}{(b-a)(b-m)}, & m<x\leqslant b\end{cases}$	$\dfrac{1}{b-a}$	$\sqrt{\dfrac{b-a}{6}}$

　　下面分别给出指数分布、柯西分布和三角分布在标准差为 0.08 和 0.01 时，源强度和源在主流方向的位置反演统计结果（平均值、标准差和置信区间），列于表 11.21 至表 11.26 中。

指数分布：

表 11.21　指数分布情况下源强 Q 统计结果

误差参数 σ	平均值/[kg/(m³·s)]（真实值0.80）	置信区间/[kg/(m³·s)]	标准差/[kg/(m³·s)]
0.08	0.749	[0.512 0.998]	2.25
0.10	0.719	[0.432 1.000]	2.68

表 11.22　指数分布情况下源位置 Y 方向统计结果

误差参数 σ	平均值/m（真实值25.0）	置信区间/m	标准差/m
0.08	22.2	[5.0 25.0]	24.8
0.10	25.1	[5.0 55.0]	30.0

柯西分布：

表 11.23　柯西分布情况下源强 Q 统计结果

误差参数 σ	平均值/[kg/(m³·s)]（真实值0.80）	置信区间/[kg/(m³·s)]	标准差/[kg/(m³·s)]
0.08	0.800	[0.776 0.824]	0.20
0.10	0.800	[0.766 0.836]	0.29

表 11.24　柯西分布情况下源位置 Y 方向统计结果

误差参数 σ	平均值/m（真实值25.0）	置信区间/m	标准差/m
0.08	21.0	[5.0 35.0]	7.63
0.10	20.4	[5.0 35.0]	9.47

三角分布：

表 11.25　三角分布情况下源强 Q 统计结果

误差参数 σ	平均值/[kg/(m³·s)]（真实值0.80）	置信区间/[kg/(m³·s)]	标准差/[kg/(m³·s)]
0.08	0.715	[0.402 0.998]	2.80
0.10	0.564	[0.911 0.999]	4.39

表 11.26　三角分布情况下源位置 Y 方向统计结果

误差参数 σ	平均值/m（真实值25.0）	置信区间/m	标准差/m
0.08	43.3	[5.0 95.0]	29.0
0.10	113.6	[5.0 350.0]	126.5

　　首先研究指数分布、柯西分布和三角分布这三种传感器误差分布形式，是否也有

与高斯分布相似的结果。从表 11.21 至表 11.26 可以看出：随着误差标准差的降低，使用这 3 种分布类型的传感器，反演得到的源强度和源位置精度都有所提高。同时沿主流场方向的位置反演精度仍然比较差，这些都与高斯型分布的结论是一致的。

　　同时在相同的误差标准差下，比较不同误差类型传感器的反演结果，可以看出，柯西分布类型的传感器反演得到的源强精度最好；而从源的位置反演结果来看，柯西分布类型的传感器与指数分布的效果比较接近，三角分布类型的传感器则较为差些。

　　D. 非连续型（离散型）测量信号的影响

　　前面的讨论基于传感器给出的测量值是连续分布的，而有些传感器给出的信号只能是一些离散的等级，即真实浓度值如果在一个等级规定的范围内，传感器只能给出这个等级值，而不能给出探测的连续浓度值。本节将讨论这种传感器对反演结果的影响。

　　为了直观地说明离散型测量信号的特点，假设某段时间的真实浓度值由图 11.38 的实线所示，考虑测量误差后，两种不同类型（连续型和非连续型）的传感器可能给出的测量结果分别由虚线和断点线表示。

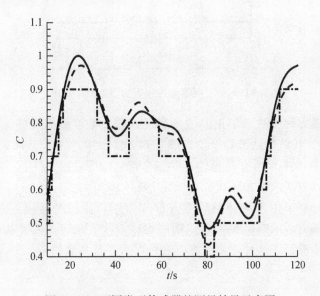

图 11.38　不同类型传感器的测量结果示意图

　　首先假设测量值 V 的误差本身服从高斯分布，且标准差正比于浓度值，其中 α 是正比常数，J 是由于传感器电子元件热运动产生的一个很小的常数。这样对应的概率密度函数[17]为

$$P(V) = \frac{1}{\sqrt{2\pi}(\alpha C + J)} e^{-\frac{(V-C)^2}{2(\alpha C + J)}} \tag{11.65}$$

　　对于非连续信号，在给定浓度等级（A < bar < B）的情况下，离散型测量值的似然概率，可以通过在其对应的浓度区间，积分概率密度函数得到。离散型测量信号的似然概率计算如下：

$$T(\mathrm{bar} \mid C) = \frac{1}{\sqrt{2\pi}(\alpha C + J)} \int_A^B e^{-\frac{(V-C)^2}{2(\alpha C + J)}} \, \mathrm{d}v \tag{11.66}$$

式中，T 代表由此给定测量等级 bar 的情况下，真实浓度值 C 的概率分布，也即离散型测量值的似然概率分布，在连续信号中此项即为简单的高斯分布；C 代表真实值，bar 代表等级，A、B 分别是该等级的上、下限。

图 11.39 就是在各个等级下的似然概率分布，可以看出与连续性测量信号的高斯分布是不相同的。

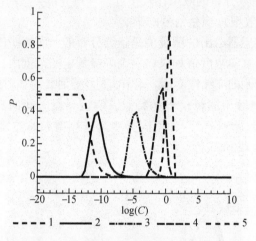

图 11.39   不同测量等级下的似然概率分布

这里采用伴随方程方法求解正向浓度场，并建立浓度数据文件。由于该区域被划分为 1974 个网格，传统方法需要至少求解 1974 次对流扩散方程。而采用伴随方程的方法，由于本区域中放置了 14 个传感器，要完全建立浓度数据文件，只需要求解 14 次伴随浓度方程，两种方法求解方程次数之比为 1974∶14。

图 11.40 是分别采用求解伴随浓度方程和原始对流扩散方程，得到的浓度剖面，其中离散点为伴随方程求解的结果。从图中可以看出，两种方法模拟得到的结果吻合得很好，这进一步验证了这种正向计算方法是可行并且高效的。

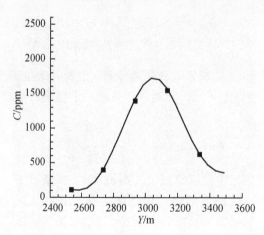

图 11.40   两种方法计算得到的浓度剖面

　　下面基于离散型信号的假设，对上述场景进行反演。采用与连续信号反演相同的方式，分别给出泄漏源在 X 方向位置的边缘概率分布（图 11.41）、在 Y 方向位置的边缘概率分布（图 11.42）、泄漏源位置的二维联合概率分布图（图 11.43）和泄漏源强度概率分布图（图 11.44）。源参数统计量如表 11.27 所示。

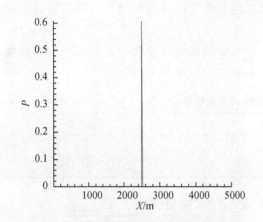

图 11.41　源位置的 X 方向概率分布

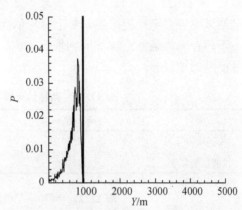

图 11.42　源位置的 Y 方向概率分布

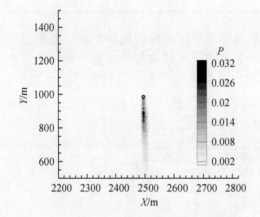

图 11.43　泄漏源位置的二维联合概率分布

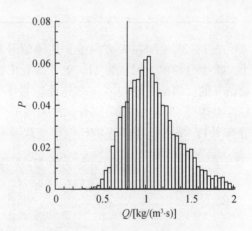

图 11.44　泄漏源强度概率分布

表 11.27　源参数统计量

源参数	真实值/m	平均值/m	标准差/m
X/m	2510	2510	0.6712
Y/m	1000	780	15.0841
$Q/[\mathrm{kg/(m^3 \cdot s)}]$	0.8	1.0602	0.2993

　　从上面的结果来看，用本节提出的离散型信号概率模型，给出的反演结果在源 X 方向的位置上与真实值吻合得非常好，其标准差只有 0.6712m。但与连续信号相似，源在 Y 方向的位置反演结果依然很差，同时泄漏源的强度反演结果也存在一定的误差。

从图 11.44 可以看出，概率的极大值点与真实强度存在较大的偏差，其原因除了在反演模型本身引入了测量误差之外，主要还应归于非连续信号带来的截断，具体在后面分析。

尽管如此，通过比较图 11.24 与图 11.41、图 11.25 与图 11.42、图 11.26 与图 11.43、图 11.27 与图 11.44，发现基于离散型信号得到的反演结果与连续信号模型得到的结果在许多定性规律或趋势上是相似的。

下面在其他条件全部相同的情况下，进一步定量化比较连续型信号模型和离散型信号模型的结果。

表 11.28　两种信号模型的 X 方向位置统计量

项目	平均值/m	相对偏差/%	标准差/m
连续信号	2510	<1	0
非连续信号	2510	<1	0.6712

表 11.29　两种信号模型的 Y 方向位置统计量

项目	平均值/m	相对偏差/%	标准差/m
连续信号	990	1	0.9835
非连续信号	780	22	15.08

表 11.28 说明在 X 方向上，连续信号和非连续信号反演得到的源位置结果相差很小，都十分精确。但从表 11.29 可以看出，在 Y 方向上连续信号的反演结果要比非连续信号的反演结果好很多。非连续信号 Y 方向位置平均值与真实值的偏差达到 22%，标准差达到 15m，比连续信号标准差高 1 个数量级。这种差别可以从泄漏源的二维联合分布图 11.45 和图 11.46 的比较中直观地看出。

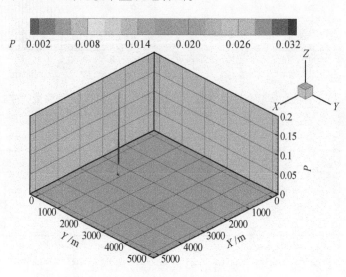

图 11.45　连续信号下的源位置概率分布

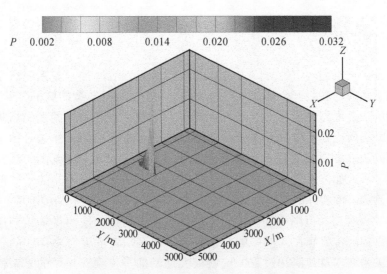

图 11.46　非连续信号下的源位置概率分布

表 11.30　两种信号模型的源强统计量

项目	平均值/[kg/(m³·s)]	相对偏差/%	标准差/[kg/(m³·s)]
连续信号	0.8470	5.875	0.0658
非连续信号	1.0602	32.525	0.2994

　　从表 11.30 的对比可以看出,非连续信号的源强反演结果也要比连续信号反演结果差很多,离散型信号源强平均值与真实值的偏差是连续信号偏差的 6 倍,而且标准差也要高一个数量级。

　　综上所述,非连续信号传感器由于其固有的特点,给出的测量值只能是被截断后分立的等级值,模型在这一步的处理上将引入很大的误差,导致其计算结果没有连续信号那么准确。但是应该看到,经过合理选择传感器性能参数,也能基本使结果满足要求,特别是源位置在与主流场垂直的方向上的分量,反演结果已经十分准确。

　　上述内容主要针对静止的泄漏源发生稳态扩散后,源的定位和强度识别这一问题进行了研究,采用了贝叶斯理论与蒙特卡洛抽样相结合的方法(主要是随机性研究方法)来构造反演模型。在该模型中,通过引入传感器网络的测量误差,采用贝叶斯理论,得到了数值正向计算模型(主要是确定性研究方法)参与下的源参数后验概率分布公式,进而采用蒙特卡洛抽样算法形成一条满足该后验分布的马尔可夫链,通过对马尔可夫链的统计量计算,可以实现对泄漏源的空间位置和泄漏强度等关键参数的反演。在此基础上,提出了对浓度场进行重构的方法,得到概率性的浓度场。而后着重系统研究了不同的传感器性能参数对反演结果的影响(基于信息的研究方法),主要针对传感器的精度(误差标准差)、传感器的测量范围、传感器的误差分布形式以及传感器的信号形式等 4 个方面进行研究。结果表明,该模型实现了在源位置和强度完全未知的情况下,仅根据空间结构、环境条件和有限的局部测量信息,对扩散泄漏物质的浓度场进行概率性的全场重建。

11.3 确定性、随机性和系统科学结合的研究方法

公共安全科学中的确定性研究方法和随机性研究方法经常也与系统科学的研究方法结合，探索相应的公共安全规律。传染病传播动力学即是典型的例子。

传染病历来是人类健康的一个长期而严峻的威胁，对传染病的发病机理、传播规律和防治策略的研究是当今世界需要迫切解决的一个重大问题。作为对传染病进行理论性定量研究的一种重要方法，传染病动力学建模一直受到流行病学家的极大关注。确定性研究方法，如传统的基于微分方程的数学流行病学主要关注的是局部人群中传染病的流行趋势，而实际的传染病的传播，尤其是近年来一些新型传染病（如 SARS 和流感）的爆发表现出大范围传播甚至是全球性传播的特征，这使得单纯利用传统的数学模型不足以描述传染病在人群中的传播过程，而必须考虑人群中存在的各种复杂的空间和社会关系结构及其演化过程，这就极大地增加了传染病建模的复杂性，必须探索新的建模手段才可能有效地解决这个问题。

在这样的背景下，系统科学的研究方法，即基于复杂网络的传染病模型日益成为研究者关注的热点，为传染病建模提供了新的思路。这种建模方法的依据是许多传染病是通过个体间的接触所构成的社会接触网络来传播的，因而接触网络的拓扑结构对于传染病的传播过程具有重要影响。因此，从复杂网络的角度，传染病的建模涉及两方面的问题：一是传染病在人群中的传播机制；二是人群结构的建模。其中第一个问题涉及传染病的传播途径、平均潜伏期、平均患病期等，可以采用根据确定性研究方法，如流行病学以及传染病病毒的病理学研究的相关成果而建立的各种仓室模型（compartment model），如 SIR、SIS、SEIR、SEIS 等，这部分的研究目前已经相对比较成熟。这样，第二个问题就成为传染病建模研究的一个核心问题。人群结构是指人群中存在的各种典型的社会关系结构，如家庭、同事、社区等，以及人群在空间的分布特征，需要指出的是，这些社会和空间关系在一定的时间和空间尺度上会表现出一定的稳定性，但同时由于人员的日常活动等不确定因素，这些结构也处在不断演化之中。因此，当采用复杂网络（系统科学的研究方法）来描述人群结构时，必须同时考虑网络结构在时间和空间上的确定性和随机性特征，因此需要利用确定性和随机性的研究方法[18]。

11.3.1 基于实际交通网络的大尺度传染病传播模型

（1）模型总体框架

图 11.47 给出了大尺度传染病传播模型的逻辑框架，整个模型由三个子模型组成：人群结构模型、人员出行模型和随机 SEIR 局部传播模型。其中，人群结构模型根据中国现有的行政区划，将全国境内 31 个省、自治区和直辖市（不包括香港、澳门和台湾地区）的所有人口划分为具有层次结构的三级子人群，同一级别的子人群之间可以通过实际或者虚拟的交通网络彼此连接起来。人员出行模型模拟人员通过交通网络进行

日常出行的过程，使得来自不同子人群的人员之间也具有接触的机会。随机 SEIR 局部传播模型用来描述处于最低级别的子人群（也称为种群）内部的传染病传播过程，通过该局部传播过程与人员出行过程的耦合，传染病就有可能向整个人群蔓延。下面，我们将详细介绍这三个子模型的构造过程。

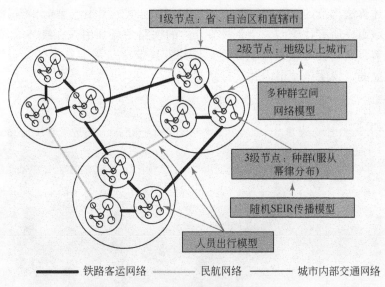

铁路客运网络 ——— 民航网络 ——— 城市内部交通网络

图 11.47 模型总体框架逻辑示意图

（2）人群结构模型

如图 11.47 所示，人群结构模型将全国人口按照现有行政区划划分为 3 个级别的子人群，每个级别的子人群用一个相应级别的网络节点描述，因此就有 3 种不同级别的节点。其中，1 级节点代表一个省、自治区或者直辖市内的人群，共计 31 个；每个 1 级节点内所有地级以上城市内的人群都以 2 级节点代表，共计 314 个，所有的 2 级节点之间通过实际的铁路客运网络和航空网络连接起来；每个 2 级节点进一步划分为若干个 3 级节点，称为种群，种群内的人口数服从幂律分布，所有的 3 级节点则通过空间多种群网络模型连接起来。

由此可见，人群结构模型包含两个子模型，即交通网络子模型和空间多种群网络子模型，它们分别描述城市之间以及城市内部的人群结构。

A. 交通网络子模型

在人群结构模型中，地级以上城市（即 2 级节点）之间是通过铁路客运网络和民航网络相互连接起来的，两者合称为交通网络子模型。这里我们没有考虑公路和水运网络。

a. 铁路客运网络

铁路客运网络是根据中国境内的 4877 个铁路客运站点及 2622 个车次信息[19]，采用车流网的方式构造的。该网络的构造方式如下：将实际的铁路站点定义为节点，如果从节点 i 到节点 j 有同一列列车经过，则这两个节点间就存在一条有向边 e_{ij}，边的方向与车次方向相同。如果从节点 i 到节点 j 有 n 列同向车经过，则定义 $w_{ij} = n$ 为边 e_{ij} 的边权。此外，我们定义节点 i 的点权 $s_i = \sum_{j \in Y(i)} w_{ij}$，其中 $Y(i)$ 表示节点 i 的邻居节点集。由此可见，车流网是有向、加权的网络。实际上，该网络还是非对称的，因为实际的列车停站信息显示，两个站点间的上行和下行车次的停站序列并不总是对称的。

采用上述算法构造的铁路客运网络如图 11.48 所示，图中点表示 2 级节点，即 314 个地级以上城市，所有位于同一个 2 级节点内的铁路站点都由该 2 级节点代表。这样，大部分 2 级节点之间就可以通过铁路客运网络互连起来。需要注意的是，图中有些城市节点是孤立的，说明该城市内并没有铁路站点。

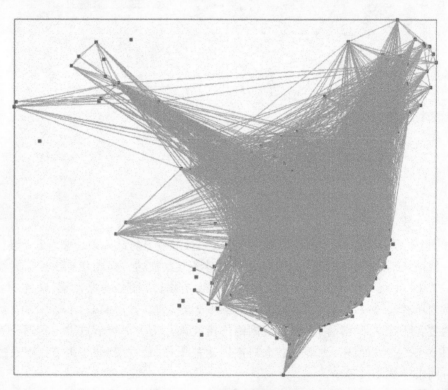

图 11.48　全国铁路客运网络

b. 民航网络

我们以 2008 年 10 月 03 日到 2008 年 10 月 25 日的国内民航班次信息[20]，包含 134 个民用航空站点，8299 个航班，采用与铁路客运网络相同的构造方法来构造民航网络。即以航空站点（机场）为节点，如果存在一个航班从节点 i 飞往节点 j，则节点 i 和 j 之间就存在一条有向边 e_{ij}。同样，我们定义边权 w_{ij} 为从节点 i 飞往节点 j 的航班数目，节点 i 的点权为 $s_i = \sum_{j \in Y(i)} w_{ij}$，其中 $Y(i)$ 表示节点 i 的邻居节点集。显然，民航网络也是个有向加权网络。

图 11.49 中给出了采用上述方法构造的民航网络，图中每个点的意义与图 11.48 中

是相同的，即代表一个地级以上城市（2 级节点），所有位于同一城市内部的航空站点都以该节点描述。类似地，图中孤立节点表示该城市没有航空站点。

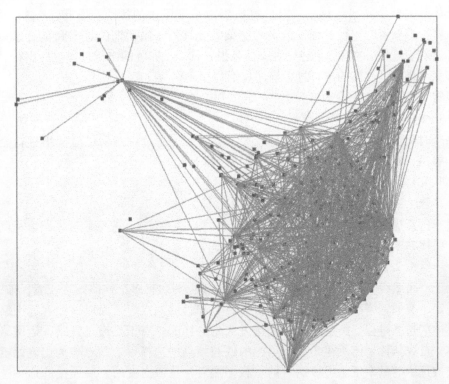

图 11.49　全国民航网络

B. 空间多种群网络子模型

交通网络子模型主要负责将 2 级节点即全国的地级以上城市连接起来。在每个城市内部，人群也不是完全混合在一起的，因而可以进一步划分为子人群，即种群。由于我们目前没有各个城市内部的交通流数据，而且也缺乏各个城市内部的交通网络信息，包括公交和城铁等，所以我们无法准确地描述城市内部的人员流动过程。为了解决这个问题，我们采用第 4 章中的空间多种群网络模型来模拟城市内部的人群结构及其人员出行过程。

假设城市 i 的总人口为 N_i，我们将其划分为若干个种群 $N_{i,j}(j = 1, 2, \cdots, M_i)$，种群大小 $N_{i,j}$ 服从幂律分布 $p(N_{i,j}) \sim N_{i,j}^{-\eta}$，且 $N_{\min} \leqslant N_{i,j} \leqslant N_{\max}$，$N_{\min}$ 和 $N_{\max}$ 是人为设定的种群大小的最小值和最大值，η 称为幂律分布指数。城市 i 包含的种群数目 M_i 是由其总人口 N_i 和种群大小分布函数共同决定的。划分好种群节点后，就可以为每个城市 i 建立空间多种群网络模型，具体的构造过程见第 4 章 4.2 小节。

（3）人员出行模型

人员出行模型负责模拟人员的日常出行过程，这包括城市间的长途出行和城市内部的短途出行，前者一般都是通过铁路客运网络和民航网络实现，这里称之为全局出行过程，后者一般是通过城市内的公交和城铁等交通方式进行，本章称之为局部出行过程。该模型是基于个体的模型，旨在实现对单个个体的出行过程进行全程模拟。但是，中国人口众多，在我们目前的模型中，有多达12亿人的个体需要模拟，如果针对每个个体都去模拟其出行过程，对计算机资源是个巨大的挑战。因此，在本模型中，我们只模拟感染者的出行过程，这里的感染者包括处于潜伏期的患者和具有感染能力的患者。对于城市 i 内的每个感染者个体来说，其一次完整的出行过程包括出行、停留和返回三个步骤，具体的出行过程描述如下。

步骤1：出行

➤步骤1.1：出行过程选择

每个时间步，每个感染者以概率 $p_{i,\text{travel}}$ 决定是否通过铁路和民航网络进行全局出行。如果是，则转步骤1.2；如果否，则转步骤1.3。

➤步骤1.2：全局出行

◇步骤1.2.1：交通网络选择

对于选择进行全局出行的每个感染者个体，以概率 $p_{i,\text{train}}$ 选择通过铁路客运网络来出行，以概率 $(1 - p_{i,\text{train}})$ 选择通过民航网络出行。

◇步骤1.2.2：出行路线选择

由于一个2级节点（地级以上城市）内可能同时包括多个铁路站点或者民航站点，因此选定了交通网络后，还需要选定出发站点和目的站点。下面以铁路客运网络为例说明具体的选择过程，民航网络的选择方式是一样的。对于要通过铁路客运网络出行的个体，首先从该个体所在2级节点内的铁路站点中选择一个站点作为出发站点，每个站点被选中的概率正比于该站点的点权。然后，从该出发站点所连接的边中选择一条作为出行路线，每条边被选中的概率正比于该边的边权，该边所连接的另一个站点即为目的站点。

◇步骤1.2.3：目的种群选择

如果目的站点位于该个体当前所在2级节点内，则从该城市中随机选择一个种群节点（不同于该个体目前所在种群节点），个体进入该种群节点。否则，从目的站点所在的2级节点内随机选择一个种群节点，个体进入该种群节点。

➤步骤1.3：局部出行

对于不通过铁路和民航网络进行全局出行的感染者，以概率 $p_{i,\text{jump}}$ 决定是否在该城市内进行局部出行。如果是，则该感染者将随机进入其所在种群的一个邻居种群节点中。否则，该感染者将继续停留在原种群节点中。

步骤2：停留

一个感染者离开初始种群节点后，一旦进入一个新的种群节点，将在该新种群节点中停留一段时间，这一过程称之为停留过程。我们给其分配一个停留时间 Δt_w，服从幂律分布 $p(\Delta t_w) \sim \Delta t_w^{-(1+\gamma)}$（$1 \leqslant \Delta t_w \leqslant T_{\max}$）。每个时间步 $\Delta t_w = \Delta t_w - 1$，直到 $\Delta t_w = 0$ 结束停留状态，然后转步骤3。

步骤3：返回

当感染者退出停留状态后，将以概率 p_{back} 返回其初始种群节点（即该感染者在 $t = 0$ 时所在的种群节点），然后转步骤1。如果不返回，则该感染者将优先跳转到步骤

1.3，以概率 $p_{i,\text{jump}}$ 尝试局部出行，如果局部出行尝试失败，则跳转到步骤 1.2 执行全局出行过程。

（4）随机 SEIR 局部传播模型

我们采用混合格式的随机 SEIR（susceptible-exposed-infectious-removed）局部传播模型来描述种群节点内部的传染病传播过程。由于该模型是我们在随机 SEIR 模型和确定性 SEIR 模型基础上发展起来的，为此首先介绍一下确定性的 SEIR 模型[21-22]。对于城市 i 的第 j 个种群节点 $N_{i,j}$ 内的人员，我们将其划分为四类（仓室）——易感者、潜伏者、感染者和移出者，分别用 $S_{i,j},E_{i,j},I_{i,j},R_{i,j}$ 来代表，即有 $N_{i,j} = S_{i,j} + E_{i,j} + I_{i,j} + R_{i,j}$，这里移出者包括了被完全隔离的、已治愈出院且具有免疫力的以及已死亡的患者。个体在各个仓室之间转变的动力学方程可描述如下：

$$\frac{\mathrm{d}S_{i,j}}{\mathrm{d}t} = -\beta_i \frac{I_{i,j}}{N_{i,j}} S_{i,j}$$

$$\frac{\mathrm{d}E_{i,j}}{\mathrm{d}t} = \beta_i \frac{I_{i,j}}{N_{i,j}} S_{i,j} - \gamma_i E_{i,j}$$

$$\frac{\mathrm{d}I_{i,j}}{\mathrm{d}t} = \gamma_i E_{i,j} - \kappa_i I_{i,j} \tag{11.67}$$

$$\frac{\mathrm{d}R_{i,j}}{\mathrm{d}t} = \kappa_i I_{i,j}$$

315

式中，$\beta_i,\gamma_i,\kappa_i$ 分别表示城市 i 内的有效接触率、发病概率和移出概率。给定初始条件，上述模型将给出一组确定性的传播曲线。我们仅以式（11.67）中的第一个方程为例进行一下说明。假设一个感染者每个时间步的接触数为 k_i，而一个易感染与一个感染者有效接触后被感染的概率为 $p_{i,\text{se}}$，则一个感染者每个时间步的有效接触率为 $\beta_i = k_i p_{i,\text{se}}$。由于感染者只有与易感者接触才可能引发新的感染，因此，一个易感者每个时间步内能够感染的人数为 $k_i p_{i,\text{se}} S_{i,j}/N_{i,j}$，那么 $I_{i,j}$ 个感染者每个时间步能产生的感染者数目为 $k_i p_{i,\text{se}} S_{i,j} I_{i,j}/N_{i,j}$，写成微分方程的形式，就有

$$\frac{\mathrm{d}S_{i,j}}{\mathrm{d}t} = -k_i p_{i,\text{se}} \frac{S_{i,j}}{N_{i,j}} I_{i,j} = -\beta_i \frac{I_{i,j}}{N_{i,j}} S_{i,j} \tag{11.68}$$

这就是式（11.67）中的第一个方程。

确定性的 SEIR 模型刻画了传染病传播的内在机制，包括传染、潜伏、发病和恢复（移出）这 4 个动力学过程。然而，实际的传染病传播过程本质上是一个随机过程，而确定性的 SEIR 模型并没有将随机因素考虑在内，这种随机扰动对传染病传播的初始阶段具有重要的影响。例如，在确定性 SEIR 模型中，只要基本再生数 $R_0 > 1$，传播过程将以概率 1 爆发；而对于随机 SEIR 模型，在传染病传播的初始阶段，由于感染人数还很少，这时候即使基本再生数 $R_0 > 1$，传播过程也可能很快灭绝。

为了将随机因素引入局部传播模型中，我们可以在式（11.67）中加入高斯白噪声扰动项[23]。

$$\frac{\mathrm{d}S_{i,j}}{\mathrm{d}t} = -\beta_i \frac{I_{i,j}}{N_{i,j}} S_{i,j} + \sqrt{\beta_i \frac{I_{i,j}}{N_{i,j}} S_{i,j}} \xi_1(t)$$

$$\frac{\mathrm{d}E_{i,j}}{\mathrm{d}t} = \beta_i \frac{I_{i,j}}{N_{i,j}} S_{i,j} - \gamma_i E_{i,j} - \sqrt{\beta_i \frac{I_{i,j}}{N_{i,j}} S_{i,j}} \xi_1(t) + \sqrt{\gamma_i E_{i,j}} \xi_2(t) \qquad (11.69)$$

$$\frac{\mathrm{d}I_{i,j}}{\mathrm{d}t} = \gamma_i E_{i,j} - \kappa_i I_{i,j} - \sqrt{\gamma_i E_{i,j}} \xi_2(t) + \sqrt{\kappa_i I_{i,j}} \xi_3(t)$$

$$\frac{\mathrm{d}R_{i,j}}{\mathrm{d}t} = \kappa_i I_{i,j} - \sqrt{\kappa_i I_{i,j}} \xi_3(t)$$

式中，$\xi_i(t)$（$i = 1,2,3$）是独立同分布的高斯白噪声函数，其期望值为 0，即有 $\{\xi_i(t)\}$ = 0。随机扰动项的幅度正比于 $1/\sqrt{N_{i,j}}$，因此，当 $N_{i,j} \to \infty$ 时，式（11.69）就还原到式（11.67）。虽然式（11.69）是考虑了传播过程中的随机因素，但由于它是一种宏观模型，因而无法在个体层次描述传染病的传播过程。为克服这个问题，就需要采用基于个体的传播动力学模型：

$$S_{i,j} + I_{i,j} \xrightarrow{p_{i,\mathrm{se}}} E_{i,j} + I_{i,j}$$

$$E_{i,j} \xrightarrow{p_{i,\mathrm{ei}}} I_{i,j} \qquad (11.70)$$

$$I_{i,j} \xrightarrow{p_{i,\mathrm{ir}}} R_{i,j}$$

在该模型中，我们设定个体的接触数为 k_i。其中第一个反应式表示每个时间步，如果一个易感者与一个感染者接触，则易感者以概率 $p_{i,\mathrm{se}}$ 成为潜伏者；第二个反应式表示每个时间步，潜伏者以概率 $p_{i,\mathrm{ei}}$ 成为感染者；第三个反应式表示每个时间步，感染者以概率 $p_{i,\mathrm{ir}}$ 被移出。假设在 t 时刻，系统中易感者、潜伏者和感染者数目正好分别为 $S_{i,j}$，$E_{i,j}$，$I_{i,j}$ 的概率为 $p(S_{i,j}, E_{i,j}, I_{i,j}; t)$，则我们可以得到 $p(S_{i,j}, E_{i,j}, I_{i,j}; t)$ 的主方程为

$$\frac{\partial p(S_{i,j}, E_{i,j}, I_{i,j}; t)}{\partial t} = \frac{\beta_i}{N_{i,j}} (S_{i,j} + 1) I_{i,j} p(S_{i,j} + 1, E_{i,j} - 1, I_{i,j}; t)$$

$$+ \gamma_i (E_{i,j} + 1) p(S_{i,j}, E_{i,j} + 1, I_{i,j} - 1; t) + \kappa_i (I_{i,j} + 1) p(S_{i,j}, E_{i,j}, I_{i,j} + 1; t)$$

$$- \left(\frac{\beta_i}{N_{i,j}} S_{i,j} I_{i,j} + \gamma_i E_{i,j} + \kappa_i I_{i,j} \right) p(S_{i,j}, E_{i,j}, I_{i,j}; t) \qquad (11.71)$$

式中，$\beta_i = k_i p_{i,\mathrm{se}}, \gamma_i = p_{i,\mathrm{ei}}, \kappa_i = p_{i,\mathrm{ir}}$。给定初始条件 $p(S_{i,j}, E_{i,j}, I_{i,j}; t = t_0) = \delta_{I_{i,j}, I_0} \delta_{S_{i,j}, N_{i,j} - I_0}$，即假设初始感染者数目为 I_0，则式（11.71）就描述了该传染病系统的演化行为。根据文献[23]，当 $N_{i,j} \geqslant 1$ 时，我们可以用式（11.69）来近似式（11.71），也就是说，在这种情况下，式（11.69）和式（11.71）实际上是等价的。这里我们只针对式（11.70）中的第一个反应式给出一个简单而直观的分析。由于一个易感者每个时间步的接触数为 k_i，这样每个时间步就有 $k_i I_{i,j}/N_{i,j}$ 个感染者与之接触，该易感者因此而被感染的概率为 $1 - (1 - p_{i,\mathrm{se}})^{k_i I_{i,j}/N_{i,j}} \approx 1 - (1 - k_i p_{i,\mathrm{se}} I_{i,j}/N_{i,j}) = k_i p_{i,\mathrm{se}} I_{i,j}/N_{i,j}$，于是对具有 $S_{i,j}$ 个易感者的系统，平均每个时间步新生感染者数目为 $k_i p_{i,\mathrm{se}} S_{i,j} I_{i,j}/N_{i,j}$，即有

$$\Delta S_{i,j} = -k_i p_{i,\mathrm{se}} \frac{I_{i,j}}{N_{i,j}} S_{i,j} = -\beta_i \frac{I_{i,j}}{N_{i,j}} S_{i,j} \qquad (11.72)$$

这就是式（11.67）的第一个方程的差分格式，对应于式（11.69）的第一个方程确定性部分。

从理论上说，采用式（11.70）作为局部传播模型无疑是最好的，因为这样就可以在个体层次模拟传染病的传播过程，但是从实际应用的角度，这一模型的模拟效率比较低，尤其是当个体数比较多的时候。实际上，在本模型中，我们只需要跟踪感染者，而不必跟踪易感者，因此，我们可以将式（11.69）的第一个方程代替式（11.70）中的第一个反应式，并保留式（11.70）中的第二、第三个反应式。本书正是通过采用这样一种混合格式的 SEIR 传播模型，既实现了在个体层次模拟传染病的传播过程，又能保证较高的计算速率。

（5）模型参数的计算方法

表 11.31 列出了本模型中所采用的参数。概括起来，这些参数可以分为三大类：一是空间多种群网络模型参数；二是人员出行过程参数；三是传染病局部传播模型参数。对于第一类模型参数，是根据现有文献结果或者经验直接确定；第二类模型参数主要是根据相关算法估算；第三类模型参数主要是通过对实际的传染病案例数据进行拟合确定。下面分别介绍这几类参数的计算方法，其中第一类中的部分参数和第三类模型参数放到后文结合实际的 SARS 案例数据来确定。

表 11.31　模型参数表

参数名	参数意义	参数值
η	种群大小分布指数	3.0
N_{min}	种群大小下限值	5000
N_{max}	种群大小上限值	500 000
m	调节网络平均度的参数	3
α	调节网络度分布的参数	1.0
β	调节网络边长分布的参数	2.6
$p_{i,travel}$	城市 i 的全局出行概率	公式（11.74）
d_{eff}	全局出行概率的调节参数	根据经验给定
$p_{i,jump}$	城市 i 的局部出行概率	公式（11.75）
$p_{jump,min}$	城市 i 的局部出行概率的下限值	根据经验给定
$p_{jump,max}$	城市 i 的局部出行概率的上限值	根据经验给定
$p_{i,train}$	城市 i 的铁路出行概率	公式（11.76）
γ	停留时间分布指数	0.6
T_{max}	停留时间上限值	365

续表

参数名	参数意义	参数值
p_{back}	返回概率	根据经验给定
k_i	城市 i 的接触数	公式（11.73）
$k_{\min}$	城市 i 的接触数下限值	根据经验给定
$k_{\max}$	城市 i 的接触数上限值	根据经验给定
$p_{i,\text{se}}$	城市 i 的感染概率	公式（11.77）
p_{se}	城市 i 的初始感染概率	通过历史数据分析确定
$p_{\text{se,min}}$	城市 i 最低感染概率	通过历史数据分析确定
τ	城市 i 的感染概率衰减指数	通过历史数据分析确定
t_{free}	传染病的自由传播时间	人为设定
$p_{i,\text{ei}}$	城市 i 的发病概率	通过历史数据分析确定
$p_{i,\text{ir}}$	城市 i 的移除概率	通过历史数据分析确定

A. 空间多种群网络模型参数

这类参数主要是确定每个城市内的人群结构。在本章模型中，种群大小的下限值和上限值分别设置为 $N_{\min} = 5 \times 10^3, N_{\max} = 5 \times 10^5$，种群大小幂律分布指数为 $\eta = 3.0$，调节网络度分布和边长分布的参数分别为 $\alpha = 1.0, \beta = 2.6$，即网络的度分布为 $p(k) \sim k^{-3}$，边长分布为 $p(\Delta r) \sim \Delta r^{-1.6}$，种群节点的平均连接度为 $\langle k \rangle = 2m = 6$。

B. 人员出行过程参数

a. 城市 i 的接触率 k_i

接触率（contact rate）表示单位时间内一个病人与他人接触的次数。如果一个易感者与感染者接触后被感染的概率为 $p_{i,\text{se}}$，则 $\beta_i = k_i p_{i,\text{se}}$ 就称为有效接触率（adequate contact rate）。一个城市的接触率反映了该城市中人员之间的接触频率，它与该城市的人口密度、经济发展水平等多种因素有关。在本模型中，我们假定接触率与城市的人口密度成正比，即有

$$k_i = k_{\min} + \frac{\rho_i - \rho_{\min}}{\rho_{\max} - \rho_{\min}}(k_{\max} - k_{\min}) \tag{11.73}$$

式中，ρ_i 是城市 i 的人口密度，$\rho_{\min}$、$\rho_{\max}$ 分别是所有城市的人口密度中的最小和最大值，$k_{\min}$、$k_{\max}$ 分别是人为设定的接触率的下限和上限值。

b. 城市 i 的全局出行概率 $p_{i,\text{travel}}$

城市 i 的全局出行概率是指该城市内的人员乘坐铁路客运列车或者民航班机进行出行的概率。在本章的模型中，全局出行概率正比于该城市的年客运量 APT（amount of passenger traffic）与总人口之比，这里年客运量 APT 包括年铁路客运量 $\text{APT}_{i,\text{train}}$ 和年民航客运量 $\text{APT}_{i,\text{airline}}$，即有

$$p_{i,\text{travel}} = \frac{d_{\text{eff}}}{365} \frac{\text{APT}_{i,\text{train}} + \text{APT}_{i,\text{airline}}}{N_i} \tag{11.74}$$

式中，d_{eff} 为比例系数。

c. 城市 i 的局部出行概率 $p_{i,jump}$

城市 i 的局部出行概率是指该城市内的人员乘坐市内公交和城铁等交通工具进行出行的概率，它反映了该城市中人员的活动范围和能力的大小，与该城市的人口密度和经济发展程度等因素有密切联系。在本书模型中，城市 i 的局部出行概率与该城市的人口密度成正比，即有

$$p_{i,jump} = p_{jump,min} + \frac{\rho_i - \rho_{min}}{\rho_{max} - \rho_{min}}(p_{jump,max} - p_{jump,min}) \tag{11.75}$$

式中，$p_{jump,min}$ 与 $p_{jump,max}$ 分别是局部出行概率的下限和上限值。

d. 城市 i 的铁路出行概率 $p_{i,train}$

城市 i 的铁路出行概率是指该城市中的人员进行全局出行时选择铁路为交通手段的概率。我们采用城市 i 的年铁路客运量与年民航客运量来估算该概率，即

$$p_{i,train} = \frac{APT_{i,train}}{APT_{i,train} + APT_{i,airline}} \tag{11.76}$$

显然，如果该城市内没有铁路客运站点，只有民航站点，则 $p_{i,train} = 0.0$；反之，如果该城市内只有铁路客运站点，没有民航站点，则 $p_{i,train} = 1.0$。

C. 传染病局部传播模型参数（城市 i 的传染概率 $p_{i,se}$）

我们将实际的传染病传播过程划分为两个阶段：自由传播阶段和受控传播阶段。在自由传播阶段，传染病还处于低发期，疫情并不明显，人们对传染病的防范意识比较淡薄，此时传染病的传染概率可视为常数，即 $p_{i,se} = p_{se} = \text{const.}$；当传染病由低发期进入上升期后，一方面人们的个人防范意识加强，另一方面，政府会实行相关的公共卫生措施，如出行限制、出入检验和隔离等，使得传染病的传染概率随着时间逐渐变小，我们称此阶段为受控传播阶段。在受控传播阶段，传染概率的变化曲线可根据监测得到的病例数据进行拟合得到，因此其函数关系依赖于具体的传染病。在本模型中，我们以我国 2002～2003 年的 SARS 案例为研究对象，其传染概率曲线方程为指数衰减函数[21]：

$$p_{i,se}(t) = p_{se,min} + p_{se}\exp\left(-\frac{t - t_{free}}{\tau}\right) \tag{11.77}$$

式中，t_{free} 是表示传染病的自由传播时间，这里要求 $t > t_{free}$；τ 是表征传染概率衰减速率的特征时间尺度；$p_{se,min}$ 是极限情况下的最低传染概率。

（6）模型实现

本模型的核心算法是基于 C++ 语言实现的，用户界面采用 OpenGL 进行 3D 渲染，使得用户能够直观地看到传染病的时空发展过程，模型运行界面如图 11.50 所示。该模型能够同时显示全国 314 个地级以上城市（2 级节点）的 SARS 疫情，其中的深灰色立柱表示该城市的感染人数。由于地球表面是弯曲的，因此从城市经纬度换算到平面坐标时会存在一定误差，图中标示的城市位置与地图并没有完全吻合，不过这个不影响模型的计算结果。

319

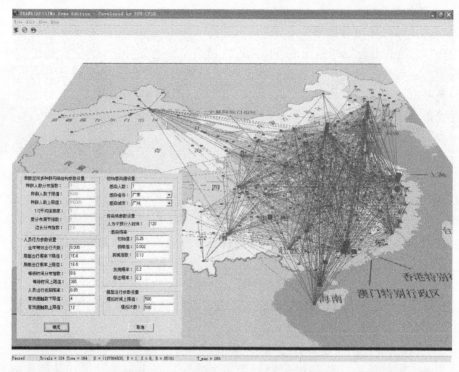

图 11.50　基于铁路客运网络和民航网络的大尺度传染病传播模型软件运行界面

11.3.2　SARS 传播过程的模拟

（1）SARS 案例数据统计分析

我们根据中国卫生部提供的 SARS 统计数据，分析了从 2002 年 11 月 25 日至 2003 年 5 月 29 日的 SARS 传播过程，所有的 SARS 病例均以入院时间作为统计标准，整个过程中共有 5318 人作为 SARS 病例或者疑似病例入院接受治疗。

图 11.51 是每日新增入院病例数曲线。从该曲线可以看出，整个 SARS 传播过程共有两波明显的疫情，每一波疫情都可以进一步划分为低发期、上升期、高峰期、下降期和终止期五个阶段。其中第一波疫情在 $t = 45$ 左右达到峰值，最高时每天约有 50 多人感染 SARS（包括疑似病例）；第二波在 $t = 120$ 左右达到峰值，最高时每天有多达 200 多人感染 SARS（包括疑似病例）。

图 11.52 是全国累计入院 SARS 病例数随时间的变化曲线。相应于图 11.51 中的两次疫情高峰，累计入院 SARS 病例数也表现出两波对应的加速增长过程。由此可见，大尺度的 SARS 传播过程并非一个简单的指数增长过程，而是由多个时间上不完全同步的局部疫情叠加而成。这种传播过程的典型模式是，传染病疫情首先在一个局部人群中爆发，接着，在该局部人群中的疫情灭绝之前，传染病进入另一个局部人群，从而引发一个新的局部传染病疫情。这种传播模式显然与整个人群结构以及人员的日常出行

过程密切相关。一方面，人群在空间上的分布具有明显的聚集特征，形成所谓的局部人群；另一方面，人员的日常出行过程使得传染病得以在不同的局部人群中蔓延。值得一提的是，我国政府是从 2003 年 4 月 18 日开始实施全面的 SARS 防治措施，这对应于图上 $t = 120$ 左右的位置，也就是发生第二波疫情的初始阶段。可以想象的是，如果没有强力的防治措施介入，那么第二波疫情之后很可能会进一步引发第三波、第四波疫情。

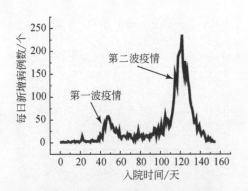

图 11.51　每日新增 SARS 入院病例数曲线

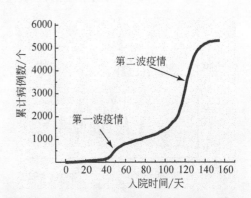

图 11.52　全国累计 SARS 入院病例数曲线

图 11.53 是全国部分省、自治区和直辖市的 SARS 疫情爆发时间及入院病例数分布情况。从图 11.53（a）可以看出，第一波 SARS 疫情是在广东省爆发，随后向广西、

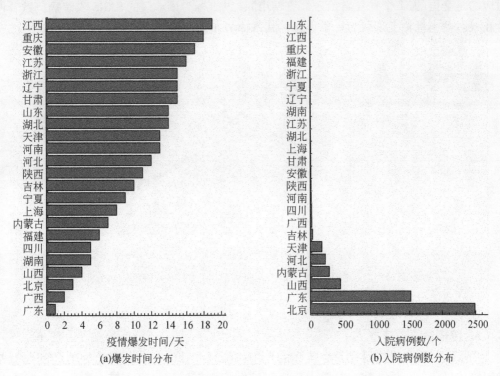

(a)爆发时间分布　　　　　(b)入院病例数分布

图 11.53　全国部分省、自治区和直辖市的 SARS 疫情

北京、山西等省市蔓延。而结合图11.53（b），SARS疫情并没有在广西得以大范围传播，第二波SARS疫情实际上发生于北京市，并蔓延至北京的周边地区，包括山西、内蒙古、河北和天津等。图11.54中给出了广东省和北京市的每日新增入院SARS病例数曲线，这两个省市的入院病例数之和为4008人，占入院病例总数的75%。从时间上看，在广东省的疫情高峰发生在2003年的2～3月，而北京市的疫情高峰则发生于2003年的4～5月，可见两波疫情在时间上是相继发生的。

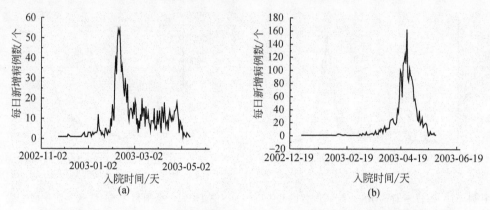

图11.54　广东省（a）和北京市（b）的每日新增SARS入院病例数曲线

另外，SARS疫情的空间分布表现出一种幂律行为，如图11.55所示。其中横坐标对应的是全国的31个省（自治区、直辖市），纵坐标为该地区的SARS入院病例数，两者在双对数坐标轴上近似为一条直线，其幂律分布指数为2.5。

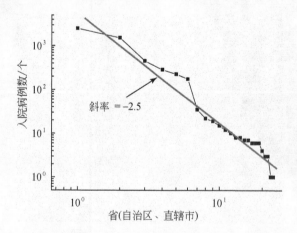

图11.55　全国31个省（自治区、直辖市）SARS入院病例数分布

（2）SARS传播过程模拟

A. 传播参数的确定

在采用传染病模型研究一个实际的传染病流行规律时，我们首要面对的问题就是确定该传染病的传播参数，包括传染概率、发病概率、移出概率等，这些参数的准确性对于模型的计算结果至关重要。比较好的方法是通过对实际病例数据的拟合来确定

这些参数。但是，必须注意到，由于传染病的实际传播过程存在不确定性，且传染病病例数据也会存在误报、漏报、迟报等误差，因此这样确定的参数依然只是一些估计值。一种改进的办法就是将这些参数的估计值代入模型，通过比对计算值与历史数据来调整这些参数。

在 SARS 的传播过程中，我国政府从 2003 年 4 月 18 日开始实施了一系列强有力的预防控制措施，这无疑是影响 SARS 传播的一个重要因素。但是这些措施的力度难以被精确量化，只能采取一些近似的办法。在本章的模型中，我们采取了文献[23]的做法，通过拟合 2003 年 4 月 21 日至 2003 年 5 月 16 日的 SARS 数据来得到城市 i 的传染率曲线方程。

$$p_{i,\text{se}}(t) = \begin{cases} 0.25 & t \leqslant t_{\text{free}} \\ 0.002 + 0.25\exp[-0.13(t - t_{\text{free}})] & t > t_{\text{free}} \end{cases} \qquad (11.78)$$

即当模拟时间 $t \leqslant t_{\text{free}}$ 时，传染概率取常数 0.25；当模拟时间 $t > t_{\text{free}}$ 时，传染概率随时间指数衰减。这里 $t_{\text{free}} = 120$ 为政府预防控制措施介入的时间。

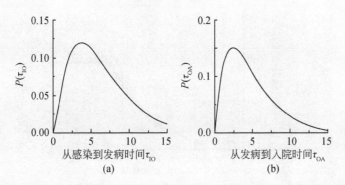

图 11.56　从感染到发病的时间（潜伏期）与从发病到入院的时间图

图 11.56 给出了 SARS 患者从感染到发病（infection to onset）的时间分布以及从发病到入院接受治疗（onset to admission）的时间分布（取自文献［24］）。可见，从感染到发病平均需要 4~5 天的时间，而从发病到入院接受治疗平均需要 2~3 天的时间，据此，我们可以估算 SARS 的发病概率和移除概率分别为 $p_{i,\text{ei}} = 0.2, p_{i,\text{ir}} = 0.3$。

B. 模型参数敏感性分析

确定了 SARS 传播参数后，接下来需要对模型参数做敏感性分析。我们着重研究了人员全局出行概率、局部出行概率、返回概率和接触数等四个参数的变化对传播过程的影响。初始时，我们从广东省广州市随机选择一个个体作为初始感染源，然后反复迭代，直到感染者全部被移除，结束了一次模拟。如此重复模拟 5000 次后取算术平均值作为最终的输出结果。我们以全国累计病例数曲线作为分析对象，模拟结果如图 11.57 ~ 图 11.60 所示。从图 11.57 可见，累计病例数随着全局出行概率的增大而增大，当全局出行概率增大时，人员在不同的城市之间往来更频繁，使得 SARS 得以向更大范围的人群传播。类似地，当局部出行概率增大，城市内部种群之间的人员往来就更频繁，从而更有助于 SARS 的传播，如图 11.58 所示。

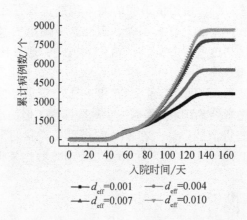

图 11.57　不同全局出行概率下的累计病例数曲线

注：$p_{jump,min} = 10^{-6}, p_{jump,max} = 10^{-5}, p_{back} = 0.85, k_{min} = 4, k_{max} = 12$

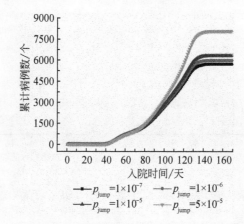

图 11.58　不同局部出行概率下的累计病例数曲线

注：$d_{eff} = 0.005, p_{back} = 0.85, k_{min} = 4, k_{max} = 12, p_{i,jump} = p_{jump,min} = p_{jump,max}$

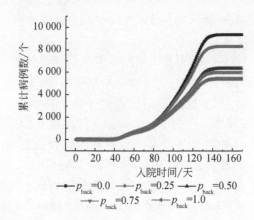

图 11.59　不同返回概率下的全国累计病例数曲线

注：$d_{eff} = 0.005, p_{jump,min} = 10^{-6}, p_{jump,max} = 10^{-5}, k_{min} = 4, k_{max} = 12$

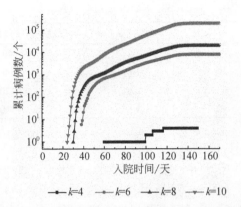

图 11.60 不同接触数下的全国累计病例数曲线

注：$d_{eff} = 0.005$，$p_{jump,min} = 10^{-6}$，$p_{jump,max} = 10^{-5}$，$p_{back} = 0.85$，$k_i = k_{min} = k_{max}$

在前文中我们已经指出，以马尔可夫假设为基础的人员出行过程会导致全局传播概率的计算值明显偏大，因而必须考虑人员的返回效应。图 11.59 是不同返回概率下的全国累计病例数曲线，这里 $p_{back} = 0.0$ 对应于马尔可夫假设下的结果。从图中可以看出，当返回概率增大时，累计病例数相应减小，这与上一章的研究结论是一致的。图 11.60 是不同接触数下的全国累计病例数曲线。接触数是单个感染者在单位时间内所接触的人数，它反映了感染者的活动范围和感染能力。模拟结果显示，当接触数 $k \leqslant 4$，传染病无法在人群中蔓延，而随着接触数的增大，被感染的人数急剧增多。这里需要指出的是，单个种群 $N_{i,j}$ 内的局部传播过程的基本再生数 $R_0 = k_i p_{i,se}/p_{i,ir} = 4 \times 0.25/0.3 \approx 3.3 > 1$，因此该局部传播过程是可以进行的，而要使该局部传播过程向更大的人群蔓延，还必须使得人员出行概率足够大。

C. 模拟实验方案

我们设计了两套模拟实验方案。其中方案 1 旨在研究 SARS 传播的时空特征，如表 11.32 所示，该方案共设置了四种情景。其中实验 A、B 和 C 分别对应于初始感染源为广州、上海和北京，而实验 D 中初始感染源是随机选择的。由于实际的 SARS 传播是从广州市开始的，因此实验 A 与此对应，而实验 B、C、D 是作为对照组而设置的。方案 2 旨在研究预防干预措施的介入时间对传播过程的影响，共设置了四个不同的介入时间，如表 11.33 所示。在这两组方案中，模型参数设置都是一致的，即 $d_{eff} = 0.005$，$p_{jump,min} = 10^{-6}$，$p_{jump,max} = 10^{-5}$，$p_{back} = 0.85$，$k_{min} = 4$，$k_{max} = 12$。

表 11.32 SARS 模拟实验方案 1

模拟实验	城市	初始感染源	预防干预措施介入时间/天	模拟次数/次
A	广州	1 例	120	5000
B	上海	1 例	120	5000
C	北京	1 例	120	5000
D	随机	1 例	120	5000

表 11.33　SARS 模拟实验方案 2

模拟实验	城市	初始感染源	预防干预措施介入时间/天	模拟次数/次
E	广州	1 例	60	5000
F	广州	1 例	90	5000
G	广州	1 例	120	5000
H	广州	1 例	150	5000

D. SARS 传播的时空特征模拟

我们着重针对每日新增 SARS 病例数、累计 SARS 病例数和疫情空间分布进行了模拟研究，结果如图 11.61～图 11.65 所示，其中（a）、（b）、（c）和（d）分别对应实验 A、B、C 和 D。图 11.61 是每日新增 SARS 病例数曲线，通过与实际的 SARS 曲线（图 11.51）对比，我们可以看出几个明显的特征：①除了实验 D 之外，传播曲线均具有双峰结构，其中第一个峰值和第二个峰值分别出现在 $t = 50$ 和 $t = 120$ 前后，这与实际的 SARS 曲线一致（图 11.51）；②第一个峰值后经过短暂的下降期后即进入新的上升期，而实际的 SARS 曲线中则经历了一个较长的低发期，这是两者不一致的地方；③第二个峰值出现在 $t = 120$ 左右，之后传播过程就进入下降期并很快灭绝，这显然是与 $t_{free} = 120$ 的预防控制措施的介入有关，这与实际的 SARS 传播过程也是一致的；④传播过程依赖于传染源的初始位置，其中图 11.61（a）对应初始感染源位于广州，其第一峰值为 50 左右，与实际情况一致，而第二峰值约为 130，比实际峰值低了 100 多；而当初始感染源位于上海时，其疫情最为严重，如图 11.61（b）所示。

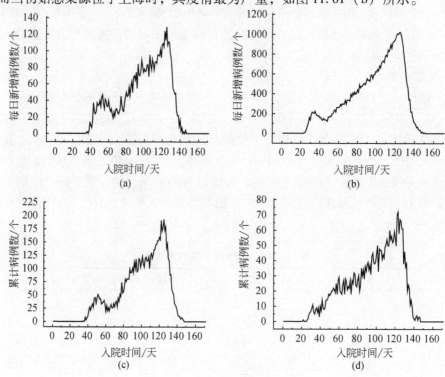

图 11.61　每日新增 SARS 病例数曲线

全国累计 SARS 病例数曲线如图 11.62 所示，其中图 11.62（a）对应初始感染源在广州的情形，其最终 SARS 病例数的模拟值为 5842 例，接近实际值 5318 例；图 11.62（c）对应初始感染源在北京的情形，其最终 SARS 病例数比图 11.62（a）略大；而图 11.62（b）对应初始感染源在上海的情形，其最终的 SARS 病例数的模拟值达到 50 000 多例，差不多是图 11.62（a）的 10 倍。由此可见，相对于广州和北京来说，上海这个节点在整个人群结构中占有更为特殊的位置。这一点可以从下面对各个省市疫情分布的分析中得到进一步的说明。

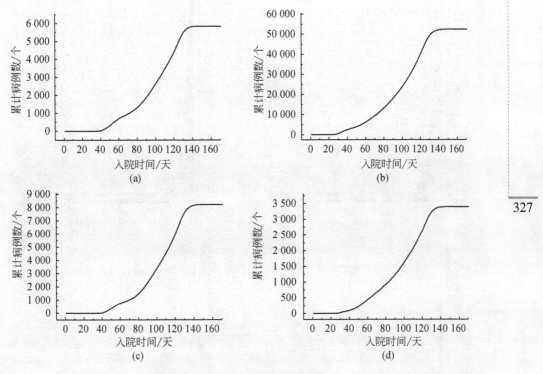

图 11.62　累计 SARS 病例数曲线

图 11.63 是模拟得到的全国 31 省、自治区和直辖市的 SARS 疫情分布，由于该结果是基于随机模拟所得，故也代表了该地区感染 SARS 的相对风险。从图 11.63（a）、图 11.63（b）和图 11.63（c）可以看出，各省市出现 SARS 疫情的风险依赖于初始感染源的位置。相比之下，由于图 11.63（d）中初始感染源位置是随机选择的，因此它更能体现各省市出现 SARS 疫情的相对风险。其中，上海、江苏、北京、浙江和山东等沿海省份是风险最高的几个地区。从空间分布来看，SARS 疫情主要集中在 3 个地区：Ⅰ区，以广东为代表的南方地区；Ⅱ区，以上海为中心的江浙一带；Ⅲ区，以北京为中心的北方地区。这三个地区的人口密度、经济发展水平和交通能力都是比较高的，因而更有利于 SARS 的传播，这与我们的直观经验是相符的。而从图 11.53（b）来看，实际的 SARS 疫情主要集中在Ⅰ区和Ⅲ区，在Ⅱ区则几乎没有疫情，这是模拟值与实际值差异比较大的地方之一。另外一个问题是，初始感染地区的 SARS 疫情明显比其他地区严重。例如，在图 11.63（a）中，广东省的 SARS 感染人数远大于北京地区，而实

际情况恰好相反。我们将在本章小结中对以上问题给予比较详细的解释。

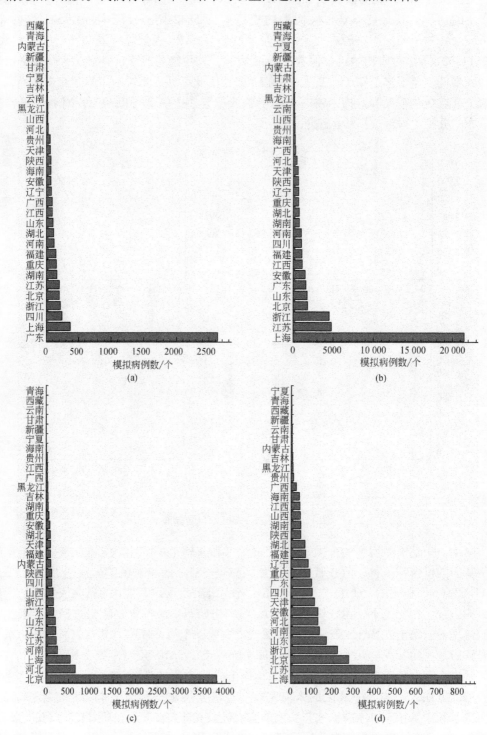

图 11.63　全国 31 个省、自治区和直辖市 SARS 病例数分布

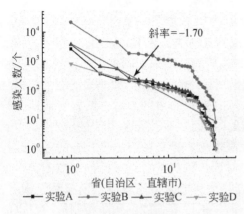

图 11.64 全国 31 个省（自治区、直辖市）
SARS 病例数分布（双对数坐标系）

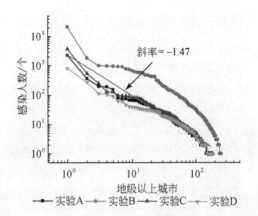

图 11.65 全国 314 个地级以上城市
SARS 病例数分布（双对数坐标系）

最后，我们将图 11.63 中各省、自治区和直辖市的 SARS 病例数按从大到小的顺序排序后绘制到双对数坐标系中，其中横坐标对应各个省、自治区和直辖市，纵坐标为该地区的 SARS 病例数，所得曲线近似为一条直线，如图 11.64 所示。这说明 SARS 疫情地区分布服从幂律分布，这与实际情况一致。所不同的是，通过曲线拟合得到的幂律分布指数约为 −1.70，而在实际情况中，这一指数为 −2.50。在图 11.65 中，我们还给出了全国 314 个地级以上城市的 SARS 病例数分布，其幂律分布指数为 −1.47。

E. 预防控制措施介入时间对 SARS 传播的影响

传染病的传播过程是一个由病因、宿主和环境相互作用构成的动态复杂系统过程。从理论上说，要预防和控制传染病的传播，可以从这三个要素之中的一个或多个着手。例如，从病因角度，可以通过免疫接种来提高个体对传染病的免疫力；从宿主角度，可以通过加强个人卫生意识和改变不良的生活习惯来降低个体感染传染病的风险；而从环境角度，公共卫生部门通过及时施行各种预防控制措施可以有效地抑制传染病的传播。因此，如何定量评估人为干预措施对传染病传播过程的影响一直是传染病建模研究中的一项重要内容。

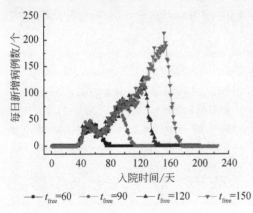

图 11.66 不同的预防控制措施介入时间下
的每日新增病例数曲线

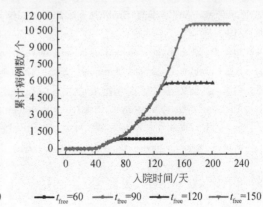

图 11.67 不同的预防控制措施介入时间下
的累计病例数曲线

在 SARS 传播过程中，我国政府于 2003 年 4 月 18 采取了一系列强有力的预防控制措施，在短短两个月的时间内就在全国范围内成功地消除了 SARS 疫情。本章仅就预防控制措施介入时间对 SARS 传播的影响进行了模拟研究，结果如图 11.66 和图 11.67 所示。从模拟结果来看，预防控制措施的介入对于控制并消除 SARS 疫情是必要的，而且介入时间越早，其抑制效果也越好。但是，从应急处置的角度来看，就要辩证地看待这个问题。这是因为，在 SARS 传播的初始阶段，我们并不清楚这种传染病的传染力到底有多强，如果此时就采取同等强度的预防控制措施，势必会对整个社会的正常运行秩序产生严重的干扰。比较合理的做法就是先对该传染病进行一段时间的监测，根据监测结果来预测其传播趋势，然后再采取相应的预防控制措施。而从模拟结果来看，即使在 SARS 爆发后的两个月（即 $t_{free} = 60$）时采取同等强度的预防控制措施，也能将 SARS 疫情控制在极小的范围内，这就给了我们足够的监测时间。

前文建立了一个基于个体模拟的大尺度传染病传播模型。在该模型，人群结构由 3 级节点组成：1 级节点为全国 31 个省、自治区和直辖市；1 级节点内部的地级以上城市以 2 级节点表示；2 级节点进一步划分为若干个 3 级节点，即种群。其中，2 级节点之间以铁路和民航网络互相连接起来，而 3 级节点间则以空间多种群网络的方式相连。种群内的人员可以通过该人群结构网络进行短途或者长途的旅行进入其他的种群节点中。种群内的局部传播过程采用一个混合格式的随机 SEIR 模型来描述。同时还以我国的 SARS 案例数据来验证大尺度传染病传播模型，首先，我们通过历史数据对 SARS 传播的时空特征进行了统计分析。接着，我们对 SARS 的时空传播过程进行了计算机模拟，给出了每日新增 SARS 病例数曲线、累计 SARS 病例数曲线和 SARS 病例数的空间分布，所得结果与 SARS 历史数据基本吻合。

参 考 文 献

［1］韩朱旸. 城市燃气管网风险评估方法研究. 清华大学硕士学位论文，2010.

［2］Spyros S, Fotis R. Estimation of safety distances in the vicinity of fuel gas pipelines. J. Loss Prevention in the Process Industries，2006，19：24-31.

［3］Metropolo P L, Brown A E P. Natural Gas Pipeline Accident Consequence Analysis. 3rd International Conference on Computer Simulation in Risk Analysis & Hazard Mitigation. Sintra，Portugal，2004：307-310.

［4］Jo Y D, Ahn B J. A method of quantitative risk assessment for transmission pipeline carrying natural gas. Journal of Hazardous Materials，2005，123：1-12.

［5］韩朱旸，翁文国. 燃气管网定量风险分析方法综述. 中国安全科学学报，2009，19（7）：154-164。

［6］American Petroleum Institute. Risk based resource document. API PR581，2000.

［7］Luo J H, Zheng M, Zhao X W, et al. Simplified expression for estimating release rate of hazardous gas from a hole on high-pressure pipelines. J. Loss Prevention in the Process Industries，2006，19：362-366.

［8］中国国家标准化管理委员会. 国家天然气标准（GB 17820—1999）. 北京：中国标准出版社，1999.

［9］黄超，翁文国，吴健宏. 城市燃气管网的故障传播模型. 清华大学学报（自然科学版），2008，48（8）：1283-1286.

［10］ Jonkman S N, van Gelder P H A J M, Vrijling J K. An overview of quantitative risk measures for loss of life and economic damage. J. Hazardous Materials, 2003, 99: 1-30.

［11］ Han Z Y, Weng W G. An integrated quantitative risk analysis method for natural gas pipeline network. J. Prevention in the Process Industries, 2010, 23: 428-436.

［12］ 郭少东. 基于贝叶斯理论与蒙特卡洛方法的扩散源反演研究. 清华大学博士学位论文, 2010.

［13］ Keats A, Yee E, Lien F S. Bayesian inference for source determination with applications to a complex urban environment. Atmospheric Environment, 2007, 41: 465-479.

［14］ Estep D J. A short course on duality, adjoint operators, green functions and a posterior error analysis. Department of Mathematics, Colorado State University, 2004: 1-81.

［15］ 陶文铨. 数值传热学. 西安: 西安交通大学出版社, 2001.

［16］ Patankar S V, Spalding D B. A calculation procedure for heat, mass and momentum transfer in three-dimensional parabolic flows. International Journal of Heat and Mass Transfer, 1972, 15 (10): 1787-1806.

［17］ Robins P, Rapley V, Thomas P. A probabilistic chemical sensor model for data fusion. 7th International Conference on Information Fusion (FUSION), 2005: 1116-1122.

［18］ 倪顺江. 基于复杂网络理论的传染病动力学建模与研究. 清华大学博士学位论文.

［19］ 铁道部运输局. 2008 全国铁路旅客列车时刻表. 北京: 中国铁道出版社, 2008.

［20］ 佚名. 航班时刻表. http://www.feeyo.com/flightsearch.htm. 2009-07-23.

［21］ 马知恩, 周义仓, 王稳地, 等. 传染病动力学的数学建模与研究. 北京: 科学出版社, 2004.

［22］ Hethcote H W. The mathematics of infectious diseases. Siam Review, 2000, 42 (4): 599-653.

［23］ Hufnagel L, Brockmann D, Geisel T. Forecast and control of epidemics in aglobalized world. Proceedings of the National Academy of Sciences of the United States of America, 2004, 101 (42): 15124-15129.

［24］ Halloran M E, Longini I M, Nizam A, et al. Containing bioterrorist smallpox. Science, 2002, 298 (5597): 1428-1432.

331